全国普通高等学校机械类"十二五"规划系列教材

# 机械工程图学

主　编　何培英　贾　雨　白代萍
副主编　卢海燕　陈雪菱　何　芳　陈文平
　　　　杨　勇　樊　宁　申凤君

华中科技大学出版社
中国·武汉

# 内 容 简 介

本书是根据教育部高等学校工程图学教学指导委员会制定的"普通高等院校工程图学课程教学基本要求"和近年来国家质量监督检验检疫总局发布的新机械制图和技术制图标准,按照教育部本科层次"卓越工程师教育培养计划"的培养目标和标准要求,面向工程应用,着重能力培养,具有国际视野,在总结多年的教学经验和教学改革基础上,从本课程的发展趋势出发编写而成。

全书除绪论、附录和参考文献外共 11 章,主要内容:制图的基本知识和基本技能;点、直线、平面的投影;换面法;基本立体;组合体的视图和尺寸;轴测图;机件常用的基本表示法;标准件、齿轮和弹簧;零件图;装配图;美国机械工程制图标准简介。

本书可作为高等院校机械类、近机械类各专业工程图学课程的教材,也可供学时相近的其他专业师生及工程技术人员参考使用。

与本书配套出版的《机械工程图学习题集》供读者选用。

**图书在版编目(CIP)数据**

机械工程图学/何培英,贾雨,白代萍主编.—武汉:华中科技大学出版社,2013.9(2022.7 重印)
ISBN 978-7-5609-9077-4

Ⅰ.①机⋯ Ⅱ.①何⋯ ②贾⋯ ③白⋯ Ⅲ.①机械制图-高等学校-教材 Ⅳ.①TH126

中国版本图书馆 CIP 数据核字(2013)第 113612 号

**机械工程图学**　　　　　　　　　　　　　何培英　贾　雨　白代萍　主编

策划编辑:俞道凯
责任编辑:周忠强
封面设计:范翠璇
责任校对:刘　竣
责任监印:张正林
出版发行:华中科技大学出版社(中国·武汉)　　　电话:(027)81321913
　　　　　武汉市东湖新技术开发区华工科技园　　　邮编:430223
录　　排:华中科技大学惠友文印中心
印　　刷:武汉开心印印刷有限公司
开　　本:787mm×1092mm　1/16
印　　张:21.25
字　　数:567 千字
版　　次:2022 年 7 月第 1 版第 7 次印刷
定　　价:45.00 元

全国普通高等学校机械类"十二五"规划系列教材

# 编审委员会

# 全国普通高等学校机械类"十二五"规划系列教材

# 序

　　"十二五"时期是全面建设小康社会的关键时期,是深化改革开放、加快转变经济发展方式的攻坚时期,也是贯彻落实《国家中长期教育改革和发展规划纲要(2010—2020年)》的关键五年。教育改革与发展面临着前所未有的机遇和挑战。以加快转变经济发展方式为主线,推进经济结构战略性调整、建立现代产业体系,推进资源节约型、环境友好型社会建设,迫切需要进一步提高劳动者素质,调整人才培养结构,增加应用型、技能型、复合型人才的供给。同时,当今世界处在大发展、大调整、大变革时期,为了迎接日益加剧的全球人才、科技和教育竞争,迫切需要全面提高教育质量,加快拔尖创新人才的培养,提高高等学校的自主创新能力,推动"中国制造"向"中国创造"转变。

　　为此,近年来教育部先后印发了《教育部关于实施卓越工程师教育培养计划的若干意见》(教高〔2011〕1号)、《关于"十二五"普通高等教育本科教材建设的若干意见》(教高〔2011〕5号)、《关于"十二五"期间实施"高等学校本科教学质量与教学改革工程"的意见》(教高〔2011〕6号)、《教育部关于全面提高高等教育质量的若干意见》(教高〔2012〕4号)等指导性意见,对全国高校本科教学改革和发展方向提出了明确的要求。在上述大背景下,教育部高等学校机械学科教学指导委员会根据教育部高教司的统一部署,先后起草了《普通高等学校本科专业目录机械类专业教学规范》、《高等学校本科机械基础课程教学基本要求》,加强教学内容和课程体系改革的研究,对高校机械类专业和课程教学进行指导。

　　为了贯彻落实教育规划纲要和教育部文件精神,满足各高校高素质应用型高级专门人才培养要求,根据《关于"十二五"普通高等教育本科教材建设的若干意见》文件精神,华中科技大学出版社在教育部高等学校机械学科教学指导委员会的指导下,联合一批机械学科办学实力强的高等学校、部分机械特色专业突出的学校和教学指导委员会委员、国家级教学团队负责人、国家级教学名师组成编委会,邀请来自全国高校机械学科教学一线的教师组织编写全国普通高等学校机械类"十二五"规划系列教材,将为提高高等教育本科教学质量和人才培养质量提供有力保障。

当前,经济社会的发展,对高校的人才培养质量提出了更高的要求。该套教材在编写中,应着力构建满足机械工程师后备人才培养要求的教材体系,以机械工程知识和能力的培养为根本,与企业对机械工程师的能力目标紧密结合,力求满足学科、教学和社会三方面的需求;在结构上和内容上体现思想性、科学性、先进性,把握行业人才要求,突出工程教育特色。同时,注意吸收教学指导委员会教学内容和课程体系改革的研究成果,根据教指委颁布的各课程教学专业规范要求编写,开发教材配套资源(习题、课程设计和实践教材及数字化学习资源),适应新时期教学需要。

教材建设是高校教学中的基础性工作,是一项长期的工作,需要不断吸取人才培养模式和教学改革成果,吸取学科和行业的新知识、新技术、新成果。本套教材的编写出版只是近年来各参与学校教学改革的初步总结,还需要各位专家、同行提出宝贵意见,以进一步修订、完善,不断提高教材质量。

谨为之序。

国家级教学名师

华中科技大学教授、博导

2012 年 8 月

# 前　言

　　本书是根据教育部高等学校工程图学教学指导委员会制定的"普通高等院校工程图学课程教学基本要求"和最新颁布的有关国家标准,总结多年来教学经验和教改成果,按照教育部本科层次"卓越工程师教育培养计划"的培养目标和标准要求,并汲取许多兄弟院校教材的经验编写而成。

　　工程图学课程是高等工科院校的一门重要的专业技术基础课。随着科学技术的发展,以及计算机技术在各个行业的广泛应用,本课程在教学内容、教学方法和教学手段上都发生了很大的变化。特别是教育部实施的"卓越工程师教育培养计划"中体现的"面向工业界、面向未来、面向世界"的工程教育理念,使现有的一些教学内容和模式已不能适应现代科技对人才培养以及"卓越工程师教育培养计划"的教学要求,因此,我们组织编写了本书。考虑到本课程在内容体系上的完整性,以及计算机绘图软件的快速升级和推陈出新,没有将计算机绘图内容编入本书。

　　本书具有以下主要特点。

　　(1) 本书由 5 所院校长期在第一线从事教学和科研工作的有丰富教学经验的老师编写,故从内容的编排、图例的选择等方面全面考虑了教学的要求和课程的特点。

　　(2) 根据教育部"卓越工程师教育培养计划"的主要目标,在全书内容的编写上以实际工程为背景,以工程技术为主线,着力提高学生的工程意识、工程素质和工程实践能力。

　　(3)以图说图。书中尽量采用以图说图的形式介绍基本概念、画图与读图的方法和技巧,直观形象,易于理解和掌握。

　　(4) 精选了画法几何部分的内容。降低在原投影体系中点、线、面相对位置综合题的难度,强调了用换面法求解点、线、面相对位置问题;在讲解基本立体三视图的同时,说明其尺寸注法,从而提高学生尺寸标注的能力;降低立体表面交线等内容的求解难度,使其内容更加紧凑。

　　(5) 加强了组合体内容,增加了各种典型图例和详细分析,强化了三视图的训练,为培养空间构型能力打下基础。

　　(6) 为了满足"卓越工程师教育培养计划"体现的"面向工业界、面向未来、面向世界"的工程教育理念,在第 11 章中对美国机械工程制图标准做了简单介绍。在第 8 章中增加了美国常用螺纹、画法及其标注;常用齿轮参数和画法。

　　(7) 插图大多用计算机生成。平面图形清晰准确,立体图形形象逼真,富有现代感。

　　(8) 教材内容科学准确,语言精练,逻辑性强。前后衔接合理,符合认知规律。

　　(9) 突出前瞻性。本书全部采用我国最新颁布的《技术制图》与《机械制图》国家标准及与制图有关的其他标准,并按课程内容需要分别编排在正文或附录中,以培养学生贯彻国家标准的意识和查阅国家标准的能力。

　　与本书配套使用的还有《机械工程图学习题集》。本套教材可供高等学校机械类专业使用,也可作为其他专业和工程技术人员的参考书。

　　参加本书编写的有:郑州轻工业学院樊宁(绪论、附录)、杨勇(第 8、11 章)、白代萍(第 9

章)、何培英(第 10 章),广西科技大学卢海燕(第 2 章),成都理工大学贾雨(第 1、5 章)、申凤君(第 3 章)、陈雪菱(第 7 章),蚌埠学院陈文平(第 4 章),长江师范学院何芳(第 6 章)。全书由何培英统稿。何培英、贾雨、白代萍任主编,卢海燕、陈雪菱、何芳、陈文平、杨勇、樊宁、申凤君任副主编。

本书在编写过程中得到了郑州轻工业学院教务处、机电工程学院等单位的大力支持,在此表示感谢。

本书参考了一些国内同类著作,在此特向有关作者致谢!

由于编者的水平有限,书中不妥之处在所难免,希望广大读者批评指正。

编　者

2012-12-20

# 目　录

# 0 绪 论

图和语言、文字一样是交流思想的主要工具。语言交流方式是用约定声音进行交流。传播者用声带发出声音传递信息,接收者用耳朵的鼓膜接收声音还原信息,它可以把一件事表述得直接、生动、感人,如图0.1所示。交流的范围局限在同时、有限的距离和双方约定的方式进行,当然有了记录声音的设备后,也可以跨时空进行交流。

图 0.1　语言交流

文字的交流方法是用约定的符号(文字)进行交流的,这种交流必须是双方约定的,传播者用笔写在一个媒介上,接收者用眼睛接受还原信息。交流可以是同时,也可以跨越时空进行,如图0.2所示。

图 0.2　文字交流

但是,任何事物都有它的局限性,如果用语言或文字来表达物体的结构、形状及位置是很困难的。因此,表达物体形状和大小,用图或图样进行交流更为合适。图形交流与文字交流既有相同之处也有不同之处。图是用"象形"图形或符号进行交流的,传授双方可以约定,也可以不约定,图形表达形象、直观,图0.3为在宁夏中卫市发现的史前大麦地岩画,大麦地岩画内容丰富,多是"象形"图形,也有少量的"表意"图形与符号,反映了古代人们的生活、生产、经济状况、心理活动和生存环境。

随着经济的发展、社会的进步,人们需要建造房屋、生产工具,图样就成为生产中不可缺少的技术文件了。设计者通过图样来表达设计思想;制造者通过图样来了解设计要求,并依据图样来制造机器;使用者也通过图样来了解机器的结构和使用性能,正确使用和维护机器;在各种技术交流活动中,图样也是不可或缺的。无论是制造机器设备或是建造房屋,都必须先画出图样,然后根据图样进行加工,才能得到预想的结果。因此,人们常说,"工程图样是工程界的共同语言"。

**图 0.3　图形交流(宁夏大麦地岩画)[1]**

# 0.1　工程图样

那么,什么是"图"呢?图是指设计者用线条、灰度(或色彩)对客观世界和虚拟世界"形"的视觉表达[2],其内涵既有表达物体的"形",也有确定大小和位置的"数"[3]。

在工程技术中,为了准确地表达物体(机械、仪器、建筑物等)的结构形状、尺寸大小,技术要求和工作原理,根据画法几何投影原理、相关标准或有关规定画出的图形,称为工程图样,简称图样。图样由图形、符号、数字和文字等组成,是表达设计思想的重要工具,是产品制造最基本的技术文件,是用户正确使用产品的技术说明。

不同的技术领域对图样有不同的要求,在建筑工程中使用的图样称为建筑图样,如图 0.4所示;在水利工程中使用的图样称为水利图样;在机械制造业中使用的图样称为机械图样,如图 0.5所示。机械工程图学就是研究机械图样的一门学科。图样在工业生产中有着极其重要的地位和作用。作为一名工程技术人员,如果不会画图,不懂看图,就无法从事技术工作。

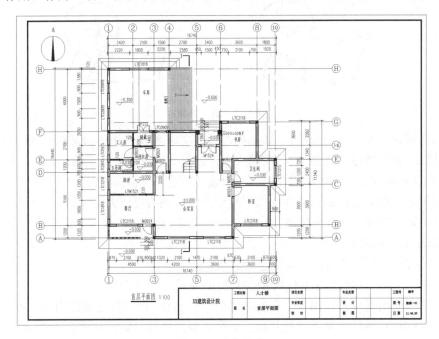

**图 0.4　建筑图样**

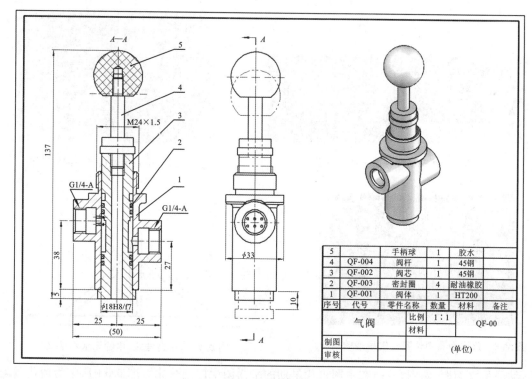

| 5 | | 手柄球 | 1 | 胶水 | |
|---|---|---|---|---|---|
| 4 | QF-004 | 阀杆 | 1 | 45钢 | |
| 3 | QF-002 | 阀芯 | 1 | 45钢 | |
| 2 | QF-003 | 密封圈 | 4 | 耐油橡胶 | |
| 1 | QF-001 | 阀体 | 1 | HT200 | |
| 序号 | 代号 | 零件名称 | 数量 | 材料 | 备注 |

气阀　　比例 1:1　　QF-00　　材料

制图　　　审核　　　(单位)

图 0.5　机械图样

### 0.1.1　现代工程图学的概念

《工程图学词典》对"工程图学"的论述是："研究工程技术领域中有关图的理论及其应用的科学。它包括理论图学、应用图学、计算机图学、制图标准化、制图技术、图学教育以及图学史等内容。"应道宁、王尔健教授在《面向21世纪的工程图学》中提出了"现代工程图学"的概念，它是传统工程图学、设计学和计算机图形学三种学科的交叉。"现代工程图学"的学科模型包含：图学理论与方法（理论图学、投影理论、真实感投影理论），产品信息建模（特征建模、参数化设计、图形输入识别），工程信息可视化（工程数据可视化、生产流程的图形仿真）[4]。

### 0.1.2　古代的图形技术

具有五千年文明史的中国在图形技术的发展长河中也有辉煌的一页。据出土文物考证，早在一万多年前的新石器时代，在宁夏发现的大麦地岩画就出现"图画文字"，如图 0.3 所示。西安半坡村出土的彩陶盆（仰韶文化）上有人面鱼形图案，如图 0.6 所示；山东大汶口出土的彩陶罐表面画有几何图案，如图 0.7 所示。这些彩陶上的图案，可以通过规、矩、界尺绘出，其表达方式主要采用"象形"、"再现"的方法绘制。

三千多年前，我国劳动人民就使用"规、矩、绳墨、悬、水"等工具，建造房屋、绘制图样。图 0.8 所示为汉画像石中伏羲女娲手持的规和矩。图 0.9 所示为《营造法式》中的无水水平仪，水平仪用两个直角尺并在一起和一个垂直地面的线坠组合而成；线坠的线与合并的角尺的边重合，垂直于地面，角尺的另一边与地面平行，用这种简单的工具来确定水平。

春秋战国时期编著的《考工记》在"匠人营国"篇中，记述了建国的设计思想，宋代聂崇义根据《考工记》中的描述绘制了王城的示意图，如图 0.10 所示；其表达方法非常独特，城廓是平面

图 0.6　西安半坡村出土的彩陶盆

图 0.7　山东大汶口出土的彩陶罐

图 0.8　汉画像石中伏羲女娲手持的规和矩

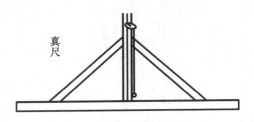

图 0.9　《营造法式》中的无水水平仪

图,城门是立面图,两图合一,在中国古代早期的平面图中广泛采用。图 0.11 所示为清代戴震按照"考工记图"中所述绘制的钟。

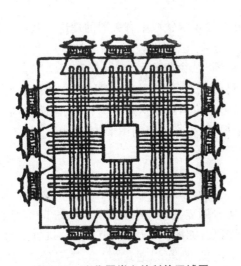

图 0.10　宋代聂崇义绘制的王城图

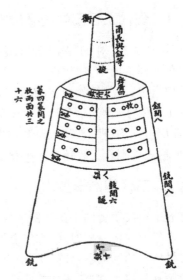

图 0.11　清代戴震在"考工记图"中绘制的钟

20 世纪 70 年代,在考古河北省平山县的中山王墓时,发掘出土战国时期兆域图板,图板长 960 mm,宽 480 mm,厚 8 mm,重 32.1 kg,正面为金银镶嵌,具有地图的特点。此图采用 1:500 比例绘制,是我国已经发现的最早的建筑平面规划图,也是世界上最早有比例的铜板建筑图,如图 0.12 所示。

宋代李诫编著的《营造法式》(1103 年),是我国较早的建筑典籍之一,书中总结了 2000 多年的建筑技术成就,全书共 34 卷,6 卷有图,不仅有文字阐述营造技术、材料、规格和方法,还

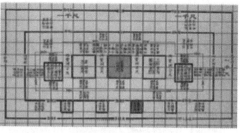

图 0.12 中山王墓兆域图(王其亨主持,清代样式雷建筑图档展)

有大量的图样(约 1 000 余幅),这些图样与近代工程制图表示方法基本相似。书中大量采用平面图、立面图、立体图、断面图、构件详图及各种雕饰与彩画图案等,如图 0.13 所示。

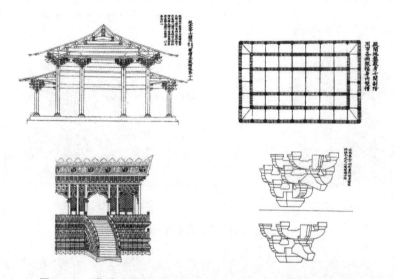

图 0.13 《营造法式》中的立面图、平面图、立体图和构件组装图

明代的宋应星编著的《天工开物》初刊于 1637 年,是世界上第一部关于农业和手工业生产的综合性著作,涉及 30 多个行业,共有 123 幅插图。它对中国古代的各项技术进行了系统的总结,构成了一个完整的科学技术体系。《天工开物》收录了农业、手工业、工业——诸如机械、砖瓦、陶瓷、硫黄、烛、纸、兵器、火药、纺织、染色、制盐、采煤、榨油等生产技术。尤其是机械,更有详细的记述,如图 0.14 所示。

清代著名建筑设计师"样式雷"主要设计皇家建筑,现今留存了两万多幅皇家建筑设计图样,是迄今为止保存最多,最为详细的建筑设计图样,为研究中国古代建筑设计、施工、工程管理提供了丰富的资料。图 0.15 所示为"样式雷"设计的北京正阳门图样。图 0.16 所示为"样式雷"设计的石像生图样和完成的作品。

随着生产技术的发展,农业、交通、军事等器械日趋复杂和完善,图样形式日益接近现代工程图样,清代程大位编著的《算法纂要校释》一书中,有新制丈量步车的插图,图中有装配图和零件图,如图 0.17 所示。

中国古代早期的设计图样,主要用图样表达结构形状和位置,没有尺寸,如图 0.13 所示;明清时期采用图样和文字(图注)的形式表达,如图 0.16、图 0.17 所示。绘图使用的主要工具是规、界尺、毛笔、炭条,绘制在纸或布上,采用比例绘图的方法,尺寸标注是以文字的形式写在

(a) 试弓定力

(b) 八面转百子连珠炮

(c) 水磨

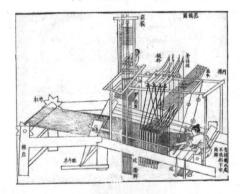

(d) 花机图(提花机)

图 0.14　《天工开物》插图

(a) 正阳门箭楼立样

(b) 正阳门箭楼后雨搭立样

二层地磐

底层地磐

(c) 地磐

图 0.15　正阳门[5]

图中,使用的单位是丈、尺、寸;图线没有粗细、实虚之分,可使用不同的颜色、色块,用来区分不同的材料和用途;绘制的图形有立样(立面图)、地磐样(平面图)、立体图、剖面图、局部放大图、构件详图以及展开图等。为了便于交流,设计图样不拘形式,在平面图中,绘出主要建筑的立面图,重要的图样以彩色图为主,图中大量使用"图注"的形式加以说明,设计思想一目了然,很有特点。对于设计的结果,采用按比例制作的模型(烫样)或彩色立体图展示,方便交流,如图 0.18 所示。

图 0.16　由设计图制作的石象生[6]

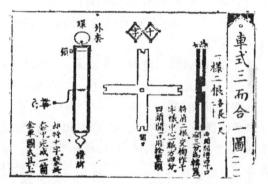

图 0.17　新制丈量步车图

图 0.18　"样式雷"设计制作的烫样和立体图[5]

### 0.1.3　图学的发展

　　1795 年,法国科学家蒙日出版了《画法几何学》,标志着图形技术由经验上升为科学,为现代图学奠定了基础,《画法几何学》的出现推动了现代工业的快速发展。

　　蒙日的《画法几何学》的主要内容是二投影面正投影法,即把三维空间里的几何元素投射在两个正交的二维投影平面上,并将它们展开成一平面,得到由两个二维投影组成的正投影综合图来表达这些几何元素,如图 0.19 所示。

　　蒙日在他的《画法几何学》中写道,这门学科有两个重要的目的:第一个目的是在只有两个尺度的图纸上,准确地表达出具有三个尺度才能严格确定的物体;第二个目的是根据准确的图形,推导出物体的形状和物体各个组成部分的相对位置,如图 0.20 所示的组合体。

　　《画法几何学》的推出,很快应用到工程领域,推动了工程制图在世界各国的广泛应用。其

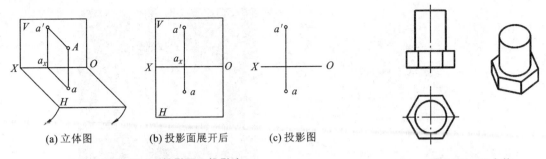

(a) 立体图　　　　　(b) 投影面展开后　　　　(c) 投影图

图 0.19　二投影面正投影法　　　　　　图 0.20　组合体

主要优点是,在只有二维空间的图纸上,能确切地表达空间三维物体的形状和位置,并在图中标注尺寸、确定大小,绘图相对简单了;其缺点是,没有学过工程制图的人看不懂图样。

为了便于交流,作为指导生产的技术文件,工程图样必须有统一的标准,以适应生产、管理、交流的需要。世界各国根据自己的国情制定国家标准,这是每个设计、制造、使用的技术人员共同遵守的法则。

1956 年,原第一机械工业部颁发了第一个部颁标准《机械制图》,使全国工程图样标准得到了统一,标志着我国工程图学进入了一个崭新的阶段。1959 年,由中华人民共和国科学技术委员会批准发布我国第一个《机械制图》(GB 122—141—59) 国家标准。随着科学技术的发展和工业水平的提高,技术规定不断修改和完善,先后多次修订了《机械制图》国家标准,并颁布了一系列《技术制图》与《机械制图》新标准。

随着科学技术的突飞猛进,制图理论与技术得到很快的发展。尤其在计算机技术迅速发展的今天,采用计算机绘图在工业生产的各个领域已经得到了广泛的应用。计算机绘图也从二维向三维过渡,设计也从特征建模到设计验证一体化。特别是三维计算机绘图的发展,使设计过程直观、生动,所见即所得,避免了由于空间想象造成的一些低级错误,也为日后的有限元分析和数控加工打下坚实的基础,如图 0.21 所示。

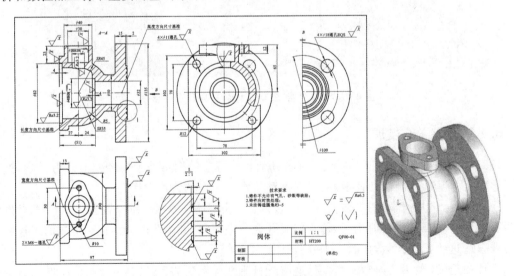

图 0.21　计算机绘制的零件图和三维模型

"机械工程图学"课程是机械专业的专业技术基础课,与其他很多课程有着密切的联系,尤其是以后要开设的设计课、工艺课、设备课、专业课和课程设计、毕业设计等,这些课程和设计都要用到机械工程图学课程的基本知识,如看图、画图、尺寸标注、技术要求等。可以这么说,制图课程如果没有学好,会影响其他课程的学习。

## 0.2　本课程的性质、主要内容及任务

本课程培养学生掌握绘制和阅读机械工程图样的基本原理和方法,培养学生的空间思维和想象能力,是一门既有系统理论又有较强的实践性和技术性的专业技术基础课。主要内容包含制图基本知识与基本技能、画法几何、机械工程制图等。

本课程的主要任务如下。

(1) 学习正投影法的基本理论及其应用。
(2) 掌握在平面上图解空间几何问题的理论和方法。
(3) 掌握在平面上图示空间形体的理论和方法。
(4) 培养空间构型和设计能力。
(5) 培养阅读和绘制机械工程图样的能力。
(6) 培养学生正确使用仪器(或徒手)绘制图样的基本能力。
(7) 培养学生查阅和使用与机械工程图样有关的国家标准能力。
(8) 培养学生耐心细致的工作作风和严肃认真的工作态度。

## 0.3　本课程的特点和要求

本课程的特点是由空间到平面、再由平面到空间,如此不断转换。故要求学生建立空间想象力,坚持空间—平面—空间这样一个反复提高的认识过程。应在学习、理解投影原理和与机械工程图样有关的基本知识的基础上,认真完成作业,要求每个学生都要认真独立地完成一整套习题集作业。

在本课程学习过程中要求学生用专门的绘图仪器绘图,部分图样要采用专门的图纸绘图。要求学生养成正确使用各种绘图仪器和工具的习惯,熟悉制图的基本知识和基本规定,执行有关国家标准的规定,会查阅和使用有关的手册和国家标准。

另外,学习必须坚持理论联系实际,要养成多看、多想、多练的习惯,多开展实践环节,以巩固理论内容。

# 第1章 制图的基本知识和基本技能

## 1.1 工程图样所包含的内容

在工程技术上为了正确地表示出工程对象(如机器、仪器、工程建筑)的形状结构、尺寸大小、规格、材料、技术要求等内容,通常,将工程对象按一定的投影方法和技术规定表达在图纸上,称为工程图样。图样作为"工程界的语言",必须要有统一的规定,才能用来交流思想,顺利地组织工程产品的生产,在机械工程上常用的图样有装配图和零件图。图 1.1 所示为表达部件平口钳的装配图,图 1.2 所示则为表达组成平口钳的零件之一——钳座的零件图。从这两个工程图样可以看出,一幅标准的机械工程图样不但包含用规定图线绘制的一组完整表达工程对象形状的图形,还包含表达工程对象大小的尺寸、制造工程对象要达到的技术要求和标题栏等;对于装配图还包含零件的序号和明细表。因此,工程图样要想作为"工程界的语言",其图纸幅面的大小、图线的画法、比例的选用、字体的样式、尺寸标注等内容就必须遵循一定的规定。

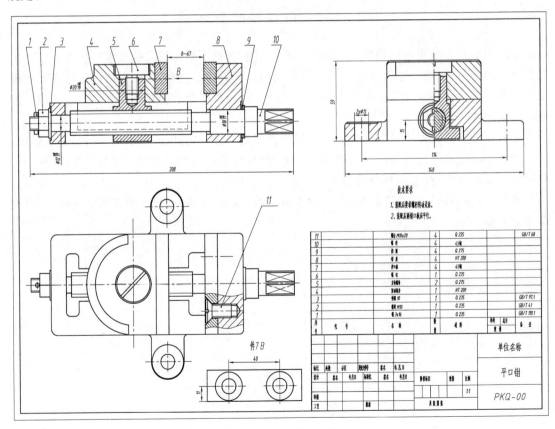

图 1.1 平口钳装配图

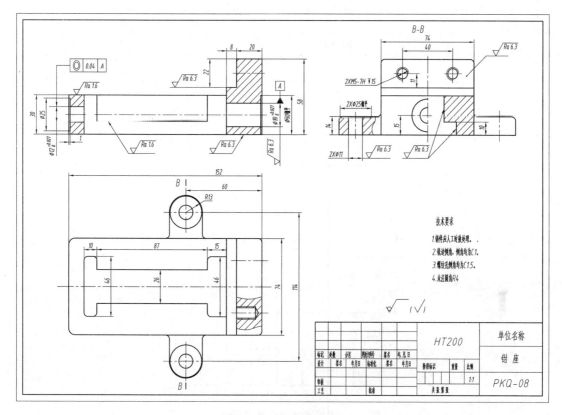

图 1.2　钳座零件图

## 1.2　国家标准《机械制图》、《技术制图》的相关规定简介

我国在 1959 年首次颁布了《机械制图》国家标准,并随着经济建设的不断发展和对外技术交流的不断扩大,先后作了多次修订。为了加强我国与世界各国的技术交流,我国依据国际标准化组织 ISO 制定的国际标准,在 20 世纪 90 年代,制定了我国国家标准《技术制图》。

国家标准,简称国标,代号为"GB"。例如"比例"的标准编号为 GB/T 14690—1993,斜线后的字母为标准类型,分强制标准和推荐标准,其中"T"为推荐标准,其后的数字为标准顺序号和发布的年代号。本节摘要介绍《机械制图》和《技术制图》国家标准中有关图纸幅面及格式、比例、字体、图线和尺寸注法等部分的基本规定。

### 1.2.1　图纸幅面及格式(GB/T 14689－2008)

**1. 图纸幅面**

绘制图样时,应优先采用表 1.1 所规定的基本幅面尺寸,必要时也允许加长幅面,但应按基本幅面的短边整数倍增加。各种加长幅面如图 1.3 所示。其中粗实线部分为基本幅面,细实线部分为第一选择的加长幅面,虚线部分为第二选择的加长幅面。

表 1.1　图纸基本幅面尺寸（mm）

| 幅面代号 | | A0 | A1 | A2 | A3 | A4 |
|---|---|---|---|---|---|---|
| 尺寸 $B \times L$ | | 841×1189 | 594×841 | 420×594 | 297×420 | 210×297 |
| 边框 | $a$ | 25 | | | | |
| | $c$ | 10 | | | 5 | |
| | $e$ | 20 | | 10 | | |

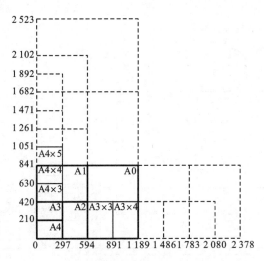

图 1.3　图纸基本幅面与加长幅面尺寸

**2. 图框格式**

表示一张图幅大小的框线,称为图纸的边界线,用细实线绘制。在边界线里面,根据不同图幅大小,必须用粗实线画出图框线。图纸可以横放也可竖放。需要装订的图样,其图框格式如图 1.4(a)所示,不需要装订的图样,其图框格式如图 1.4(b)所示。

**3. 标题栏**

所有图样均应有标题栏,一般置于图纸右下角,紧靠图框。标题栏中文字的方向一般为读图方向。标题栏外框用粗实线,内部分格线用细实线画出。标题栏格式在国家标准 GB/T 10609.1—2008 中有明确规定,其格式如图 1.5 所示。学生在本课程的学习期间,可以采用简化的标题栏,如图 1.6 所示,但后续课程及毕业设计图纸不在此例。图 1.6(a)所示为零件图的标题栏格式,图 1.6(b)所示为装配图使用的标题栏和明细表格式。

## 1.2.2　比例（GB/T 14690—1993）

图样与实物相应要素的线性尺寸之比称为图样的比例。绘图时所选比例应符合表 1.2 中的规定,优先选用第一系列比例,并尽量采用 1∶1 的比例。

绘制同一机件的各个视图应尽量选用同一比例,并在标题栏中的比例一栏填写。当某个视图需要采用不同比例时,必须在视图名称的下方或右侧加以标注。

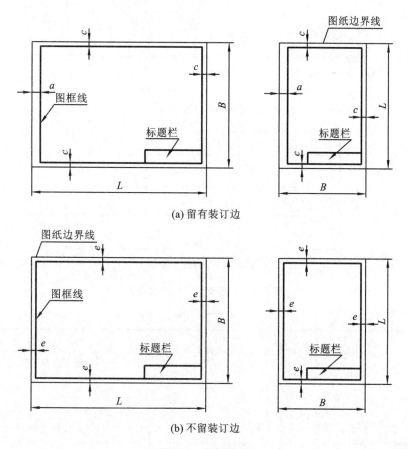

(a) 留有装订边

(b) 不留装订边

**图 1.4　图框格式**

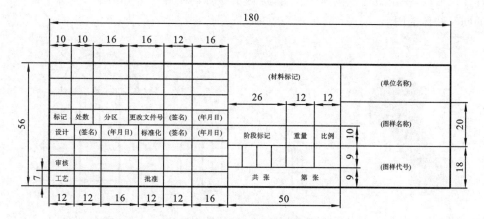

**图 1.5　国家标准规定的标题栏格式**

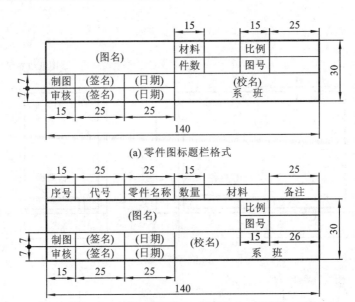

(a) 零件图标题栏格式

(b) 装配图使用的标题栏和明细表

**图 1.6 推荐使用的标题栏格式**

**表 1.2 比例**

| 种 类 | 比 例 | |
|---|---|---|
| | 第 一 系 列 | 第 二 系 列 |
| 原值比例 | $1:1$ | |
| 缩小比例 | $1:2$ $1:5$ $1:10$ $1:2\times10^n$ $1:5\times10^n$ $1:1\times10^n$ | $1:1.5$ $1:2.5$ $1:3$ $1:4$ $1:6$ $1:1.5\times10^n$ $1:2.5\times10^n$ $1:3\times10^n$ $1:4\times10^n$ $1:6\times10^n$ |
| 放大比例 | $2:1$ $5:1$ $1\times10^n:1$ $2\times10^n:1$ $5\times10^n:1$ | $2.5:1$ $4:1$ $2.5\times10^n:1$ $4\times10^n:1$ |

注:$n$ 为正整数。

标注尺寸时,不论所选比例为多少,都应标出机件的实际尺寸,如图 1.7 所示为不同比例画出的同一物体的图形。

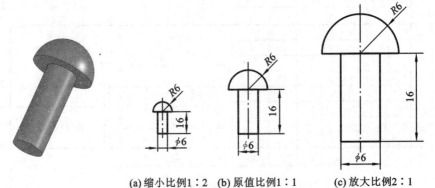

(a) 缩小比例1:2 (b) 原值比例1:1 (c) 放大比例2:1

**图 1.7 用不同比例画出的图形**

### 1.2.3 字体(GB/T 14691—1993)

图样中书写的字体必须做到:字体工整、笔画清楚、间隔均匀、排列整齐。

字体的号数用字高 $h$(mm)表示,分为 1.8、2.5、3.5、5、7、10、14 和 20。

**1. 汉字**

图样中的汉字应写成长仿宋体字(直体),并应采用国家正式公布推行的简化字。字宽一般为 $h/\sqrt{2}(\approx 0.7h)$,字号不应小于 3.5。

长仿宋体字的特点是横平竖直、注意起落、结构均匀、高度足格,如图 1.8 所示。

# 10号字：字体工整笔划清楚间隔均匀排列整齐
## 7号字： 字体工整笔划清楚间隔均匀排列整齐
##### 5号字： 技术制图机械电子汽车航空船舶土木建筑矿山港口纺织服装

**图 1.8  长仿宋体字示例**

**2. 数字和字母**

数字和字母可写成直体或斜体。斜体字字头向右倾斜,与水平基准线约成 75°。在技术文件中数字和字母一般写成斜体,而与汉字混合书写时,可采用直体。

数字和字母又分 A 型和 B 型,A 型字体笔画宽度 $d=h/14$,B 型宽度为 $h/10$。在同一图样中应采用同一型号的字体,用作指数、分数、极限偏差、注脚及字母的字号时,一般采用比基本尺寸数字小一号的字体。

图 1.9 所示为数字和字母的应用示例。

**图 1.9  数字和字母应用示例**

## 1.2.4　图样中的图线(GB/T 17450—1998、GB/T 4457.4—2002)

绘制图样时,应采用国标中所规定的图线,如表 1.3 所示。

表 1.3　图线(摘选)

| 图线名称 | 图 线 线 型 | 图线宽度 | 应 用 举 例 |
|---|---|---|---|
| 粗实线 | ——————— | $d$ | 可见轮廓线,可见棱边线,可见相贯线 |
| 细实线 | ——————— | $0.5d$ | 尺寸线,尺寸界线,剖面线,重合断面轮廓线,指引线,基准线,过渡线 |
| 波浪线 | ～～～～～ | $0.5d$ | 断裂处的边界线;视图与剖视图的分界线。在一张图样上,一般采用一种线型,即采用波浪线或双折线 |
| 双折线 | ——／—／—— | | |
| 细虚线 | ≈1　4~6 | $0.5d$ | 不可见轮廓线,不可见棱边线 |
| 粗虚线 | — — — — — | $d$ | 允许表面处理的表示线 |
| 细点画线 | ≈3　15~20 | $0.5d$ | 轴线,对称中心线,分度圆(线) |
| 粗点画线 | —— · —— · | $d$ | 限定范围表示线 |
| 细双点画线 | ≈5　15~20 | $0.5d$ | 相邻辅助零件的轮廓线,可动零件极限位置的轮廓线,假想投影的表示线等 |

机械图样中常用的线型为:粗实线、细实线、(细)波浪线、(细)双折线、细虚线、粗虚线、细点画线、粗点画线和细双点画线。

所有线型的图线宽度($d$)应按图样的类型和尺寸大小在下列数值中选择:0.25,0.35,0.5,0.7,1,1.4,2,单位为 mm,优先采用 0.5 或 0.7。粗、细线宽度比宜为 2∶1。手工绘图粗实线一般选 0.7 mm,计算机绘图粗实线一般选 0.5 mm。

如图 1.10 所示为图线应用举例。

绘图时,图线的画法应符合如下要求。

(1) 在同一图样中,同类图线的宽度应基本一致。虚线、点画线及细双点画线的点长、长画长和短间隔长应各自大致相等,如表 1.3 所示。点画线和细双点画线的首尾两端应是长画而不是短画,如图 1.11 所示。

(2) 两条平行线(含剖面线)间的距离应不小于粗实线的两倍宽度,其最小距离不得小于 0.7 mm。

(3) 绘制圆的对称中心线时,圆心应为长画的交点,且对称中心线两端应超出圆弧 2~5 mm,如图 1.11(a)所示。

(4) 在较小的图形上绘制点画线或细双点画线有困难时,可用细实线代替,如图 1.11(a)所示。

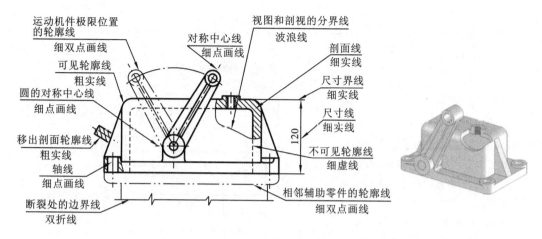

图 1.10　图线应用举例

（5）当虚线、点画线、双点画线相交时，应是线段相交。当虚线在粗实线的延长线上时，在虚线和实线的连接处应留出空隙，如图 1.11(b)所示。

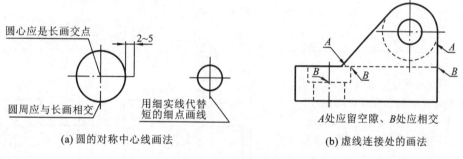

(a) 圆的对称中心线画法　　　　　(b) 虚线连接处的画法

图 1.11　图线画法举例

## 1.2.5　尺寸注法（GB/T 4458.4—2003、GB/T 19096—2003）

图样中的尺寸用以直接确定形体的真实大小和位置。

**1. 基本规则**

（1）机件的真实大小应以图样上所注的尺寸数值为依据，与图形的大小及绘图的准确度无关。

（2）图样中（包括技术要求和其他说明）的尺寸，以毫米为单位时，不需标注单位符号（或名称），如采用其他单位，则应注明相应的单位符号。

（3）图样中所标注的尺寸为该图样所示机件的最后完工尺寸，否则，应另加说明。

（4）机件的每一尺寸，一般只标注一次，并应标注在反映该结构最清晰的图形上。

**2. 尺寸组成及其注法**

一个完整的尺寸，一般由尺寸界线、尺寸线、尺寸线终端和尺寸数字四要素组成，其基本标注方法如表 1.4 所示。

表 1.4　尺寸标注基本方法

| 项目 | 说　明 | 图　例 |
|---|---|---|
| 尺寸界线 | （1）尺寸界线由细实线绘制，并应由图形的轮廓线、轴线或对称中心线处引出。必要时也可利用轮廓线、轴线或对称中心线作尺寸界线。<br>（2）尺寸界线一般应与尺寸线垂直，并超过尺寸线 2～3 mm，必要时才允许倾斜。<br>（3）在光滑过渡处标注尺寸时，必须用细实线将轮廓线延长，从它们的交点处引出尺寸界线 | 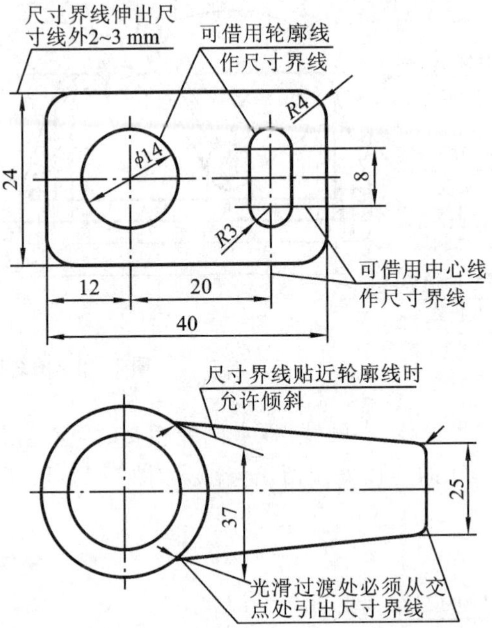 |
| 尺寸线 | （1）尺寸线应由细实线单独绘制，不能用其他图线代替，一般也不得与其他图线重合或画在其延长线上。<br>（2）标注线性尺寸时，尺寸线必须与所标注线段平行，且相距 5～10 mm。<br>（3）互相平行的尺寸线，小尺寸在里，大尺寸在外，且间隔为 5～10 mm | 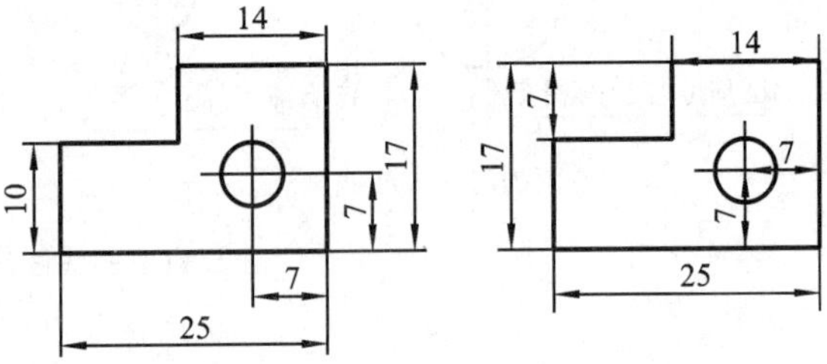 |
| 尺寸线终端 | （1）尺寸线终端有如下两种形式。<br>① 箭头：如图（a）所示。机械图样中一般采用这种形式。<br>② 斜线：用细实线绘制，如图（b）所示。采用这种形式时，尺寸线与尺寸界线必须互相垂直。<br>（2）标注连续的小尺寸时，中间的箭头可用小黑点或斜线代替，如图（c）、（d）所示。<br>（3）当尺寸线太短没有足够位置画箭头时，可将其画在尺寸线延长线上 | 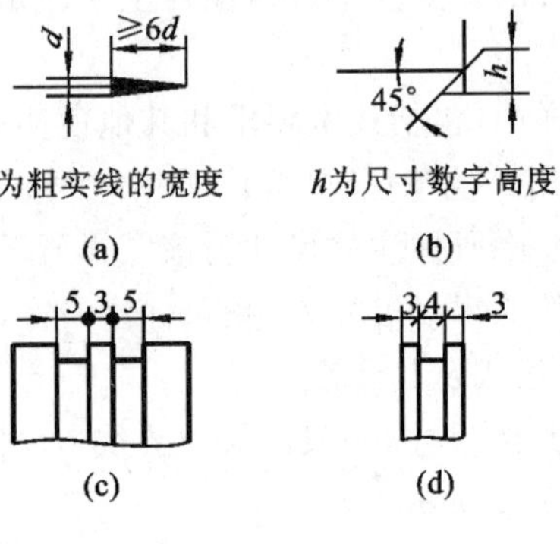 |

续表

| 项目 | 说　明 | 图　例 |
|---|---|---|
| 尺寸数字 | (1) 线性尺寸的数字一般应注写在尺寸线的上方，也允许注写在尺寸线的中断处，位置不够时可注写在尺寸线的一侧引线上。<br>(2) 标注参考尺寸时，应将尺寸数字加上圆括号 | 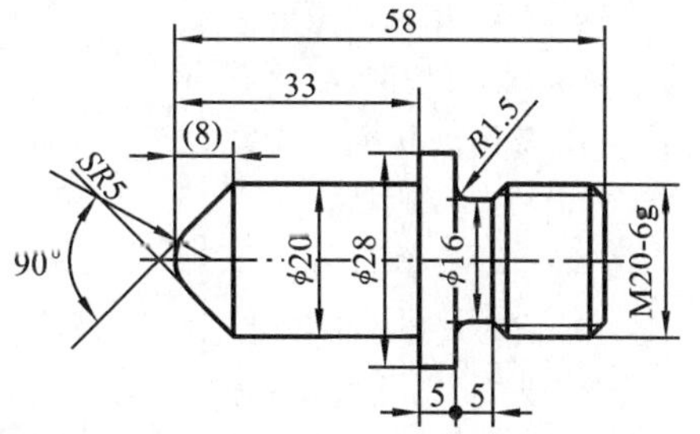  |
| | (3) 线性尺寸数字的方向应按图(a)所示，图示 30°范围内的尺寸应按图(b)或图(c)的形式标注。<br>(4) 在不致引起误解时，允许将非水平方向尺寸的数字水平注写在尺寸线中断处，如图(d)、(e)所示。但在同一张图样中，应尽可能采用同一种形式注写 | 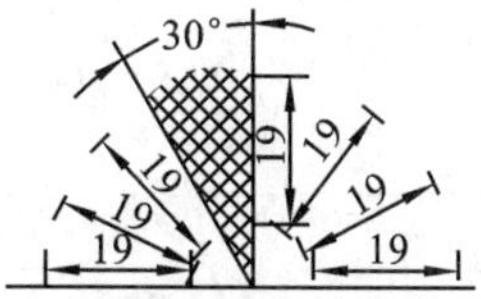  (a) 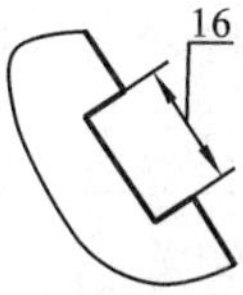  (b) 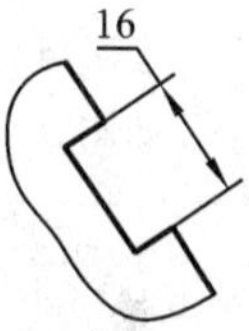  (c) 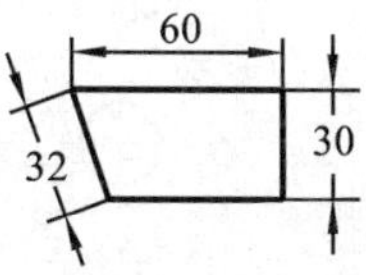  (d) 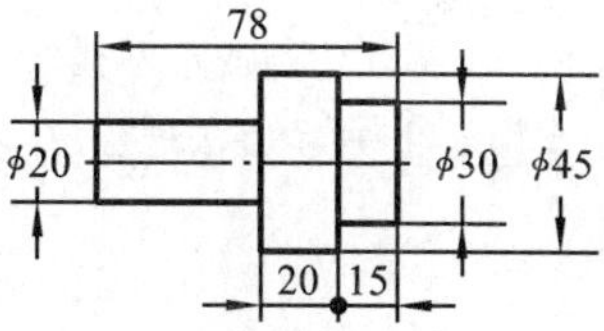  (e) |
| | (5) 尺寸数字不允许被任何图线穿过，不可避免时必须将图线断开以保证数字清晰 | 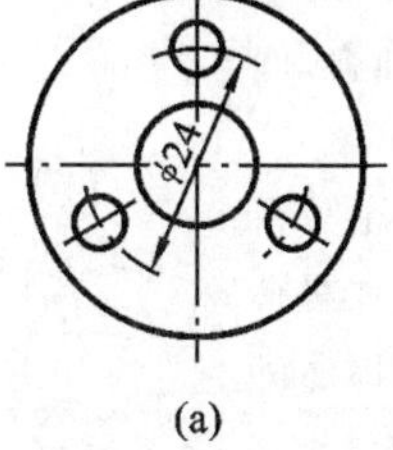  (a) 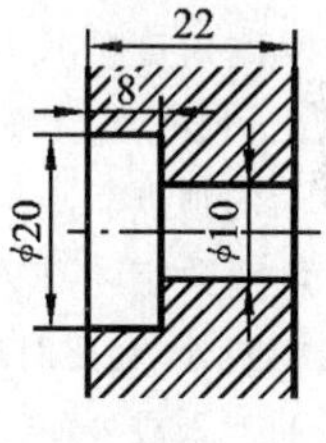  (b) |
| 直径与半径 | (1)　标注整圆或大于半圆的圆弧时，应标注直径尺寸，尺寸线过圆心，终端为箭头，并在数字前加符号“φ”。<br>(2) 标注小于或等于半圆的圆弧时，应标注半径尺寸，尺寸线由圆心出发指向圆弧，并在数字前加符号“*R*” | 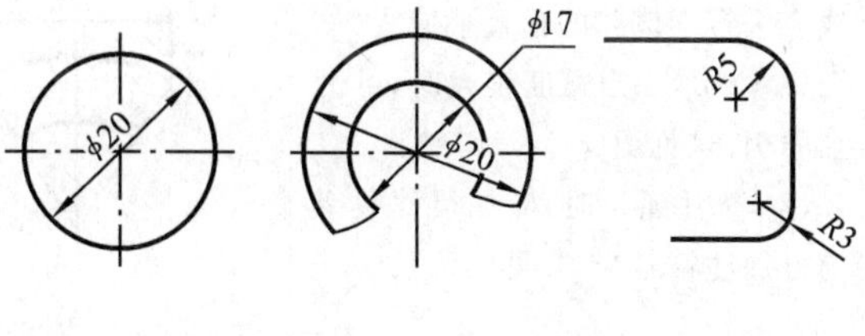  |

| 项目 | 说　　明 | 图　　例 |
|---|---|---|
| 直径与半径 | （3）当圆弧过大，图幅内无法标出其圆心位置时，可按图（a）的形式标注；若不需标出其圆心位置时，可按图（b）的形式标注 | 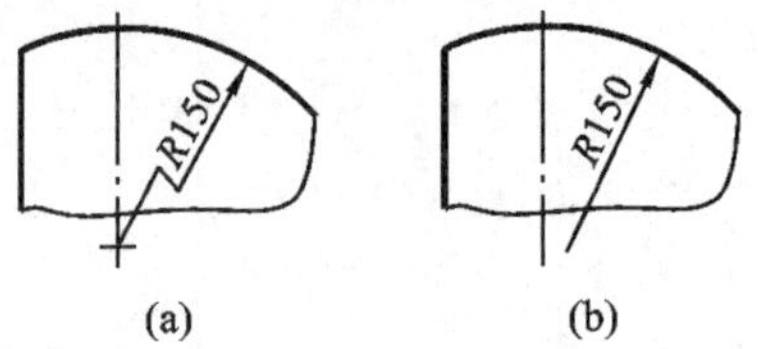 （a）　　（b） |
| | （4）标注球面的直径或半径时，应在符号"$\phi$"或"$R$"前加"$S$"。对于螺钉、铆钉的头部、轴（包括螺杆）的端部及手柄的端部等，在不致引起误解的情况下可省略符号"$S$"，如图（c） | 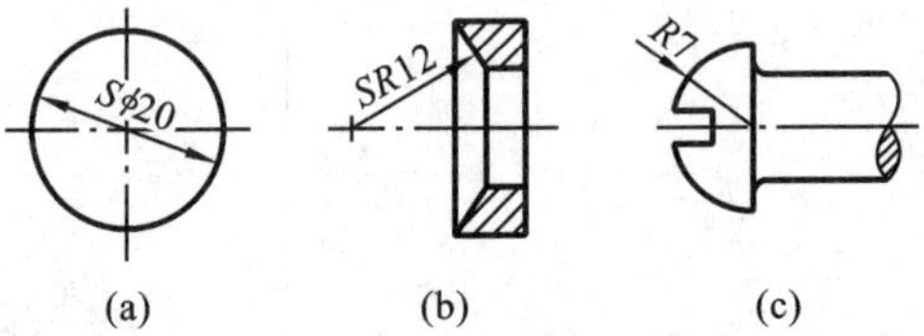 （a）　　（b）　　（c） |
| | （5）标注小圆或小圆弧时，可按图（a）、（b）所示方法进行 | 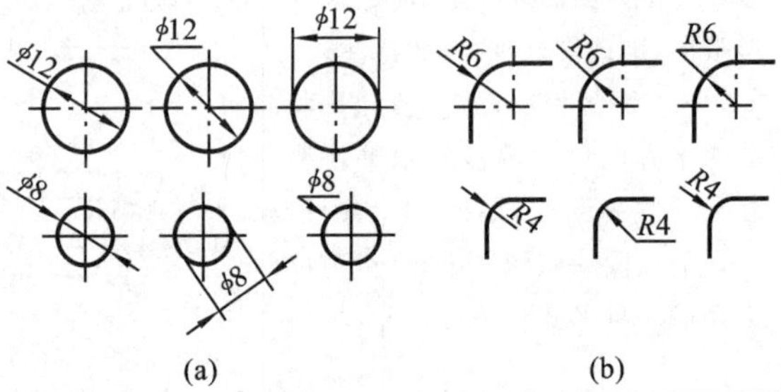 （a）　　（b） |
| 角度 | （1）标注角度的尺寸界线应沿径向引出，尺寸线应画成圆弧，圆心是该角的顶点。<br>（2）角度数字一律水平注写在尺寸线中断处，必要时也可注写在尺寸线的上方或外面，或引出标注 | 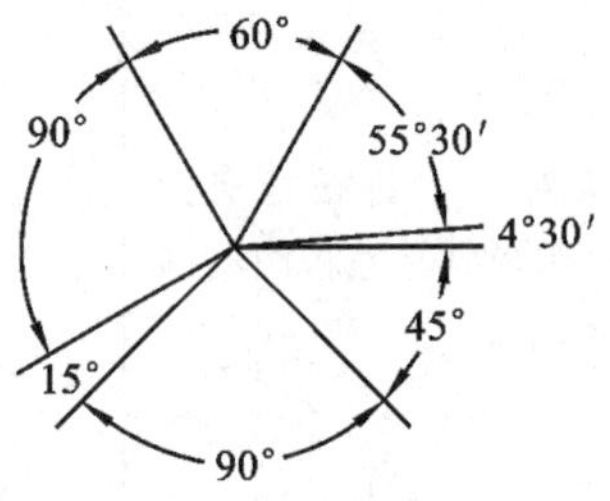 |
| 弦长与弧长 | （1）标注弦长或弧长的尺寸界线应平行于该弦的垂直平分线（见图（a）、（b））。当弧度较大时，可沿径向引出（见图（c））。<br>（2）标注弧长时，应在尺寸数字前方加注符号"⌒"（见图（b）、（c）） | 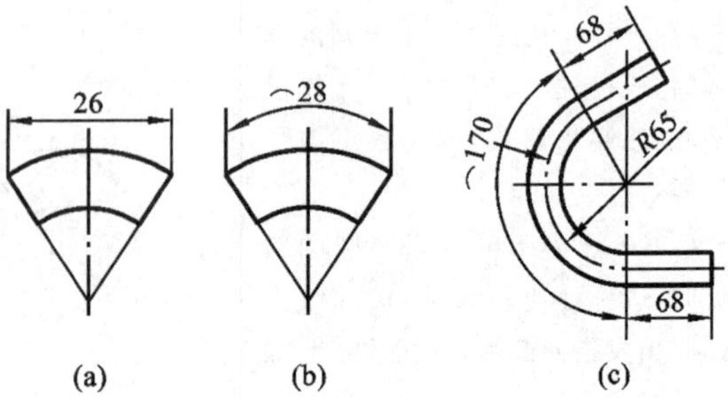 （a）　　（b）　　（c） |

续表

| 项目 | 说　明 | 图　例 |
|------|--------|--------|
| 正方形结构 | 　　如右图所示,标注机件的断面为正方形结构的尺寸时,可在边长尺寸数字前加注符号"□"(边长等于字高,线宽是字高的 1/10),或用"$B \times B$"($B$ 为正方形断面的对边距离)标注,例如这里用 14×14 代替"□14"。图中相交的两条细实线是平面符号 | 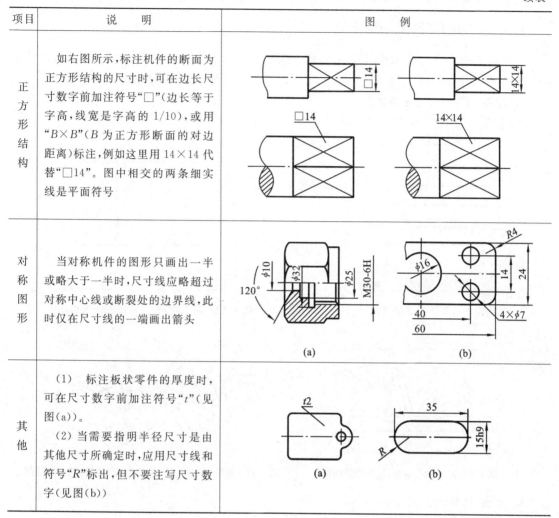 |
| 对称图形 | 　　当对称机件的图形只画出一半或略大于一半时,尺寸线应略超过对称中心线或断裂处的边界线,此时仅在尺寸线的一端画出箭头 | |
| 其他 | 　　(1) 标注板状零件的厚度时,可在尺寸数字前加注符号"$t$"(见图(a))。<br>　　(2) 当需要指明半径尺寸是由其他尺寸所确定时,应用尺寸线和符号"$R$"标出,但不要注写尺寸数字(见图(b)) | |

## 1.3　平面图形的画法

### 1.3.1　绘制机械图样的三种方法

　　绘制机械图样可用仪器绘图、徒手绘图、计算机绘图三种方法。

　　仪器绘图也称为尺规作图,需依靠绘图仪器和制图工具作图,主要的绘图仪器和工具是圆规、分规、铅笔、图板、丁字尺、三角板、曲线板等,仪器绘图既是工程技术人员的必备基本技能,又是学习和巩固图学理论知识不可缺少的方法,必须熟练掌握。

　　徒手绘图是以目测估计实物的大小,选择合适绘图比例,按一定画法要求绘制图样。在进行设计或在工厂现场进行测绘及用计算机绘图的草图时,都需要这种徒手绘图技术。

　　计算机绘图是利用计算机软、硬件及其外围设备绘制各种图样的技术,具有出图速度快、作图精度高等特点,而且便于管理、检索和修改。它使人们逐渐摆脱了繁重的手工作图、使无纸化生产成为可能。

本节只介绍尺规作图中各种绘图工具的使用方法和制图步骤及徒手绘图的方法。

### 1.3.2　绘图工具及使用方法

要提高绘图的准确度和绘图效率,必须掌握正确使用各种绘图工具和仪器的方法。常用的手工绘图工具有图板、丁字尺、三角板、比例尺、圆规、分规、铅笔、曲线板等。

**1. 图板、丁字尺、三角板的用法**

图板、丁字尺、三角板的用法如图 1.12 至图 1.15 所示。

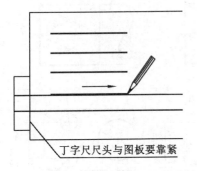

图 1.12　用丁字尺画水平线

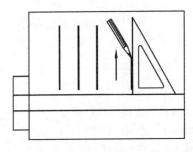

图 1.13　用丁字尺、三角板配合画铅垂线

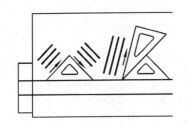

图 1.14　用丁字尺三角板配合画 15° 整倍数的斜线

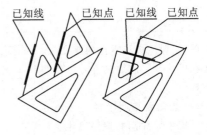

图 1.15　用两块三角板配合作已知线的平行线或垂直线

**2. 分规、比例尺的用法**

分规、比例尺的用法如图 1.16、图 1.17 所示。

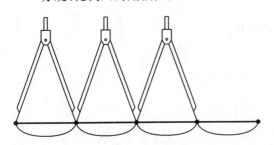

图 1.16　用分规连续截取等长线段

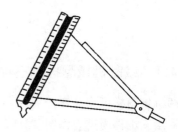

图 1.17　比例尺除用来直接在图上量取尺寸外还可用分规从比例尺上量取尺寸

**3. 圆规的用法**

圆规的用法如图 1.18 至图 1.20 所示。

**4. 铅笔的削法**

铅笔的削法如图 1.21 所示。

铅笔铅芯的软硬分别用字母 B 和 H 表示。B 前数字越大表示铅芯越软,H 前数字越大表

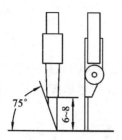

**图 1.18　铅芯脚和针脚高低的调整**

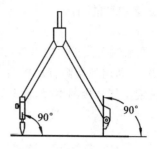

**图 1.19　画圆时,铅芯脚和针图都应垂直纸面**

示铅芯越硬,HB 铅笔铅芯软硬适中。画图时,常用 H 或 HB 铅笔画底稿、加深细实线、细虚线、细点画线及书写文字。用 B 或 2B 铅笔加深粗实线、粗虚线。画粗线条的铅笔,铅芯应削磨成楔形,其余则削磨成圆锥形。

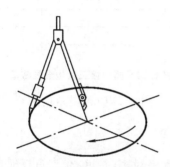

**图 1.20　画圆时,圆规应按顺时针方向旋转并稍向前倾斜**

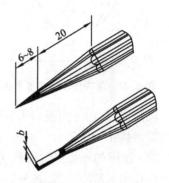

**图 1.21　铅笔的削法**

### 5. 曲线板的用法

曲线板的用法如图 1.22 所示。

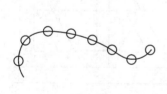

(a) 用细线通过各点徒手连成曲线

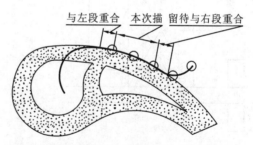

(b) 分段描绘,在两段连接处要有一小段重复,
以保证所连曲线光滑过渡

**图 1.22　曲线板的用法**

## 1.3.3　常见几何图形的作图方法

虽然机件的轮廓形状是多种多样的,但它们的图样都是由基本的直线、圆、圆弧或其他曲线组合而成的几何图形,因此,掌握了几何图形作图的基本方法,便可准确、熟练地绘出工程图样。

**1. 正多边形的画法**

1）正六边形

（1）作圆的内接正六边形（已知对角线长度作图）。

画法一：利用外接圆直径作图。因正六边形的对角线长度就是外接圆的直径 $D$，且正六边形的边长就是其外接圆半径，因此，直接以其半径在外接圆上截取正六边形各顶点，连接即可，如图 1.23 所示。

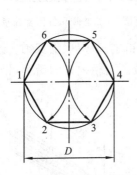

图 1.23 圆内接正六边形画法一

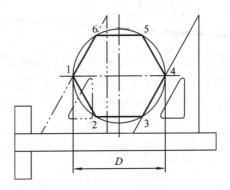

图 1.24 圆内接正六边形画法二

画法二：利用三角板和丁字尺配合作图。如图 1.24 所示，用 60°三角板配合丁字尺，也可作出圆内接正六边形。

（2）作圆的外切正六边形（已知对边距离作图）。

先作出对称中心线，再根据已知对边距离 $s$ 作出水平对边，并用 60°三角板配合丁字尺即可完成，如图 1.25 所示。

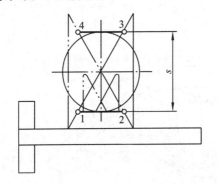
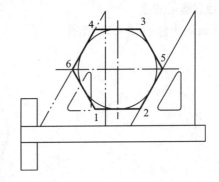

图 1.25 圆外切正六边形画法

2）正五边形

已知正五边形的外接圆，其作图方法如图 1.26 所示。平分半径 $OA$ 得中点 $M$，以 $M$ 为圆心，$MD$ 为半径作圆弧，交水平直径于点 $E$，直线段 $DE$ 即为正五边形边长，以 $D$ 为起点，即可作出圆内接正五边形。

3）作正 $n$ 边形

以正七边形作法为例

（1）先将已知直径 $AK$ 7 等分，再以点 $K$ 为圆心，以直径 $AK$ 为半径画弧，交直径 $PQ$ 的延长线于 $M$、$N$ 两点，如图

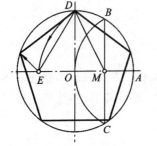

图 1.26 圆内接正五边形画法

1.27(a)所示。

(2) 自点 $M$、$N$ 分别向 $AK$ 上的各偶数点(或奇数点)连线并延长交圆周于点 $B$、$C$、$D$ 和 $E$、$F$、$G$,依次连接各点,即得正七边形,如图 1.27(b)所示。

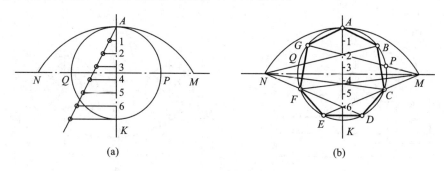

(a)　　　　　　　　　　　　　(b)

图 1.27　正七边形的画法

### 2. 斜度和锥度

1) 斜度

斜度是指一直线(或平面)对另一直线(或平面)的倾斜程度,其大小用两直线(或平面)间夹角的正切值表示,图样中常用 $\angle 1:n$ 的形式标注,如图 1.28 所示。斜度采用引出标注,斜度符号"$\angle$"的斜边方向应与斜度方向一致,如图 1.29 所示。斜度的作图步骤如图 1.29 所示。

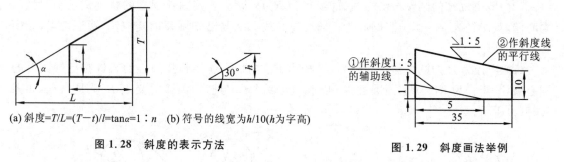

(a) 斜度=$T/L$=$(T-t)/l$=$\tan\alpha$=$1:n$　(b) 符号的线宽为 $h/10$($h$ 为字高)

图 1.28　斜度的表示方法

图 1.29　斜度画法举例

2) 锥度

锥度是指正圆锥底圆直径与其高度之比,其大小是圆锥素线与轴线夹角的正切值的两倍,图样中用 $\triangleright 1:n$ 的形式标注,如图 1.30 所示。锥度采用引出标注,锥度符号"$\triangleright$"的方向应与圆锥方向一致,如图 1.31 所示。锥度的作图步骤如图 1.31 所示。

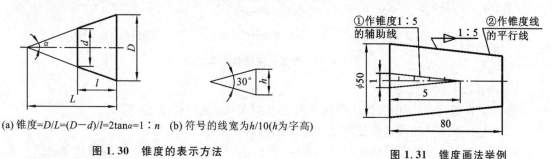

(a) 锥度=$D/L$=$(D-d)/l$=$2\tan\alpha$=$1:n$　(b) 符号的线宽为 $h/10$($h$ 为字高)

图 1.30　锥度的表示方法

图 1.31　锥度画法举例

### 3. 圆弧连接

绘制机器零件轮廓时,常遇到一条线段(直线或曲线)光滑地过渡到另一条线段的情况,这通常是用已知半径的圆弧将两直线、一直线和一圆弧或两圆弧相切连接起来,如图 1.32(a)中

的 $R8$、$R10$ 和图 1.32(b)中的 $R18$、$R40$ 圆弧。这种用圆弧光滑地连接相邻两线段的方法称为圆弧连接。这段已知半径的圆弧称连接圆弧,为保证圆弧的光滑连接,必须准确地作出连接圆弧的圆心和连接的切点。

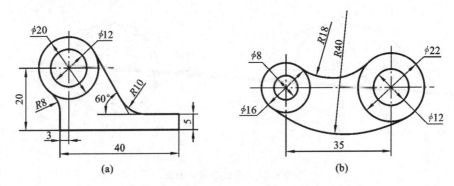

图 1.32　机械零件图样上的各种圆弧连接

1) 圆弧连接的基本原理

(1) 半径为 $R$ 的圆弧与已知直线 I 相切。连接圆弧圆心的轨迹是距离直线 I 为 $R$ 的两条平行线 II 和 III。当圆心为 $O_1$ 时,由 $O_1$ 向直线 I 所作垂线的垂足 $K$ 就是切点,如图 1.33(a) 所示。

(2) 半径为 $R$ 的圆弧与已知圆弧(半径为 $R_1$)外切。连接圆弧圆心的轨迹是已知圆弧的同心圆,其半径为 $R_1+R$。当圆心为 $O_1$ 时,连心线 $OO_1$ 与已知圆弧的交点 $K$ 就是切点,如图 1.33(b)所示。

(3) 半径为 $R$ 的圆弧与已知圆弧(半径为 $R_1$)内切。连接圆弧圆心的轨迹是已知圆弧的同心圆,其半径为 $R_1-R$。当圆心为 $O_1$ 时,连心线 $OO_1$ 与已知圆弧的交点 $K$ 就是切点,如图 1.33(c)所示。

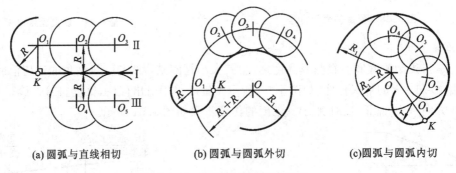

(a) 圆弧与直线相切　　　(b) 圆弧与圆弧外切　　　(c)圆弧与圆弧内切

图 1.33　圆弧连接的基本作图

2) 圆弧连接的作图方法

由以上分析,可归纳出圆弧连接的作图法为:求圆心,定切点,画连接弧。

(1) 用半径为 $R$ 的圆弧连接两已知直线 $EF$、$MN$,如图 1.34 所示。

(2) 用半径为 $R$ 的圆弧连接两已知圆弧(圆心 $O_1$、$O_2$,半径 $R_1$、$R_2$),其画图步骤如图 1.35 所示。

(3) 用半径为 $R$ 的圆弧连接一直线和一圆弧与两已知圆弧内外切的画法如图 1.36 所示。

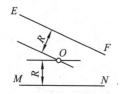

(a) 求圆心：分别作距两已知
直线为R的平行线，交点O
为连接弧圆心

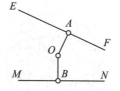

(b) 求切点：过点O分别向两已
知直线作垂线，垂足A、B
为切点

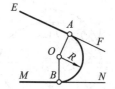

(c) 画连接弧：以点O为圆心，
R为半径，从A到B画圆弧

**图 1.34 连接两直线的画法**

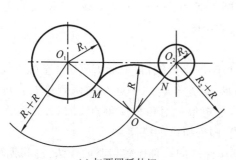

(a) 与两圆弧外切

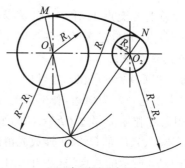

(b) 与两圆弧内切

**图 1.35 与两圆弧外切、内切的画法**

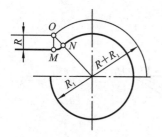

(a) 与已知直线和圆弧外切

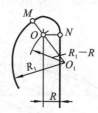

(b) 与圆弧和直线内切

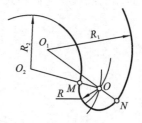

(c) 与两已知圆弧内外切

**图 1.36 内外切的画法**

### 4. 椭圆的画法

已知椭圆长轴 $AB$、短轴 $CD$，常用的画椭圆的方法如图 1.37 所示。

1) 四心近似法作图步骤

如图 1.37(a)所示，作图步骤如下。

(1) 连接 $A$、$C$，以 $O$ 为圆心、$OA$ 为半径画弧，与 $CD$ 的延长线交于点 $E$；以 $C$ 为圆心、$CE$ 为半径画弧，与 $AC$ 交于点 $F$。

(2) 作 $AF$ 的垂直平分线与长短轴分别交于点 1、2，再作对称点 3、4；1、2、3、4 即四个圆心。

(3) 分别作圆心连线 41、43、21、23 并延长。

(4) 分别以 1、3 为圆心，$1A$ 或 $3B$ 为半径，画小圆弧 $K_1AK$ 和 $NBN_1$；分别以 2、4 为圆心，$2C$ 或 $4D$ 为半径，画大圆弧 $KCN$ 和 $N_1DK_1$，即完成近似椭圆的作图。

2) 同心圆法作图步骤

如图 1.37(b)所示，分别以 $AB$ 和 $CD$ 为直径作同心圆，过圆心 $O$ 作一系列放射线与两圆

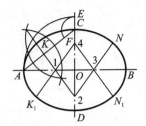

(a) 四心圆法作近似椭圆

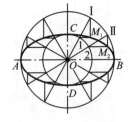

(b) 同心圆法作椭圆

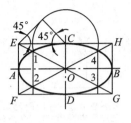

(c) 八点法作椭圆

**图 1.37 椭圆的画法**

相交,过大圆上各交点Ⅰ,Ⅱ,…引垂线,过小圆上各点1,2…作水平线,与相交的垂线交于 $M_1$,$M_2$,…各点,光滑连接以上各点即完成椭圆的作图。

3) 八点法作椭圆

如图1.37(c)所示,过长、短轴的端点作对称轴的平行线,得矩形 $EFGH$,连对角线。以矩形的任意半条边 $EC$ 为斜边,作等腰直角三角形,从这条边的中点 $C$ 向两侧量取直角边的长度,由量得的点作矩形邻边 $EF$、$HG$ 的平行线,与矩形的对角线交得点1、2、3、4,顺次用曲线板将点 $A$、1、$C$、4、$B$、3、$D$、2、$A$ 连成光滑的曲线,即得所求的椭圆。

如图1.38所示的八点法,是由一对共轭轴作椭圆的一种比较粗略的作法:过共轭轴 $MN$、$KL$ 的端点 $M$、$N$、$K$、$L$ 作共轭轴的平行线,得平行四边形 $EFGH$,连对角线 $EG$、$HF$。再作等腰直角三角形 $EE_1K$,取 $KH_1=KH_2=KE_1$。分别由 $H_1$、$H_2$ 作 $KL$ 的平行线,交对角线于点1、2、3、4,用曲线板将它们和共轭轴的端点顺次连接成椭圆。

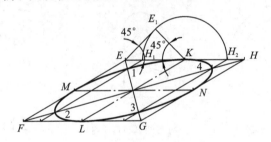

**图 1.38 由一对共轭轴用八点法作椭圆**

### 5. 尺规绘图的步骤

1) 绘图前的准备工作

(1) **准备工作** 画图前应先了解所画图样的内容和要求,准备好必需的绘图工具和仪器。根据机件大小和复杂程度选定图形的比例和图纸幅面。

(2) **固定图纸** 将图纸固定在图板左方,图纸下边空出的距离应能放置丁字尺,图纸水平边与丁字尺工作边平行,左边距图板边缘 40~60 mm。图纸用胶纸固定,不应使用图钉,以免损坏图板,阻碍丁字尺移动。

2) 绘图的方法和顺序

(1) **画底稿的方法和顺序** 画底稿时,宜用削尖的 H 或 HB 铅笔轻淡画出,并经常磨削铅笔。

用细实线画出图框和标题栏外框后,开始画底稿。画图步骤:先画图形的对称中心线或轴线,再画主要轮廓线,最后画细小结构线;如图形是剖视图或断面图时,则最后画剖面符号或剖面线。注意各图之间位置布置匀称、美观,应留有标注尺寸的地方。底稿线要轻、细,但应清晰、准确。

（2）检查、加深并标注尺寸 底稿完成后应检查有无遗漏,并擦去多余线条。加深图线时要用力均匀、线型分明、连接光滑、图面整洁。

图线的加深应按先曲线后直线,由上到下,由左向右,所有图形同时加深的原则进行,尽量减少尺子在图样上的摩擦次数。一般先用 HB 或 B 铅笔加深粗实线圆及圆弧,再加深直线;然后用 H 或 HB 铅笔加深细点画线、细虚线、细实线等细线;最后标注尺寸和书写文字(也可在注好尺寸后再加深图线)。

（3）加深图框,完成标题栏具体内容,全面清理图面。

### 1.3.4 平面图形的尺寸分析和作图方法

一个平面图形通常由一个或多个封闭图形组成,而每一个封闭图形一般又由若干线段(直线、圆弧)组成。要正确绘制一个平面图形,必须首先对其尺寸和线段进行分析,从而准确确定各线段相对位置和关系。

**1. 平面图形的尺寸分析**

平面图形上的尺寸按其所起作用可分为定形尺寸和定位尺寸两种。

1）定形尺寸

确定平面图形形状大小的尺寸称为定形尺寸,如直线的长度、圆和圆弧的直径和半径、角度的大小等。如图 1.39 中的 $\phi34$、$\phi52$、$\phi20$、$R14$、$R18$、$R25$ 和 $R55$。

2）定位尺寸

确定平面图形上点、线段间相对位置的尺寸称为定位尺寸。如图 1.39 中的 80 和 24 是定位尺寸,确定 $\phi20$ 和 $R14$ 的圆心位置;25 是圆弧 $R55$ 的一个定位尺寸;15 是 $R25$ 与 $R18$ 两圆弧间直线的定位尺寸。

3）尺寸基准

标注尺寸的起点称为尺寸基准。平面图形中常用对称中心线、圆或圆弧的中心线、重要的轮廓线以及图形的底边线作尺寸基准。由于平面图形是二维图形,故需要两个方向上的尺寸基准,每个方向上至少一个基准,当有两个或两个以上的基准时,其中一个称主要基准,其余为辅助基准。如图 1.39 所示。

注意:有时一个尺寸可以兼有定形和定位两种作用;尺寸基准只有在研究几何元素相对位置时才有意义。

**2. 平面图形的线段分析**

平面图形中的线段,根据其生成时所需要的尺寸数量,或根据设计者所赋予的功能,可分为已知线段、中间线段和连接线段三种。

1）已知线段

定形和定位尺寸齐全,不依赖于其他线段便可以独立画出的圆、圆弧或直线,称为已知线段。如图 1.39 中的 $\phi34$、$\phi52$、$\phi20$ 圆、$R14$ 圆弧均为已知线段。

2）中间线段

只有定形尺寸和一个方向定位尺寸的线段,或虽有定位尺寸但无定形尺寸,还需根据一个连接关系才能画出的线段,称为中间线段。如图 1.39 中的 $R55$ 圆弧是中间线段,已知其一个定位尺寸 25,还需根据与 $R14$ 的连接关系才能画出。

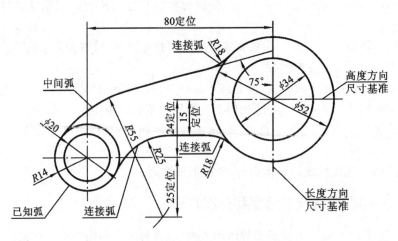

**图 1.39　平面图形的尺寸分析和线段分析**

3）连接线段

只有定形尺寸没有定位尺寸，而需要依靠与之相邻的两个连接关系才能画出的线段，称为连接线段。如图 1.39 中的 $R25$ 和两个 $R18$ 圆弧是连接线段，必须根据两个相切的关系才能画出。

注意：在两条已知线段之间，可以有多条中间线段，但只能有一条连接线段。

**3．平面图形的画图步骤**

画平面图形时，必须先画出所有已知线段，然后画中间线段，最后画连接线段。现以手柄（见图 1.40）为例，说明平面图形的绘图步骤。

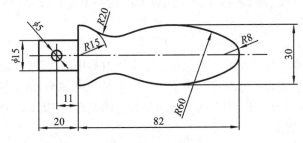

**图 1.40　手柄外形图**

（1）画基准线、定位线，如图 1.41(a)所示。

（2）画已知线段，如图 1.41(b)所示。

（3）画中间线段，如图 1.41(c)所示。

（4）画连接线段，如图 1.41(d)所示。

（5）整理全图，仔细检查无误后加深图线，标注尺寸，完成全图，如图 1.40 所示。

**4．平面图形的尺寸注法**

平面图形中标注的尺寸必须能唯一确定图形的形状和大小。尺寸标注的基本要求如下。

（1）尺寸标注完全，不遗漏，不重复。

（2）尺寸注写符合国家标准《机械制图》和《技术制图》有关尺寸注法的规定。

（3）尺寸注写要清晰，便于阅读。

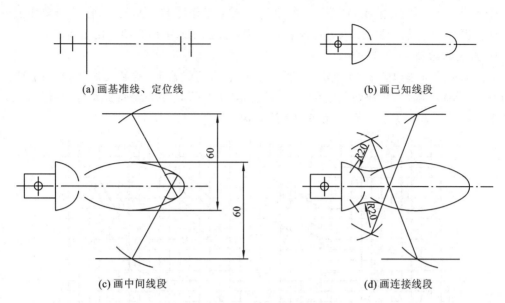

(a) 画基准线、定位线　　　　　　　　　　　　　　(b) 画已知线段

(c) 画中间线段　　　　　　　　　　　　　　　　(d) 画连接线段

**图 1.41　平面图形的画图步骤**

下面以图 1.42 为例,说明标注尺寸的方法和步骤。

(1) 分析平面图形的形状和结构,确定长度方向和高度方向的尺寸基准。图 1.42 中以 $\phi28$ 圆的中心线作为两个方向的尺寸基准。

(2) 分析并确定图形的线段性质,$\phi28$、$\phi14$、$R30$ 是已知线段,$R13$ 是中间线段,$R40$、$R60$ 是连接线段。

(3) 标注定形尺寸。标注图中 $\phi28$、$\phi14$、$R30$、$R13$、$R40$、$R60$。

(4) 标注定位尺寸。注出 20 和 40 以确定 $R30$ 的圆心位置,注出 50 以确定 $R13$ 圆心的一个定位尺寸,另一个定位尺寸靠连接关系来确定。

(5) 检查标注的尺寸是否完整。已知线段要注三个尺寸,中间线段要注两个尺寸,连接线段只注一个尺寸。尺寸排列整齐、匀称,小尺寸在内,大尺寸在外,以避免尺寸线与尺寸线相交。

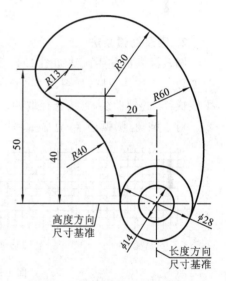

**图 1.42　平面图形的尺寸注法**

# 1.4　徒手绘图及其画法

## 1.4.1　徒手绘草图

目测估计物体各部分尺寸比例,以徒手方式绘制出来的图样称为草图。徒手绘草图迅速、简便,常用于创意设计、现场测绘及计算机绘图的草图。

草图不是潦草的图,除比例不要求符合国标外,其余均必须遵守国标规定,要求做到图线清晰、粗细分明、字体工整,作图步骤基本上也与仪器绘图相同。

徒手绘草图一般选用 HB 或 B、2B 的铅笔。为便于作图和控制尺寸,徒手绘草图通常在方格纸上进行,不应固定图纸,以方便随意转动和移动图纸。下面介绍常用图线的画法。

**1. 直线的画法**

直线的徒手画法如图 1.43 所示,画直线时,为保证方向准确,眼睛要注意线段的终点,自左向右,自上而下画出,并且要充分利用方格线。对于 30°、45°、60°等特殊角度斜线,可根据其近似正切值 3/5、1、5/3,作直角三角形的斜边画出。

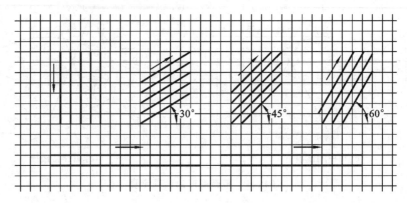

图 1.43　徒手画直线的方法

**2. 圆及圆弧画法**

圆及圆弧的徒手画法如图 1.44 所示。画小圆时,应先在中心线上按半径截取四点,然后分四段逐步连接成圆,如图 1.44(a)所示。画大圆时,除中心线上四点外,可再增画两条与水平线成 45°的辅助线,再按半径取四点,分八段画出,如图 1.44(b)所示。

对于圆角、圆弧连接,应尽量利用与正方形、长方形相切的特点作图,如图 1.44(c)所示。

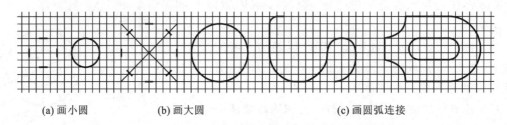

(a) 画小圆　　　　　　(b) 画大圆　　　　　　　　(c) 画圆弧连接

图 1.44　徒手画圆及圆弧的方法

**3. 椭圆的画法**

(1) 若已知椭圆长、短轴作椭圆,可按如图 1.45(a)所示的画法绘制。过长短轴端点作长、短轴的平行线,得矩形 $EFGH$;连矩形 $EFGH$ 的对角线,并在各半对角线上,从中心向角点按目测取 7∶3 的点,如图中 1.45(a)所示,按 $O1∶1E=O2∶2H=O3∶3G=O4∶4F≈7∶3$,取点 1、2、3、4,徒手顺次连接长、短轴的端点和半对角线上所取的四个点 $A$、1、$C$、2、$B$、3、$D$、4、$A$,即为所求的椭圆。

(2) 若已知共轭直径作椭圆,则可按如图 1.45(b)所示画法绘制。通过已知的共轭直径 $AB$、$CD$ 的端点作共轭轴的平行线,得平行四边形 $EFGH$;然后用与已知长、短轴作椭圆(见图 1.45(a))相同的方法,连对角线,在各对角线上,从中心向角点按目测取等于 7∶3 的点 1、2、3、4;徒手顺次连接共轭轴的端点和半对角线上所取的四个点 $A$、1、$C$、2、$B$、3、$D$、4、$A$,就可作出所求的椭圆。

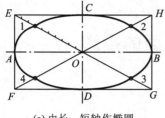

(a) 由长、短轴作椭圆

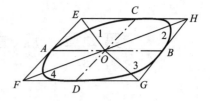

(b) 由共轭直径作椭圆

**图 1.45　徒手画椭圆的方法**

# 第2章　点、直线、平面的投影

## 2.1　投　影　法

### 2.1.1　投影法的基本知识

在日常生活中可以看到,太阳光或灯光照射物体时,会在墙上或地面上形成影子,这种自然现象就是一种投影现象。工程界将这种现象进行科学的总结和抽象,提出了投影法。

如图2.1所示,把光源抽象为投射中心 S,光线抽象为投射线,墙壁抽象为投影面 P,物体△ABC 置于投射中心 S 和投影面 P 之间,在投影面 P 上得到的影子△abc 称为△ABC 的投影。这种利用投射线将物体向预定投影面进行投射而得到投影的方法称为投影法。

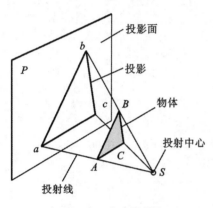

图 2.1　中心投影法

### 2.1.2　投影法的分类

#### 1. 中心投影法

如图2.1所示,所有投射线都汇交于投射中心的投影法称为中心投影法。用中心投影法得出的投影图形不能反映物体的真实大小,但立体感强,常用于绘制建筑物的立体图,也称为透视图。

#### 2. 平行投影法

投射线互相平行的投影方法称为平行投影法。根据投射线与投影面是否垂直,平行投影法可分为斜投影法和正投影法两种。

斜投影法——投射线与投影面倾斜,如图2.2所示。

正投影法——投射线与投影面垂直,如图2.3所示。

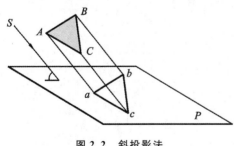

图 2.2　斜投影法

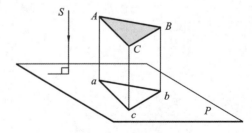

图 2.3　正投影法

机械图样中的图形主要采用正投影法绘制。正投影图能正确表达物体的真实形状和大小,且作图方便,所以正投影是我们将要学习的一种主要投影方法。

### 2.1.3　正投影的投影特性

**1. 实形性**

当直线段或平面与投影面平行时,则直线段的投影反映其实长,平面的投影反映其实形,如图 2.4 所示,这种特性称为实形性。

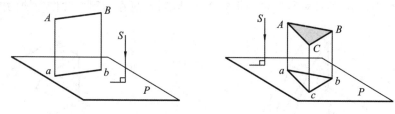

图 2.4　实形性

**2. 积聚性**

当直线、平面或曲面与投影面垂直时,则直线的投影积聚成一点,平面的投影积聚成一条直线,曲面的投影积聚成一条曲线,如图 2.5 所示,这种特性称为积聚性。

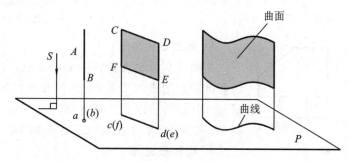

图 2.5　积聚性

**3. 类似性**

当直线段或平面与投影面倾斜时,则直线段的投影仍为直线段,但长度缩短,平面的投影为原平面图形的类似形,但面积缩小,如图 2.6 所示,这种特性称为类似性。

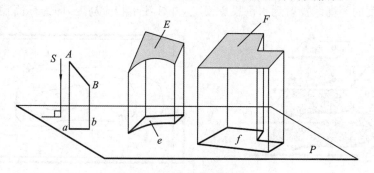

图 2.6　类似性

### 2.1.4　工程上常用的投影图

**1. 透视图**

如图 2.7 所示为透视图。这种图是用中心投影法绘制出的,由于这种图符合人眼的视觉效果,看起来形象逼真,故常用来表达大型工程设计和房屋、桥梁等建筑物。但它不能很明显地表达物体的真实形状和度量关系,同时作图很复杂,所以目前主要在建筑工程上作辅助性的图样使用。

**2. 轴测图**

如图 2.8 所示为轴测图。这种图是用平行投影法绘制出的,有比较强的立体感,一般都能看懂,但作图比较复杂,并且对复杂机件也难以表达清楚,故在工程上常作为辅助图样来使用。

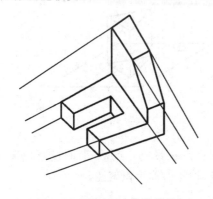

图 2.7　透视图(中心投影法)

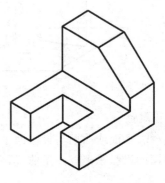

图 2.8　轴测图(平行投影法)

**3. 多面正投影图**

如图 2.9 所示为物体的多面正投影图。多面正投影图能准确表达物体各部分之间的相互位置关系,且度量性好、作图简单,所以在工程上被广泛应用。缺点是立体感差,要用多个图形才能表达清楚物体的形状特征。

**4. 标高投影图**

如图 2.10 所示为标高投影图,它是一种带有数字标记的单面正投影图。它用正投影反映物体的长度和宽度,其高度用数字标注,标高投影图常用于表达地面的形状。作图时用间隔相等的水平面截切地面,所得交线为等高

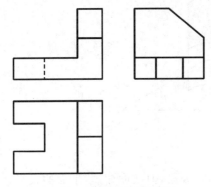

图 2.9　多面正投影图

线。将不同高度的等高线投射到水平投影面上,并标注出相应高度,即为标高投影图。

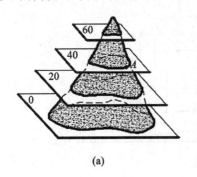

(a)

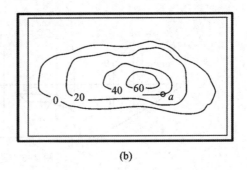

(b)

图 2.10　标高投影图

## 2.2 多面正投影和点的投影

### 2.2.1 多面正投影

如图 2.11 所示,两个不同形状的物体,按正投影法向着同一投影面进行投影时,会得到相同的投影,而且,这个投影图只能反映出物体的长度和高度,没能反映出物体的宽度。因此,一般情况下一个投影不能完全确定物体的形状和大小,要完全表达物体的形状和大小,就要用不同方向的多个正投影来实现。通常用三个互相垂直的平面组成三投影面体系,如图 2.12 所示。三个投影面把空间分为八个分角,国家标准《技术制图》规定采用第一分角投影法,把物体放在第一分角内进行投影,如图 2.13 所示。三个投影面分别称为:正立投影面(简称正面或 $V$ 面);水平投影面(简称水平面

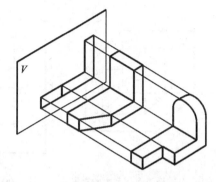

图 2.11 一个投影不能唯一确定物体的形状

或 $H$ 面);侧立投影面(简称侧面或 $W$ 面)。投影面之间的交线称为投影轴:$V$ 面与 $H$ 面的交线为 $OX$ 轴,简称 $X$ 轴;$H$ 面与 $W$ 面的交线为 $OY$ 轴,简称 $Y$ 轴;$V$ 面与 $W$ 面之间的交线为 $OZ$ 轴,简称 $Z$ 轴。三个投影轴的交点称为原点,用 $O$ 表示。

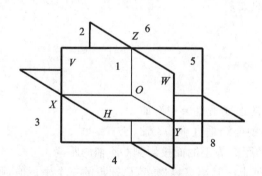

图 2.12 三个互相垂直的平面把空间分为八个分角

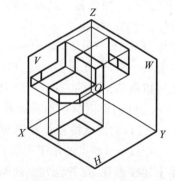

图 2.13 三投影面体系

### 2.2.2 点的投影

为了叙述简便、图示清晰,将本书中出现的标记(未加特别注释的情况下)作如下约定。

空间点、线、面用大写字母或罗马数字表示,如 $P,Q,M,A,B,C,\cdots,Ⅰ,Ⅱ,Ⅲ,\cdots$

点、线、面在 $H$ 面投影称为水平投影,用相应的小写字母或阿拉伯数字表示,如 $p,q,m,a,b,c,\cdots,1,2,3,\cdots$

点、线、面在 $V$ 面投影称为正面投影,用相应的小写字母或阿拉伯数字加一撇表示,如 $p',q',m',a',b',c',\cdots,1',2',3',\cdots$

点、线、面在 $W$ 面投影称为侧面投影,用相应的小写字母或阿拉伯数字加两撇表示,如 $p'',q'',m'',a'',b'',c'',\cdots,1'',2'',3'',\cdots$

投影不可见的点线面用相应的标记加括弧表示,如 $(p),(p'),(p''),\cdots$

### 1. 点在三投影面体系中的投影及其投影规律

如图 2.14(a)所示,在三投影面体系中有一个空间点 $A$,分别向 $H$、$V$、$W$ 三投影面进行投射,得到点 $A$ 的三个投影:水平投影 $a$、正面投影 $a'$、侧面投影 $a''$。为了把点的三个投影图画在同一平面上(即一张图纸上),必须把投影面展开摊平。展开时规定:$V$ 面不动,$H$ 面绕 $OX$ 轴向下旋转 $90°$,$W$ 面绕 $OZ$ 轴向右旋转 $90°$,使 $H$ 面、$W$ 面与 $V$ 面在同一平面上,如图 2.14(b)、(c)所示。

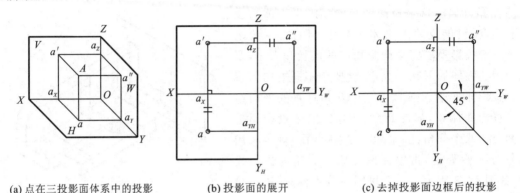

(a) 点在三投影面体系中的投影　　(b) 投影面的展开　　(c) 去掉投影面边框后的投影

**图 2.14　点的三面投影**

由图 2.14 可以看出,$Aa$、$Aa'$、$Aa''$ 分别是点 $A$ 到 $H$、$V$、$W$ 三投影面的距离。

若将三投影面看做直角坐标系,则投影轴、投影面、点 $O$ 分别是坐标轴、坐标面和原点,由此可以得出点的三面投影与其对应的直角坐标的关系。

$Z$ 坐标:$z=Aa=a_X a'=a_Y a''=Oa_Z$

$Y$ 坐标:$y=Aa'=a_X a=a_Z a''=Oa_Y$

$X$ 坐标:$x=Aa''=a_Y a=a_Z a'=Oa_X$

由此可以概括出点的三面投影特性。

(1) $aa' \perp OX$,即点的正面投影和水平投影的连线垂直于 $OX$ 轴。

(2) $a'a'' \perp OZ$,即点的正面投影与侧面投影的连线垂直于 $OZ$ 轴。

(3) $a_X a = a_Z a''$,即点的水平投影到 $OX$ 轴的距离等于侧面投影到 $OZ$ 轴的距离。

根据上述投影规律,若已知点的两投影,则可求出其第三投影;若已知点的三个坐标值,则可求出点的三面投影。为了作图方便可从原点 $O$ 作 $45°$ 辅助线,即可保证 $a_X a = a_Z a''$。

**例 2.1**　如图 2.15 所示,已知点 $A$ 的正面投影 $a'$ 和侧面投影 $a''$,求作点 $A$ 的水平投影 $a$。

**分析**　根据点的投影规律,$aa' \perp OX$ 轴,$a_X a = a_Z a''$。

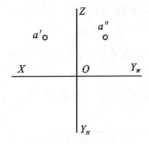

**图 2.15　已知点的两个投影求第三投影**

作图步骤如下。

(1) 过点 $a'$ 作 $OX$ 的垂线,如图 2.16(a)所示。

(2) 过点 $a''$ 作 $OY_W$ 的垂线及 $45°$ 辅助线,此两线相交于点 $e$,过点 $e$ 作 $OY_H$ 的垂线,与 $a'$ 所作垂线相交,交点即为点 $A$ 的水平投影 $a$,如图 2.16(b)所示。

**例 2.2**　已知点 $A$ 的坐标$(10,5,15)$,求作点 $A$ 的三面投影。

作图步骤如下。

(1) 在 $OX$ 轴上量取 $Oa_X=10$,过 $a_X$ 作 $OX$ 轴的垂线,如图 2.17(a)所示。

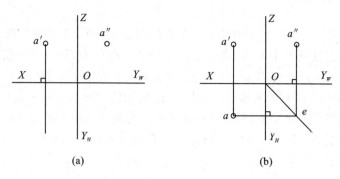

图 2.16　根据点的两投影求第三投影

（2）在此垂线上从 $a_X$ 向上量取 $a_Xa'=15$，从而确定 $a'$，向下量取 $a_Xa=5$，从而确定 $a$，如图 2.17(b)所示。

（3）作 45°辅助线，根据点的投影规律由 $a$、$a'$ 求出 $a''$，如图 2.17(c)所示。

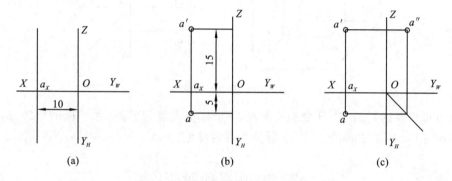

图 2.17　已知点的坐标求其三面投影

**2. 两点的相对位置**

空间两点的相对位置，可以直接从它们的三面投影中反映出来：正面投影反映左右、上下关系；水平投影反映前后、左右关系；侧面投影反映前后、上下关系。如图 2.18 所示。由该图可以看出，点 A 在点 B 的上面、左边、后方。此外，还可通过比较两点的坐标值大小来判断相互位置：X 坐标值大者在左方，小者在右方；Y 坐标值大者在前方，小者在后方；Z 坐标值大者在上方，小者在下方。在图 2.18(b)中，由于 $x_A>x_B$，$y_A<y_B$，$z_A>z_B$，故点 A 在点 B 的左、后、上方。

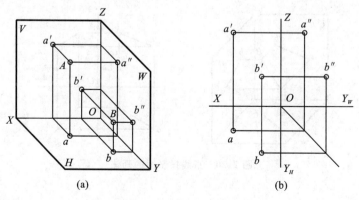

图 2.18　两点的相对位置

**3. 重影点**

当两点的连线垂直于某一投影面时,它们在该投影面上的投影是重合的,所以把它们称为重影点。若两点的连线垂直于 $V$ 面,则称这两点为对 $V$ 面的重影点;若两点的连线垂直于 $H$ 面(或 $W$ 面),则称这两点为对 $H$ 面(或 $W$ 面)的重影点。在图 2.19 中,点 $A$ 与点 $B$ 的连线垂直于 $H$ 面,故它们是对 $H$ 面的重影点。它们在 $H$ 面上的投影重合在一起,为了图形的清晰,要判别这两个投影哪个是可见的,哪个是不可见的。在图 2.19 中,点 $A$ 在点 $B$ 之上,所以点 $A$ 的水平投影 $a$ 可见,点 $B$ 的水平投影 $b$ 不可见(即被 $a$ 遮挡),为表示其不可见,在 $b$ 上外加上圆括号,即用 $(b)$ 表示。

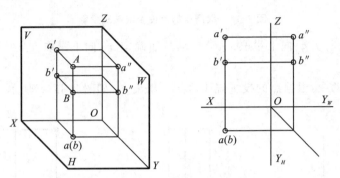

图 2.19 重影点的投影

重影点可见性的判别:对 $H$ 面的重影点,$Z$ 坐标值大者为可见;对 $V$ 面的重影点,$Y$ 坐标值大者为可见;对 $W$ 面的重影点,$X$ 坐标值大者为可见。

## 2.3 直线的投影

### 2.3.1 直线投影图的画法

两点确定一条直线,因此,作直线的投影,一般只需作出两点(通常是直线段的两个端点)的三面投影,然后连接这两点的各个同面投影即可。直线的投影一般情况下还是直线,投影用粗实线表示。如图 2.20 所示,若已知直线 $AB$ 两端点的投影:$A(a,a',a'')$,$B(b,b',b'')$,则连接 $ab$,$a'b'$,$a''b''$,即得 $AB$ 的投影图。

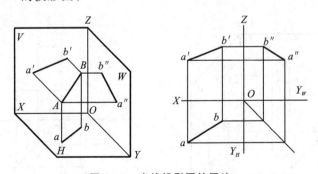

图 2.20 直线投影图的画法

### 2.3.2　直线在三投影面体系中的各种位置及其投影特性

直线在三投影面体系中的空间位置有三种情况：投影面平行线，投影面垂直线，一般位置直线，前两种又称为特殊位置直线。

空间直线与它的水平投影、正面投影、侧面投影的夹角，分别称为直线对投影面 $H$、$V$、$W$ 面的倾角 $\alpha$、$\beta$、$\gamma$。当直线与投影面平行时倾角为 $0°$；当直线与投影面垂直时倾角为 $90°$；当直线与投影面倾斜时倾角大于 $0°$ 而小于 $90°$。

**1.　投影面平行线**

与某一投影面平行而与另外两个投影面倾斜的直线称为投影面平行线。其中，平行于 $V$ 面的直线称为正平线；平行于 $H$ 面的直线称为水平线；平行于 $W$ 面的直线称为侧平线。

如图 2.21 所示为正平线的投影，由此图可以得出正平线的投影特性：正面投影与投影轴倾斜，且反映实长，投影与投影轴的夹角分别反映直线 $AB$ 与 $H$ 面的倾角 $\alpha$、与 $W$ 面的倾角 $\gamma$；侧面投影平行于 $OZ$ 轴，水平投影平行于 $OX$ 轴，且长度缩短。

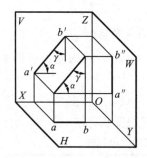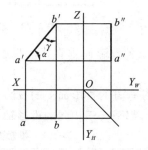

**图 2.21　正平线的投影**

表 2.1 列出了三种投影面平行线的投影特性。由此可概括出投影面平行线的投影特性。

（1）直线在与其平行的投影面上的投影与投影轴倾斜，反映实长；该投影与投影轴的夹角，分别反映直线对另外两个投影面的真实倾角。

（2）其余两投影分别平行于相应的投影轴，长度缩短。

**表 2.1　投影面平行线的投影特性**

| 名称 | 正 平 线 | 水 平 线 | 侧 平 线 |
|---|---|---|---|
| 投影图 | | | |
| 投影特性 | （1）$a'b'$ 倾斜于 $OX$、$OZ$ 投影轴，反映实长和真实倾角 $\alpha$、$\gamma$。<br>（2）$ab\ /\!/\ OX$，$a''b''\ /\!/\ OZ$，长度缩短 | （1）$ab$ 倾斜于投影轴，反映实长和真实倾角 $\beta$、$\gamma$。<br>（2）$a'b'\ /\!/\ OX$，$a''b''\ /\!/\ OY_W$，长度缩短 | （1）$a''b''$ 倾斜于投影轴，反映实长和真实倾角 $\beta$、$\alpha$。<br>（2）$ab\ /\!/\ OY_H$，$a'b'\ /\!/\ OZ$，长度缩短 |

**2. 投影面垂直线**

垂直于一个投影面,必定会平行于另外两个投影面的直线,称为投影面的垂直线。其中,垂直于 $H$ 面的直线称为铅垂线;垂直于 $V$ 面的直线称为正垂线;垂直于 $W$ 面的直线称为侧垂线。

如图 2.22 所示为铅垂线的投影,由此图可以得出正平线的投影特性:在 $H$ 面上的投影积聚成一点,在另外两投影面上的投影都平行于 $OZ$ 轴,而且反映实长。

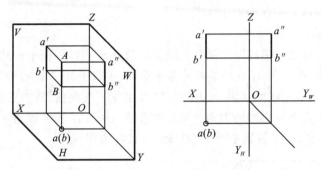

图 2.22　铅垂线的投影特性

表 2.2 列出了三种投影面垂直线的投影特性。由此可概括出投影面垂直线的投影特性如下。

(1) 直线在与其垂直的投影面上的投影积聚成一点。

(2) 其余两投影都平行于相同的投影轴,而且反映实长。

表 2.2　投影面垂直线的投影特性

| 名称 | 铅垂线 | 正垂线 | 侧垂线 |
|---|---|---|---|
| 投影图 | | | |
| 投影特性 | (1)水平投影积聚成一点。<br>(2)另外两投影反映实长,而且都平行于 $OZ$ 轴 | (1)正面投影积聚成一点。<br>(2)另外两投影反映实长,而且分别平行于 $OY_W$ 和 $OY_H$ 轴,即 $Y$ 轴 | (1)侧面投影积聚成一点。<br>(2)另外两投影反映实长,而且都平行于 $OX$ 轴 |

**3. 一般位置直线**

与三个投影面都倾斜的直线称为一般位置直线。如图 2.23 所示,直线 $AB$ 与三个投影面都倾斜,可以看出一般位置直线的投影特性如下。

(1) 在三个投影面上的投影都倾斜于投影轴,线段长度缩短。

(2) 三个投影与投影轴的夹角,都不反映直线与投影面的真实倾角。

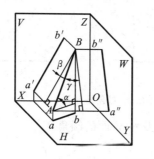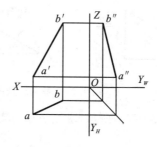

**图 2.23 一般位置直线的投影特性**

### 2.3.3 用直角三角形法求直线段的实长及其对投影面的倾角

由前述可知,特殊位置直线的投影有反映实长和其对投影面真实倾角的特性,而一般位置直线段的投影则没有这样的特性。但一般位置直线段的投影与实长有关,下面介绍用直角三角形法求一般位置直线的实长及其对投影面的倾角。

如图 2.24(a)所示,过点 $A$ 作 $AD \perp Bb$,则 $\triangle ABD$ 为直角三角形,其中 $AB$ 为实长,$AD = ab$,$\alpha$ 为 $AB$ 对 $H$ 面的倾角,$BD = Bb - Db = b'b_x - a'a_x = \Delta Z$(直线段 $AB$ 两端点的 $Z$ 坐标差)。因此,已知 $AB$ 投影,可以通过 $ab$ 和 $\Delta Z$ 作辅助直角三角形求出 $AB$ 及 $\alpha$ 角。

作图:如图 2.24(b)所示。

(1)在水平投影上过 $a$ 作 $ab$ 的垂线 $aa_0$ 并使 $aa_0 = \Delta Z$;

(2)连接 $a_0b$,则 $a_0b = AB$,$ab$ 与 $a_0b$ 的夹角 $\angle aba_0$ 即为空间直线 $AB$ 对投影面 $H$ 的真实倾角 $\alpha$。

也可以把辅助直角三角形画在 $V$ 面上,如图 2.24(c)所示(与图 2.24(b)一样还是以 $\Delta Z$、$ab$ 为两直角边)。

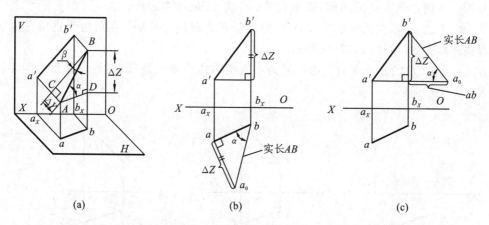

(a)       (b)       (c)

**图 2.24 直角三角形法求一般位置直线段的实长及其对投影面的夹角**

如图 2.24(a)所示,可用 $BC(BC = a'b')$ 为一直角边,线段 $AB$ 两端点的 $Y$ 坐标差 $\Delta Y$ 为另一直角边作直角三角形,从而得出 $AB$ 的实长及其对 $V$ 面的倾角 $\beta$。同理,还可以用 $a''b''$ 为一直角边,线段 $AB$ 两端点的 $X$ 坐标差 $\Delta X$ 为另一直角边作直角三角形,从而得出 $AB$ 的实长及其对 $W$ 面的倾角 $\gamma$。

综上所述可知,与直线段 $AB$ 的实长、三个投影 $ab$、$a'b'$、$a''b''$ 及倾角 $\alpha$、$\beta$、$\gamma$ 有关的三个直角三角形如图 2.25 所示。

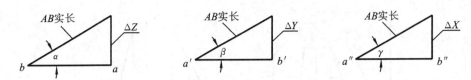

图 2.25　直角三角形法的三个直角三角形

**例 2.3**　如图 2.26(a)所示,求线 $AB$ 的实长及对 $V$ 面的倾角 $\beta$。

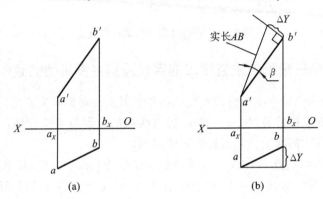

图 2.26　求线段 $AB$ 实长及 $\beta$ 角

**分析**　从上文可知,要求直线与 $V$ 面的倾角 $\beta$,其辅助直角三角形的一条直角边必须是 $a'b'$,那么,另一直角边则为 $\Delta Y$。

**作图**　如图 2.26(b)所示,在 $V$ 面上以 $a'b'$ 为一个直角边,$\Delta Y$ 为另一直角边,作辅助直角三角形,斜边即为线段 $AB$ 实长,$a'b'$ 与斜边的夹角即为直线 $AB$ 对 $V$ 面的倾角 $\beta$。

**例 2.4**　如图 2.27(a)所示,已知 $CD=8$,试完成 $CD$ 的正面投影 $c'd'$。

**分析**　本例是确定 $d'$ 的问题,即能求出 $c'd'$ 或 $\Delta z$ 就能确定 $d'$。

**作图**　方法一:根据已知条件,以 $CD$ 的实长 8 为斜边,$cd$ 为一直角边作直角三角形,则另一直角边即为 $\Delta z$,如图 3.27(b)所示。

方法二:以 $CD$ 的实长 8 为斜边,$\Delta Y$ 为一直角边作直角三角形,则另一直角边即为 $c'd'$,如图 3.27(c)所示。

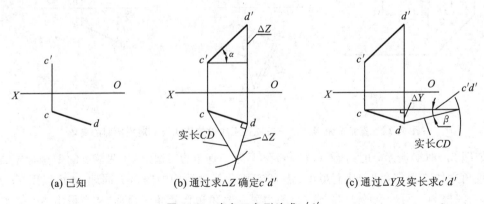

(a) 已知　　　　(b) 通过求 $\Delta Z$ 确定 $c'd'$　　　　(c) 通过 $\Delta Y$ 及实长求 $c'd'$

图 2.27　直角三角形法求 $c'd'$

### 2.3.4 直线上点的投影

直线上点的投影有如下特性。

（1）如果点在直线上,则该点的各个投影必定在该直线的同面投影上,并且符合点的投影特性。

如图 2.28 所示的点 $C$ 在 $AB$ 上,点 $C$ 的三个投影 $c$、$c'$、$c''$分别在直线的三个投影 $ab$、$a'b'$、$a''b''$上,且 $cc'\perp OX$,$c'c''\perp OZ$,$cc_X=c''c_Z$。反之,若点的各个投影都在直线的同面投影上,并且符合点的投影特性,则该点必定在此直线上,此特性被称为从属性。

（2）若线段上的点分割线段成定比,则该点的投影也分割线段的同面投影成相同之比。

如图 2.28 所示,点 $C$ 分割线段 $AB$,则 $AC:CB=ac:cb=a'c':c'b'=a''c'':c''b''$。此特性被称为定比性。反之,若点的各个投影都在直线的同面投影上,且点分割线段的投影长度之比保持相同,则该点必定在此直线上。

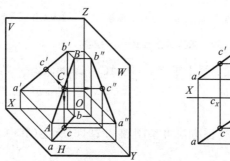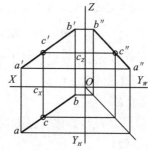

**图 2.28 点在直线上的投影特性**

利用上述性质,可以在直线上求点、判断点是否在直线上及分割线段成定比。

**例 2.5** 如图 2.29(a)所示,已知点 $C$ 在 $AB$ 上,据 $C$ 点的水平投影 $c$,求 $c'$、$c''$。

**分析** $C$ 在 $AB$ 上时,根据直线上点的投影从属性和点的投影规律即可求解。

**作图** 如图 2.29(b)所示,$c'$在 $a'b'$上、$c''$在 $a''b''$上,作 $cc'\perp OX$,$c'c''\perp OZ$,即得 $c'$、$c''$。

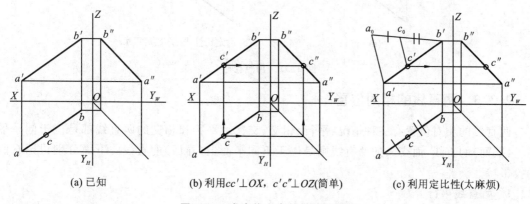

(a) 已知　　　　　(b) 利用$cc'\perp OX$, $c'c''\perp OZ$(简单)　　　　　(c) 利用定比性(太麻烦)

**图 2.29 求直线上点的另外两投影**

说明:上题有的同学会想到用定比性解题,如图 2.29(c)所示。过 $b'$引任意射线 $b'a_0$,且使 $b'a_0=ab$,并截取 $b'c_0=bc$,连接 $a_0a'$,过 $c_0$作 $c_0c'$ // $a_0a'$并交 $a'b'$于 $c'$。但这个方法对于本题明显是太过麻烦。

**例 2.6** 如图 2.30(a)所示,已知直线 $AB$ 的两面投影 $ab$、$a'b'$,及直线上一点 $C$ 的正面投

影 $c'$，求作点 $C$ 的水平投影 $c$。

　　**分析**　本题与上题一样可以有两种解法，但在不增加侧面投影的基础上只能用定比性。

　　**作图**　利用定比性作图，如图 2.30(b)所示；利用从属性作图如图 2.30(c)所示。

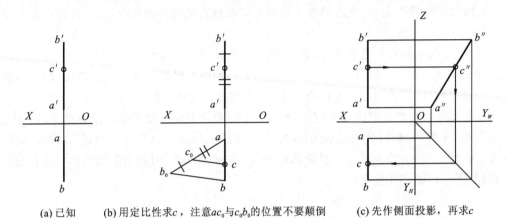

(a) 已知　　　　(b) 用定比性求 $c$，注意 $ac_0$ 与 $c_0b_0$ 的位置不要颠倒　　　　(c) 先作侧面投影，再求 $c$

**图 2.30　求直线上点的另一投影**

　　**例 2.7**　如图 2.31 所示，在直线 $AB$ 上求点 $C$，使 $AC:CB=3:2$。

　　**分析**　$AC:CB=3:2$，则 $ac:cb=a'c':c'b'=3:2$。只要在 $a'b'$ 上定出 $c'$（或在 $ab$ 上定出 $c$），然后再求出 $c$（或 $c'$）。

　　**作图**　如图 2.31(b)所示，具体作图方法可参阅图 2.29(c)所述（其中 $a'b_0$ 上所截取的是任意的五等分，长度不限）。

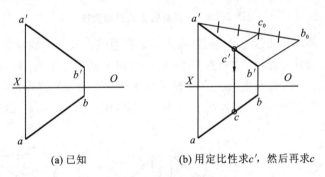

(a) 已知　　　　　　　　(b) 用定比性求 $c'$，然后再求 $c$

**图 2.31　用定比性**

### 2.3.5　两直线的相对位置

　　两直线的相对位置有三种情况：平行、相交、交叉。平行和相交的两直线都是位于同一平面上（共面）的直线，而交叉的两直线则是位于不同平面上（异面）的直线。下面分别讨论它们的投影特性。

　　**1. 两直线平行**

　　(1) 如果空间两直线互相平行，则两直线的三个同面投影必定互相平行（也有可能有一组或两组同面投影重叠）。反之，若两直线的三个同面投影都互相平行，则两直线在空间也必定互相平行。如图 2.32 所示，直线 $AB/\!/CD$，则 $ab/\!/cd$，$a'b'/\!/c'd'$。

　　(2) 两直线平行，其长度之比等于各同面投影长度之比。如图 2.32 所示，直线 $AB/\!/CD$，则 $AB:CD=ab:cd=a'b':c'd'=a''b'':c''d''$。

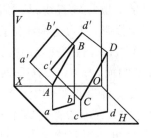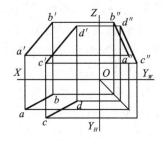

**图 2.32　平行两直线的投影**

### 2. 两直线相交

如果空间两直线相交,则它们的三个同面投影必相交,且交点符合一个点的投影规律。反之,如果两直线的三个同面投影相交,且三个交点符合一个点的投影规律,则此两直线在空间必定相交。

如图 2.33 所示,空间两直线 $AB$、$CD$ 相交于点 $K$,则 $ab$ 与 $cd$ 相交于 $k$,$a'b'$ 与 $c'd'$ 相交于 $k'$,$kk' \perp OX$;$k'k'' \perp OZ$。

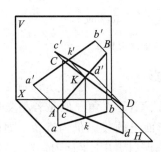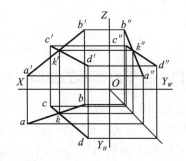

**图 2.33　两相交直线的投影**

### 3. 两直线交叉

如果空间两直线既不平行,又不相交,则称为两直线交叉。交叉两直线不存在共有点,但必存在重影点。如图 2.34 所示,水平投影 $ab$、$cd$ 的交点是直线 $AB$、$CD$ 对 $H$ 面投影的重影点 Ⅰ、Ⅱ 的水平投影,Ⅰ 在直线 $AB$ 上,Ⅱ 在直线 $CD$ 上,因为 $Z_I > Z_{II}$,所以 1 可见,2 不可见。

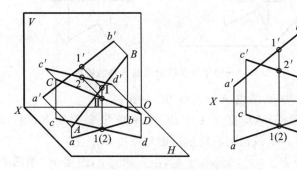

**图 2.34　交叉两直线的投影**

交叉两直线的三个同面投影中,可能有一个、两个或三个同面投影都相交的情况,但它们交点不符合点的投影规律;也有可能有一个或两个同面投影互相平行,但不会同时有三个同面投影互相平行。

**例 2.8**　判断如图 2.35 所示两直线的相对位置。

分析　对于如图 2.35(a)所示投影,两直线都是一般位置直线,只要有两个投影互相平行,即可判定它们为两平行直线;对于图 2.35(b)所示投影,因为是特殊位置直线,只有两个投影互相平行还不能确定它们的相互位置,作辅助线 $AD$,$BC$,它们交点的投影连线与 $X$ 轴不垂直,故 $AD$ 与 $BC$ 交叉,意味着点 $A$、$B$、$C$、$D$ 四点不共面,所以 $AB$、$CD$ 两直线交叉;对于图 2.35(c)所示的投影,两直线都是一般位置直线,只要有两个投影相交,交点符合点的投影规律,即可判定它们为两相交直线;对图 2.35(d)所示投影,有一条直线是特殊位置直线,虽然有两个投影相交,但还不能确定它们相交还是交叉,此处可利用直线上点的投影的定比性,判定 $AB$、$CD$ 两直线交叉。

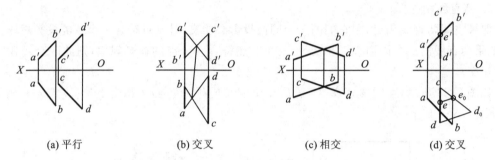

(a) 平行　　　　　　(b) 交叉　　　　　　(c) 相交　　　　　　(d) 交叉

**图 2.35　判断两直线的相对位置**

### 2.3.6　一边平行于投影面的直角的投影

空间相交成直角的两条直线的投影一般情况下不是直角。但是若相交成直角的两直线中,有一条平行于某一投影面,则两直线在该投影面上的投影仍为直角。如图 2.36 所示,设 $AB \perp BC$,且 $AB /\!/ H$ 面。因为 $AB \perp BC$,$AB \perp Bb$,所以 $AB \perp$ 平面 $BbcC$。又因为 $AB /\!/ H$ 面,故 $AB /\!/ ab$,则 $ab$ 也垂直于平面 $BbcC$,因此 $ab \perp bc$。

应当指出,在两直线交叉垂直时,也同样具有上述特性。

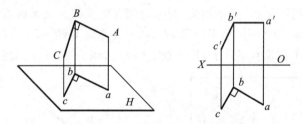

**图 2.36　一边平行于投影面的直角的投影**

**例 2.9**　如图 2.37(a)所示,求点 $A$ 到直线 $BC$ 的距离。

分析　求点 $A$ 到 $BC$ 的距离,应自点 $A$ 作 $BC$ 的垂线,设垂足为 $K$,则 $AK$ 即为距离。由图可知 $BC /\!/ V$ 面,而 $AK \perp BC$,故根据直角投影定理可得:$a'k' \perp b'c'$。

作图　(1) 过点 $a'$ 作 $a'k' \perp b'c'$,交 $b'c'$ 于 $k'$,由 $k'$ 求得 $k$,连接 $ak$,如图 2.37(b)所示。

(2) 用直角三角形法求 $AK$ 的实长,即为所求距离 $AK$,如图 2.37(c)所示。

**例 2.10**　如图 2.38(a)所示,求作直线 $AB$ 和 $CD$ 间的最短距离。

分析　直线 $AB$ 与 $CD$ 的最短距离,应是它们公垂线的长度。设公垂线为 $MN$,由图中可以看出,$AB$ 是铅垂线,故 $MN /\!/ H$ 面。又由于 $MN \perp CD$,根据直角投影定理,则 $mn \perp cd$,且 $mn$ 一定过点 $a(b)$,$m'n' /\!/ OX$ 轴,且 $mn$ 反映 $MN$ 的实长。本题应先从 $H$ 投影着手。

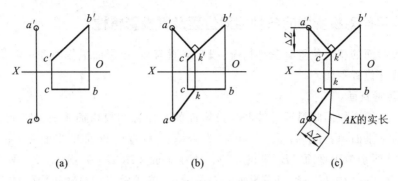

**图 2.37　求点 A 到 BC 的距离**

作图　如图 2.38(b)所示。

(1) 过点 $a(b)$ 作直线 $mn \perp cd$，垂足为 $n$。

(2) 由 $n$ 求 $n'$，过 $n'$ 作 $m'n' /\!/ OX$ 轴，交 $a'b'$ 于 $m'$，直线 $MN$ 就是 $AB$、$CD$ 的公垂线，$mn$ 反映其实长，即为所求的最短距离。

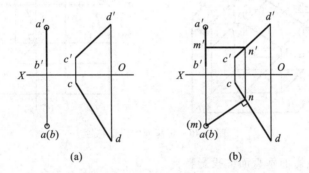

**图 2.38　求作直线 $AB$ 和 $CD$ 间的最短距离**

## 2.4　平面的投影

### 2.4.1　平面的表示法

平面的投影通常用确定平面的几何元素的投影表示，如图 2.39 所示。图 2.39(a)所示为用不在一条直线上的三个点的投影表示；图 2.39(b)所示为用一直线和直线外的一点的投影表示；图 2.39(c)所示为用相交两直线的投影表示；图 2.39(d)所示为用平行两直线的投影表示；图 2.39(e)所示为用任意平面图形的投影表示。

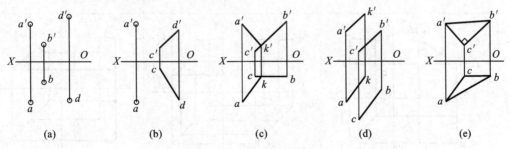

**图 2.39　平面的表示方法**

### 2.4.2　平面对投影面的各种相对位置及其投影特性

平面对投影面的相对位置有三种情况:投影面垂直面、投影面平行面和一般位置平面。前两种统称为特殊位置平面。

**1. 投影面垂直面**

垂直于一个投影面而倾斜于另外两个投影面的平面称为投影面垂直面。其中,垂直于 $V$ 面的平面称为正垂面,垂直于 $H$ 面的平面称为铅垂面,垂直于 $W$ 面的平面称为侧垂面。

如图 2.40 所示为正垂面 $ABCD$ 的投影。由于平面 $ABCD \perp V$ 面,对 $H$、$W$ 面倾斜,所以其正面投影 $a'b'c'd'$ 积聚成一条与投影轴倾斜的线段,该线段与 $OX$ 轴和 $OZ$ 轴的夹角分别反映平面 $ABCD$ 对 $H$ 面和 $W$ 面的倾角 $\alpha$、$\gamma$。其水平投影 $abcd$ 及侧面投影 $a''b''c''d''$ 均为面积小于 $ABCD$ 实形的类似形。

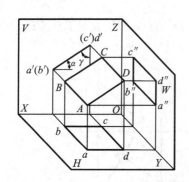 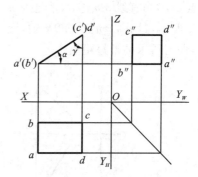

**图 2.40　正垂面的投影特性**

表 2.3 列出了投影面垂直面的投影特性。

**表 2.3　投影面垂直面的投影特性**

| 名称 | 正 垂 面 | 铅 垂 面 | 侧 垂 面 |
|---|---|---|---|
| 立体图 | | | |
| 投影图 | | | |

| 名称 | 正　垂　面 | 铅　垂　面 | 侧　垂　面 |
|---|---|---|---|
| 投影特性 | （1）正面投影积聚成一条与投影轴倾斜的直线，它与 $OX$、$OZ$ 轴的夹角分别为 $\alpha$、$\gamma$。<br>（2）水平投影和侧面投影均为面积缩小的类似形 | （1）水平投影积聚成一条与投影轴倾斜的直线，它与 $OX$、$OY_H$ 轴的夹角分别为 $\beta$、$\gamma$。<br>（2）正面投影和侧面投影均为面积缩小的类似形 | （1）侧面投影积聚成一条与投影轴倾斜的直线，它与 $OZ$、$OY_W$ 轴的夹角分别为 $\beta$、$\alpha$。<br>（2）正面投影和水平投影均为面积缩小的类似形 |

## 2. 投影面平行面

平行于某一投影面，必定会垂直于另外两个投影面的平面，称为投影面平行面。其中，平行于 $V$ 面的平面称为正平面，平行于 $H$ 面的平面称为水平面，平行于 $W$ 面的平面称为侧平面。

如图 2.41 所示为一带圆弧的矩形 $BCDE$ 的投影，它是一个正平面。由于该平面与 $V$ 面平行，与另外两投影面垂直，故其正面投影反映实形，另外两投影积聚成直线且分别平行于 $OX$ 轴与 $OZ$ 轴。

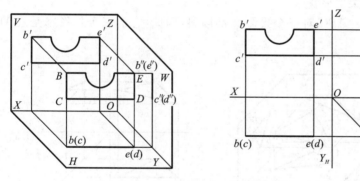

**图 2.41　正平面的投影特性**

表 2.4 列出了投影面平行面的投影特性。

**表 2.4　投影面平行面的投影特性**

| 名称 | 正　平　面 | 水　平　面 | 侧　平　面 |
|---|---|---|---|
| 立体图 | | | |

| 名称 | 正 平 面 | 水 平 面 | 侧 平 面 |
|---|---|---|---|
| 投影图 | 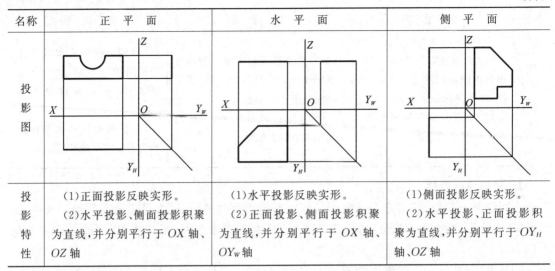 | | |
| 投影特性 | (1)正面投影反映实形。<br>(2)水平投影、侧面投影积聚为直线,并分别平行于 $OX$ 轴、$OZ$ 轴 | (1)水平投影反映实形。<br>(2)正面投影、侧面投影积聚为直线,并分别平行于 $OX$ 轴、$OY_W$轴 | (1)侧面投影反映实形。<br>(2)水平投影、正面投影积聚为直线,并分别平行于 $OY_H$ 轴、$OZ$ 轴 |

**3. 一般位置平面**

对三个投影面都倾斜的平面称为一般位置平面。一般位置平面在三个投影面上的投影都是原空间平面图形的类似形。

如图 2.42 所示,△ABC 对三个投影面都倾斜,因此,它的三个投影都是△ABC 的类似形,且面积缩小。

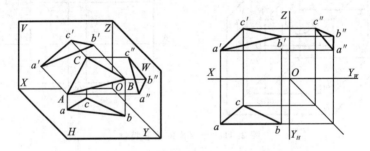

**图 2.42　一般位置平面的投影特性**

**例 2.11**　如图 2.43(a)所示,完成平面的侧面投影。

**分析**　平面图形是由线围成的,故与点、直线一样,可根据两投影求第三投影。该平面为八边形,有八个顶点,只要作出顶点的侧面投影,然后连接起来即可。

**作图**　(1) 标记出该八个顶点的正面投影和水平投影,并求出它们的侧面投影,如图 2.43(b)所示;

(2) 按正面投影的各点顺序连接侧面投影各点,如图 2.43(c)所示。

### 2.4.3　用平面的迹线表示平面

平面除了用前面所述的几何元素表示外,也可以用迹线表示。平面与投影面的交线称为平面的迹线。如图 2.44 所示,平面 P 与 V 面的交线,称为正面迹线,用 $P_V$ 表示;平面 P 与 H 面的交线,称为水平迹线,用 $P_H$ 表示;平面 P 与 W 面的交线,称为侧面迹线,用 $P_W$ 表示。$P_V$ 和 $P_H$,$P_W$ 和 $P_H$,$P_V$ 和 $P_W$ 分别相交于 $OX$、$OY$、$OZ$ 轴上的 $P_X$、$P_Y$、$P_Z$ 点。由于 $P_V$ 与 $P_H$ 是平面上的两条相交直线,因此,用迹线表示平面和用两相交直线表示平面实质上是一样的。

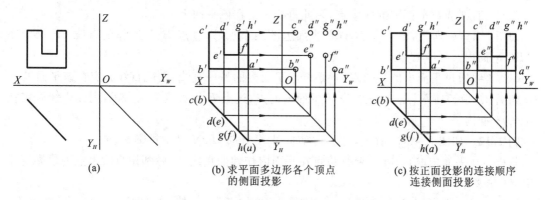

(a)　　　(b) 求平面多边形各个顶点
的侧面投影　　　(c) 按正面投影的连接顺序
连接侧面投影

**图 2.43　根据平面的两投影求第三投影**

由于迹线是投影面上的直线,因此,它在该投影面上的投影与本身重合,另外两个投影分别在相应的投影轴上。为简化起见,在用迹线表示平面时,只需画出不与投影轴重合的那个投影,并加以标记。如图 2.44 所示的 $P_V$、$P_H$、$P_W$。

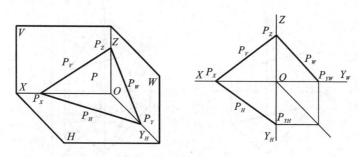

**图 2.44　用迹线表示平面**

## 2.4.4　平面上的点和直线

1) 平面上的点和直线

如果已知平面上点和直线的一个投影,则可根据点和直线在平面上的几何条件作出其他投影。

点和直线在平面内的几何条件如下。

(1) 如果一点位于平面内的一条直线上,则此点必定在该平面上。

如图 2.45(a) 所示,点 $E$、$F$ 分别位于平面 $\triangle ABC$ 的 $AB$ 与 $BC$ 上,显然 $E$、$F$ 就是在 $\triangle ABC$ 平面上的两个点。

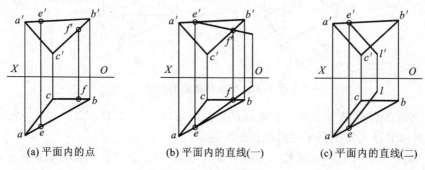

(a) 平面内的点　　　(b) 平面内的直线(一)　　　(c) 平面内的直线(二)

**图 2.45　平面内的点和直线**

（2）一直线通过平面上的两个点，则此直线必定在该平面上。

如图 2.45(b)所示，$E$、$F$ 是△$ABC$ 平面上的两个点，则过点 $E$、$F$ 所作的直线 $EF$ 必定在△$ABC$ 平面内。

（3）直线通过平面内的一个点，且平行于平面内的另一直线，则此直线必定在该平面上。

如图 2.45(c)所示，点 $E$ 是△$ABC$ 平面内的点，过点 $E$ 作直线 $EL /\!/ AC$，则此直线必定在△$ABC$ 平面内。

**例 2.12**　如图 2.46(a)所示，完成△$ABC$ 平面上点 $M$、$N$ 另一投影 $m$、$n'$。

**分析**　在平面内取点，就先要含该点在平面内作辅助直线，然后利用直线上点的投影规律求出点的投影。

**作图**　（1）求点 $M$ 的水平投影 $m$。如图 2.46(b)所示，连接 $b'm'$ 并延长，与 $a'c'$ 交于 $d'$，由 $d'$ 得 $d$，连接 $bd$，再由 $m'$ 作出 $m$。

（2）求点 $N$ 的正面投影 $n'$。过点 $n$ 作一直线 $ne /\!/ ab$，并与 $ac$ 交于 $e$，由 $e$ 作出 $e'$，再过 $e'$ 作 $a'b'$ 的平行线 $e'n'$，最后由 $n$ 作出 $n'$。

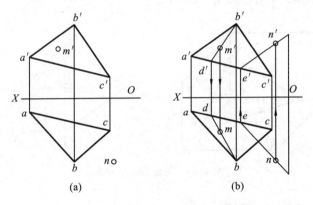

图 2.46　求作平面上点的另一投影

**例 2.13**　试完成如图 2.47(a)所示的平面四边形 $ABCD$ 的正面投影。

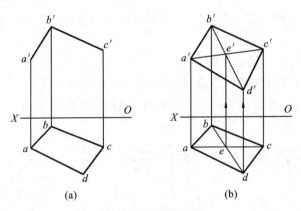

图 2.47　完成四边形的投影

**分析**　本题关键就是要求 $d'$。该平面已经由给定的三点 $A$、$B$、$C$ 唯一确定，由于点 $A$、$B$、$C$、$D$ 共面，所以此题实质上是平面内取点的问题。

**作图**　如图 2.47(b)所示，连接 $ac$、$bd$ 及 $a'c'$，设 $ac$、$bd$ 交于点 $e$，根据 $e$ 求出 $e'$，连接 $b'e'$ 并延长，过 $d$ 作投影连线与 $b'e'$ 交于 $d'$，连接 $a'd'$、$d'c'$，完成作图。

2）平面内的投影面平行线

平面内的投影面平行线是指该直线既在平面内又与某投影面平行,故这样的直线满足直线在平面内的条件并符合投影面平行线的特性。由于平面内有无穷多条直线,故在一个一般位置平面内既有无穷多个正平线,也有无穷多个水平线和无穷多个侧平线。

**例 2.14**　如图 2.48(a)所示,在由 $AB$、$CD$ 两相交直线所确定的平面内,过点 $D$ 作正平线。

**分析**　正平线的水平投影平行于 $OX$ 轴,且与 $ab$、$cd$ 相交。

**作图**　过点 $d$ 作 $de /\!/ OX$,并交 $ab$ 于 $e$,由 $e$ 求出 $e'$;连接 $d'e'$。$de$、$d'e'$ 即为所求,如图 2.48(b)所示。此题有无数个解。

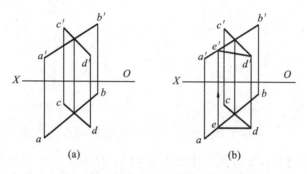

图 2.48　过点 $D$ 在平面内作正平线

**例 2.15**　完成平面 $\triangle SBC$ 的缺口的水平投影,如图 2.49(a)所示。

**分析**　点 $E$、$G$ 位于直线 $SB$ 上,利用点在直线上的特性直接求取;点 $F$ 位于平面 $\triangle SBC$ 内,可利用在平面内取点的方法求取 $f$(请读者自行分析);还可利用 $GF /\!/ BC$(因 $g'f' /\!/ b'c'$,且 $GF$ 与 $BC$ 共面)作 $gf /\!/ bc$ 求取 $f$,如图 2.49(b)、(c)所示。

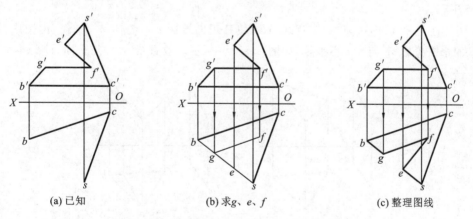

(a)已知　　　　　　　　(b)求 $g$、$e$、$f$　　　　　　　(c)整理图线

图 2.49　完成平面 $\triangle SBC$ 的缺口的水平投影

## 2.5　直线与平面以及两平面之间的相对位置

直线与平面、平面与平面的相对位置有平行、相交和垂直三种情况。其中,垂直是相交的特例。

### 2.5.1 平行问题

**1. 直线与平面平行**

如果平面外的一条直线和这个平面内的一条直线平行,那么,这条直线和这个平面平行;反之亦然,若直线与平面平行,则在该平面内一定可作一直线平行于此直线。

**例 2.16** 如图 2.50(a)所示,过点 $C$ 作平面与直线 $AB$ 平行。

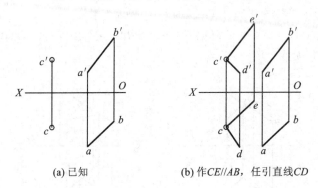

(a) 已知　　　　　　　　(b) 作$CE//AB$,任引直线$CD$

**图 2.50 过点 $C$ 作一平面与 $AB$ 平行**

**分析** 根据上述定理,只要过点 $C$ 作直线与 $AB$ 平行,则过此直线所作的任意平面均符合题意,故本题有无穷多的解。

**作图** (1) 作 $CE // AB(ce//ab, c'e'//a'b')$;

(2) 任引直线 $CD$,则此两直线所确定的平面为所求平面之一。

**例 2.17** 判断如图 2.51(a)所示直线 $MN$ 与平面△$ABC$ 是否平行。

**分析** 若直线 $MN$ 与平面△$ABC$ 平行,则必定能在△$ABC$ 内作一直线与 $MN$ 平行,否则,就不平行。

**作图** 在△$ABC$ 内过点 $A$ 作直线 $AE$,使其正面投影 $a'e'$ 与 $m'n'$ 平行。由图中可以看出,$AE$ 的水平投影 $ae$ 与 $mn$ 不平行,如图 2.51(b)所示。故直线 $MN$ 与平面 $ABC$ 不平行。

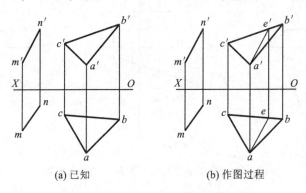

(a) 已知　　　　　　　　(b) 作图过程

**图 2.51 判断直线 $MN$ 是否与平面 $ABC$ 平行**

显然,若直线平行于投影面平行面或垂直面,那么,平面具有积聚性的投影与该直线的同面投影必平行;反之亦然。

如图 2.52 所示为直线 $MN$ 与铅垂面 $ABC$ 平行的投影特性,图中 $mn$ 平行于 $ABC$ 的积聚投影 $abc$。

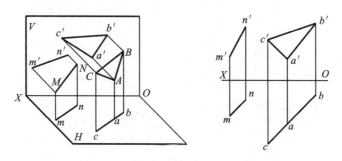

**图 2.52　直线与铅垂面平行的投影特性**

## 2. 两平面互相平行

若一平面内两条相交直线对应地平行于另一平面内的两条相交直线,则该两平面相互平行;反之,若一对相交直线对应平行,则每对相交直线所确定的平面平行。

**例 2.18**　如图 2.53(a)所示,试判断两平行直线 $AB$、$CD$ 所确定的平面与另外两平行直线 $EF$、$GH$ 所确定的平面是否平行。

**分析**　从两平面平行的条件可知,若两平面平行,应该可在两平面上各作一条直线 I II、III IV 分别与原直线相交,并且 I II ∥ III IV,若能作出这样的直线,两平面就平行,否则不平行。

**作图**　如图 2.53(b)所示,在由两平行直线 $AB$、$CD$ 所确定的平面内作直线 I II 的正面投影 $1'2'$,使之与 $a'b'$、$c'd'$ 分别相交于 $1'$、$2'$,然后根据 $1'2'$ 作出 12;再由两平行直线 $EF$、$GH$ 所确定的平面内作直线 III IV 的正面投影 $3'4'$,使之与 $e'f'$、$g'h'$ 分别相交于 $3'$、$4'$,并使 $3'4'$ ∥ $1'2'$,然后根据 $3'4'$ 作出 34。显然 12 不平行于 34,因此,题目给出的两平面不平行。

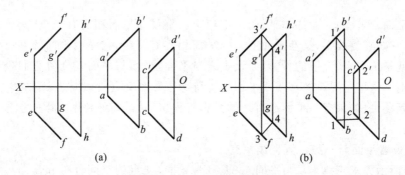

(a)　　　　　　　　　(b)

**图 2.53　判别两平面是否平行**

**例 2.19**　如图 2.54(a)所示,过点 $E$ 作平面平行于平面 △$ABC$。

**分析**　过点 $E$ 作两条相交直线 $ED$、$EF$ 分别平行于 $AB$、$BC$ 即可满足两平面平行的条件。

**作图**　如图 2.54(b)所示,过 $e'$ 作 $e'd'$ ∥ $a'b'$,作 $e'f'$ ∥ $b'c'$;过 $e$ 作 $ed$ ∥ $ab$,作 $ef$ ∥ $bc$。直线 $ED$ 与 $EF$ 所确定的平面即为所求平面。

两投影面垂直面互相平行,则它们具有积聚性的同面投影必然互相平行。如图 2.55 所示为两平行的铅垂面的投影,其水平投影积聚为两平行直线。

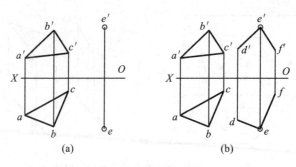

图 2.54  过点作平行平面

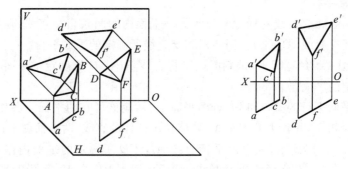

图 2.55  两铅垂面互相平行

## 2.5.2  相交问题

直线与平面、平面与平面如不平行，一定相交。直线与平面相交有交点，交点是直线与平面的共有点，它既在直线上，又在平面上。两平面相交有交线，它是两平面的共有线。解决相交问题主要就是求交点、交线的投影，以及直线与平面，平面与平面相交时它们投影重叠部分可见性的判别。这里主要讲解直线或平面处于特殊位置时交点或交线的求法。

在相交问题中，如果有一平面或直线的投影有积聚性时，则可利用投影的积聚性直接求出交点或交线。

### 1. 特殊位置平面与一般位置直线相交

图 2.56 所示为求直线 $DE$ 与平面△$ABC$（⊥$V$ 面）交点的空间分析和作图过程。由于交点是直线和平面的共有点，它的投影必在直线和平面的同面投影上。图中△$ABC$⊥$V$ 面，其正面投影积聚为直线 $a'b'c'$，故交点 $K$ 的正面投影 $k'$ 应在 $a'b'c'$ 上；点 $K$ 又在 $DE$ 上，$k'$ 必在 $d'e'$ 上。因此 $k'$ 就在 $a'b'c'$ 与 $d'e'$ 的交点上。因点 $K$ 又属于 $DE$ 上的点，故 $k$ 在 $de$ 上，据 $k'$ 求得 $k$。由 $V$ 面投影可看出，在 $k'$ 的右边，直线位于平面之下，故 $H$ 面上 $ke$ 与平面重叠部分不可见，画成虚线，其余部分仍为粗实线；在 $k'$ 的左边，直线位于平面之上，故 $H$ 面上 $kd$ 可见，画粗实线。

应当指出：只有同面投影重叠部分才要判别可见性，不重叠的部分都是可见的，而交点则是可见与不可见部分的分界点。

### 2. 投影面垂直线与一般位置平面相交

如图 2.57 所示，直线 $ED$ 是铅垂线，△$ABC$ 是一般位置平面，它们相交于点 $K$。直线 $ED$ 的水平投影有积聚性，交点 $K$ 的水平投影 $k$ 一定与直线 $ED$ 的水平投影 $e(d)$ 重合，可直接得出；交点 $K$ 也是△$ABC$ 平面上的点，它的水平投影 $k$ 已求出，所以可以利用平面上取点的作图方法求出它的正面投影。为此过点 $K$ 在平面上作辅助线 $AG$，即可求出点 $K$ 的正面投影 $k'$。

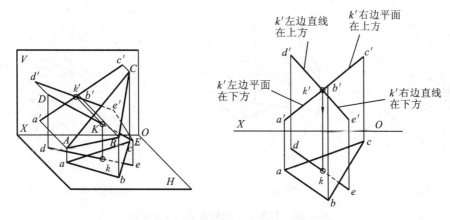

**图 2.56　一般位置直线与正垂面相交**

直线可见性判别可利用交叉两直线的重影点来判别。在图 2.57 中直线 $ED$ 上的点 Ⅰ 和直线 $AC$ 上的点 Ⅱ 是对 $V$ 面的重影点，从俯视上可以看出，Ⅰ 的水平投影(1)位于 Ⅱ 的水平投影 2 的前方，故在 $V$ 面上，$1'$ 可见而 $2'$ 不可见，这意味着 $e'k'$ 可见，而 $k'd'$ 上与 $\triangle a'b'c'$ 重叠部分不可见，应画成虚线。

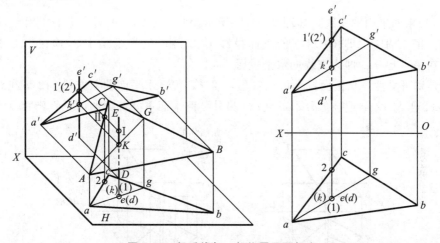

**图 2.57　铅垂线与一般位置平面相交**

### 3. 特殊位置平面与一般位置平面相交

两平面的交线为直线。当两相交平面之一为特殊位置平面时，可利用它的积聚性投影来确定交线上的一个投影，另一个投影可按平面上取点、取线的方法做出。

如图 2.58 所示为 $\triangle DEF$（$\perp H$ 面）和 $\triangle ABC$ 相交时交线的求法。由于 $\triangle DEF \perp H$ 面，在 $H$ 面上积聚为一直线 $dfe$，故两平面交线的水平投影也一定在此直线上。先利用积聚性标出交线的水平投影的两个端点 1、2，则 Ⅰ、Ⅱ 一定分别在 $AC$、$BC$ 上，利用线上点的投影规律求出 $1'$、$2'$，连接 $1'2'$ 并加粗，如图 2.58(b)所示。

判断可见性：如图 2.58(c)所示，从水平投影看，$ab12$ 位于铅垂面 $def$ 的前方，故在主视图上此部分平面可见，而 $12c$ 部分位于铅垂面的后方，故在主视图上 $\triangle 1'2'c'$（与 $\triangle d'e'f'$ 重叠的部分）不可见。$\triangle d'e'f'$ 的可见性部分刚好相反。

注意：一般情况下，平面是可以无限延伸的，但我们在求两平面的交线时，只求平面图形范围内且重叠部分的交线；交线是可见与不可见部分的分界线，并且只有同面投影的重叠部分才

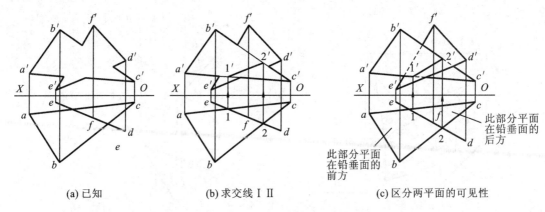

(a) 已知　　　　　　　(b) 求交线 Ⅰ Ⅱ　　　　　　(c) 区分两平面的可见性

**图 2.58　利用 *def* 的积聚性求平面交线**

存在可见性的判断问题。

**例 2.20**　如 2.59(a)所示,求△*ABC*( ∥ *H* 面)与平面 *DEFG* 的交线,并判别可见性。

**分析**　△*ABC* 为一水平面,正面投影积聚成一条直线 *a'b'c'*,故两平面的交线的正面投影一定在此直线上。由于交线又在平面 *DEFG* 上,利用平面内取线的方法即可求出交线的另一投影。

**解**　(1)求两平面的交线。如图 2.59(b)所示,利用 △*ABC* 正面投影的积聚性,标出交线上两点 Ⅰ、Ⅱ(分别在 *DE*、*GF* 上)的正面投影 1'、2',由 1'、2' 求出 1、2,连接 1、2,标出 3 及 3'(点 Ⅲ 在 *AC* 上),23 即为交线的水平投影。

(2) 判别可见性。从正面投影可以看出,1'2'*f'e'*位于水平面的上方,故 12*fe* 在 *H* 面上可见,从而 *c*32 上与 12*fe* 重叠部分不可见;23 另外一侧平面重叠部分的可见性则相反。

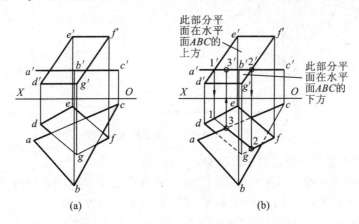

(a)　　　　　　　　　　　　　(b)

**图 2.59　利用 *a'b'c'* 的积聚性求平面交线**

**例 2.21**　如图 2.60(a)所示,求水平面 *DEFG* 与两个共边三角形平面 *SAB*、*SBC* 的交线。

**分析**　水平面 *DEFG* 的正面投影积聚成一条直线,此平面与两个共边三角形平面 *SAB*、*SBC* 的交线必定在该直线上,利用平面内取点、线的方法即可求出交线的水平投影。

**解**　设水平面与△*SAB* 的交线为 Ⅰ Ⅱ,与△*SBC* 的交线为 Ⅱ Ⅲ,则它们的端点 Ⅰ、Ⅱ、Ⅲ 分别位于直线 *SA*、*SB*、*GF* 上,而且 Ⅰ Ⅱ ∥ *AB*,Ⅱ Ⅲ ∥ *BC*,它们的投影如图 2.60(b)所示;可见性的判别如图 2.60(c)所示,两三角形位于水平面的上方的部分在 *H* 面上可见,即 *s*1、*s*2 及 *sc*

等可见,两三角形位于水平面以下在 $H$ 面上与 $defg$ 重叠部分不可见。

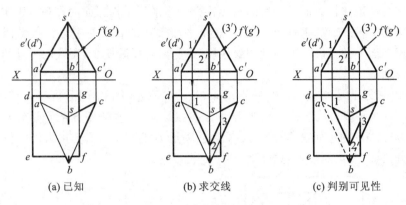

(a) 已知　　　　　(b) 求交线　　　　　(c) 判别可见性

图 2.60　利用平面 $d'e'f'g'$ 的积聚性求平面的交线

**4. 两特殊位置平面相交**

两特殊位置平面相交时,可利用两平面的积聚性投影直接求出交线的两投影。

**例 2.22**　如图 2.61(a)所示,求平面 $ABCD$ 与平面 $EFGH$ 的交线并判别可见性。

**分析**　由于相交两平面均为铅垂面,它们的水平投影都有积聚性,故交线的水平投影积聚成一点,可见交线为铅垂线,其正面投影垂直于 $OX$ 轴。

**解**　(1) 设两平面的交线为 $MN$,则其水平投影为 $m(n)$,如图 2.61(b)所示。

(2) 过 $m(n)$ 作 $OX$ 的垂线,交 $e'h'$ 于 $n'$,交 $a'b'$ 于 $m'$,得交线的正面投影 $m'n'$。

(3) 判别正面投影的可见性:从水平投影上看,在 $m(n)$ 的左边,平面 $EFGH$ 位于另一平面的前方,故在正面投影上该部分平面可见,亦即 $f'e'$ 及 $e'n'$ 可见,而 $a'm'$ 上与 $e'f'g'h'$ 重叠部分不可见;$m'n'$ 右边的可见性则相反。

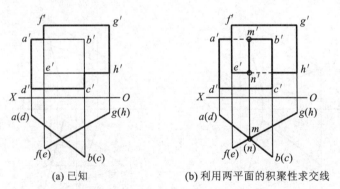

(a) 已知　　　　　(b) 利用两平面的积聚性求交线

图 2.61　求两铅垂面的交线

### 2.5.3　垂直问题

垂直有直线垂直于平面和平面垂直于平面两种情况,垂直是相交的特例。在本节中我们只讨论平面是特殊位置时的垂直问题。

**1. 直线和平面垂直**

"如果一条直线和一个平面内的两条相交直线垂直,那么,这条直线垂直于这个平面"。这个定理是解决有关直线和平面垂直问题的依据。

若直线与平面垂直,它们的投影有什么特点呢? 我们知道,若有一已知直线与一已知平面垂直,则直线与该平面内所有直线都垂直,因而该直线必定会与该平面内的所有投影面平行线垂直,那么,直线与这些投影面平行线的投影符合一边平行于投影面的直角投影定理。

若平面为某一投影面的垂直面,那么与这个平面垂直的直线一定是该投影面平行线。因此直线在该投影面上的投影与平面的积聚性投影垂直,且反映实长;直线的另外两个投影平行于相应的投影轴。

如图 2.62 所示为一直线 $AB$ 与一铅垂面 $EFGH$ 垂直时的空间分析与投影分析。显然,直线 $AB$ 是一条水平线,因此,该直线在 $H$ 面上的投影 $ab$ 垂直于平面的积聚性投影 $efgh$,且反映 $AB$ 的实长;$AB$ 的正面投影 $a'b' // OX$ 轴。垂足 $B$ 的水平投影 $b$ 可从平面积聚性投影直接求出,再根据直线上点的投影规律求出其正面投影 $b'$。

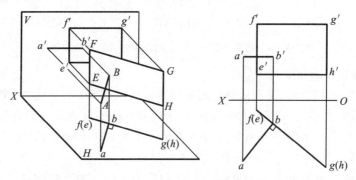

图 2.62　直线垂直于铅垂面

**例 2.23**　如图 2.63(a)所示,试过点 $E$ 作直线垂直于 $\triangle ABC$。

**分析**　直线垂直于平面,则直线垂直于平面内的投影面平行线,故可利用一边平行于投影面的直角投影定理作图。

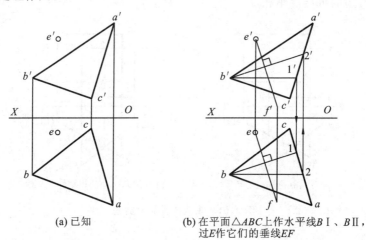

(a) 已知　　　　　(b) 在平面 $\triangle ABC$ 上作水平线 $B\text{I}$、$B\text{II}$,
　　　　　　　　　　　　过 $E$ 作它们的垂线 $EF$

图 2.63　过点 $E$ 作 $EF \perp \triangle ABC$

**解**　(1)如图 2.63(b)所示,在 $\triangle ABC$ 平面内取正平线 $B\text{II}$ 和水平线 $B\text{I}$。

(2) 过点 $E$ 作一直线 $EF$ 使之垂直于直线 $B\text{II}$ 与 $B\text{I}$,即过 $e'$ 作 $e'f' \perp b'2'$,过 $e$ 作 $ef \perp b1$,则 $EF$ 即为所求。

直线与平面垂直时,若平面垂直于某一投影面,则直线一定是该投影面的平行线。因此,直线在该投影面上的投影与平面的积聚性投影垂直,且反映直线的实长;直线的另两个投影平行于相应的投影轴。

## 2. 平面和平面垂直

如果一个平面经过另一个平面的一条垂线,那么,这两个平面互相垂直。

显然,如果两平面垂直,那么,过第一个平面内的一点所作垂直于第二个平面的直线,必在第一个平面内。这是解决两平面垂直的依据,而基础是直线与平面垂直。

若空间两平面垂直相交,且两平面都垂直于某一投影面,则两平面的积聚性投影一定垂直相交,且交线为该投影面的垂直线。

如图 2.64 所示,平面 $ABCD$ 与平面 $EFGH$ 都为铅垂面,且垂直相交。所以两平面水平投影都积聚成直线,且垂直相交。两平面的交线为铅垂线,交线的水平投影积聚成一点 $m(n)$,交线的正面投影 $m'n' \perp OX$ 轴。

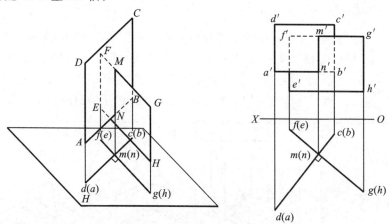

**图 2.64　两铅垂面互相垂直**

**例 2.24**　如图 2.65(a)所示,试过点 $E$ 作一平面垂直于平面 $\triangle ABC$。

**分析**　过点 $E$ 只能作一条垂线垂直于已知平面,但含此垂线的平面可作无穷多个。本例在例 2.22 的基础上(作平面的垂线),再过已知点任意作一条直线($EK$)就可以确定一个与已知平面垂直的平面(见图 2.65)。

**解**　(1)如图 2.65(b)所示,在 $\triangle ABC$ 平面内取正平线 $B\mathrm{II}$ 和水平线 $B\mathrm{I}$。

(2)过点 $E$ 作一直线 $EF$ 使之垂直于直线 $B\mathrm{II}$ 与 $B\mathrm{I}$:过 $e'$ 作 $e'f' \perp b'2'$,过 $e$ 作 $ef \perp b1$。

(3)如图 2.65(c)所示,过点 $E$ 作任意直线 $EK$:过 $e'$ 作任意直线 $e'k'$,过 $e$ 作任意直线 $ek$。直线 $EK$ 与 $EF$ 所确定的平面即为所求的平面。

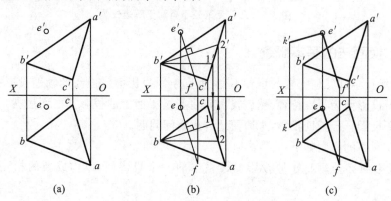

(a)　　　　　　　(b)　　　　　　　(c)

**图 2.65　过点 $E$ 作平面垂直于 $\triangle ABC$**

# 第3章 投影变换

## 3.1 换面法的基本概念

### 3.1.1 概述

对直线和平面的投影分析可知,当直线和平面相对于投影面处于特殊位置(平行或垂直)时,其投影具有特殊性,如图 3.1 所示,有积聚性或实形性。投影可反映实长、实形或倾角,比较容易解决其定位问题或度量问题。投影变换就是将直线或平面从一般位置变换为与投影面平行或垂直的位置,以简便地解决它们的度量和定位问题,包括换面法和旋转法两种。

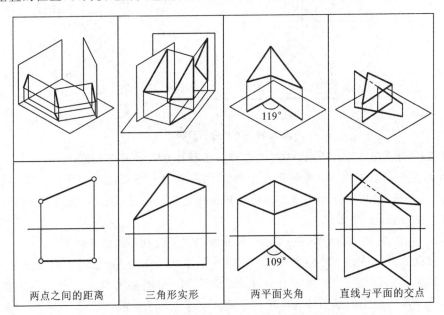

两点之间的距离　　三角形实形　　两平面夹角　　直线与平面的交点

图 3.1 几何元素处于有利于解题位置

### 3.1.2 换面法的基本概念

换面法:保持空间几何元素的位置不变,垂直于原投影面设立新的辅助投影面,使空间几何元素相对新投影面为特殊位置,然后找出其在新投影面上的投影。换面法就是借助于换面以后所得的新投影——辅助投影,来简便地解决空间问题。

选择新投影面的原则如下:

(1)新投影面必须垂直于原投影面体系中的一个投影面,以构成新的相互垂直的投影体系;

(2)新投影面必须平行或垂直于空间几何要素,使其处于有利于解题的位置。

## 3.2　换面法的基本作图法

### 3.2.1　点的投影变换规律

点是一切几何体的基本元素,是学习换面法的基础。

**1. 点的一次变换**

如图 3.2(a)所示,点 $A$ 在 $V/H$ 投影体系中的投影是 $a$、$a'$,用一个与 $H$ 面垂直的 $V_1$ 代替 $V$ 面,建立新的 $V_1/H$ 投影体系($V_1$ 表示一次变换后的新投影面,一般用相应投影面符号加下标 1 来表示一次变换后的新投影),$X_1$ 是 $V_1$ 与 $H$ 的新投影轴。$H$ 面是不变投影面,点 $A$ 的水平投影 $a$ 不变,$a_1'$ 是 $V_1$ 面的新投影。如图 3.2 所示,可以得出点的各个投影 $a$、$a'$、$a_1'$ 之间的关系。

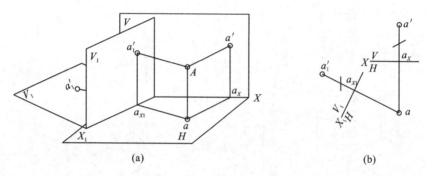

(a)　　　　　　　　　　　　(b)

**图 3.2　点的一次变换(变换 $V$ 面)**

(1) 新投影面体系中,点的新投影与不变投影的连线垂直于新投影轴,即 $aa_1' \perp X_1$;

(2) 新投影到新投影轴之间的距离等于被代替的投影到原投影轴之间的距离,即 $a_1'a_{X1} = a'a_X$。

根据上述投影之间的关系,用一个与 $V$ 面垂直的 $H_1$ 代替 $H$ 面,其点的一次投影变换作图步骤如图 3.3 所示。

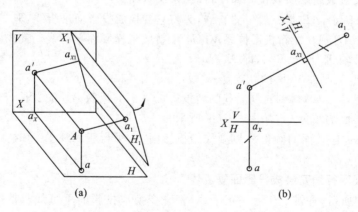

(a)　　　　　　　　　　　　(b)

**图 3.3　变换 $H$ 面的点的一次变换**

① 按实际需要确定新投影轴 $X_1$,以 $H_1$ 面代替 $H$ 面形成新的投影体系 $V/H_1$;

② 过点 $a'$ 作新投影轴 $X_1$ 的垂线与新投影轴交于 $a_{X1}$;

③ 在垂线 $a'a_{X1}$ 的延长线上取 $a_1a_{X1}=aa_X$，即得到点在新投影面 $H_1$ 上的新投影 $a_1$。

**2. 点的二次变换**

由于新投影面必须垂直于原有投影体系中的一个投影面，有时一次变换不能解决问题，必须作二次或多次投影变换，这种二次或多次变换投影面的方法称为二次变换或多次变换。在进行二次变换时，不能同时变换两个投影面，必须变换一次投影面后，在新的投影体系中再变换另一个未被代替的那个投影面。

二次变换的作图方法与一次变换的完全相同，只是将作图过程重复一次而已，如图 3.4 所示为点的二次变换，其步骤如下：

① 先作一次变换，用 $V_1$ 代替 $V$，组成新的投影体系 $H/V_1$，作出新投影 $a_1'$；

② 在 $H/V_1$ 体系基础上，再进行一次变换，将原体系中未被变换的 $H$ 面进行二次变换，以 $V_1/H_2$ 构成新的投影体系，$X_2$ 为新投影轴，这时 $a_1'a_2\perp X_2$，$a_2a_{X2}=aa_{X1}$。

当然，二次变换投影面时，也可先变换 $H$ 面再变换 $V$ 面，即先由 $V/H$ 变换成 $V/H_1$，再变换成 $V_2/H_1$，变换的方法相同。

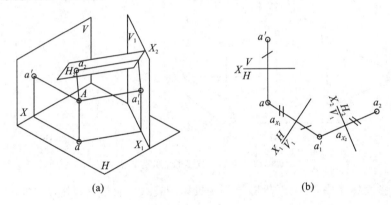

(a)　　　　　　(b)

图 3.4　点的二次变换

### 3.2.2　换面法的基本作图方法

**1. 将一般位置直线变换成投影面平行线，求实长和实际倾角**

如图 3.5(a)所示，$AB$ 是一般位置直线，为将它变换成投影面平行线，取 $V_1$ 面垂直于 $H$ 面同时平行于直线 $AB$，$AB$ 在新投影体系 $V_1/H$ 中就成了投影面平行线。其作图步骤如下：

① 作新投影轴 $X_1$ 平行于 $ab$，即 $X_1//ab$；

② 分别作点 $A$、$B$ 在 $V_1$ 面的新投影 $a_1'$、$b_1'$；

③ 连接两点 $a_1'$、$b_1'$，得到直线 $AB$ 的新投影 $a_1'b_1'$，它反映 $AB$ 的实长，与 $X_1$ 的夹角 $\alpha$，反映直线 $AB$ 对 $H$ 面的倾角 $\alpha$。如图 3.5(b)所示。

如果要求 $AB$ 对 $V$ 面的倾角 $\beta$，则要作新投影面 $H_1$ 平行于 $AB$，作图时 $X_1//a'b'$，作图方法相同。

**2. 将投影面平行线变换成投影面垂直线**

如图 3.6(a)所示，直线 $AB$ 为一正平线，将它变换成投影面垂直线。根据投影面垂直线的投影性质，将反映实长的 $V$ 面投影 $a'b'$ 作为不变投影，作新投影面 $H_1$ 垂直于 $AB$，作图时作 $X_1\perp a'b'$，则 $AB$ 在 $H_1$ 面上的投影积聚为一点 $a_1(b_1)$，如图 3.6(b)所示。

**3. 将一般位置直线变换成投影面垂直线**

如图 3.7(a)所示，要将一般位置直线变换成投影面垂直线，需进行二次变换，先将一般位

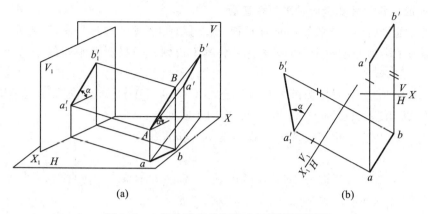

图 3.5　一般位置直线变换成投影面平行线

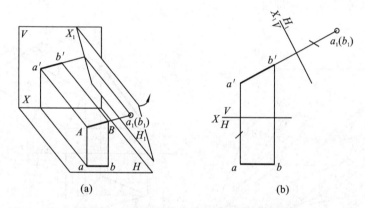

图 3.6　投影面平行线变换成投影面垂直线

置直线变换成投影面平行线,再将投影面平行线变换成投影面垂直线,作图步骤如图 3.7(b)
所示。

① 先作新投影轴 $X_1 // ab$,求得 $AB$ 在 $V_1$ 面的新投影 $a_1'b_1'$;

② 再作 $X_2 \perp a_1'b_1'$,则 $AB$ 在 $H_2$ 面上的投影积聚为一点 $a_2(b_2)$。

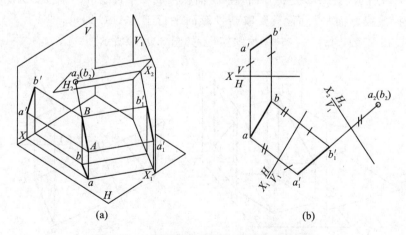

图 3.7　一般位置直线变换成投影面垂直线

**4. 将一般位置平面变换成投影面垂直面**

将一般位置平面变换成投影面垂直面时,新投影面既要垂直于该平面,又要垂直于某个基本投影面。为了满足上述两个条件,只要在平面中找到一条投影面平行线垂直于新投影面即可。

如图 3.8(a)所示,新投影面既要垂直于 $\triangle ABC$,又要垂直于 $V$ 面,需要在 $\triangle ABC$ 内找到一条正平线 $AD$,使新投影面 $H_1$ 垂直于它。作图步骤如下:

① 在 $\triangle ABC$ 内作一正平线 $AD$,其投影是 $ad$、$a'd'$;

② 作 $X_1 \perp a'd'$;

③ 作 $\triangle ABC$ 在新投影面 $H_1$ 的新投影 $a_1$、$b_1$、$c_1$,$a_1b_1c_1$ 积聚成一条直线,该直线与 $X_1$ 的夹角是 $\triangle ABC$ 对 $V$ 面的倾角 $\beta$。如图 3.8(b)所示。

如果要求 $\triangle ABC$ 对 $H$ 面的倾角 $\alpha$,方法相同,只需在 $\triangle ABC$ 内作一条水平线,使新投影面 $V_1$ 垂直于该水平线和 $H$ 面即可。

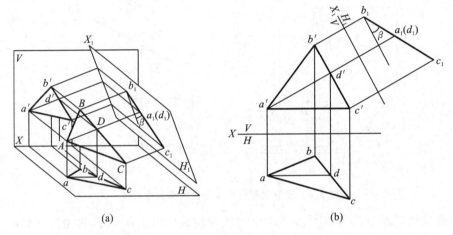

图 3.8 一般位置平面变换成投影面垂直面

**5. 将投影面垂直面变换成投影面平行面**

如图 3.9(a)所示,$\triangle ABC$ 是铅垂面,在 $H$ 面积聚成一条直线 $abc$,该投影为不变投影。要将 $\triangle ABC$ 变换成投影面平行面,只要取新投影面平行于 $\triangle ABC$ 即可,即 $V_1 /\!/ \triangle ABC$,$X_1 /\!/ abc$,则 $\triangle ABC$ 在 $V_1$ 的投影 $\triangle a_1'b_1'c_1'$ 反映实形,如图 3.9(b)所示。

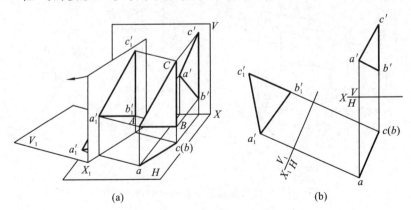

图 3.9 投影面垂直面变换成投影面平行面

**6. 将一般位置平面变换成投影面平行面**

由前面两种面的变换可知,要将一般位置平面变换成投影面平行面必须经过两次投影变换。先将平面变换成投影面垂直面,再将投影面垂直面变换成投影面平行面。如图 3.10 所示,先将 $\triangle ABC$ 变换成 $H_1$ 的垂直面,然后再进行二次变换使其变换成 $V_2$ 平行面,具体作图步骤如下:

① 在 $\triangle ABC$ 内作正平线 $AD$,作新投影面 $H_1$ 垂直于 $AD$,即作 $X_1 \perp a'd'$,然后作出 $\triangle ABC$ 在 $H_1$ 面上的新投影 $a_1 b_1 c_1$,它积聚成一条直线;

② 作新投影面 $V_2$ 平行于 $\triangle ABC$,即作 $X_2$ 平行于 $\triangle ABC$ 的积聚性投影($X_2 // a_1 b_1 c_1$),然后作出 $\triangle ABC$ 在 $V_2$ 面上的新投影 $a_2' b_2' c_2'$,$\triangle a_2' b_2' c_2'$ 反映 $\triangle ABC$ 的实形。

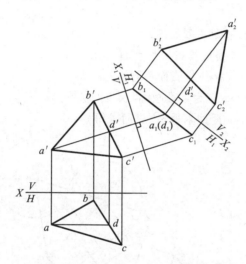

图 3.10 一般位置平面变换成投影面平行面

**7. 换面法的应用举例**

**例 3.1** 求两交叉直线 $AB$、$CD$ 的公垂线,如图 3.11(a)所示。

**分析** 如图 3.11(b)所示,如果将交叉直线中的 $AB$ 转换成新投影面 $H_2$ 的垂直线,则其公垂线 Ⅰ Ⅱ $// H_2$,Ⅰ Ⅱ 在 $H_2$ 上的投影 $1_2 2_2$ 反映其实长,且 $1_2 2_2 \perp c_2 d_2$。一般位置直线 $AB$ 变换成投影面垂直线需要两次变换。

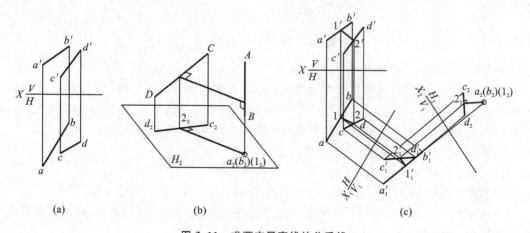

(a)　　　　　(b)　　　　　(c)

图 3.11 求两交叉直线的公垂线

作图　如图 3.11(c)所示,作图步骤如下。

① 一次变换先将 $AB$ 变换成投影面平行线 $a_1b_1$。

② 二次变换将 $AB$ 变换成投影面垂直线 $a_2b_2$(积聚为点),公垂线在 $AB$ 上的点 1 的投影 $1_2$ 也在此点。

③ 过 $1_2$ 作 $1_22_2 \perp c_2d_2$,$2_2$ 在 $c_2d_2$ 上。

④ 根据投影变换规律,由 $1_22_2$ 返回求得 $1_1'2_1'$($1_1'2_1'$ 平行于 $X_2$),进而求得公垂线的两面投影 $12$、$1'2'$。

**例 3.2**　已知点 $E$ 在平面 $\triangle ABC$ 内,且距离 $A$、$B$ 均为 15,求 $E$ 的两面投影。

分析　求得 $\triangle ABC$ 的实形,以 $A$、$B$ 为圆心,分别作半径为 15 的圆,在 $\triangle ABC$ 上两圆的交点就是我们所求的点 $E$。

作图　如图 3.12 所示,作图步骤如下。

① 一次变换将 $\triangle ABC$ 变换成投影面垂直面 $\triangle a_1b_1c_1$;

② 二次变换将 $\triangle a_1b_1c_1$ 变换成投影面平行面 $\triangle a_2'b_2'c_2'$;

③ 分别以 $a_2'$、$b_2'$ 为圆心、15 为半径画圆,求得两圆在 $\triangle a_2'b_2'c_2'$ 上的交点 $e_2'$;

④ 根据投影变换规律,$e_2'$ 返回求得 $e_1$,进而求得 $e'$、$e$。

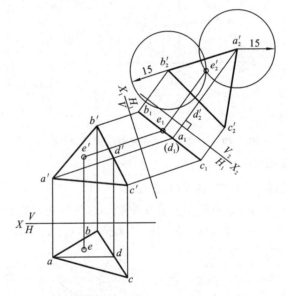

**图 3.12　求 $\triangle ABC$ 上的点 $E$**

**例 3.3**　已知 $\triangle ABC$ 和 $\triangle ABD$ 的夹角为 75°,求 $a'd'$、$b'd'$,如图 3.13(a)所示。

分析　若两平面都是某投影面的垂直面,那么,两平面在该投影面的积聚线的夹角就是两平面的夹角。本题中,$AB$ 是 $\triangle ABC$ 和 $\triangle ABD$ 的交线,将 $AB$ 转换成投影面垂直线,则 $\triangle ABC$ 和 $\triangle ABD$ 是该投影面垂直面,在该投影面的投影积聚为直线,两条积聚线的夹角为 75°。

作图　如图 3.13(b)所示,作图步骤如下。

① 一次变换将 $AB$ 变换成投影面平行线,得到 $\triangle a_1'b_1'c_1'$。

② 二次变换将 $a_1'b_1'$ 变换成投影面垂直线,求得 $\triangle a_1'b_1'c_1'$ 的积聚线 $a_2c_2$。

③ 过 $a_2$ 作一条与 $a_2c_2$ 成 75° 的直线,再作一条平行于 $X_2$ 的直线,使其与 $X_2$ 的距离等于 $d$ 到 $X_1$ 的距离,这两条直线相交于一点,即为 $d_2$。

④ 根据投影变换规律,由 $d_2$ 返回求得 $d_1'$,进而求得 $d$、$d'$。

⑤ 连接 $a'd'$、$b'd'$。

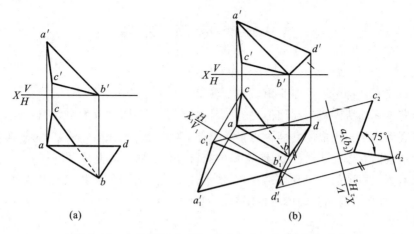

(a)        (b)

**图 3.13** △$ABC$ 和 △$ABD$ 的夹角为 $75°$,求 $a'd'$、$b'd'$

# 第4章 基 本 立 体

大多数机器零件都可以看作是由若干个简单的几何立体组合而成,这些立体称为基本体。基本体是由若干表面所围成的几何体,按其表面几何形状不同可分为两大类:平面立体和曲面立体。所有表面由平面围成的立体称为平面立体,常见的有棱柱体和棱锥体;表面由曲面或者曲面和平面围成的立体称为曲面立体,常见的有圆柱体、圆锥体、圆球和圆环等。

掌握基本体三视图的形成和投影规律、基本体表面点和线的投影特点以及两基本体相交时交线的画法,是学习绘制和阅读机械图样的基础。

## 4.1 三视图的形成及投影规律

### 4.1.1 三视图的形成

如图 4.1(a)所示,把物体放在三投影面体系中,按正投影法向三个投影面投射,可以分别得到物体的正立投影面投影、水平投影面投影和侧立投影面投影。在工程图样中这种投影称为"视图",在画视图的时候,不可见的轮廓线用细虚线(以后简称虚线)表示。根据制图国家标准这三个视图分别是:

主视图——由前向后投射,在正立投影面(简称正面)上所得到的视图;

俯视图——由上向下投射,在水平投影面上所得到的视图;

左视图——由左向右投射,在侧立投影面(简称侧面)上所得到的视图。

为了使处于空间位置的三个视图能够在同一个平面上表示出来,如图 4.1(a)所示,规定投影面 $V$ 面不动,将 $H$ 面和 $W$ 面分别绕 $OX$ 轴和 $OY$ 轴按图示方向旋转 $90°$,使它们展开成与 $V$ 面处在同一平面上,如图 4.1(b)所示。在旋转、展开的过程中 $OY$ 轴被一分为二,随 $H$ 面旋转的 $Y$ 轴用 $Y_H$ 表示;随 $W$ 面旋转的 $Y$ 轴用 $Y_W$ 表示,同时在投影图中不画投影面的边框线,形成的三个视图如图 4.1(c)所示。

### 4.1.2 三视图的投影规律

从三视图形成过程中可以看出,三个视图之间存在一定的位置关系,即以主视图为准,俯视图在主视图的正下方,左视图在主视图的正右方。

在空间上,物体有长、宽、高三个方向的尺寸。如图 4.1(d)所示,如果规定物体沿 $X$ 方向上的左右距离称为长,沿 $Z$ 方向的上下距离称为高,沿 $Y$ 方向的前后距离称为宽,由图 4.1(d)、(e)可看出,一个视图能反映物体的两个方向的尺寸。即:主、俯视图同时反映物体左右方向上的长度尺寸,长度相等;主、左视图同时反映物体上下方向上的高度尺寸,高度相等;俯、左视图同时反映物体前后方向上的宽度尺寸,宽度相等。

由此可以归纳出在画物体三视图时,三个视图之间存在的投影关系:

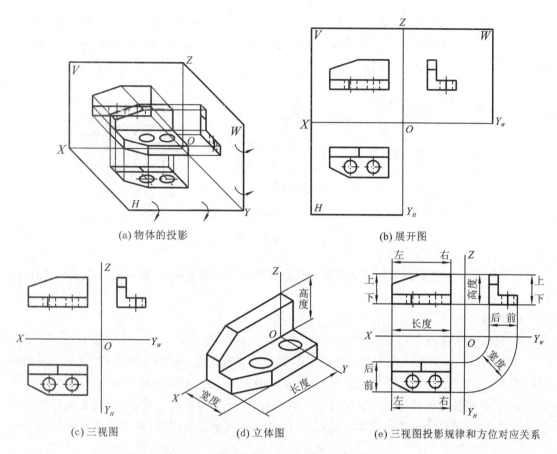

| (a) 物体的投影 | (b) 展开图 |

| (c) 三视图 | (d) 立体图 | (e) 三视图投影规律和方位对应关系 |

**图 4.1　三视图的形成、投影规律及表示的方位**

（1）主、俯视图长对正；

（2）主、左视图高平齐；

（3）俯、左视图宽相等。

对照图 4.1(d)、(e) 还可以看出：在主、俯视图中，沿 $X$ 轴负方向，对应物体的左右方向；在主、左视图中，沿 $Z$ 轴负方向，对应物体的上下方向；在俯、左视图中，沿 $Y$ 轴负方向，对应物体的前后方向，如图 4.1(e) 所示。即在俯视、左视两视图中，靠近主视图的一边都反应物体的后面，远离主视图的一边则反应物体的前面。因此，在根据"宽相等"作图时，不但要注意量取尺寸的起点，而且要注意量取尺寸的方向。

## 4.2　基本立体的三视图及其表面上的点与线

常见的基本立体有棱柱体、棱锥体、圆柱、圆锥、圆球和圆环。

### 4.2.1　平面立体

平面立体表面由若干平面围成,如图 4.2 所示。这些平面分别称为平面立体的棱面和底面(顶面),各棱面之间的交线称为棱线。各棱线相互平行的平面立体称为棱柱体(简称棱柱);棱线相交的平面立体称为棱锥体(简称棱锥)。

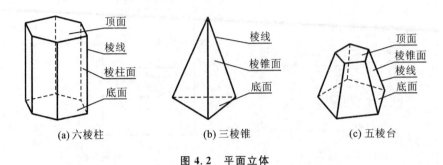

(a) 六棱柱　　　　　　(b) 三棱锥　　　　　　(c) 五棱台

图 4.2　平面立体

有关平面立体的投影可以归结为平面及直线(棱线)的投影问题,或者是各多边形顶点、棱线端点的投影问题。

**1. 棱柱**

1) 棱柱的三视图

如图 4.3(a)所示为一正五棱柱的三视图形成的空间分析。由图中可见,五棱柱的顶面和底面是水平面,五条边中的四条是水平线,一条是侧垂线;五个棱面中四个面为铅垂面,一个为正平面;五条棱线皆为铅垂线。五棱柱的三视图如图 4.3(b)所示。需要注意:要分清表面及棱线的可见性,可见轮廓线用粗实线画出,不可见轮廓线用虚线画出;画三视图时要注意利用三视图的投影规律。

特别指出:图 4.3(c)所示的三视图省略了投影轴,称为无轴投影体系。以后常采用这种无轴投影体系讨论问题。

棱柱的尺寸标注中应注写棱柱的底面(顶面)尺寸和高度尺寸,如图 4.4 所示为常见的棱柱尺寸标注示例。

2) 棱柱表面取点

平面立体表面上取点的方法可以归纳为第 2 章所述的在平面上取点。如果立体表面为特殊位置平面,可利用平面投影的积聚性求点的投影;如果立体表面为一般位置平面,则可以应用在平面上取点的方法求点的投影。但是,立体表面上的点和单纯平面上的点有本质的区别,在立体表面求点的步骤如下。

(1) 首先根据点的已知投影判断点的位置,即点在立体的哪个表面上。

(2) 然后再根据平面上求取点的方法求取点的其他投影,注意,在求取点的每一个投影时,必须注意点的投影规律及投影可见性的判断。

**例 4.1**　如图 4.5(a)所示,已知五棱柱的三面投影及其表面上点 $M$ 的正面投影 $m'$ 和点 $N$ 的水平投影($n$)。完成两点的其余投影面的投影。

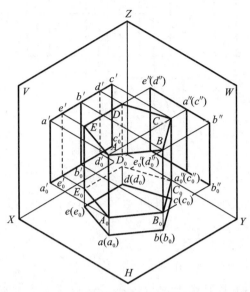

(a) 正五棱柱立体图

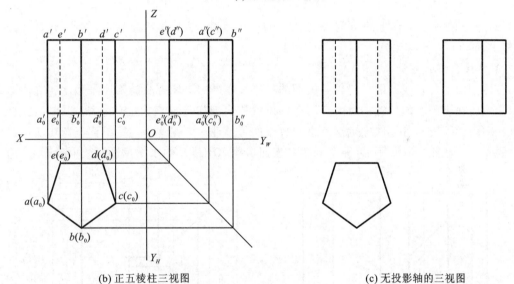

(b) 正五棱柱三视图　　　　　　　　　　(c) 无投影轴的三视图

图 4.3　正五棱柱三视图

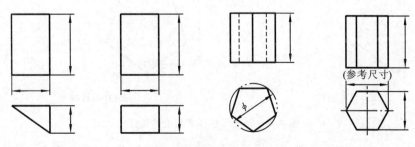

图 4.4　棱柱的尺寸注法

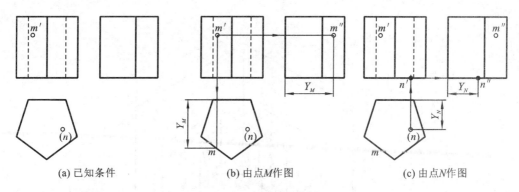

(a) 已知条件　　　　　(b) 由点M作图　　　　　(c) 由点N作图

图 4.5　五棱柱表面取点

分析　点 M 在五棱柱的棱面上,因此,在水平面上的投影必在五棱柱的对应棱面积聚性投影上;点 M 在五棱柱的左前棱面,各面投影为可见;点 N 在五棱柱的底面上投影为不可见,其在对应的底面投影的积聚性投影上。

作图　如图 4.5(b)、(c)所示,作图步骤如下。

(1) 由 $m'(n)$,利用五棱柱的左前棱面水平投影和底面正面投影的积聚性直接作出 $m$ 和 $n'$;

(2) 根据点所在立体上的空间位置及点的投影规律,求出其侧面投影,即由 $m'$、$n'$ 和 $m$、$(n)$ 作出 $m''$、$(n'')$。

3) 棱柱表面取直线

棱柱表面上的直线通常是跨越各表面的折线。在表面上取直线的实质是确定各表面上直线两端点所在表面上的位置。由端点所在的位置依次连接形成表面上的直线,再根据各直线段所在的表面投影的可见性确定这条直线投影的可见性。

例 4.2　如图 4.6(a)所示,补全五棱柱表面折线 $ABCDE$ 的水平投影和侧面投影。

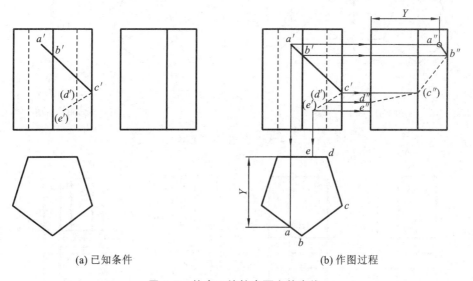

(a) 已知条件　　　　　　　(b) 作图过程

图 4.6　补全五棱柱表面上的直线

分析　五棱柱表面折线 $ABCDE$ 位于五棱柱的四个棱面上,折线 $ABCDE$ 的水平投影也在棱面的水平投影上;而棱面在水平投影面上的投影皆积聚为直线(正五边形的边),因此折线

$ABCDE$ 的水平投影也在此五边形的边上。因为折线 $ABCDE$ 的 $ABC$ 段的正面投影 $a'b'c'$ 可见，故 $AB$ 段在五棱柱的左前棱面上，$BC$ 段在右前棱面上；$c'd'e'$ 为不可见，$CD$ 段在右后棱面上，$DE$ 段在后棱柱面上。在侧面投影中，$a''b''$ 为可见，$b''c''$、$c''d''$ 不可见，$d''e''$ 在后棱柱面的积聚性投影上。

作图　如图 4.6(b)所示，作图步骤如下。

(1) 由 $ABCDE$ 的正面投影 $a'$、$b'$、$c'$、$(d')$、$(e')$，利用棱面水平投影的积聚性直接得出其水平投影 $a$、$b$、$c$、$d$、$e$。

(2) 由 $ABCDE$ 的正面投影 $a'$、$b'$、$c'$、$(d')$、$(e')$ 和水平投影 $a$、$b$、$c$、$d$、$e$，根据点所在立体上的空间位置及点的投影规律，求出各点侧面投影：$a''$、$b''$、$c''$、$d''$、$e''$。

(3) 依次连线各点。

**2. 棱锥**

**1) 棱锥的三视图**

图 4.7(a)所示为一正三棱锥的三视图形成空间分析。由图中可见，正三棱锥的底面是水平面，其水平投影反映实形但不可见；三条边中 $AB$、$BC$ 是水平线，$AC$ 是侧垂线；三个棱面中，$SAB$ 和 $SBC$ 两个面为一般位置平面，它们的三面投影分别为面积缩小的类似形（三角形），$SAC$ 为侧垂面（$AC$ 为侧垂线）；三条棱线中 $SA$ 和 $SC$ 为一般位置直线，$SB$ 为侧平线。三棱锥的三视图如图 4.7(b)所示。

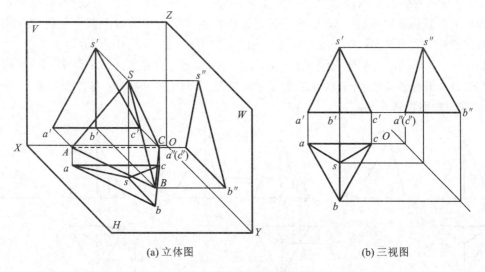

(a) 立体图　　　　　　　　　　　　(b) 三视图

**图 4.7　正三棱锥的三视图**

棱锥的尺寸需要标注底面和锥的高度尺寸。图 4.8 所示为常见棱锥的尺寸注法示例。

**2) 棱锥表面取点**

棱锥表面多为一般位置平面，表面取点首先要分清点在哪个平面上，再利用平面上取点的方法求作点的投影。棱锥表面取点通常采用过顶点作辅助直线法和作棱线(边)平行线的辅助线法两种。

**例 4.3**　如图 4.9(a)所示，已知给出三棱锥的三面投影及表面上点 $K$ 的正面投影 $k'$。求点 $K$ 的水平投影和侧面投影。

分析　点 $K$ 在三棱锥的棱面 $SAB$ 面上。取点 $K$ 的投影就转化为在平面 $SAB$ 上求点 $K$ 的投影。

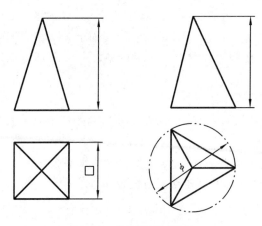

图 4.8　棱锥的尺寸注法

（1）过顶点作辅助直线法求解　如图 4.9(b)所示,过顶点 $s'$ 经 $k'$ 作直线 $s'd'$ 交 $a'b'$ 于 $d'$；$d'$ 在 $a'b'$ 上。因此,点 $D$ 在直线 $AB$ 上,作点 $D$ 的各投影 $d$ 和 $d''$；由于点 $K$ 在直线 $SD$ 上,利用直线上点的投影从属性,点 $K$ 的各投影必在 $SD$ 的同名投影上。作 $k'$ 的各投影连线交于 $sd$、$s''d''$,交点即为 $k$ 和 $k''$。

注意：不一定非要过顶点作辅助线,比如可以通过三角形棱面上的其他顶点,或任一点。

（2）作棱线（边）平行线法求解　由两直线平行的投影规律知,若两直线平行,则两直线在各投影面上的投影必定平行。那么,取一条通过待求点并平行于棱锥上某一条已知直线即可作出点的投影。

如图 4.9(c)所示,过 $k'$ 作直线 $1'2'\ /\!/\ a'b'$；点 Ⅰ 和点 Ⅱ 分别在直线 $SA$ 和 $SB$ 上,利用直线 ⅠⅡ 与边 $AB$ 平行的特性,作直线 ⅠⅡ 的其余两投影 $12$ 和 $1''2''$；因点 $K$ 在直线 ⅠⅡ 上,可作出点 $K$ 的其他两面投影 $k$ 和 $k''$。

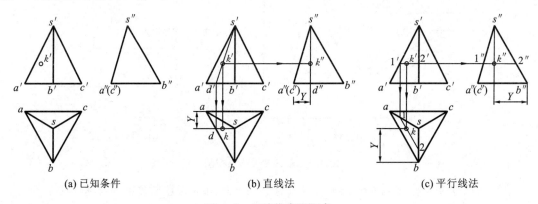

(a) 已知条件　　　　　　　　(b) 直线法　　　　　　　　(c) 平行线法

图 4.9　三棱锥表面取点

## 4.2.2　曲面立体

常见的曲面立体一般为回转体,回转体是由回转面或回转面与平面围成的立体。回转面通常由一条直线或曲线绕一固定直线作回转运动而形成的曲面,如图 4.10 所示。固定的直线称为轴线,作回转运动的线称为母线,母线在运动过程中所处的任意位置称为素线,母线上任意一点的运动轨迹是圆,常称为纬圆。

绘制回转体的三视图归结为绘制回转体的轮廓线、顶点和曲面转向轮廓线的投影。所谓

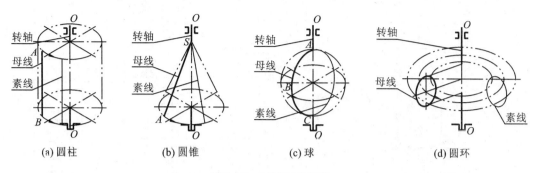

(a) 圆柱          (b) 圆锥          (c) 球          (d) 圆环

**图 4.10  回转体的形成**

曲面的转向轮廓线投影,是指切于曲面的各投射线与投影面的交点的集合,也就是这些投射线所组成的投射面(平面或柱面)与投影面的交线,如图 4.11 所示。曲面转向轮廓线的投影也是曲面在该投影面上投影可见与不可见的分界线。

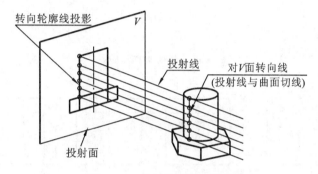

**图 4.11  转向轮廓线的概念**

### 1. 圆柱

1) 圆柱的三视图

圆柱由圆柱面和两个平面围成。图 4.12(a)所示为圆柱三视图形成的空间分析,图 4.12(b)为圆柱的三视图。当圆柱的轴线垂直于水平投影面时,上、下底面为水平面,正面和侧面投影积聚为直线;圆柱面上各条素线为铅垂线,故在水平投影面上积聚成一个圆。主视图上直线 $a'a_0'$ 和 $c'c_0'$ 为圆柱面对正面的转向轮廓线投影,也是圆柱面上最左和最右两条素线的投影;左视图上直线 $b''b_0''$ 和 $d''d_0''$ 为圆柱面对侧面的转向轮廓线投影,也是圆柱面上最前和最后两条素线的投影。图 4.12(c)所示为圆柱的尺寸注法。

注意:绘制圆柱等回转体的三视图时应先用细点画线画出立体的轴线和对称中心线。

2) 圆柱表面上取点

由图 4.12 可以看出,圆柱面的转向轮廓线把圆柱面分成四个部分,在圆柱面上取点,首先要确定点在圆柱面的哪个部分,然后利用圆柱面投影的积聚性以及点的投影规律,确定圆柱面上点的位置、投影及可见性。

**例 4.4**  如图 4.13(a)所示,已知圆柱面上点 $M$ 的正面投影 $m'$ 和点 $N$ 的侧面投影($n''$)。求点 $M$ 和点 $N$ 的其余两个投影。

分析  因圆柱轴线垂直于水平投影面,$M$、$N$ 点在圆柱面上,它们的水平投影面投影必在圆上。由已知条件可知,点 $M$ 在左前圆柱面上,故 $m''$ 为可见;点 $N$ 在右前圆柱面上,$n'$ 为可见。

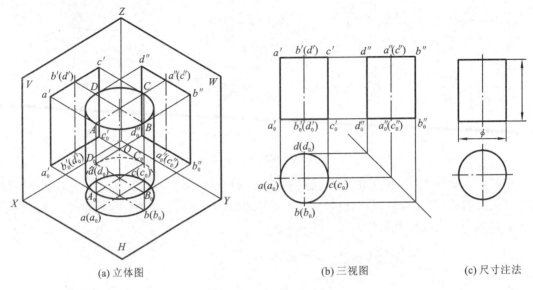

| (a) 立体图 | (b) 三视图 | (c) 尺寸注法 |

图 4.12　圆柱体的三视图

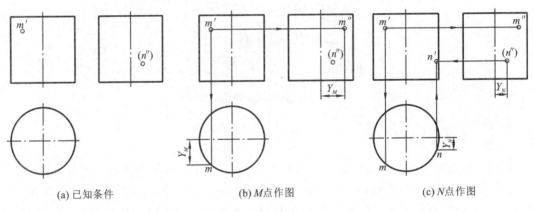

| (a) 已知条件 | (b) M点作图 | (c) N点作图 |

图 4.13　圆柱表面取点

作图　过 $m'$ 作水平投影面和侧面投影，水平投影面上交于左、前半圆周的交点为 $m$。量取 $m$ 到中心线距离 $Y_M$，在侧面投影连线上截取轴线向右距离等于 $Y_M$ 得到 $m''$ 点，如图 4.13 (b)所示。同理，可作出点 $N$ 投影 $n$、$n'$，如图 4.13(c)所示。

3）圆柱表面上取线

回转体表面上的线通常是空间曲线，特殊情况下是平面曲线或直线。确定曲面立体表面上的线，首先确定出该线段在立体表面上的特殊点，如线段的端点、该线经过立体表面转向轮廓线投影上的点等；再在这些特殊点之间插入一些点作投影，以便使曲线光滑、平顺地连接。线的可见性根据该线所在的曲面投影面是否可见进行判断。

例 4.5　如图 4.14(a)所示，圆柱表面一线段的侧面投影为 $a''b''c''$，完成它的三面投影。

分析　由已知条件知，曲线 $ABC$ 位于圆柱体的左半边柱面上。点 $A$ 在左后柱面，点 $B$ 在柱面的最左素线上，点 $C$ 在左前柱面。圆柱的水平投影具有积聚性，线段 $ABC$ 在水平面的投影与圆柱面的水平投影重影。

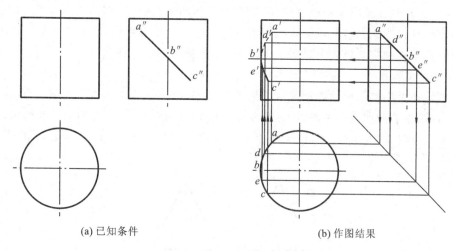

(a) 已知条件　　　　　　　　　　(b) 作图结果

图 4.14　圆柱表面线段投影

作图　投影作图步骤如下。

（1）求特殊位置点　利用圆柱面水平投影的积聚性直接求出 $a$、$b$、$c$；由 $A$、$B$、$C$ 的侧面和水平投影，求出其正面投影 $a''$、$b''$、$c''$。

（2）求一般位置点　在线段的侧面投影中插入点 $D$ 和 $E$ 的投影 $d''$、$e''$，并作出它们的其他两个投影。

（3）可见性判断　$AB$ 线段在圆柱的左后柱面上，正面投影 $a'$、$b'$ 段不可见（用虚线连接）；$BC$ 线段在左前柱面上，正面投影 $b'c'$ 段可见。作图结果如图 4.14(b)所示。

**2. 圆锥**

1）圆锥的三视图

圆锥由圆锥面和一个平面围成。图 4.15(a)所示为圆锥体的三视图形成的空间分析，图 4.15(b)为圆锥的三视图。当圆锥的轴线垂直于水平投影面投影时，底面的水平投影为圆并

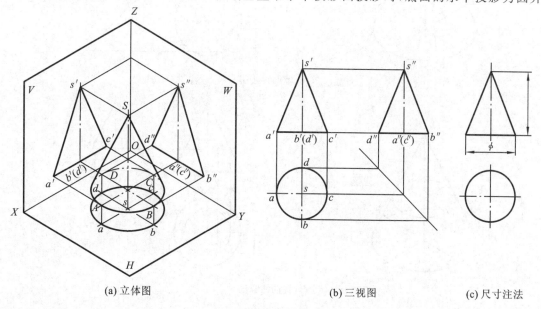

(a) 立体图　　　　　　　　(b) 三视图　　　　　　(c) 尺寸注法

图 4.15　圆锥的三视图

反映实形,正面和侧面投影积聚成直线;圆锥面的正面和侧面投影分别是圆锥体锥面上关于正立投影面和侧立投影面的转向轮廓线。圆锥体锥面的水平投影可见,底面的水平投影不可见,锥顶点投影位于圆的中心位置上。图 4.15(c)所示为圆锥的尺寸注法。

2)圆锥表面取点

由于圆锥体锥面的三个投影均没有积聚性,所以在圆锥表面取点需要采用作辅助线的方法。通常,在圆锥表面取点有两种方法:辅助素线法和辅助同心圆法(也称辅助纬圆法)。

**例 4.6**　如图 4.16(a)所示,已知圆锥表面上点 K 的正面投影 $k'$。求点 K 的其余两个投影。

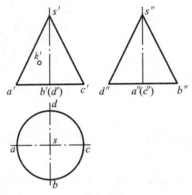

(a) 已知条件

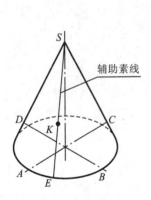 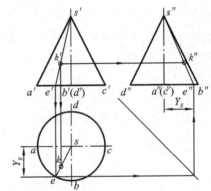

(b) 辅助素线法

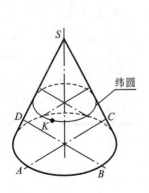 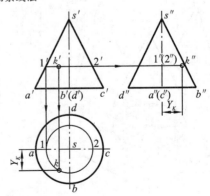

(c) 辅助纬圆法

**图 4.16　圆锥体表面取点**

（1）辅助素线法。

分析　圆锥的素线是直线，且这条素线一定通过圆锥顶点和底面圆上的一点，所以取过点 $K$ 的素线求投影，实质上就是求直线上点的投影。

作图　① 过 $k'$ 作直线 $s'e'$ 交圆锥底面的正面投影于 $e'$；

② 求点 $E$ 的水平和侧面投影，从而求出 $se$、$s''e''$，进而求出 $k$ 和 $k''$，如图 4.16(b)所示。

（2）辅助纬圆法。

分析　圆锥体上任意与底面平行的截面都是一平面圆，该圆是一投影面平行面，其投影是与底面投影为同一圆心的圆（纬圆）。其他两个投影是平行于投影轴的直线，取过点 $k'$ 截面作圆的正面投影，从而求出圆的其他两个投影，则点 $K$ 的各面投影必在该圆的投影上。

作图　① 过 $k'$ 作一直线 $1'$、$2'$，$1'2'$ 是过点 $K$ 的圆锥上纬圆的直径；

② 由 $1'2'$ 作该纬圆的水平投影面和侧面投影；

③ 完成点 $K$ 在纬圆上的投影 $k$、$k''$，如图 4.16(c)所示。

**3．圆球**

1）圆球的三视图

圆球由球面所围成，而球面是由圆母线绕直径轴旋转形成的。如图 4.17(a)所示为圆球的三视图形成空间分析。图 4.17(b)为圆球的三视图，它们是三个等直径的圆，三个圆分别是圆球表面前后、上下、左右球面三个分界线的投影。画圆的三视图时，应首先分别画出各视图中的中心线，再以相同的半径画出圆的各视图。图 4.17(c)所示为圆球的尺寸注法。

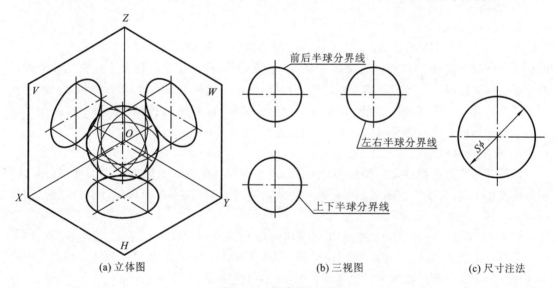

(a) 立体图　　　　　　　　(b) 三视图　　　　　　　　(c) 尺寸注法

**图 4.17　圆球的三视图**

2）圆球表面取点

圆球表面不具备积聚性，在球面上取点不可能作出直线，因此，球面上取点采用与投影面平行的辅助纬圆求取。

**例 4.7**　如图 4.18(a)所示，已知圆球体表面上点 $K$ 的正面投影 $k'$。求点 $K$ 的其余两个投影。

分析　取圆球表面上的点的投影，可以取一过该点并且平行于水平投影面的纬圆作为辅助线来解决。辅助纬圆是水平面，水平投影反映实形，其余两个投影具有积聚性，所求的点利

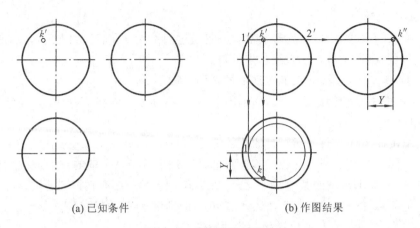

(a) 已知条件　　　　　　　　　　　　　(b) 作图结果

**图 4.18　圆球体表面取点**

用纬圆进行求解。

作图　如图 4.18(b)所示,作图步骤如下。

(1) 过正面上点 $k'$ 作一直线 $1'2'$ 形成一个平行于水平投影面的纬圆;

(2) 画出纬圆的水平投影,从而由 $k'$ 求出水平投影 $k$;

(3) 利用距离 $Y$ 和纬圆的侧面投影求得 $k''$ 的投影。

说明,过点 $K$ 作的辅助圆,也可以是与正面或侧面平行的圆,读者可以自行完成。

**4. 圆环**

1) 圆环的三视图

圆环是一个以圆为母线,绕一根不通过该圆的轴旋转形成。图 4.19(a)所示为圆环三视图形成的空间分析,图 4.19(b)为圆环三视图。在图示位置上,水平投影是由远离轴线的外环面最远点和离轴线最近的内环面上点的投影组成,投影形成两个同心圆;正面和侧面投影上的两个圆是圆环平行于两个投影面的素线圆的投影,外圆环面可见,内圆环面不可见;两条平行且与两圆相切的直线是圆环最高与最低点的投影。图 4.19(c)所示为圆环的尺寸注法。

2) 圆环表面取点

因圆环体表面投影没有积聚性,且不存在直线,因此,在表面上取点采用辅助纬圆作法。取点的投影中,要分析点在圆环的哪个环面上,该环面的相应投影是否可见,从而确定点的投影位置及其可见性。

**例 4.8**　如图 4.20(a)所示,已知圆环表面上点 $K$ 的正面投影 $k'$。完成点 $K$ 的三面投影。

分析　由已知条件知,点 $K$ 的正面投影 $k'$ 为可见点,说明点 $K$ 在圆环的外圆环面上的右前环面上侧位置。该点在水平投影是可见的,在侧面投影为不可见。

作图　作图步骤如下。

(1) 如图 4.20(b)所示的主视图,过点 $K$ 的正面投影 $k'$ 向侧面作投影连线,与圆环体的交线即为辅助纬圆的正面和侧面的积聚性投影。

(2) 投影连线正面投影与素线的交点 $1'$、$2'$ 是辅助纬圆的外圆、内圆的极限点,作 $1'2'$ 点的水平投影面求得纬圆的水平投影(圆环),如图 4.20(b)中俯视图。

(3) 求点 $K$ 的水平投影和侧面投影 $k$、$k''$。$k$ 可见,$k''$ 不可见。如图 4.20(b)所示。

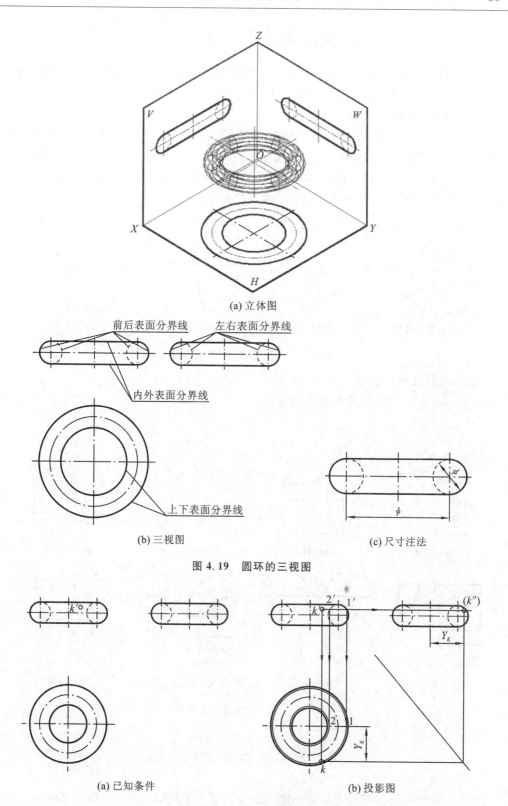

(a) 立体图

前后表面分界线　　　左右表面分界线

内外表面分界线

上下表面分界线

(b) 三视图

(c) 尺寸注法

图 4.19　圆环的三视图

(a) 已知条件

(b) 投影图

图 4.20　圆环体表面取点

### 4.2.3　几种常见立体三视图示例

工程中,常有一些立体的表面或轴线与投影面倾斜,或者立体不完整、不规则等,如图4.21和图 4.22 所示,应该熟悉它们的三视图。

**1. 几种平面立体的三视图**

如图 4.21 所示,给出了几种平面立体的三视图。由图中可以看出:平面立体的三视图中,立体投影的外围轮廓总是可见的,用粗实线画出;在投影的外轮廓线内部的图线应根据平面立体的棱线、交线的空间位置及方位关系分析,即按"前遮后,上遮下,左遮右"的规则,直接判断这些线的可见性,从而决定是用粗实线还是用虚线画出。

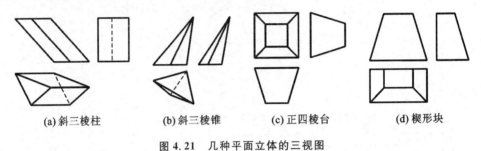

(a) 斜三棱柱　　　(b) 斜三棱锥　　　(c) 正四棱台　　　(d) 楔形块

图 4.21　几种平面立体的三视图

**2. 几种回转体的三视图**

几种回转体的三视图如图 4.22 所示。

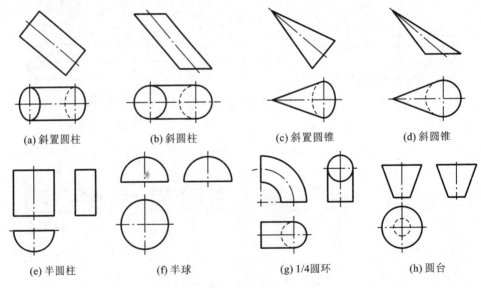

(a) 斜置圆柱　　　(b) 斜圆柱　　　(c) 斜置圆锥　　　(d) 斜圆锥

(e) 半圆柱　　　(f) 半球　　　(g) 1/4圆环　　　(h) 圆台

图 4.22　几种回转体的三视图

## 4.3　基本立体表面的交线

机器零件的形状通常是根据实际功能需要利用基本体截切或叠加形成。平面与立体表面相交可以看成是立体被平面截切,该平面称为截平面。平面和立体表面所产生的交线称为截交线。截切后产生的平面称为截断面,如图 4.23(a)、(b)所示。两立体相交称为立体相贯,在立体表面产生的交线称为相贯线,如图 4.23(c)所示。

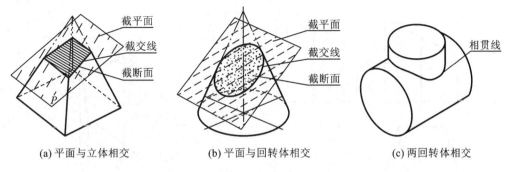

(a) 平面与立体相交　　　　　(b) 平面与回转体相交　　　　　(c) 两回转体相交

**图 4.23　平面与立体、两回转体相交**

1) 截交线的特性

(1) 截交线是截平面与立体表面的共有线,截交线上的点是截平面与立体表面的公共点。

(2) 截交线一般是由直线、曲线或者直线和曲线围成的平面图形,其形状与立体的形状以及截平面与立体的相对位置有关。

(3) 求截交线的实质是求截平面与立体表面的一系列公共点,然后依次连接而成。

2) 相贯线的性质

(1) 相贯线是两立体表面的共有线,相贯线上的点是两立体表面的公共点。

(2) 相贯线一般情况下为封闭的空间曲线,特殊情况下是平面曲线或直线。

(3) 求相贯线的实质是求两立体表面一系列公共点,然后依次光滑连接这些点而成。

### 4.3.1　平面与平面立体表面相交

平面与平面立体相交产生的截交线是一个封闭的平面多边形。多边形的顶点是截平面与立体棱线或棱边的交点,它的边是截平面与立体表面的交线,参见图 4.23(a)所示。正确绘制截交线的投影,应从以下三方面进行分析。

(1) 分析被截切基本体形状及在三投影面体系中的位置——搞清楚基本体的三视图。

(2) 分析截平面与投影面的位置关系——初步掌握截断面的投影特点。

(3) 分析截平面与基本体之间的相互位置——搞清楚截平面与基本体上哪些线、面相交,以及交点(交线)位置特征。

求平面立体表面截交线的方法有以下两种。

(1) 棱线法:求各棱线与截平面的交点。

(2) 棱面法:求各棱面与截平面的交线。

**例 4.9**　如图 4.24(a)所示,补全正五棱柱被切割后的俯视图和左视图。

**分析**　由图 4.24(a)可以看出,该立体为五棱柱被一个正垂面 $P$ 平面截切,如图 4.24(b)所示。$P$ 的正面投影积聚为直线,故截断面的正面投影也积聚为该直线。$P$ 平面与五棱柱的五个棱面以及上端面相交,形成的截交线为六边形。六边形的顶点分别为 $P$ 平面与四个棱线的交点 $C$、$D$、$A$、$B$,$P$ 平面与上端面上的两条边的交点为 Ⅰ 和 Ⅱ。交点 $C$、$D$、$A$、$B$ 在棱线上,Ⅰ、Ⅱ 两点在上端面的边线上。求出这些点的投影并连接即可得到截交线投影。

**作图**　作图步骤如下。

(1) 直接求出截交线的正面投影 $c'$、$d'$、$a'$、$b'$、$1'$、$2'$,如图 4.24(c)中的主视图所示。

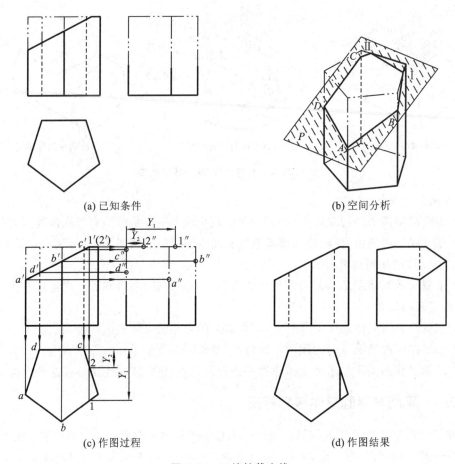

(a) 已知条件　　　　　　　　　　　　(b) 空间分析

(c) 作图过程　　　　　　　　　　　　(d) 作图结果

图 4.24　五棱柱截交线

(2) 根据 $C$、$D$、$A$、$B$、$\mathrm{I}$、$\mathrm{II}$ 在五棱柱上的位置及直线上点的投影从属性,作出各点的水平投影 $c$、$d$、$a$、$b$、1、2,如图 4.24(c)中的俯视图所示。

(3) 用棱线法或点的投影规律,由截交线的正面投影和水平投影求出侧面投影,如图 4.24(c)所示。

(4) 判断截交线及五棱柱棱线、边线投影的可见性,完成全图,如图 4.24(d)所示。

注意:立体被截切后棱线和边线轮廓的可见性表达不能遗漏。如图 4.24(d)侧视图所示,六边形截断面内的虚线是五棱柱最右边棱线的投影。

**例 4.10**　如图 4.25(a)所示,完成四棱锥被截切后的俯视图和左视图。

**分析**　从已知条件看出,该问题为一正垂面与四棱锥相交,其正面投影具有积聚性。截平面与四棱锥的交点在四棱锥的棱线上,属于直线上的点,利用直线上点的从属性可求出各点在相应投影面上的投影,然后依次连接即可得到截交线。

**作图**　(1) 在正面投影中确定截平面与四棱锥上棱线交点 $a'$、$b'$、$c'$、$d'$;

(2) 利用棱线法求出各点侧面和水平面上的投影 $a''$、$b''$、$c''$、$d''$ 和 $a$、$b$、$c$、$d$,如图 4.25(b)所示;

(3) 依次连接各点的同面投影即得到截交线。作图结果如图 4.25(c)所示。

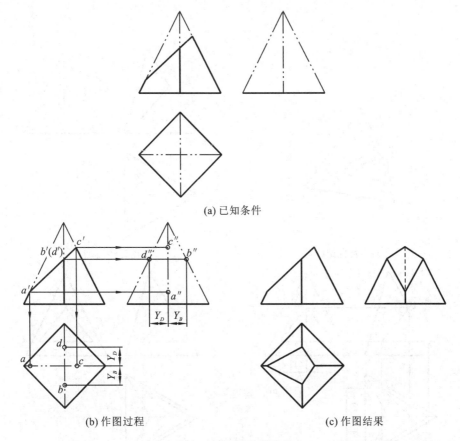

(a) 已知条件

(b) 作图过程　　　　　　　　　　　　　　(c) 作图结果

**图 4.25　四棱锥截交线**

**例 4.11**　如图 4.26(a)所示,正三棱锥被截切。根据图 4.26(b)所示已知条件,求作三棱锥切口的三视图。

**分析**　由已知条件,三棱锥的切口由一个水平面和一个正垂面切割组成。主视图的正面切口投影具有积聚性。水平截切面平行于棱锥底面;左边棱线有一段被切断,两个截平面与棱线的交点分别是直线上的点Ⅰ、Ⅱ;两个截平面相交的交线是正垂线,交点是棱面上的点Ⅲ和Ⅳ。

**作图**　(1) 如图 4.26(c)所示,在切口的正面投影中定出Ⅰ、Ⅱ两点的投影 1′和 2′,利用棱线法作出它们投影 1、1″和 2、2″。

(2) 在正面投影中定出两截平面交线的积聚性投影与棱锥面的交点Ⅲ、Ⅳ的投影 3′(4′)。由于截平面Ⅱ、Ⅲ、Ⅳ是水平面,其边ⅡⅢ和ⅢⅣ是平行于底边的两条直线,利用在棱锥表面上取点的平行线法作出 3、4,由Ⅲ、Ⅳ的水平投影和正面投影求出侧面投影 3″、4″。

(3) 依次按顺序和连接关系连接各点,作出切割后的截交线,如图 4.26(d)所示。

需要特别指出的是:用粗实线加深未被切割的棱线时,被切割后不存在的部分不应画出,如左边棱线Ⅰ、Ⅱ两点之间被切断,不应再画出;两截切面交线ⅢⅣ被切口上方的三个棱面所遮挡,交线的水平投影不可见,应画成虚线。

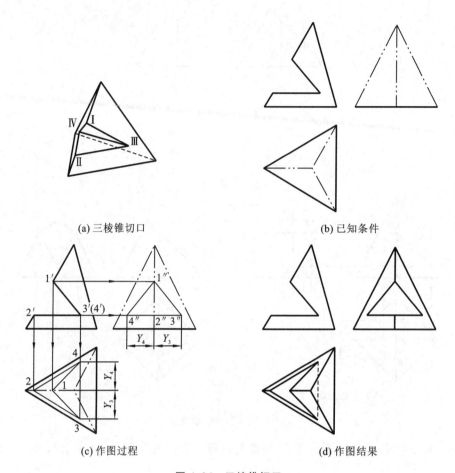

(a) 三棱锥切口

(b) 已知条件

(c) 作图过程

(d) 作图结果

图 4.26 三棱锥切口

**例 4.12** 如图 4.27(a)、(b)所示,作出两平面立体交线的三面投影。

**分析** 由图 4.27(a)、(b)可以看出,这是一个正垂的三棱柱与一个铅垂的六棱柱相贯,三棱柱由前贯入六棱柱,不再穿出。交线分别是一个立体的棱线与另一个立体的表面相交线,交点即是相贯线各线段的顶点。在主视图和俯视图中相贯线分别是两立体表面积聚性投影部分,仅需要作出左视图相贯线即可。

**作图** 如图 4.27(c)所示,作图步骤如下。

(1) 在主视图和俯视图中直接标出点 Ⅰ、Ⅱ、Ⅲ、Ⅳ的投影 $1'$、$2'$、$3'$、$4'$ 和 1、2、(3)、(4),这些点是六棱柱的棱线与三棱柱表面的交点。

(2) 由棱线法或点的投影规律作出左视图 $1''$($2''$)、$3''$($4''$)。

(3) 利用点的投影规律,由 $a$、$b$、$c$ 和 $a'$、$b'$、$c'$ 作出 $a''$、$b''$、($c''$),这些点是三棱柱的棱线与六棱柱表面的交点。依次连接各点,作图结果如图 4.27(d)所示。

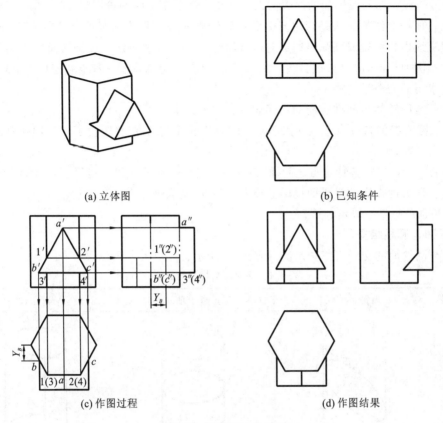

(a) 立体图　　　　　　　　　　　　　　　　(b) 已知条件

(c) 作图过程　　　　　　　　　　　　　　　(d) 作图结果

**图 4.27　两平面立体相贯**

## 4.3.2　平面与回转体表面相交

平面与回转体相交产生的截交线通常是一条封闭的平面曲线,也可能是曲线和直线围成的平面图形或多边形,其形状取决于回转体形状和截平面的相对位置,如图 4.28 所示。

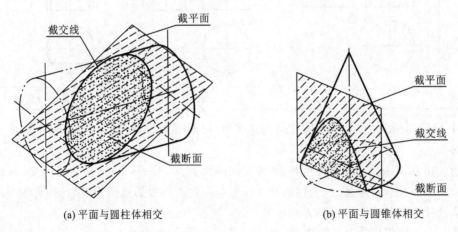

(a) 平面与圆柱体相交　　　　　　　　　　(b) 平面与圆锥体相交

**图 4.28　平面与回转体表面相交**

要想正确绘制回转体表面截交线的投影,必须从以下两方面进行分析。

(1) 分析截平面与回转体轴线之间的相互位置——搞清楚截交线的空间形状。

（2）分析截平面与投影面的位置关系——初步掌握截交线的投影特点。

求回转体截交线的方法是利用截交线的共有性：截交线既在截平面上又在回转体表面上。

当截交线由直线段或圆弧段组成时，可以利用积聚性、素线法或纬圆法直接作出交线；当截交线为非圆曲线时，应作出截交线上足够多的共有点（特殊点和一般点），然后光滑地把它们连接起来求出截交线。

求平面与回转体表面截交线的步骤如下。

（1）求截交线的特殊点　这些点通常是转向轮廓线上的点、极限位置点（最高、最低点，最前、最后点，最左、最右点）。

（2）求一般点　在各特殊点之间插入一些点，目的是使截交线连接得更加平顺、光滑。通常是在具有积聚性投影的截平面投影上插入这些点，完成这些点的各面投影。

（3）判别可见性并光滑连线。

**1. 平面与圆柱相交**

平面与圆柱面的交线有三种情况，如表 4.1 所示。

表 4.1　平面与圆柱面的交线

| 截平面位置 | 倾斜于轴线 | 垂直于轴线 | 平行于轴线 |
|---|---|---|---|
| 立体图 | 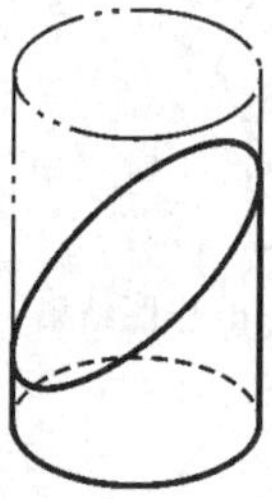 | 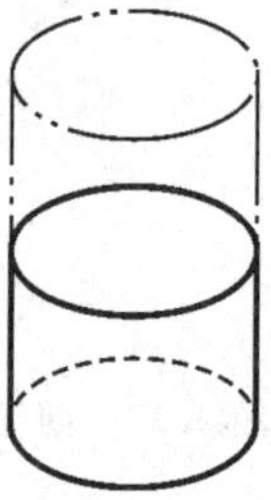 | 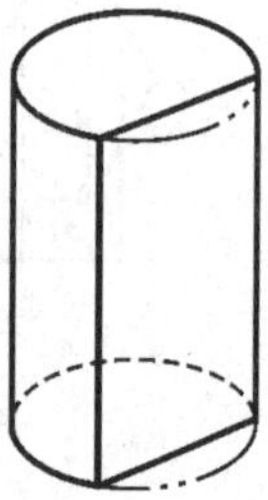 |
| 投影图 | 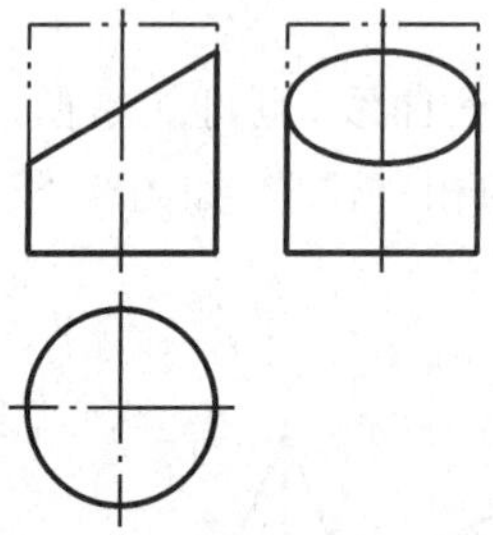 | 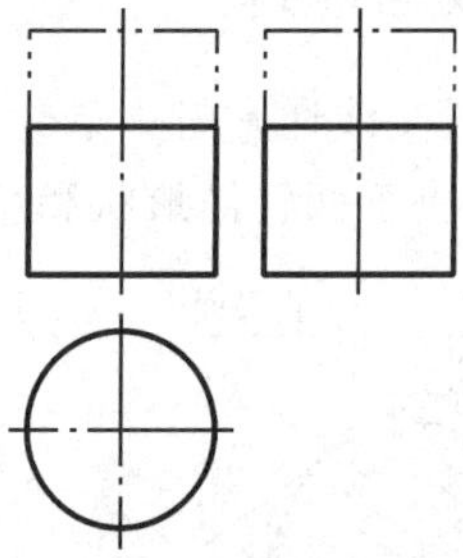 | 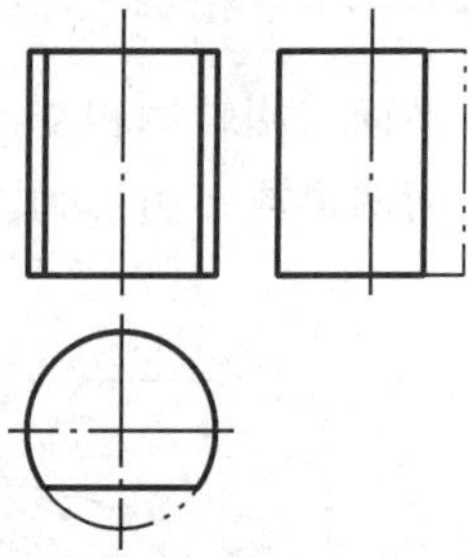 |
| 交线形状 | 椭圆 | 圆 | 两平行直线 |

**例 4.13**　如图 4.29(a)所示圆柱切割立体图，根据图 4.29(b)所示已知条件，作截交线的三面投影。

**分析**　由立体图及已知条件可知，圆柱被正垂面截切，截平面与圆柱轴线斜交，截交线是椭圆。截交线正面投影重影为一直线，水平投影与圆柱面的投影重影积聚为圆；其侧面投影可根据投影规律和圆柱表面取点的方法求出。

**作图**　（1）作截交线上的特殊点　如图 4.29(a)所示，截交线上 $A$、$B$、$C$、$D$ 是椭圆长短轴的四个端点，也是转向轮廓线上最高、最低、最前和最后的点。这些点的正面和水平投影是 $a'$、$b'$、$c'$、$d'$ 和 $a$、$b$、$c$、$d$，按照投影规律和圆柱表面取点作出侧面投影 $a''$、$b''$、$c''$、$d''$。如图 4.29(c)所示。

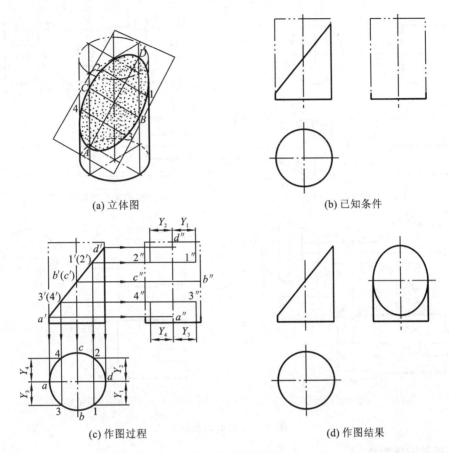

(a) 立体图　　　　　　　　　　　　　　　(b) 已知条件

(c) 作图过程　　　　　　　　　　　　　　(d) 作图结果

**图 4.29　圆柱切割**

（2）作一般点　在图 4.26(c)所示主视图中插入 Ⅰ、Ⅱ、Ⅲ、Ⅳ点的投影 $1'(2')$ 和 $3'(4')$。按照投影规律和圆柱表面取点的方法作出相应点的水平和侧面投影 $1$、$2$、$3$、$4$ 和 $1''$、$2''$、$3''$、$4''$。

（3）依顺序连接各点，作图结果如图 4.26(d)所示。

**例 4.14**　图 4.30(a)所示为接头的立体图及已知条件，完成接头的投影图。

**分析**　接头由左端的凹榫和右端的凸榫组成。凹榫的槽口可以看成是由两个平行于圆柱体轴线的正平面和一个垂直于圆柱体轴线的侧平面切割圆柱形成的切口；凸榫可以看成是分别由两个垂直于圆柱体轴线的侧平面和平行于圆柱体轴线的水平面切割而形成。由于各截平面与圆柱体轴线平行，接头的左、右两部分的截交线在正面和水平面上的投影都是直线。

**作图**　作图步骤如下。

（1）作左端凹榫的截交线　分别取水平投影和侧面投影切口与圆柱表面的交点 $A$、$B$、$C$、$D$、$E$、$F$、$G$、$H$ 的投影 $a$、$b$、$c$、$d$、$e$、$f$、$g$、$h$ 和 $a''$、$b''$、$c''$、$d''$、$e''$、$f''$、$g''$、$h''$ 向正面作投影，分别得到投影连线的交点 $a'$、$b'$、$c'$、$d'$、$e'$、$f'$、$g'$、$h'$，这些投影点即为左端切口截交线的端点，连接各点就得到左端部分的截交线，如图 4.30(b)所示。

（2）作右端凸榫的截交线　同理，如图 4.30(c)所示，取正面及侧面各投影点 $i'(m')$、$j'(n')$、$k'(o')$、$l'(p')'$ 和 $i''(k'')$、$j''(l'')$、$m''(o'')$、$n''(p'')$，作出各点水平投影 $m(n)$、$o(p)$、$i(j)$、$k(l)$，完成接头的凸榫的截交线。作图结果如图 4.30(d)所示。

**注意**：连接切口各点之间的线段时应注意各线段的可见性。

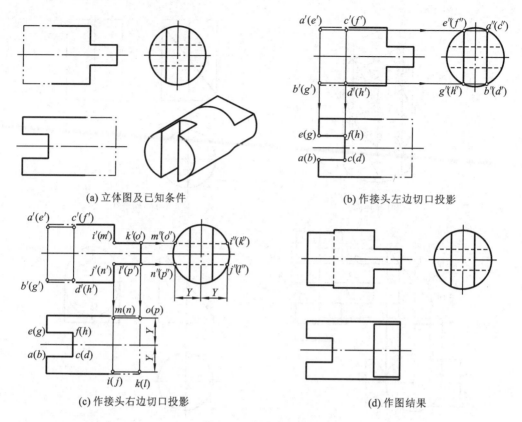

(a) 立体图及已知条件　　　　　　　　(b) 作接头左边切口投影

(c) 作接头右边切口投影　　　　　　　　(d) 作图结果

**图 4.30　接头的投影**

## 2. 平面与圆锥相交

如表 4.2 所示，平面与圆锥体相交产生五种不同的截交线。表中 $\phi$ 为母线与轴线之间的夹角，$\theta$ 为截平面与轴线之间的夹角。

**表 4.2　平面与圆锥体的交线**

| 截平面位置 | 过锥顶点 | 与轴线垂直<br>$\theta=90°$ | 与轴线倾斜<br>$\theta>\phi$ | 与素线平行<br>$\theta=\phi$ | 与轴线平行或倾斜<br>$\theta=0°$或 $\theta<\phi$ |
|---|---|---|---|---|---|
| 立体图 | | | | | |
| 投影图 | | | | | |
| 交线形状 | 两相交直线 | 圆 | 椭圆 | 抛物线 | 双曲线 |

**例 4.15**　如图 4.31(a)所示,圆锥体与侧平面相交,根据图 4.31(b)所示已知条件,求作截交线的三面投影。

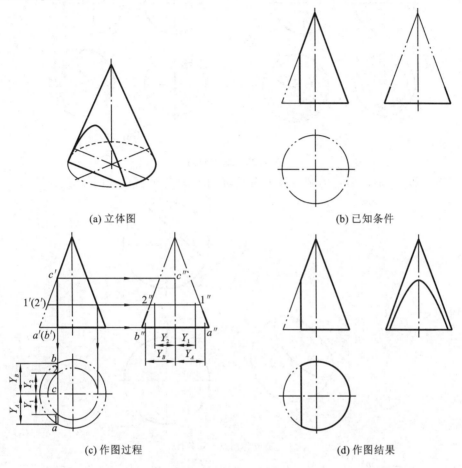

(a) 立体图　　(b) 已知条件

(c) 作图过程　　(d) 作图结果

**图 4.31　圆锥体截交线**

　　**分析**　由图 4.31(b)所示已知条件可知,截平面为侧平面,与圆锥体轴线平行,截交线是一条双曲线。截平面的正面和水平投影都具有积聚性。

　　**作图**　作图步骤如下。

　　(1) 作特殊点　如图 4.31(c)所示,A、B 两点在底圆的圆周上,是截交线的最低点,也是最前、最后点。由 $a'(b')$ 可求出 $a$、$b$ 和 $a''$、$b''$。点 C 在左边转向轮廓线上,也是截交线的最高点,利用在直线上取点的方法通过 $c'$ 作出点 C 的水平和侧面投影 $c$ 和 $c''$。

　　(2) 作一般点　如图 4.31(c)所示,在截交线正面投影的适当位置插入两个点 Ⅰ、Ⅱ,它们是重影点 $1'(2')$。利用纬圆法作出 Ⅰ 和 Ⅱ 两点的水平和侧面投影 1、2 和 $1''$、$2''$。

　　(3) 依次按顺序连接出截交线,作图结果如图 4.31(d)所示。

**3. 平面与球相交**

　　球体被平面截切后的截交线是个圆。若截平面是投影面的平行面,则在所平行的投影面上的投影为圆的实形,其他两个投影面上的投影为直线,如图 4.32(a)所示。若截平面是投影面的垂直面,该截交线在所垂直的投影面上的投影积聚为直线,直线的长度为圆的直径,而在其他两个投影面上的投影是椭圆。椭圆的长轴即为直径的长度,而短轴为直径在该投影面上的投影,如图 4.32(b)所示。

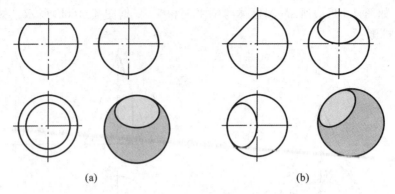

图 4.32　球被截切

**例 4.16**　图 4.33(a)所示为圆球被平面截切,求作球体的截交线的投影。

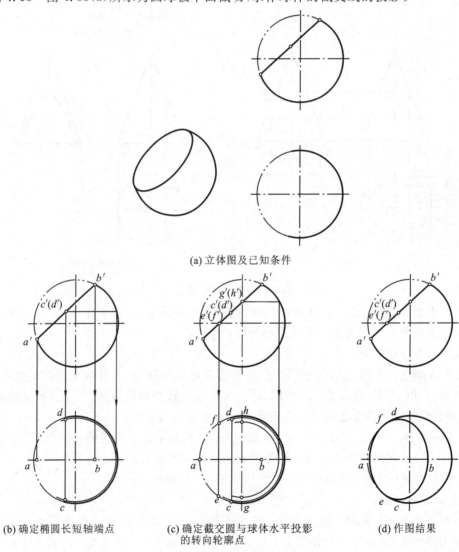

(a) 立体图及已知条件

(b) 确定椭圆长短轴端点　　　(c) 确定截交圆与球体水平投影　　　(d) 作图结果
　　　　　　　　　　　　　　　　　　的转向轮廓点

图 4.33　圆球体截交线

**分析**　如图 4.33(a)所示,球体被一正垂面截切,截交线的正面投影积聚为直线,直线的长度为截交圆的直径,在其他两个投影面上的投影是椭圆。椭圆的长轴为截交圆直径的长度,短轴为截交圆直径在该投影面上的投影。

作图：作图步骤如下。

（1）作特殊点　确定椭圆的长短轴的端点 $A$、$B$、$C$、$D$。在正面投影上作出 $a'$、$b'$，在直线 $a'b'$ 的中点作出 $c'$、$(d')$ 两点。由于 $A$、$B$ 两点在球面的前后分界线上，由 $a'$、$b'$ 点可直接求出水平投影 $a$、$b$；由 $c'(d')$ 通过纬圆法可求得 $c$、$d$，如图 4.33(b)所示。

（2）确定一般点　取截交线与圆球的上、下和左、右球面的分界线作为插入点，确定椭圆上的 $E$、$F$ 和 $G$、$H$ 点的投影 $e'(f')$ 和 $g'(h')$，用纬圆法求出各点的水平投影 $e$、$f$、$g$、$h$，如图 4.33(c)所示。

（3）依次连接各点，作图结果如图 4.33(d)所示。

例 4.17　图 4.34(a)所示为螺钉头部切口的已知条件，完成该螺钉头部切口的投影图。

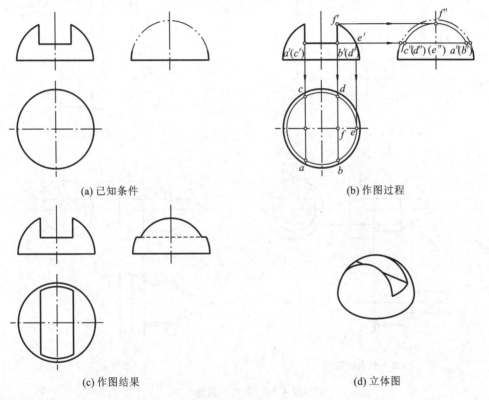

(a) 已知条件　　　　　　　　　　　(b) 作图过程

(c) 作图结果　　　　　　　　　　　(d) 立体图

**图 4.34　螺钉头部**

分析　由已知条件知，螺钉头部的缺口是由一个水平面和两个侧平面切割半球体形成的。水平面与半球体相交，在水平投影面上的投影是圆的一部分，在正面和侧面上的投影是直线。两侧平面与半球相交，侧面上的投影为重合圆弧，水平和正面投影是两条平行的竖向直线。作图时只要确定两截平面的交线即可确定出各截平面的位置。

作图　作图步骤如下。

（1）作水平面与球面交线的投影　螺钉头部槽的底面的水平投影反映实形，利用槽底 $a'(c')$ 和 $b'(d')$ 处球的半径为半径作一纬圆，求出槽底面投影，如图 4.34(b)所示。

（2）作侧平面与球面交线的投影　直接利用两平行于侧面的截平面（过 $f'$ 处）作为纬圆求出截交线，如图 4.34(b)所示。

（3）作图结果及立体图如图 4.34(c)和(d)所示。

#### 4. 平面与组合回转体相交

在一些零件上,有时也会有平面和组合回转体的截交线。在画组合回转体时,不必画出曲面与曲面、曲面与平面的切线的投影。

在求作平面和组合回转体截交线的投影时,可分别作出平面和组合回转体的各段回转面以及各平面表面的交线的投影,然后拼成所求的截交线的投影。

**例 4.18**　图 4.35(a)、(b)所示为顶针的立体图及已知条件,完成顶针的投影图。

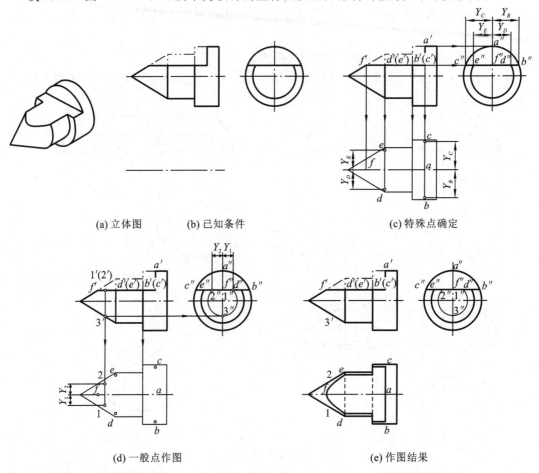

(a) 立体图　　　(b) 已知条件　　　　　　　　(c) 特殊点确定

(d) 一般点作图　　　　　　　　(e) 作图结果

**图 4.35　顶针的投影**

**分析**　如图 4.35(a)所示,顶针是由同轴的一个圆锥和两个半径不同的圆柱组合后,由一水平的截平面和侧平的截平面截切形成。截平面与圆锥的截交线为双曲线,与两圆柱的截交线为直线。由图 4.35(b)所示顶针的正面和侧面投影,应先作出顶针被截切前的水平投影,再作截交线。

**作图**　作图步骤如下。

(1) 作出完整的顶针水平投影图,如图 4.35(c)所示。

(2) 作圆柱部分截交线,如图 4.35(c)所示。

① 作大圆柱截交线:由主视图中平行于侧面的截平面 $a'b'(c')$ 作俯视图投影线;量取左视图中的 $c''$、$b''$ 的距离 $Y_B$、$Y_C$,确定 $b$、$c$。

② 作小圆柱截交线:同理,由 $d'$、$(e')$ 和 $d''$、$e''$ 求得 $d$ 和 $e$。

(3) 作圆锥部分截交线,如图 4.35(d)所示。

① 作特殊点：点 $F$ 为截交线最左侧点，也是圆锥转向轮廓上的点，由 $f'$ 及 $f''$ 求得投影 $f$；因圆锥底圆与小圆柱半径相同，故 $d$、$e$ 已经确定。

② 作一般点：主视图中，在点 $f'$ 和 $d'(e')$ 之间插入 $1'(2')$，利用纬圆法求点 Ⅰ、Ⅱ 的投影 $1''$、$2''$ 和 $1$、$2$。

（4）作图结果如图 4.35(d)所示。

需要特别指出：应注意圆锥及两个异径圆柱组合中的分界线以及被切割后这些交线的画法。三个立体的上半部分轮廓线可见，下半部分轮廓不可见，截断面上没有分界线。

**5.　平面立体与回转体相贯**

平面立体与回转体相交产生的相贯线，通常是由平面立体的各个棱面或底面与回转体表面的交线连接而成的。因此，求平面立体与回转体的相贯线可归结为求作平面与回转体表面的交线。

平面立体与回转体的相贯线一般情况下是几段相接的平面曲线，特殊情况下可能是几段相连的直线段，各相贯线段的连接点是平面立体的棱线或底边与回转体表面的贯穿点。

**例 4.19**　图 4.36(a)所示为三棱柱与圆柱相交，根据图 4.36(b)所示已知条件，作出它们

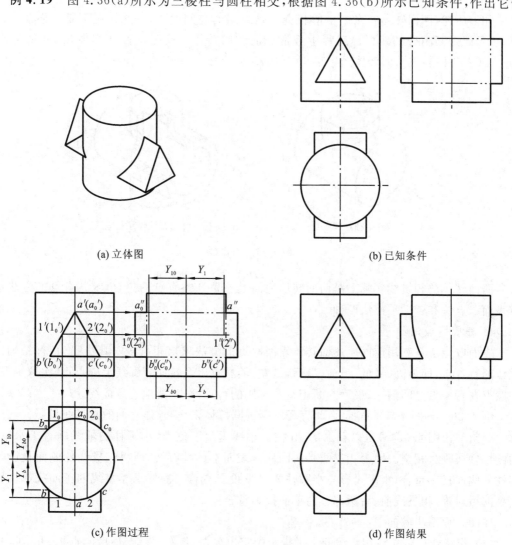

(a) 立体图　　　　　　　　　　　　　　　　(b) 已知条件

(c) 作图过程　　　　　　　　　　　　　　　(d) 作图结果

**图 4.36　平面立体与曲面立体相交**

的相贯线。

　　**分析**　由图可见,它是一个三棱柱与一个圆柱体相交。在图示位置,可看成由三棱柱的三个棱面,即两个正垂面与一个水平面分别与圆柱体相交。求出各棱面与圆柱的交线,连接后即可得到相贯线。

　　**作图**　如图 4.36(c)所示,作图步骤如下。

　　(1) 作特殊点。特殊点为三棱柱各棱线与圆柱体表面的交点。由正投影面上 $a'(a_0')$、$b(b_0')'$、$c'(c_0')$,分别作出水平投影和侧面投影:$a$、$a_0$、$b$、$b_0$、$c$、$c_0$ 和 $a''$、$a_0''$、$b''(c'')$、$b_0''(c_0'')$。

　　(2) 作一般点。由于三棱柱的两个侧棱面是正垂面与圆柱体相交,产生的截交线为椭圆,因而需在点 $AB$ 和点 $AC$ 之间插入一些点。作点 Ⅰ、Ⅱ 的正面投影 $1(1_0')$ 和 $2'(2_0')$,由这些点作水平投影和侧面投影得到:$1$、$1_0$、$2$、$2_0$ 和 $1''(2'')$、$1_0''(2_0'')$。

　　(3) 连接各点,作图结果如图 4.36(d)所示。

### 4.3.3　两回转体表面相交

　　如前所述,两回转体相交产生的相贯线是封闭的空间曲线,特殊情况下是平面曲线或直线,也可能是不闭合的线段。工程中最常见的两回转体相交是两回转实体相交(见图 4.37(a)),或者是回转体与回转体产生穿孔(见图 4.37(b))。

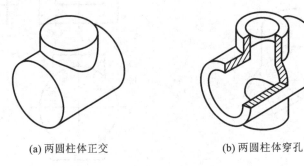

(a) 两圆柱体正交　　　　　　　　(b) 两圆柱体穿孔

**图 4.37　相贯线**

　　两回转体的相贯线实际上是两回转体表面上一系列共有点的集合,求共有点的方法通常有表面取点法和辅助平面法两种。

　　**1. 表面取点法**

　　表面取点法是利用前面所述回转体表面取点的方法求出相贯线。其步骤为:首先确定两立体的特殊点,即最高、最低,最前、最后,最左、最右点以及转向轮廓线上的点;其次取一般点,一般点在特殊点之间插入;最后判断相贯线投影的可见性,光滑地连点成线。

　　**例 4.20**　如图 4.38(a)所示,两直径不等的圆柱体正交,求作它们的相贯线投影。

　　**分析**　由图 4.38(a)可以看出,大圆柱的轴线垂直于侧面,小圆柱的轴线垂直于水平面,两圆柱轴线垂直相交。因为相贯线是两圆柱体表面上的共有线,所以相贯线的侧面投影与大圆柱的侧面投影重合,水平投影与小圆柱的水平投影重合。需要求相贯线的正面投影。因相贯线前后对称,相贯线前、后两部分的正面投影重合。

　　**作图**　作图步骤如下。

　　(1) 作特殊点　先在相贯线的水平投影中定出最左、最右,最前、最后的点 Ⅰ、Ⅱ、Ⅲ、Ⅳ 的投影 $1$、$2$、$3$、$4$,在侧面投影中相应作出 $1''$、$2''$、$3''$、$4''$。由 $1$、$2$、$3$、$4$ 和 $1''$、$2''$、$3''$、$4''$ 作出 $1'$、$2'$、$3'$、

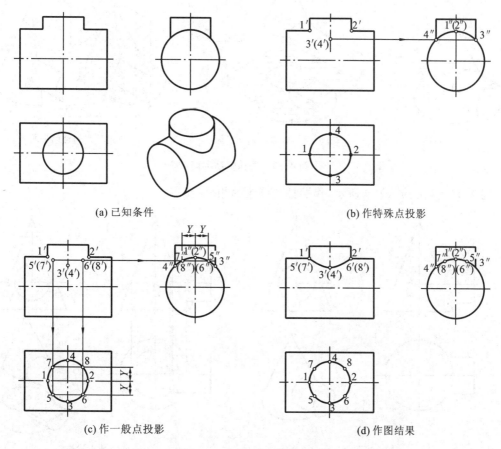

(a) 已知条件　　　　　　　　　　　　　　(b) 作特殊点投影

(c) 作一般点投影　　　　　　　　　　　　(d) 作图结果

**图 4.38　求正交圆柱体相贯线**

$4'$，如图 4.38(b) 所示。可以看出：其中 Ⅰ、Ⅱ 和 Ⅲ、Ⅳ 分别也是相贯线的最高、最低点。

（2）作一般点　在相贯线的水平投影上定出左右、前后对称的四个点 Ⅴ、Ⅵ、Ⅶ、Ⅷ 的投影 $5$、$6$、$7$、$8$，由此可在侧面投影上作出 $5''$、$6''$、$7''$、$8''$。由 $5$、$6$、$7$、$8$ 和 $5''$、$6''$、$7''$、$8''$ 作出 $5'$、$6'$、$7'$、$8'$，如图 4.38(c) 所示。

（3）判别可见性并连线　由相贯线的水平投影可知，相贯线正面投影 $1'$、$5'$、$3'$、$6'$、$2'$ 为可见，$1'$、$7'$、$4'$、$8'$、$2'$ 为不可见，前后相贯线重合。按各点的顺序连接正面投影，作图结果如图 4.38(d) 所示。

**2. 辅助平面法**

辅助平面法是指作一个平面（辅助平面）与两回转体都相交，辅助平面分别与两回转体表面产生截交线，两个回转体截交线的交点则是两个回转体表面的公共点，即相贯线上的点，如图 4.39 所示。若利用辅助平面作出相贯线上足够多的点，连接这些点即可得到相贯线。

对于选择辅助平面的位置和数量，应根据两回转体的具体情况而定。辅助平面的设定原则是：要使所设立的辅助平面与两个回转体表面截交线的投影简单易画，如直线、圆等。通常情况下辅助平面应取为与某投影面平行或垂直的平面。

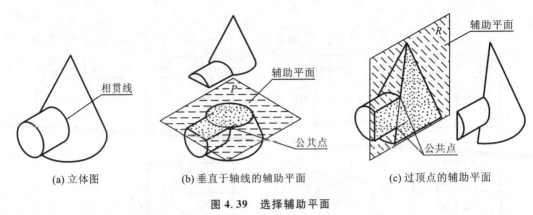

图 4.39　选择辅助平面

例 4.21　如图 4.40(a)所示,作圆柱与圆锥的相贯线。

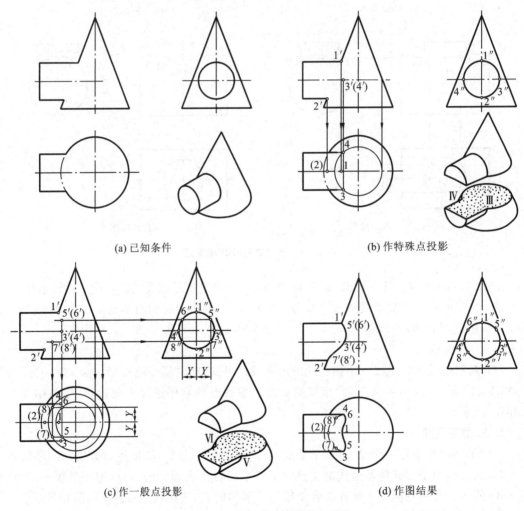

图 4.40　求圆柱体和圆锥体相贯线

分析　由图 4.40(a)可见,圆锥轴线为铅垂线,圆柱轴线为侧垂线。两轴线正交且平行于正面,所以相贯线前、后对称并在正面投影重合。圆柱的侧面投影为圆,相贯线的侧面投影与圆柱的侧面投影重合,因此,需要求相贯线的正面投影和水平投影。又因两个回转体相交后的相贯线为闭合的空间曲线,故需要在求出特殊点后,求出一些一般位置的点,并需要判断相贯线的可见性。

作图 作图步骤如下。

(1) 作特殊点 如图 4.40(b)所示,Ⅰ、Ⅱ 两点是相贯线的最高、最低点,也是两回转体的转向轮廓线的交点,可直接作出投影 $1'$、$2'$ 及 $1$、$2$ 和 $1''$、$2''$;Ⅲ、Ⅳ 两点是圆柱上、下转向轮廓线与圆锥的交点,是相贯线的最前、最后点。过圆柱轴线作取一辅助平面(水平辅助面),辅助平面与圆锥的截交圆在水平投影中与圆柱转向轮廓线投影交于 $3$、$4$ 两点,由 $3$、$4$ 和 $3''$、$4''$ 确定 $3'$、$(4')$。如图 4.40(b)所示。

(2) 作一般点的投影 与确定 Ⅲ、Ⅳ 两点的方法相同,在最高点 $1''$ 与 $3''(4'')$ 之间取一水平辅助面可以得到 $5''$、$6''$ 及 $5$、$6$,并由 $5$、$6$ 和 $5''$、$6''$ 确定 $5'$、$(6')$;同理,确定 Ⅶ、Ⅷ 两点的各面投影 $(7)$、$(8)$、$7''$、$8''$,如图 4.40(c)所示。

(3) 判断可见性并连线 由前述分析知,相贯线正面投影前、后重合,因此,只要分析水平投影。由图 4.40(c)可见,在水平投影中两回转体相交的最前、最后点为 Ⅲ、Ⅳ 两点,也是圆柱上、下转向轮廓线位置。圆柱面之上部分与圆锥的交线(投影:3、5、1、6、4)是可见的,而之下部分的交线(投影:3、7、2、8、4)为不可见。依次连接各点,作图结果如图 4.40(d)所示。

### 3. 回转体相贯线的讨论

如前所述,两回转体相交产生的相贯线的形状由两个回转体的形状、大小和它们的相对位置确定,可能是封闭的空间曲线,也可能是封闭的平面曲线、直线或者曲线与直线的组合。

1) 穿孔型相贯线

机件上除了两回转体实体相交产生相贯的情况外,还存在一个实体被另一个实体贯穿(或挖切、穿孔)的情况。图 4.41(a)所示为一个圆柱体挖去一个圆柱体的圆柱穿孔的情形;图 4.41(b)所示为四通管的两内孔相交的情况。

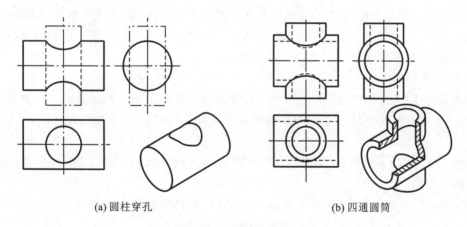

(a) 圆柱穿孔          (b) 四通圆筒

图 4.41 穿孔型相贯线

2) 两回转体半径尺寸和轴线相对位置变化的影响

图 4.42(a)所示为两个不同半径的圆柱相贯所产生的相贯线情形;图 4.42(b)所示为两个相互垂直的圆柱的轴线位置的变动所产生的相贯线情形。

3) 相贯线的特殊情形

同轴的回转体相贯时,相贯线是垂直于轴线的平面圆,在与轴线垂直的投影面上的投影是

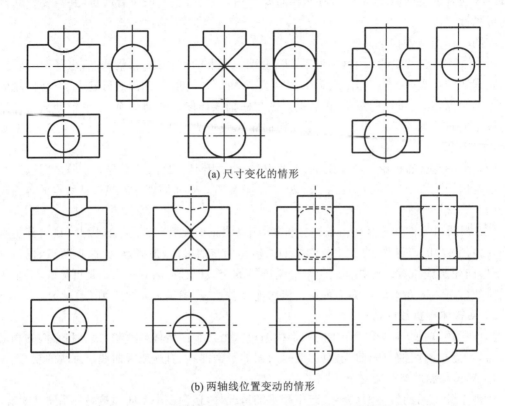

(a) 尺寸变化的情形

(b) 两轴线位置变动的情形

**图 4.42　两圆柱尺寸变动与轴线位置变动时相贯线的情形**

圆,在与轴线平行的投影面上的投影为直线,如图 4.43(a)所示。当轴线相交的两圆柱或圆柱与圆锥内切于一个球面时,相贯线是两个相交的椭圆平面曲线,若椭圆平面垂直于投影面,则相贯线在该投影面上的投影为交叉的直线,如图 4.43(b)所示。当两个圆柱轴线平行及两个圆锥共顶点时,相贯线为直线,如图 4.43(c)所示。

4) 相贯线的简化画法

两正交圆柱在工程中比较常见,其相贯线是两圆柱体相交中自然形成的。按照制图国家标准,在不影响看图的情况下,这种相贯线可以采用简化形式表达,即用圆弧替代,称为三点圆弧法。

如图 4.44(a)所示两圆柱正交相贯,根据图 4.44(b)所示已知条件,用三点圆弧法作相贯线投影的方法如下。

用大圆柱的半径 $R=0.5D$ 为半径,分别以大、小圆柱的外轮廓交点 1 和 2 为圆心作圆弧得交点 3;以该点 3 为圆心、$R$ 为半径作弧连接 1、2 两点即可。

5) 相贯线的模糊画法

国家标准《技术制图　简化表示法　第 1 部分:图样画法》GB/T 16675.1—2012 中对一些形体的相贯线制定了新的简化画法,如"模糊画法"。如图 4.45 所示为圆柱与圆台的正交相贯线的模糊画法。这些规定读者可参阅相关国家标准。

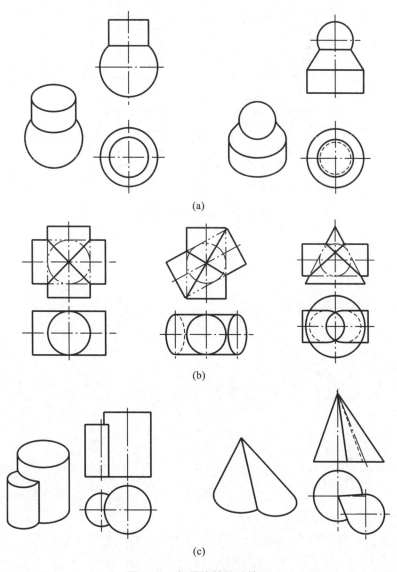

图 4.43　相贯线的特殊情形

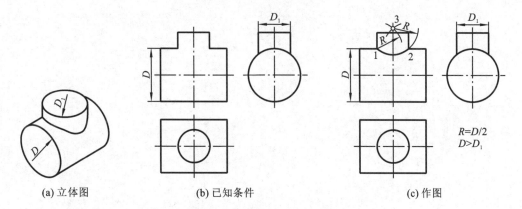

(a) 立体图　　　　　　　　(b) 已知条件　　　　　　　　(c) 作图

图 4.44　相贯线的简化画法

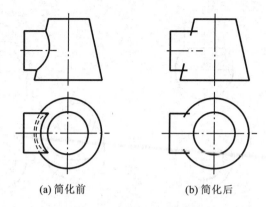

(a) 简化前　　　　　　　　(b) 简化后

**图 4.45　相贯线的模糊画法**

# 第5章　组合体的视图和尺寸

任何复杂的机器零件,从形体角度来看,都是由一些简单的棱柱、棱锥、圆柱、圆锥、球、圆环等基本几何体通过一定的构形方式形成的。在本课程中,把由基本几何体通过叠加、挖切等形式组合起来的形体统称为组合体。无论多么复杂的机器零件都可以将其抽象成几何模型——组合体。本章在学习制图的基本知识和正投影理论的基础上,学习组合体视图的画法、尺寸标注及组合体的读图,为进一步学习零件图的绘制与阅读打下基础。

## 5.1　组合体的构形及分析方法

### 5.1.1 组合体的构形方式

组合体的基本构形方式可分为三种类型,即叠加式、切割式和综合式。叠加如同积木的堆积,切割包括挖切和穿孔,综合式是指组合体由叠加和切割两种方法形成的,如图5.1所示。如图5.1(a)所示的六角头螺栓(毛坯),可看成是六棱柱、圆柱和圆台三个基本体叠加而成;图5.1(b)所示的接头,则是从圆柱上切割掉三个简单体而形成;形状较复杂的机械零件常常是既有叠加又有切割的综合型组合体,如图5.1(c)所示的支架,是由一个大圆柱与耳板、底板叠加后,再在大圆柱与耳板、底板各切割掉一个圆柱后形成的。

(a) 叠加式　　　　　(b) 切割式　　　　　(c) 综合式

图5.1　组合体的基本构形方式

### 5.1.2　组合体中相邻形体表面的连接关系

当形体叠加、切割组合后,形体之间可能处于上下、左右、前后或对称、同轴等相对位置。同时,形体间邻接表面将出现:不共面、共面、相切或相交三种关系。掌握各种邻接表面的连接关系的投影特征是正确绘制组合体视图以及正确阅读组合体视图的保证。下面逐一讨论各种表面过渡关系的投影特征。

当两形体邻接表面不共面时,中间必有台阶面存在,邻接表面过渡处必有分界线。如图5.2(a)所示,形体Ⅰ与形体Ⅱ的 $A$、$B$ 两表面不共面,中间有台阶面 $C$ 存在,画图时应注意台阶

面 $C$ 的投影,不要漏线,如图 5.2(b)、(c)所示。

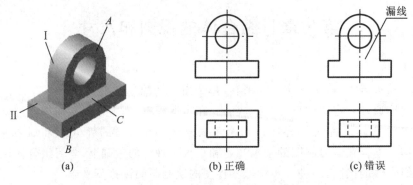

图 5.2　形体表面不共面

当两形体邻接表面共面时,中间无台阶面存在,在共面处不应有邻接表面的分界线。如图 5.3(a)所示,形体Ⅰ与形体Ⅱ的 $A$、$B$ 两表面共面,中间无台阶面存在,画图时应注意不要多线。如图 5.3(b)、(c)所示。

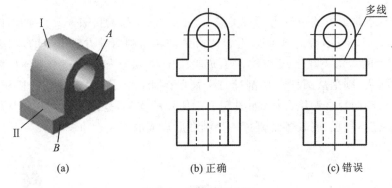

图 5.3　形体表面共面

两形体的表面相切时,相切处为圆滑过渡,没有产生交线,在相切处应该不画线,如图 5.4(a)、(b)、(c)所示为带圆角 V 形板两侧平面与圆柱面相切。

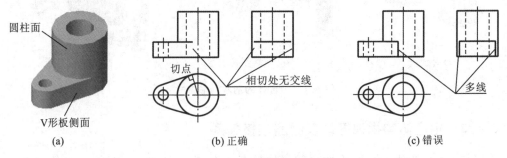

图 5.4　形体表面相切

当两形体的表面相交时,在相交处必有交线(截交线、相贯线)产生,画图时应该画出交线的投影,如图 5.5 所示,带圆角 V 形板与圆柱面相交产生截交线;如图 5.6 所示,两圆柱相交,表面产生相贯线。

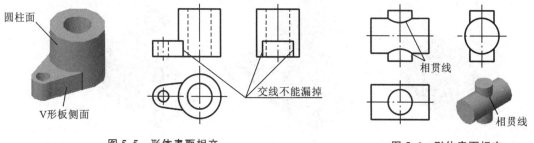

图 5.5　形体表面相交

图 5.6　形体表面相交

## 5.2　画组合体的视图

画组合体三视图时,首先运用形体分析法把组合体分解为若干个基本体,确定它们的组合形式和相对位置,判断形体间邻接表面的连接关系;然后逐个画出各基本体的三视图。

### 5.2.1　形体分析法

通常一个组合体上同时存在多种组合形式,在分析组合体时,我们常常采用形体分析法。所谓形体分析法,就是把形状比较复杂的组合体分解为若干简单的基本体,并对它们的形状和相对位置进行分析的一种方法。在画图、看图和标注尺寸时应用形体分析法,就能化繁为简、化难为易,提高画图速度,保证绘图的质量。形体分析法是指导画图和读图的基本方法。

如图 5.7(a)所示的支架,用形体分析法可将其分解成直立空心圆柱、肋、搭子、水平空心圆柱、底板六个基本体组成,如图 5.7(b)所示。支架的中间为一直立空心圆柱,肋和右上方的搭子均与直立空心圆柱相交而产生截交线,肋的左侧斜面与直立空心圆柱相交产生的交线是曲线(一段椭圆弧)。前方的水平空心圆柱与直立空心圆柱垂直相交,两孔穿通,圆柱外表面要产生相贯线,两内圆柱表面也要产生相贯线。右上方的搭子顶面与直立空心圆柱的顶面平齐,表面无交线;底板两侧面与直立空心圆柱相切,相切处无交线。

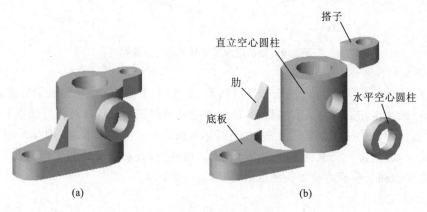

(a)　　　　　　　　　　(b)

图 5.7　形体分析法(一)

如图 5.8(a)所示的垫块,按形体分析法可分解为长方体和四棱锥。长方体下部左、右被切割后而形成燕尾形凸块,在长方体的表面产生交线;四棱锥上部开槽,在四棱锥的上面、前后两表面产生交线,如图 5.8(b)、(c)所示。切割后产生的表面交线在投影图中均要画出。

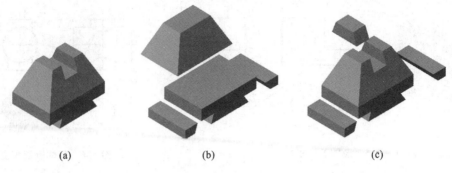

（a）　　　　　　　　　（b）　　　　　　　　　（c）

图 5.8　形体分析法（二）

## 5.2.2　画组合体视图的方法与步骤

### 1. 视图的选择

在组合体视图的选择中,主视图是最重要的,主视图应尽量反映组合体的形状特征。一般将组合体按自然位置安放（主要平面或轴线平行或垂直于投影面）,选择尽可能多的反映各基本体特征及相对位置,同时又使俯视图、左视图虚线最少的方向作为主视图的投影方向。当主视图的投影方向确定后,俯视图、左视图的投射方向就随之确定了。

### 2. 叠加式组合体视图的画法

下面以图 5.9（a）所示轴承座为例,说明画叠加式组合体三视图的具体方法和步骤。

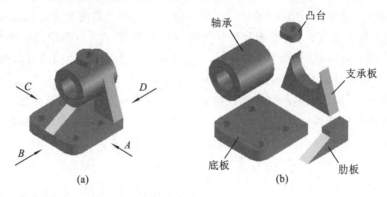

（a）　　　　　　　　　（b）

图 5.9　轴承座的形体分析与视图选择

#### 1）形体分析

由图 5.9（a）、（b）可以看出:轴承座是由轴承、支承板、肋板、凸台及底板组成的。沿 $B$ 箭头方向观察,轴承座左右方向具有对称面,凸台位于轴承的正上方且其圆孔与轴承上的孔垂直相交,支承板位于轴承的下方靠后且左、右侧面都与轴承的外圆柱面相切;轴承后端面与支承板后端面错开;底板位于支承板下方且两后表面共面;肋板叠加于支承板之前且与轴承相交,高度方向上支承板与肋板均叠加在底板上,共同支撑着轴承。

#### 2）选择主视图

该轴承座按自然位置安放后,有四个方向可选择为主视图的投影方向,如图 5.10 所示。分析比较这四个方向可知:若以 $D$ 向作为主视图,虚线太多,没有 $B$ 向清楚;$C$ 向与 $A$ 向视图虽然虚实线数量相同,但若以 $C$ 向作为主视图,则左视图上会出现较多虚线,没有 $A$ 向好;再比较 $B$ 向与 $A$ 向视图,$B$ 向更能反映轴承座各部分的轮廓特征。因此,选择 $B$ 向作为轴承座的投射方向。

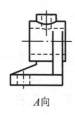
　　　　　　　　　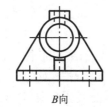
　　　　　　　　　　　　　　　　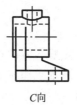
　　　　　　　　　　　　　　　　　　　　　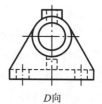

A 向　　　　　　　B 向　　　　　　　C 向　　　　　　　D 向

**图 5.10　分析主视图的投射方向**

3）布置视图

　　布置视图就是画出各视图的对称中心线、主要轮廓线或主要轴线,用以确定各视图的具体位置,并且作为下一步画底稿时的作图基线,如图 5.11(a)所示。为了使图面布置合理,应该考虑各视图的大小,并使两视图之间的距离及视图与图框的距离恰当。

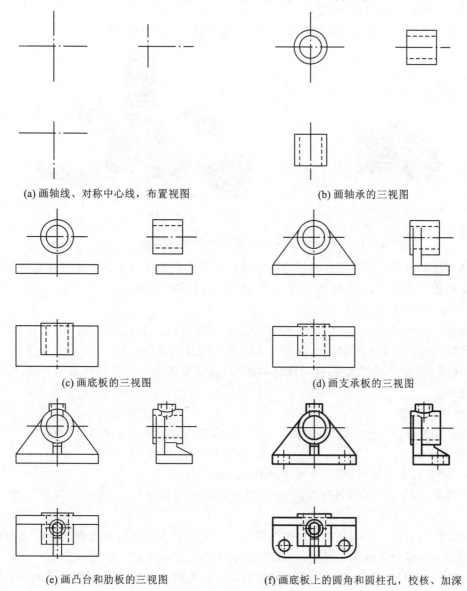

(a) 画轴线、对称中心线,布置视图　　　　　　　(b) 画轴承的三视图

(c) 画底板的三视图　　　　　　　　　　　(d) 画支承板的三视图

(e) 画凸台和肋板的三视图　　　　　　(f) 画底板上的圆角和圆柱孔,校核、加深

**图 5.11　轴承座的作图过程**

4）画底稿

画底稿的一般方法和顺序如下。

（1）按形体分析，逐个画出各基本体的视图。先画主要形体，后画次要形体；先画各基本体的基本轮廓，最后完成细节。画轴承座三视图底稿的顺序如图 5.11（b）、（c）、（d）、（e）所示。

（2）在逐个画出各基本体时，一般是优先画出反映该形体实形的视图，其余视图同时画出，这样，既能保证各基本体的相对位置和投影关系，又能提高绘图速度。

（3）表面交线一般要在各形体的大小及相对位置确定后，根据其投影关系作出。

5）检查并清理底稿后加深

全图底稿完成后，再按原画图顺序仔细检查，纠正错误和补充遗漏，然后按标准线型描出各线条，完成轴承座的三视图，如图 5.11（f）所示。

**3. 切割式组合体视图的画法**

下面以图 5.12（a）所示镶块为例介绍切割式组合体三视图的绘制。

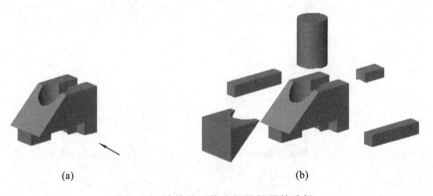

（a）　　　　　　　　　　　　　　　　　　（b）

**图 5.12　镶块的形体分析及视图的选择**

镶块可以看成是长方体逐步切割掉一些基本体而形成的。由于该形体形状比较复杂，必须在形体分析的基础上，结合线面分析，才能画出组合体的三视图。

1）形体分析和线面分析

沿箭头方向观察：该组合体在前、后方分别用水平面和正平面各切割掉前后对称的矩形条，在形体中心处挖切一个圆柱孔，在右上方中部开槽并与圆柱孔相交，在左上方切角。如图 5.12（b）所示，画图时，每当切割掉一块基本体以后，必须注意分析在形体表面上所产生的交线及其投影。

2）选择主视图

按自然位置安放好组合体后，选图 5.12（a）所示箭头方向为主视图的投射方向。

3）画图步骤

（1）如图 5.13（a）所示，画形体被切割前的形状。

（2）如图 5.13（b）所示，画形体前、后方被切割掉的对称矩形条，先画左视图，再画出主、俯视图。

（3）如图 5.13（c）所示，画切割掉的圆柱。应先画出俯视图上有积聚性的圆柱面的投影，再按三视图的投影规律画出主视图、左视图，注意不要漏掉圆柱面与平面的交线。

（4）如图 5.13（d）所示，画左上方切割掉的角。应先画主视图，根据投影关系画出俯视图、左视图，注意截平面与圆柱孔的交线是椭圆。

（5）如图 5.13（e）所示，画右上方中部开槽。先画俯视图，再根据投影关系画主、左视图。

（6）如图 5.13(f)所示，最后进行校核和加深。

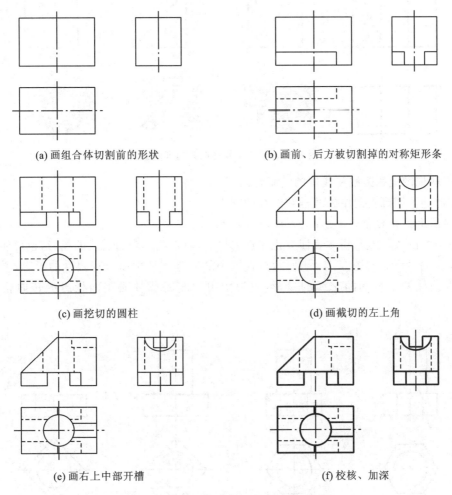

(a) 画组合体切割前的形状　　　　(b) 画前、后方被切割掉的对称矩形条

(c) 画挖切的圆柱　　　　(d) 画截切的左上角

(e) 画右上中部开槽　　　　(f) 校核、加深

**图 5.13　切割式组合体三视图的作图过程**

# 5.3　读组合体视图的方法

　　读图和画图是学习本课程的两个主要环节，这两个环节是互逆的过程，画图是根据空间形体按正投影方法将其表达成二维平面图，读图正好是根据二维多面投影图想象出空间形体的结构形状。对于初学者来说，读图比较困难，但是只要我们综合运用所学的投影知识，掌握读图要领和方法，多读图多想象，不断积累，就能不断提高读图的能力。

## 5.3.1　读图的基本要领

　　读图时，应首先掌握以下三个要领。

### 1. 读图时应将几个视图联系起来

　　我们知道，通常仅由一个视图不能确定物体的形状，因此，在读图时必须将有关的视图联系起来看，才能弄清物体的形状。如图 5.14 所示的三个形体，其主、俯视图都相同，但如果将左视图联系起来看，就可以看出它们是形状不同的形体。

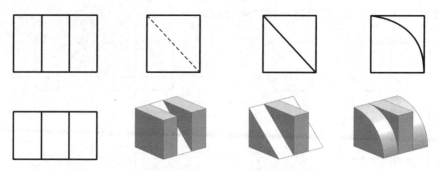

**图 5.14 将各个视图联系起来读图**

**2. 理解视图上每条线和线框的空间含义**

读图时还要明确视图中的线框和图线的含义。

1) 视图上图线的含义

视图中的图线可能是物体表面有积聚性的投影,或是两个表面交线的投影,也可能是曲面转向轮廓线的投影。如图 5.15(a)所示主视图中的 $1'$ 是圆柱顶面有积聚性的投影,主视图中的 $2'$ 是六棱柱两个棱面的交线的投影,主视图中的 $3'$ 是圆柱面正面投影的转向轮廓线的投影。

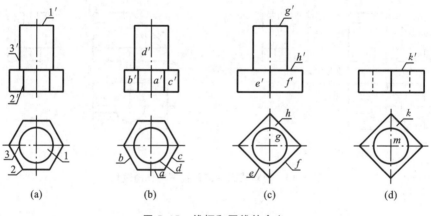

**图 5.15 线框和图线的含义**

2) 视图上每一封闭线框的含义

视图中的每个封闭线框,通常都是物体的一个表面(平面或曲面)的投影。如图 5.15(b)所示,主视图中有四个封闭线框,对照俯视图可知,线框 $a'$、$b'$、$c'$ 分别是六棱柱前面的三个棱面 $A$、$B$、$C$ 与其后面的对称棱面相重合的投影。线框 $d'$ 则是圆柱体前半圆柱面与后半圆柱面相重合的投影。

3) 视图上相邻的封闭线框的含义

视图上相邻两封闭的线框表示形体上位置不同的两个面,可能相交,也可能交错。如图 5.15(c)所示,主视图相邻线框 $e'$ 与线框 $f'$ 表示的是四棱柱相交两棱面,俯视图中线框 $g$ 是圆柱的上平面,线框 $h$ 是四棱柱的上平面,两平面相互交错有上下位置差。

4) 视图上相套封闭线框的含义

视图上相套的两封闭线框表示形体上高、低(或左、右;前、后)错开的两个面,或一个面与一个孔洞。如图 5.15(d)所示,俯视图相套的封闭线框 $m$ 与封闭线框 $k$ 表示的是一个面与一个孔洞。

**3. 抓特征视图进行分析**

抓特征视图就是要抓住形体的形状特征视图和位置特征视图。

(1) 形状特征视图就是最能反映形体形状特征的视图。如图 5.16 所示的组合体,对其进行形体分析可知,该组合体由底板、拱形体和肋板叠加而成。按投影关系分析:底板的形状特征视图是俯视图,底板是以其俯视图的轮廓为底面形状沿高度方向拉伸形成的;拱形体的形状特征视图是主视图,拱形体是以其主视图的轮廓为底面形状沿宽度方向拉伸形成的;肋板的形状特征视图是左视图,肋板是以其左视图的轮廓为底面形状沿长度方向拉伸形成的。如图 5.16(a)所示。

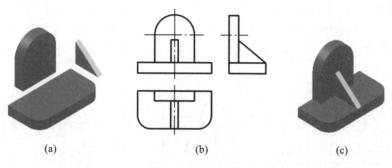

(a)　　　　　　　　(b)　　　　　　　　(c)

**图 5.16　组合体中各部分的形状特征视图**

(2) 位置特征视图就是最能反映形体相互位置关系的视图。如图 5.17(a)所示的组合体的主、俯视图,主视图中形体 Ⅰ 和形体 Ⅱ 两块基本形体可能是如图 5.17(b)所示的形体,也可能是 5.17(c)所示的形体,如果给出左视图(见图 5.17(d)),那就能明确其位置和形状。因此,左视图就是其位置特征视图。

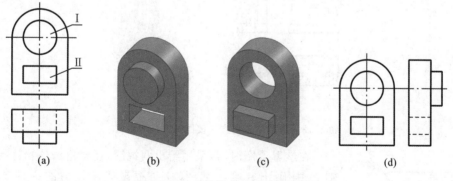

(a)　　　　　　(b)　　　　　　(c)　　　　　　(d)

**图 5.17　组合体中位置特征视图**

## 5.3.2　读图的基本方法

**1. 形体分析法**

读图的基本方法与画图一样,主要也是运用形体分析法。形体分析法是组合体读图的基本方法。其思路是:首先,在反映形状特征比较明显的视图上,按线框将组合体划分为几个部分,即几个基本体;然后,通过投影关系找到各线框所表示的部分在其他视图中的投影,从而分析各部分的形状及它们之间的相对位置;最后,综合起来想象组合体的整体形状。下面以图 5.18 为例说明形体分析读图的方法与步骤。

(1) 在表达该组合体形状特征较明显的视图中画线框,分基本体。如图 5.18(a)所示,先把主视图分为三个封闭的线框 1、2、3,然后分别找出这些线框在俯、左视图中相应投影,如图 5.18(b)、(c)、(d)所示。

(2) 分别根据各线框的投影,想象出各部分的形状。线框 1 的水平、侧面投影都是矩形,因此线框 1 是以正面投影为底面形状的直柱体,如图 5.18(b)所示;线框 2 的正面及水平面投影都是矩形,而侧面投影为三角形,所以是三棱柱,如图 5.18(c)所示;线框 3 的正面及侧面投影为矩形,因此,线框 3 是以水平投影为底面形状的直柱体,如图 5.18(d)所示。

(3) 将各部分按图中所示的相对位置组合起来,得出组合体的整体形状。确定了各线框所表示的基本形体后,再分析各基本形体的相对位置,就可以想象出形体的整体形状。分析各基本形体的相对位置时,应注意形体上下、左右、前后的位置关系在视图中的反映。由分析图 5.18(a)所示的三视图中可知,形体 1 堆积在形体 3 上,且两形体的后平面平齐;形体 2 在中间处与形体 1、形体 3 前后、上下叠加。这样,就可以把它们综合起来,想象出支架的总体形状,如图 5.18(e)所示。

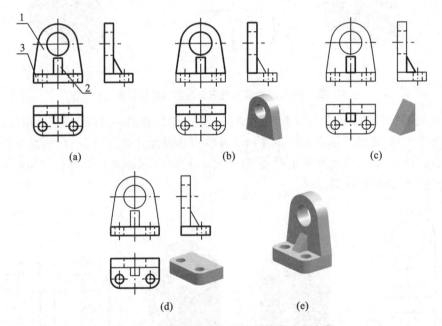

图 5.18　用形体分析方法读图的方法和步骤

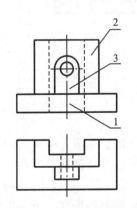

图 5.19　支座的主、俯视图

在学习读图时,常采用给出两视图,在想象出该物体形状的基础上,补画出其第三视图,这是提高读图能力的一种重要学习手段。

例 5.1　图 5.19 所示为支座的主、俯视图,要求补画出左视图。

解　先进行初步分析:结合主、俯视图大致可看出它由三部分组成。

将主视图划分为三个封闭线框,图 5.20(a)所示线框 1 表示该支座的下部为一长方板,根据其高度和宽度可补画出该长方板的左视图。图 5.20(b)所示线框 2 表示在长方板的上、后方是另一个长方块,补画出它的左视图。图 5.20(c)所示线框 3 表示在上部长方块前方的一个顶部为半圆形的凸块,补画其左视图。图 5.20(d)所示为以上三个形体叠加组合,并在后部开槽,凸块中间穿孔,加深图线完成该支座完整的左视图。

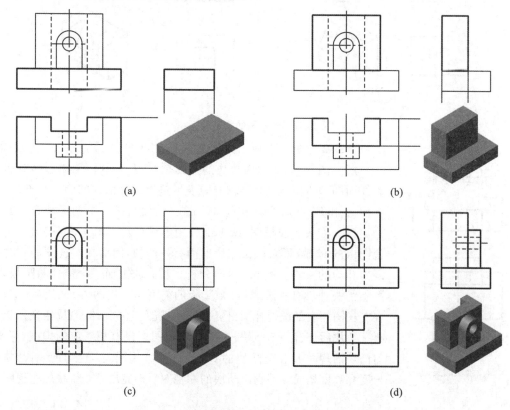

图 5.20 支座的读图及补图分析——形体分析法

**2. 线面分析法**

读形状比较复杂的切割型组合体的视图时,在运用形体分析法的同时,对于不易读懂的部分,还常用线面分析法来帮助想象和读懂这些局部形状。线面分析法是指分析投影图上线、面的投影特征和相对位置,进而确定立体形状的方法。

形体分析法是从"体"的角度去分析并读懂投影图,线面分析法则是从"线"和"面"的角度去分析和读图的。因此,运用线面分析法必须熟练掌握各种线、面的投影特点,以及视图中线框和图线所代表的含义。

1) 分析面的相对位置关系

前面已分析过视图上任何相邻的封闭线框必定是物体上相交或交错的两个面的投影;但这两个面的相对位置究竟如何,必须根据其他视图来分析。下面以图 5.21 为例讲述其分析方法。

在图 5.21(a)中,先比较面 $A$、$B$、$C$ 和面 $D$,由于在俯视图上都是实线,故只能是 $D$ 面凸出在前,$A$、$B$、$C$ 面凹进在后。再比较 $A$、$C$ 和 $B$ 面,由于左视图上出现虚线,故只可能 $A$、$C$ 面在前,$B$ 面凹进在后。由于在左视图的右边是条斜线,因此 $A$、$C$ 面是斜面(侧垂面),虚线是条垂线,因此它表示的 $B$ 面为正平面。弄清楚了面的前后关系,即能想象出该物体的形状。图 5.21(b)中,由于俯视图左右有虚线,中间为实线,故可判定 $A$、$C$ 面相对 $D$ 面是向前凸出,$B$ 面处在 $D$ 面的后面。又由于左视图上出现一条斜的虚线,可知凹进的 $B$ 面是一斜面(侧垂面),并与正平面 $D$ 相交。

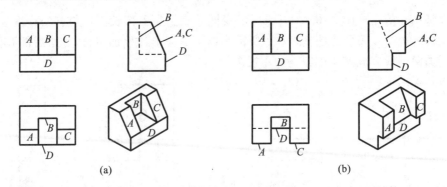

图 5.21　分析面的相对关系

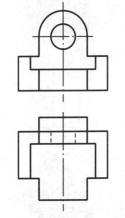

图 5.22　垫块的主、俯视图

**例 5.2**　图 5.22 所示为垫块的主、俯视图,要求补画出其左视图。

**解**　图 5.23 所示为垫块的补图全过程。同时,采用形体分析法和线面的分析方法。图 5.23(a)表示垫块下部的中间为一长方块,分析面 A 和 B,可知 B 面在前、A 面在后,故它是一个凹形长方块。补画出该长方块的左视图,凹进部分用虚线表示。图 5.23(b)分析了主视图上的 C 面,可知在长方块前面有一凸块,因而在左视图的右边补画出相应的一块。图 5.23(c)分析了长方块上面一个带孔的竖板,因图上箭头处没有轮廓线,可知竖板的前面与上述的 A 面是同一平面,在左视图相应部位处补画出竖板的左视图。图 5.23(d)从俯视图上分析了垫块后部有一个凸块,由于在主视图上没有相对应的虚线,可知后凸块的背面 E 和前凸块的 C 面的正面投影重合,也即前、后凸块的长度和高度相同。补画出凸块的左视图后即完成整个垫块的左视图。

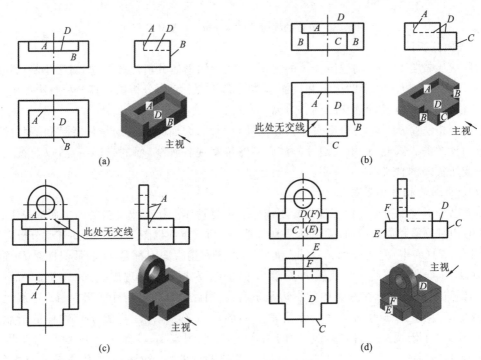

图 5.23　垫块的补图分析——分析面的相对关系

2）分析面的形状

当平面图形与投影面平行时，它的投影反映平面图形的实形；当其垂直于投影面时，它的投影积聚成一直线；当其倾斜时，它在该投影面上的投影一定是平面图形的类似形。图 5.24 中四个物体上涂色平面的投影均反映此特征。图 5.24(a)中有一个 L 形的铅垂面，图 5.24(b) 中有一个凸字形的正垂面，图 5.24(c)中有一个凹字形的侧垂面，它们除在一个视图上重影成直线外，在其他两个视图上仍相应地反映 L 形、凸形和凹形的特征。5.24(d)中有一个梯形的倾斜面，它在三个视图上的投影均为梯形。下面举例说明这种性质在看图中的应用。

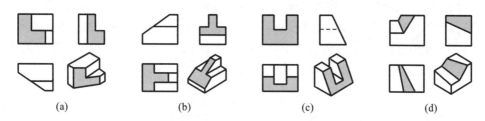

(a)                    (b)                    (c)                    (d)

**图 5.24  斜面的投影为类似形**

**例 5.3**  图 5.25(a)所示为组合体的主、俯视图，要求补画出其左视图。

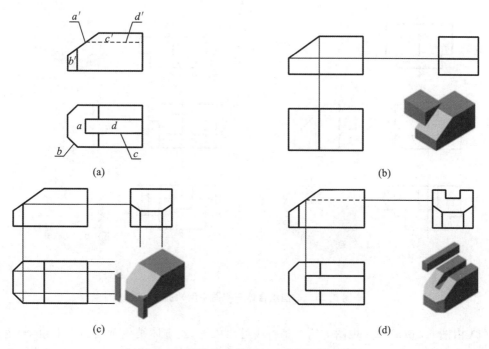

(a)                                        (b)

(c)                                        (d)

**图 5.25  组合体的补图——分析面的形状**

**解**  根据图 5.25(a)所示组合体的两个视图的外形轮廓及主、俯视图上的缺口，可以想象出该组合体是由一个长方体被切割掉若干部分所形成的。由俯视图左边的线框 $a$，在主视图上找到对应的斜线 $a'$，根据投影面垂直面的投影特性，就可判断长方体的左前角被正垂面截切，补画其左视图，如图 5.25(b)所示。由主视图左边的四边形 $b'$，在俯视图上找到对应前、后对称的两条斜线，可确定长方体被前、后对称的两铅垂面截切，补画其左视图，如图 5.25(c)所示。由俯视图水平直线 $c$ 在主视图上找到对应平面 $c'$，由主视图水平虚线 $d'$，在俯视图上找到

对应平面 $d$,可判断出在长方体的上部中间,用前后对称的两个正平面和一个水平面切割出一个侧垂的矩形通槽,补画其左视图,如图 5.25(d)所示。

3) 分析面与面的交线

当视图上出现较多面与面的交线时,会给读图带来一定困难,这时只要运用画法几何方法,对交线性质及画法进行分析,从而读懂视图。下面举个例子说明怎样通过分析面与面的交线来帮助读图和补图。

**例 5.4**　如图 5.26(a)所示,补画组合体三视图中所缺的图线。

**解**　从已知三视图的三个外形轮廓分析,该组合体是长方体被几个不同位置的平面切割而成。结合形体分析和面与面的交线分析,采用边想象切割、边补线的方法,逐个画出三视图中的漏线。在补图过程中,应充分运用"长对正、高平齐、宽相等和前后对应"的投影关系,并画出立体图,逐个记录构思想象的过程。作图过程如下。

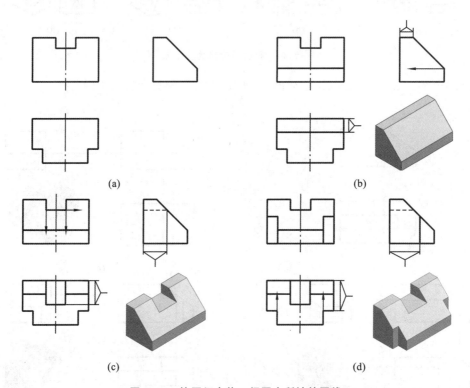

(a)　　　　　　　　　　　　　　(b)

(c)　　　　　　　　　　　　　　(d)

**图 5.26　补画组合体三视图中所缺的图线**

(1) 由图 5.26(a)中左视图上的一条斜线可想象出,长方体被侧垂面切去上角,侧垂面与长方体上两平面将产生两条交线——侧垂线,在正面投影和水平投影上反映实长,如图 5.26(b)所示。在主、俯视图上补画因切角而产生的图线,同时画出长方体立体图,并在其上也切去左上角。

(2) 由图 5.26(a)中主视图的凹口可知,长方体的上部中间用两个侧平面和一个水平面挖了一个正垂的矩形槽,面面相交产生交线,其交线为正垂线,在水平投影和侧面投影上反映其实长,如图 5.26(c)所示。在俯、左视图上补画因开槽而产生的图线,同时在已画出立体图上也画出矩形槽。

(3) 由图 5.26(a)中俯视图前方左、右两侧分别有左右对称的缺角可知,长方体前方的左、右两侧分别被正平面和侧平面对称地各切去一块,面面相交产生交线,交线为铅垂线,在正面投影和侧面投影上反映其实长,如图 5.26(d)所示。在主、左视图上补画产生的图线。同样,继续在立体图中切去这两块,最后,按画出的立体图对照校核补全图线的三视图,作图结果如图 5.26(d)所示。

## 5.4　组合体的尺寸标注

组合体的视图只能表达组合体的形状结构,而组合体各部分的大小及其相对位置必须通过尺寸标注来确定。因此,正确的标注尺寸非常重要,一般要求做到以下几点。

**1. 正确**

所谓正确就是指标注尺寸应符合国家标准中有关尺寸注法的规定。

**2. 完整**

完整是指所注尺寸必须把组成物体各形体的大小及相对位置完全确定下来,不允许遗漏尺寸,也不能有重复尺寸。

**3. 清晰**

尺寸的安排要整齐、清晰,便于阅读查找。

### 5.4.1　组合体的尺寸分析

组合体按形体分析法可将其分解成若干简单基本体,要完整地标注组合体的尺寸,就是要注出确定组合体中每个基本体的定形尺寸,以及确定各基本体间相对位置的定位尺寸,这些尺寸应不多不少。当某一尺寸已标注出,在其他视图中一般不再重复标注。

**1. 组合体的尺寸基准**

在组合体中,各基本体位置都是相对而言的,因此,为了完整地标注组合体的尺寸,必须在长、宽、高三个方向分别选出基准,以便确定各基本体的相对位置。基准是确定尺寸位置的几何元素(点、线、面),是标注尺寸的出发点。通常,选择组合体的底面、重要端面、对称平面及回转体轴线等作为组合体的尺寸基准。如图 5.27 所示,长度方向基准是组合体右端面,宽度方向基准是组合体前后对称面,高度方向基准是组合体的底面。

**2. 定形尺寸**

确定构成组合体的各基本形体大小的尺寸称为定形尺寸,定形尺寸一般包括长、宽、高三个方向的尺寸。如图 5.27 所示的尺寸 12、20、4、10、$R6$、$R10$、$\phi12$ 等都是定形尺寸。

**3. 定位尺寸**

确定构成组合体的各基本形体间相对位置的尺寸称为定位尺寸。如图 5.27 所示的尺寸 22、12、20、38 等都是定位尺寸。两基本体间应该有三个方向的定位尺寸,若两形体间在某一方向处于共面、对称、同轴时,就可省略一个定位尺寸。图 5.27 中,底板上 $2\times\phi6$ 两圆柱孔省去了高度定位尺寸。

**4. 总体尺寸**

确定组合体外形的总长、总宽、总高的尺寸称为总体尺寸。有时,基本体尺寸就反映了组合体的总体尺寸,如图 5.27 所示的尺寸 44、32 即是底板的长、宽尺寸,也是该组合体总长和总宽尺寸,不必另外标注尺寸。当组合体的一端为回转面时,该方向的总体尺寸一般不注,只标注轴线的定位尺寸,如图 5.27 中未注总高尺寸,只标注出轴线的定位尺寸 22。

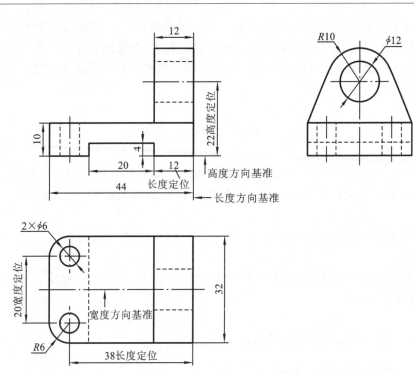

图 5.27　组合体的尺寸分析

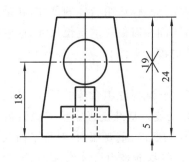

图 5.28　总体尺寸的标注

在标注总体尺寸后,要对尺寸进行调整,在哪个方向上标注了总体尺寸就应从该方向上去掉一个尺寸,防止尺寸重复。如图 5.28 所示,应标注总高 24。但是这时在高度方向就产生了多余尺寸,而破坏尺寸齐全的基本要求,因为总高尺寸即等于底板高 5 和支承板高 19 之和,根据其中任何两个尺寸就能确定第三个尺寸。因此,如果需要标注总体尺寸时,则需在相应方向少注一个大小尺寸,在图 5.28 中尺寸 19 就不应注出。

### 5.4.2　常见截切体、相贯体及板状类形体的尺寸标注

当在基本形体上遇到切割、开槽及相贯时,除标注出其基本体的定形尺寸外,对切割与开槽,还应标注出截平面位置的尺寸;对相贯的两回转面形体,应以其轴线为基准,标注两形体的相对位置尺寸,如图 5.29 所示。根据上述尺寸,其截交线及相贯线自然形成,因此交线上不注尺寸。

图 5.30 列举了常见各种板的尺寸注法,这里要注意各种底面形状的尺寸注法。图 5.30(e)所示圆盘上均布小孔的定位尺寸,应标注定位圆(过各小圆中心的点画线圆)的直径和过小圆圆心的径向中心线与定位圆的水平中心线(或铅垂中心线)的夹角。当这个夹角为 0°、30°、45°、60°时,角度定位尺寸可以不注。还必须特别指出的是,图 5.30(d)所示柱体的四个圆角,不管与小孔是否同心,整个形体的长度尺寸和宽度尺寸,圆角半径,以及四个小孔的长度方向和宽度方向的定位尺寸,都要注出。当圆角与小孔同心时,应注意上述尺寸数值之间不得发生矛盾。

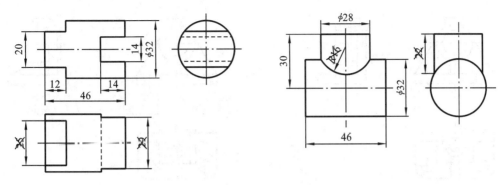

图 5.29　截切体、相贯体的尺寸标注

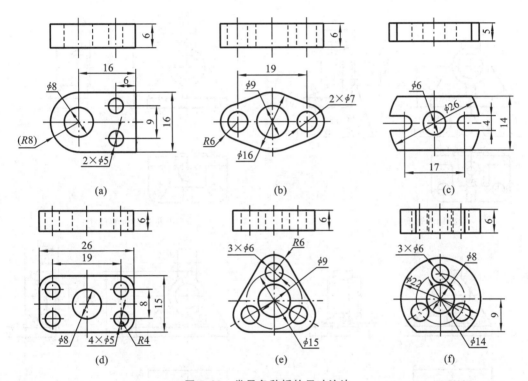

图 5.30　常见各种板的尺寸注法

## 5.4.3　标注组合体尺寸步骤

在对组合体进行尺寸标注时,通常采用形体分析法假想将组合体分解成若干基本体,注出各基本体的定形尺寸以及确定这些基本体之间相对位置的定位尺寸,最后根据组合体的结构特点注出总体尺寸。下面以图 5.31(a)所示的轴承座为例,说明标注组合体尺寸的方法和步骤。

### 1. 形体分析和初步考虑各基本体的定形尺寸

在标注组合体的尺寸时,首先按照形体分析方法将组合体分解成基本体,然后考虑各个基本体的定形尺寸和定位尺寸。图 5.31(a)所示的轴承座是由轴承、支承板、肋板、凸台及底板组成的,参见图 5.9。

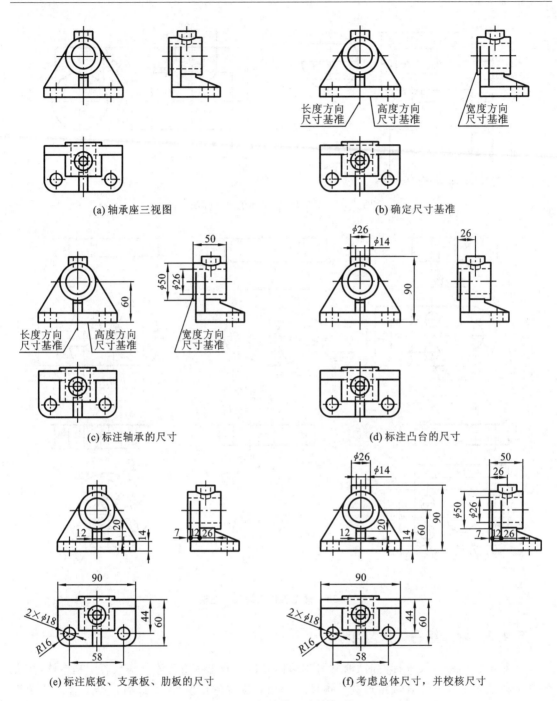

(a) 轴承座三视图　　　　　　　　　　　　　　　(b) 确定尺寸基准

(c) 标注轴承的尺寸　　　　　　　　　　　　　　(d) 标注凸台的尺寸

(e) 标注底板、支承板、肋板的尺寸　　　　　　(f) 考虑总体尺寸，并校核尺寸

图 5.31　标注轴承座的尺寸

## 2. 选定尺寸基准

在长、宽、高三个方向为组合体选定尺寸基准，如前所述，常选择组合体的底面、端面、对称面以及主要回转体的轴线等。对于图 5.31(a)所示的轴承座，所选的尺寸基准如图 5.31(b)所示，用这个轴承座的左右对称面作为长度方向的尺寸基准；用轴承的后端面作为宽度方向的尺寸基准；用底板的底面作为高度方向的尺寸基准。

### 3. 逐个地分别标注各基本体的定位和定形尺寸

通常,先标注组合体中最主要的基本体的尺寸,在这个轴承座中主要的基本体是轴承。

（1）轴承　如图 5.31(c)所示,从高度基准出发,标注轴承轴线的定位尺寸 60。以这条轴线作为径向基准,注出轴承内、外圆柱面的定形尺寸 $\phi26$ 和 $\phi50$。从宽度基准出发,标注轴承长度的定形尺寸 50。这样,就完整地标注了轴承的定位尺寸和定形尺寸。

（2）凸台　如图 5.31(d)所示,由长度基准和宽度基准出发的定位尺寸 26,定出凸台的轴线,以此为径向基准,注出定形尺寸 $\phi14$ 和 $\phi26$。用从高度基准出发的定位尺寸 90,定出凸台顶面的位置。由于轴承和凸台都已定位,则凸台的高度也就确定了,不应再标注。这样,便完成了凸台定形尺寸和定位尺寸的标注。

（3）底板　如图 5.31(e)所示,从宽度基准出发标注定位尺寸 7,定出底板后壁的位置,并由此注出板宽的定形尺寸 60 和底板上圆柱孔、圆角的定位尺寸 44。从长度基准出发注出板长的定形尺寸 90 和底板上圆柱孔、圆角的定位尺寸 58,以底板的圆柱孔的轴线为径向尺寸基准,标注出定形尺寸 $2\times\phi18$ 和 $R16$。从高度基准出发,注出板厚的定形尺寸 14。从而完整地标注了底板的定形尺寸和定位尺寸。

（4）支承板　如图 5.31(e)所示,从以宽度基准出发的定位尺寸 7 已注出了支承板后壁的位置,由此注出板厚定形尺寸 12。底板的厚度尺寸 14,就是支承板底面位置的定位尺寸,已注出的底板的长度尺寸 90,同为支承板底面的长度尺寸。左、右两侧与轴承相切的斜面可直接由作图决定,不应标注任何尺寸。由此完整地标注了支承板的定位尺寸和定形尺寸。

（5）肋板　如图 5.31(e)所示,从长度基准出发标注出肋板厚度的定形尺寸 12。肋板底面的定位尺寸已由底板厚度尺寸 14 充当,肋板后壁的定位尺寸已由支承板后壁的定位尺寸 7 和支承板厚度尺寸 12 充当,都不应再标,由肋板的底面和后壁出发,分别标注定形尺寸 20 和 26。肋板底面的宽度尺寸可由底板的宽度尺寸 60 减去支承板的厚度尺寸 12 得出,不应标注;肋板两侧壁面与轴承的截交线由作图确定,不应标注高度尺寸。由此完成标注肋板的定形尺寸和定位尺寸。

### 4. 标注总体尺寸

标注了组合体各基本体的定形和定位尺寸以后,对于整个轴承座还要考虑总体尺寸的标注。如图 5.31(f)所示,轴承座的总长和总高都是 90,在图上已注出;总宽尺寸为 67,由底板的宽度尺寸 60 和定位尺寸 7 得出。

### 5. 校核

最后,对已标注的尺寸,按正确、完整、清晰的要求进行检查,如有不妥,应作适当修改或调整。

## 5.4.4　组合体尺寸标注应注意的问题

（1）尺寸应尽量标注在形状特征明显的视图上,如图 5.32 所示的五棱柱的五边形尺寸标注。

（2）同一形体的尺寸标注应尽量集中,不应过于分散,以便于查找,如图 5.33 所示。

（3）尺寸排列整齐、清楚,应尽量标注在两个相关视图之间,且标注在视图之外。应尽量避免尺寸线、尺寸界线及轮廓线发生相交,因此,同一方向的尺寸应大尺寸在外、小尺寸在内。应尽量避免在虚线上标注尺寸,如图 5.33 所示。

（4）回转体尺寸的注法。在标注圆柱等回转体的直径时,通常标注在非圆视图上,而不是

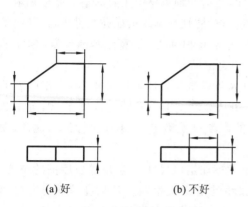

(a) 好　　　　　　(b) 不好

**图 5.32　尺寸应标在明显的视图上**

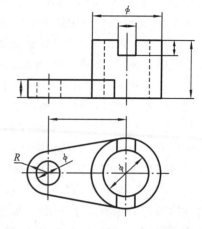

**图 5.33　尺寸标注应集中,排布要清晰**

标注在投影为圆的视图上,标注半径尺寸时则应标注在投影为圆的视图上。图 5.34 所示 $R$ 值应标注在反映圆弧的视图上,$\phi$ 值一般标注在非圆的视图上。

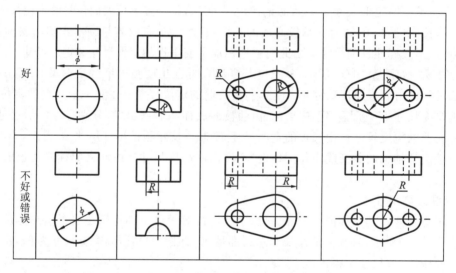

**图 5.34　回转体尺寸的标注方法**

## 5.4.5　尺寸标注举例

**例 5.5**　试标注图 5.35 所示组合体的尺寸。

如图 5.35 所示的组合体,按形体分析法可将其分解为由圆柱、底板、立板三个基本体堆积而成的,可分别标注这三部分的定形尺寸以及确定其相对位置的定位尺寸。而圆柱和立板分别被截切,在标注它们各自定形尺寸时,应按切割方式进行标注。具体标注步骤如下。

(1) 选择尺寸基准。底板和立板的右侧面共面,选择该面为长度方向的尺寸基准;底板和立板的底面共面,选择该面为高度方向的尺寸基准;圆柱和立板的后面共面,选择该面为宽度方向的尺寸基准,如图 5.35 所示。

(2) 标注底板尺寸,如图 5.36(a)所示。

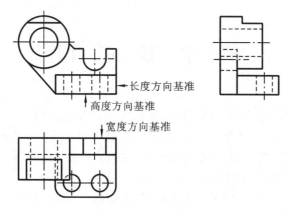

图 5.35　基准选择

（3）标注立板尺寸，如图 5.36(b)所示。

（4）标注圆柱尺寸，如图 5.36(c)所示。

（5）标注总体尺寸。总长、总宽和总高尺寸不需要直接标注，总长由 22、9 和圆柱半径获得，总高由 22 和圆柱半径获得，总宽是底板的宽度 25，如图 5.36(d)所示。

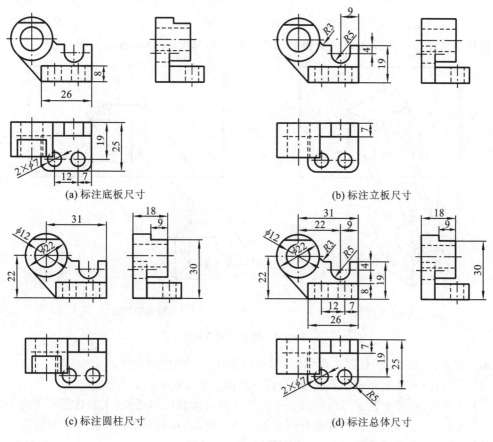

(a) 标注底板尺寸　　　　　　　　　(b) 标注立板尺寸

(c) 标注圆柱尺寸　　　　　　　　　(d) 标注总体尺寸

图 5.36　尺寸标注举例

# 第6章 轴 测 图

轴测图是一种单面投影图,它具有形象、逼真且有立体感等优点。但是轴测图一般不能反映出物体各表面的实形,因而具有度量性差,且作图较复杂等缺点。因此,在工程上常把轴测图作为辅助图样,用于说明机器及零部件的外观、内部结构或工作原理。在设计中轴测图用于帮助构思,想象物体空间的形状,以弥补正投影图的不足。

通过本章的学习,了解轴测投影图的形成,掌握轴间角、轴向伸缩系数及轴测投影的基本性质和轴测投影的基本作图方法。重点掌握正等轴测图和斜二轴测图的画法。

## 6.1 轴测图的基本知识

### 6.1.1 轴测图的形成

如图 6.1 所示,将物体连同其参考直角坐标系,沿不平行于任一坐标面的方向,用平行投影法将其投射在单一投影面 $P$ 上所得到的图形称为轴测投影图(简称轴测图)。

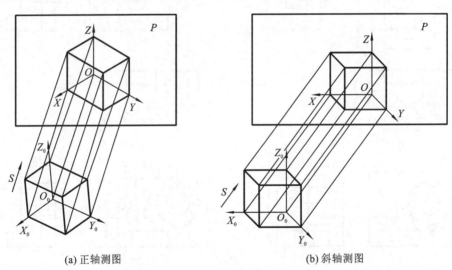

(a) 正轴测图　　　　　　　　　　　　(b) 斜轴测图

图 6.1　轴测图的形成

由于轴测图是用平行投影法得到的,因此必然具有下列投影特性。

(1) 平行性:立体上互相平行的线段,在轴测图上仍互相平行。

(2) 定比性:立体上两平行线段或同一直线上两线段长度的比值,在轴测图上保持不变。

(3) 实行性:立体上平行于轴测投影面的直线和平面,在轴测图上反映实长和实形。

### 6.1.2 轴测图的轴间角和轴向伸缩系数

**1. 轴间角**

如图 6.1 所示,确定立体位置的空间直角坐标轴 $O_0X_0$、$O_0Y_0$、$O_0Z_0$ 的投影 $OX$、$OY$、$OZ$ 称

为轴测轴,轴测轴之间的夹角∠XOY、∠YOZ、∠XOZ 称为轴间角。

**2. 轴向伸缩系数**

轴测轴上的线段与空间坐标轴上相应线段长度之比称为轴向伸缩系数。沿 X、Y、Z 轴三个方向的轴向伸缩系数分别用 $p$、$q$、$r$ 表示,即

OX 轴的轴向伸缩系数:$OX/O_0X_0 = p$

OY 轴的轴向伸缩系数:$OY/O_0Y_0 = q$

OZ 轴的轴向伸缩系数:$OZ/O_0Z_0 = r$

有了轴间角和轴向伸缩系数,就可以根据立体的三视图来绘制轴测图。在绘制轴测图时,视图上所有点和线段的尺寸都必须沿坐标轴方向量取,并乘上相应的轴向伸缩系数,画到相应的轴测轴方向上去。"轴测"两字即由此而来。

### 6.1.3　轴测图的分类

**1. 按投射方向和轴测投影面的位置分类**

(1) 正轴测图:轴测投射线垂直于轴侧投影面得到的轴测图,如图 6.1(a)所示。

(2) 斜轴测图:轴测投射线倾斜于轴测投影面得到的轴测图,如图 6.1(b)所示。

**2. 根据轴向伸缩系数分类**

空间坐标轴与轴测投影面成不同角度时,轴向伸缩系数也不同,可画出不同的轴测图。因此,对这两类轴测图,根据轴向伸缩系数的不同,又可分为下列三种。

(1) 当三个轴向伸缩系数相等时,称正(或斜)等轴测图,简称正(或斜)等测,即 $p=q=r$。

(2) 当其中的两个轴向伸缩系数相等时,称正(或斜)二等轴测图,简称正(或斜)二测,即 $p=q\neq r$。

(3) 当三个轴向伸缩系数都不等时,称正(或斜)三轴测图,简称正(或斜)三测,即 $p\neq q\neq r$。

国家标准推荐了三种作图比较简便的轴测图,分别是正等测、正二测、斜二测。本章介绍最常用的正等轴测图和斜二轴测图的画法。

## 6.2　正等轴测图

### 6.2.1　正等轴测图的轴间角和轴向伸缩系数

正等轴测图的三个轴间角相等,都是120°,如图 6.2(a)所示,一般将 OZ 轴画成竖直方向。三根坐标轴的轴向伸缩系数相等,根据计算,$p=q=r=0.82$,即物体上的轴向尺寸为 100 时,轴测图上画成82,如图 6.2(b)所示。这样作图很麻烦,为了简化作图,近似取 $p=q=r=1$,也就是说,凡立体上平行于坐标轴的直线,在轴测图上的长度不变,用实际尺寸画出。用简化系数画出的轴测图比用轴向伸缩系数 0.82 画出的图放大了 1.22 倍(1/0.82≈1.22),但不影响物体的形状和立体感,如图 6.2(c)所示。因此画正等轴测图时,其尺寸可直接从三视图中量取。

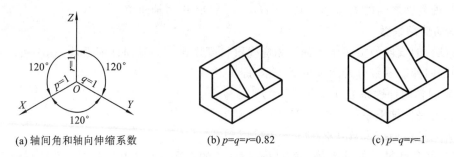

(a) 轴间角和轴向伸缩系数　　(b) $p=q=r=0.82$　　(c) $p=q=r=1$

**图 6.2　正等轴测图的轴间角和轴向伸缩系数**

## 6.2.2　正等轴测图的画法

### 1. 平面立体正等轴测图的画法

1）坐标法

绘制平面立体正等轴测图的基本方法是坐标法。它是根据平面立体的形状特点,选定合适的直角坐标系的坐标轴;然后画出轴测轴,根据轴测图的投影特性,按物体上各点的坐标关系画出其轴测投影,并连接各顶点形成平面立体的轴测图的方法。

**例 6.1**　根据如图 6.3(a)所示的六棱柱主、俯视图,用坐标法画出它的正等轴测图。

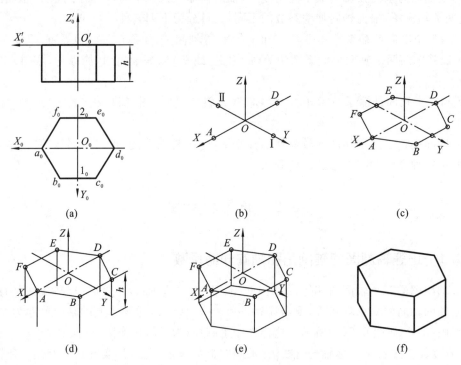

**图 6.3　正六棱柱的正等轴测图的画法**

分析　平面柱体的正等轴测图一般先画出柱体的一个底面,然后根据柱体的高度画柱体的棱线,最后连接棱线的端点得柱体的另一个底面。

作图　作图步骤如下。

(1) 选取坐标原点和坐标轴。对于柱体,为作图方便,一般将坐标原点取在上顶面,并标出六边形顶面的各个顶点,如图 6.3(a)所示。

（2）画出轴测轴,并在轴测轴上分别画出点 $A$、$D$、$Ⅰ$、$Ⅱ$,使得 $AO=a_0O_0$,$DO=d_0O_0$,$ⅠO=1_0O_0$,$ⅡO=2_0O_0$,如图 6.3(b)所示。

（3）沿相应的轴测轴方向量取正六棱柱的边长,并确定六边形的六个顶点 $A$、$B$、$C$、$D$、$E$、$F$,并按顺序连线,如图 6.3(c)所示。

（4）沿 $A$、$B$、$C$、$D$、$E$、$F$ 点向下画六棱柱的棱线,棱线长为六棱柱的高 $h$（看不见的棱线可不必画出）,如图 6.3(d)所示。

（5）连接棱线各点得棱柱的下底面,完成六棱柱的正等轴测图,如图 6.3(e)所示。

（6）检查加深轴测图,如图 6.3(f)所示。

注意:轴测图中的不可见轮廓线不画。

2）切割法

对于切割形成的物体,以坐标法为基础,先用坐标法画出未切割的平面立体轴测图,然后用截切的方法逐一画出各个切割部分,这种方法称为切割法。

例 6.2　根据图 6.4 所示的切割体三视图,用切割法画出它的正等轴测图。

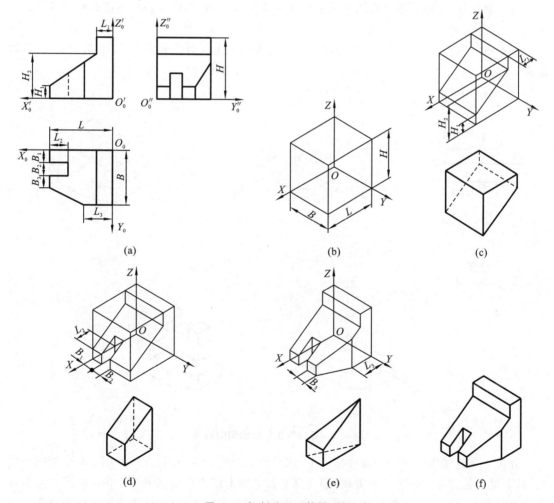

图 6.4　切割法画正等轴测图

分析　该切割体是由基本体四棱柱切割而成的。先用坐标法画出四棱柱基本体,再进行逐一切割即可。

作图　作图步骤如下。

(1) 在投影三视图上确定坐标原点和坐标轴,如图 6.4(a)所示。

(2) 画轴测轴,利用坐标法依据图 6.4(a)所示的 $L$、$B$、$H$ 尺寸,画出完整的四棱柱体轴测图,如图 6.4(b)所示。

(3) 利用坐标法依据图 6.4(a)所示的尺寸 $L_1$、$H_1$、$H_2$,在四棱柱上切去楔形块,如图 6.4(c)所示。

(4) 利用坐标法依据图 6.4(a)所示的尺寸 $L_2$、$B_1$、$B_2$,在四棱柱上切去四棱柱块,如图 6.4(d)所示。

(5) 利用坐标法依据图 6.4(a)所示的尺寸 $L_3$、$B_3$,在四棱柱上切去楔形块,如图 6.4(e)所示。

(6) 擦去作图线和切割部分的图线,检查加深得切割体正等轴测图,如图 6.4(f)所示。

3) 组合法

对于叠加体,可用形体分析法将其分解成若干个基本体,然后按各基本体的相对位置关系画出轴测图,这种方法称组合法。

**例 6.3**　如图 6.5(a)所示叠加体的主、俯视图,用切割法和组合法画出它的正等轴测图。

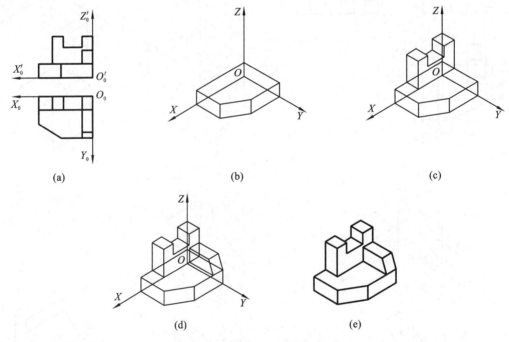

(a)　　　　　　　　(b)　　　　　　　　(c)

(d)　　　　　　　　(e)

图 6.5　叠加体正等轴测图的画法

分析　该叠加体由三个平面柱体上下、前后叠加形成,下部是长方体上用正垂面切去一个角,后上部是长方体上开了一个方槽,前上部是长方体上用侧垂面切去一个角。按照它们相对应位置关系分别画出每一部分轴测图,再用切割法切去多余的部分,即得叠加体的轴测图。

作图　作图步骤如下。

（1）选取坐标原点和坐标轴，这里将坐标原点选在立体的右、后、下的棱角上，如图 6.5(a)所示。

（2）画出轴测轴，并画出下部长方体的轮廓，用正垂面切去楔形块部分，得底板的正等轴测图，如图 6.5(b)所示。

（3）画出上半部的长方体垂直正投影面的方槽，得槽形板的正等轴测图，如图 6.5(c)所示。

（4）画出上部右前方长方体的轮廓，用侧垂面切去楔形块部分，得支承板的正等轴测图，如图 6.5(d)所示。

（5）擦去被遮挡和切割掉的图线，加深后即完成叠加体的正等轴测图，如图 6.5(e)所示。

**2. 回转体正等轴测图的画法**

1）平行于坐标面的圆的正等轴测图画法

从正等轴测图的形成知道，由于正等轴测投影的三个坐标轴都与轴测投影面成相等的倾角，所以三个坐标面也都与轴测投影面成相等倾角。因此，立体上凡是平行于坐标面的圆的正等轴测投影都是椭圆。图 6.6 所示为以立方体上的三个不可见的平面为坐标面时，在其余三个平面内的内切圆的正等轴测投影图。从图中可以看出它具有以下投影特点。

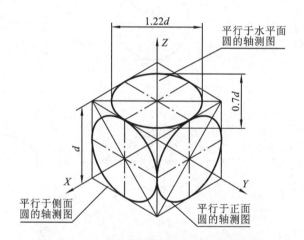

**图 6.6　平行于三个坐标面的圆的正等轴测图**

（1）椭圆长、短轴方向。

平行于水平面的椭圆，其长轴垂直于 $Z$ 轴，短轴平行于 $Z$ 轴。

平行于正面的椭圆，其长轴垂直于 $Y$ 轴，短轴平行于 $Y$ 轴。

平行于侧面的椭圆，其长轴垂直于 $X$ 轴，短轴平行于 $X$ 轴。

（2）椭圆长、短轴的长度。

椭圆的长轴是圆上平行于轴测投影面的那条直径的投影，它的长度就等于圆的直径 $d$，短轴因与轴测投影面倾斜，它的长度等于 $0.58d$。当采用简化系数作图时，椭圆的长轴和短轴的长度均放大了 1.22 倍，即长轴≈$1.22d$，短轴≈$0.7d$。

**例 6.4**　画出图 6.7(a)所示的平行于水平投影面的圆的正等轴测图。

分析　圆的正等轴测图是由四段弧组成的一个椭圆，弧的端点正好是椭圆外切菱形的切点。

作图　作图步骤如下。

（1）过圆心 $O_0$ 画出该坐标面的两根坐标轴 $X_0$、$Y_0$，并画出圆的外切正四边形，切点为 $a$、$b$、$c$、$d$，如图 6.7（b）所示。

（2）画出 $X$、$Y$ 两轴测轴 $OX$、$OY$，同时从圆心 $O$ 沿轴向量取圆的半径 $d/2$，得切点 $A$、$B$、$C$、$D$。过各点分别作平行于 $OX$、$OY$ 两轴测轴的平行线，得圆外切正四边形的轴测图——菱形，再作棱形的对角线，如图 6.7（c）所示。

（3）将棱形短对角线两顶点 $E$、$F$ 与其两对边中点 $A$、$C$ 相连接得连线 $AE$、$CF$（这些连线就是各棱形边的中垂线），该连线交棱形长对角线得 $G$、$H$ 两点，$E$、$F$、$G$、$H$ 四点为所画椭圆的四个圆心，如图 6.7（d）所示。

（4）分别以 $E$、$F$ 两点为圆心，以 $AE$（或 $CF$）为半径，画出椭圆上两段大圆弧 $AB$ 和 $CD$；再以 $G$、$H$ 两点为圆心，以 $AG$（或 $BH$）为半径，画出椭圆上两段小圆弧 $AD$ 和 $BC$，四个圆弧组成近似椭圆，如图 6.7（e）所示。

（5）擦去作图线，检查加深得圆的正等轴测图——椭圆，如图 6.7（f）所示。

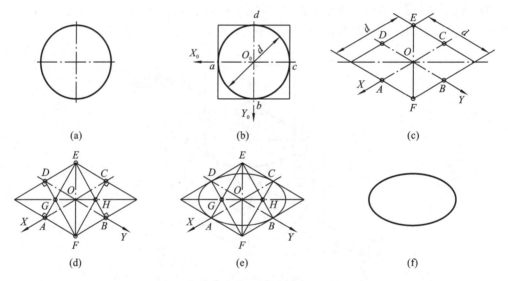

图 6.7　椭圆的正等轴测图近似画法

上述椭圆是由四段圆弧近似连成的，由于这四段圆弧的四个圆心是根据椭圆的外切菱形求得的，因而这种方法称为菱形四心法。

2）平行于坐标面的圆角的正等轴测图画法

平行于坐标面的圆角，实质上是平行于坐标面的圆的一部分，因此，可以用菱形四心法画圆的方法来画圆角。特别是电子产品中经常出现的 1/4 圆周的圆角，其所要画的椭圆弧就是上述菱形四心法中四段圆弧中的一段。其圆心的求法为：过角顶点分别沿两邻边量取距离 $R$，得圆弧的两端点，再过这两点分别作点所在边的垂线，其交点即为所画圆弧的圆心。

**例 6.5**　根据图 6.8（a）所示的主、俯视图，画带圆角底板的正等轴测图。

分析　底板圆角是圆柱的 1/4，画底板圆角的正等轴测图仍然是画椭圆问题。

作图　作图步骤如下。

（1）首先画长方体的正等轴测图，并以 $R$ 为半径，在底板上表面过两角顶点沿相应边量取

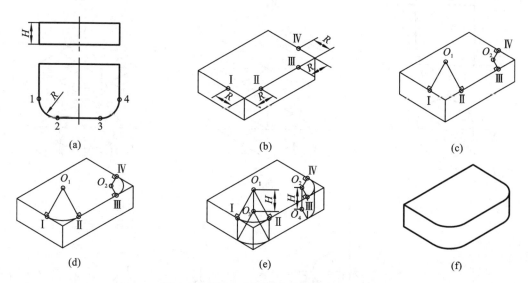

**图 6.8　带圆角底板的正等轴测图的画法**

$R$ 得两段圆弧的四个端点 Ⅰ、Ⅱ、Ⅲ、Ⅳ。如图 6.8(b)所示。

　　(2) 过此四点分别作点所在边的垂线,交点 $O_1$、$O_2$ 分别为两段圆弧的圆心,如图 6.8(c)所示。

　　(3) 分别以 $O_1$、$O_2$ 为圆心,$O_1$Ⅰ、$O_2$Ⅲ 为半径完成底板上表面的圆角,如图 6.8(d)所示。

　　(4) 底板下表面上的圆角可通过移心法来解决,即将圆心 $O_1$、$O_2$ 沿 $Z$ 轴下移底板厚度 $h$,再用与上表面圆弧相同的半径分别画圆弧,如图 6.8(e)所示。

　　(5) 在右端锐角处画出上下两个小圆弧的外公切线,擦去作图线及多余的线,即完成底板正等轴测图,如图 6.8(f)所示。

　　3) 圆柱的正等轴测图画法

　　**例 6.6**　根据图 6.9(a)所示圆柱的主、俯视图,画出圆柱的正等轴测图。

　　**分析**　画圆柱正等测图时,关键是画圆柱体的上下底圆,上下底圆的正等轴测图均为椭圆,因此仍用椭圆的正等轴测图的画法绘制。

　　**作图**　作图步骤如下。

　　(1) 在圆柱视图上选底圆圆心 $O_0$ 为坐标原点,画出坐标轴 $X_0$、$Y_0$,如图 6.9(a)所示。

　　(2) 画出轴测轴 $X$、$Y$、$Z$,以 $d$ 为直径先画下部底圆的外切菱形,然后沿 $Z$ 轴向上移动距离 $h$(圆柱的高度),画上部底圆的外切菱形,如图 6.9(b)所示。

　　(3) 用菱形四心法画出顶面和底面的椭圆,如图 6.9(c)所示。

　　(4) 过 $E$、$F$ 点画出椭圆的外公切线,如图 6.9(d)所示。

　　(5) 擦去作图线及被遮盖的线,描深完成圆柱体的正等轴测图,如图 6.9(e)所示。

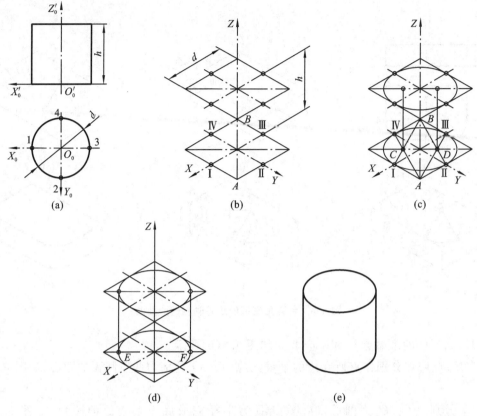

图 6.9 圆柱正等轴测图的画法

## 6.3 斜二轴测图

### 6.3.1 斜二轴测图的形成、轴间角和轴向伸缩系数

当坐标面 $XOZ$ 平行于轴测投影面,并选择投射方向使轴测轴 $Y$ 与水平方向夹角为 $45°$,轴向伸缩系数为 $0.5$,则得到我们通常所说的斜二等轴测图。斜二等轴测图的轴间角如图 6.10所示,$\angle XOZ=90°$,$\angle XOY=135°$,$\angle YOZ=135°$。由于坐标面 $XOZ$ 平行于轴测投影面,该坐标面的轴测投影反映实形,因而轴向伸缩系数 $p=r=1$,$Y$ 轴的轴向伸缩系数 $q=0.5$。

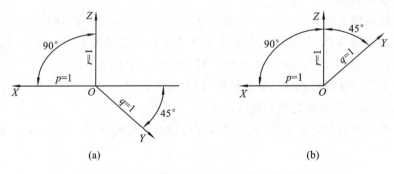

图 6.10 斜二轴测图的轴间角和轴向伸缩系数

斜二轴测图的投影特点是：物体上凡平行于坐标面 $XOZ$ 的平面，在轴测图上都反映实形；凡平行于 $Y$ 轴的线段，其长度为物体的 1/2。因此，当物体在平行于 $XOZ$ 平面的方向上有较多圆或圆弧曲线时，常采用此方法作图。

### 6.3.2　斜二轴测图的画法

#### 1. 平行于坐标面的圆的斜二轴测图画法

根据斜二轴测图的投影特点，平行坐标面 $XOZ$ 的圆和圆弧的轴测投影反映实形，画图简便，另两个坐标面上的圆和圆弧的轴测投影则为椭圆，它们的长轴与圆所在的坐标面上的一根轴测轴成 $7°10'(\approx7°)$ 的夹角。它们的长轴约为 $1.06d$，短轴约为 $0.33d$。上述椭圆作图麻烦。因此，斜二轴测图一般用于立体上有较多的圆或圆弧曲线与 $XOZ$ 坐标面平行的情况。

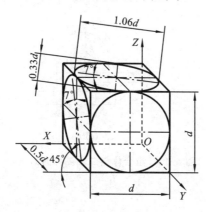

**图 6.11　平行于三个坐标面的圆的斜二轴测图**

#### 2. 斜二轴测图画法举例

**例 6.7**　已知组合体的主、俯视图，如图 6.12(a)所示，画出立体的斜二轴测图。

**分析**　一般画立体的斜二轴测图时，常先将平行于 $XOZ$ 坐标面的主视图画在其坐标面上，然后向前或向后移动立体宽的一半，从而画出立体的斜二轴测图。该组合体由底座和竖板组成，而竖板正好在底座的正上方。如果选定图 6.12(a)所示直角坐标系，则该组合体关于 $OX$ 轴前后对称，关于 $OY$ 轴左右对称。

**作图**　作图步骤如下。

(1) 在视图上选定坐标轴，如图 6.12(a)所示。

(2) 画出轴测轴，将轴测轴画在底座前后、左右对称的中心，由于 $Y$ 轴的轴向伸缩系数 $q$ =0.5，所以平行 $Y$ 轴的线段必须缩短 1/2，即按 $b/2$ 的长度画到轴测图上，如图 6.12(b)所示。

(3) 确定竖板前表面的圆心位置，画圆和半圆弧，如图 6.12(c)所示。

(4) 沿 $Y$ 轴将圆心平移 $b_1/2$ 的距离，画后表面的圆弧，如图 6.12(d)所示。

(5) 完成其他可见轮廓线，并作前后表面半圆弧的公切线，如图 6.12(e)所示。

(6) 擦去多余的图线，检查加深，完成组合体斜二轴测图，如图 6.12(f)所示。

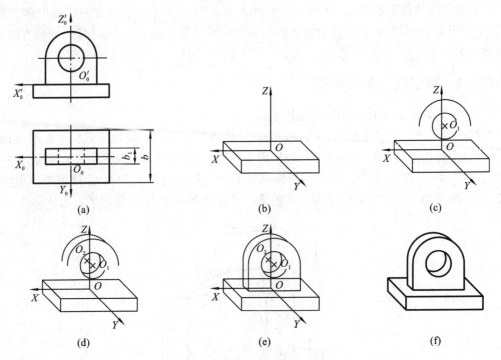

图 6.12　组合体斜二轴测图的画法

# 第7章 机件常用的表达方法

绘制机械图样时,应首先考虑看图方便,需根据物体的结构特点,选用适当的表达方法。在完整、清晰地表达物体形状的前提下,力求制图简便。对于实际应用中形状各异的机件,仅用前面所介绍的三视图来表达是难以达到这一要求的。为此,本章将重点介绍国家标准《技术制图》、《机械制图》图样画法中规定的一些常用表达方法。

## 7.1 视 图

视图是用正投影法将物体向投影面投射所得,主要用于表达物体的外部结构形状。在视图中一般只画物体的可见部分,必要时才画出其不可见部分。

视图分为基本视图、向视图、局部视图和斜视图。

### 7.1.1 基本视图

国家标准规定正六面体的六个面作为基本投影面,把物体放置在该正六面体中间,然后用正投影法分别向六个基本投影面进行投射,就得到了该物体的六个基本视图。除了前面已介绍的主视图、俯视图、左视图外,还有由右向左投射所得的右视图,由下向上投射所得的仰视图,由后向前投射所得的后视图。各投影面的展开方法如图7.1所示。展开后各视图的配置关系如图7.2所示。

在同一张图纸内按图7.2配置视图时,一律不标注视图的名称。

在表达物体形状时,并非都要画出六个基本视图,而应根据物体的实际结构形状选择恰当的基本视图。如图7.3所示的物体,选用了主、左、右三个视图来表达其主体和左、右凸缘的形状,并省略了一些不必要的虚线。

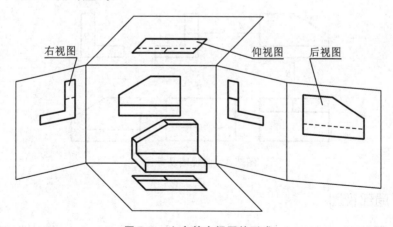

图 7.1 六个基本视图的形成

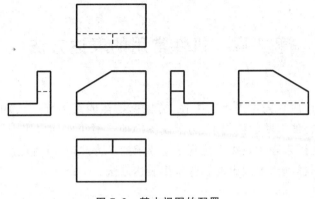

图 7.2　基本视图的配置

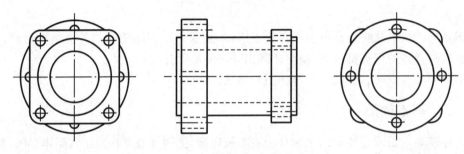

图 7.3　基本视图应用举例

## 7.1.2　向视图

　　有时,为了合理利用图纸,视图不按图 7.2 所示位置配置,而将视图自由配置,这种视图称为向视图。

　　向视图必须进行标注,即在视图上方标出视图的名称"$X$"("$X$"为大写拉丁字母),在相应的视图附近用箭头指明投射方向,并注上相同的字母,如图 7.4 所示。

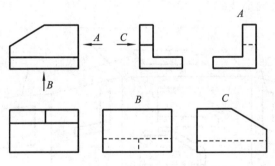

图 7.4　向视图及标注

## 7.1.3　局部视图

　　将物体的某一部分向基本投影面投射所得的视图称为局部视图。当物体只有局部形状没有表达清楚时,则没有必要画出完整的基本视图或向视图,而应采用局部视图,表达更为简练,如图 7.5 所示。

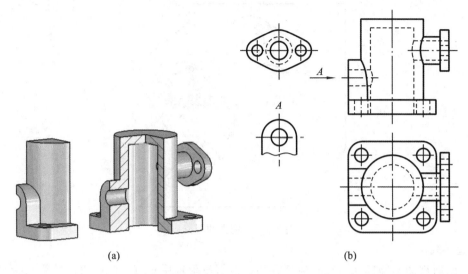

(a)　　　　　　　　　　　　　　　(b)

图 7.5　局部视图

局部视图的画法和标注规定如下。

(1) 局部视图的断裂边界通常以波浪线或双折线绘制,如图 7.5(b)中的 A 向视图。当所表示的局部结构是完整的,且外轮廓又成封闭图形时,则不必画出断裂边界线,如图 7.5(b)中主视图左边未作标注的局部视图。

(2) 画局部视图时,一般在局部视图上方标出视图的名称"X",在相应的视图附近用箭头指明投射方向,注上相同的字母,如图 7.5 中的 A 向视图。当局部视图按投影关系配置,中间又没有其他图形隔开时,则不必标注,如图 7.5(b)中的另一局部视图。

(3) 为了节省绘图时间和图幅,对称机件的视图可只画一半或四分之一,并在对称中心线的两端画出两条与其垂直的平行细实线,如图 7.6 所示。

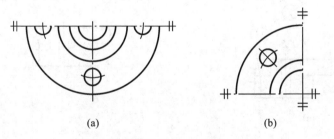

(a)　　　　　　　　　　　(b)

图 7.6　对称机件局部视图的画法

## 7.1.4　斜视图

将物体向不平行于任何基本投影面的平面投射所得的视图称为斜视图。

斜视图主要用于表达物体上倾斜表面的实形,为此可选用一个平行于该倾斜表面且垂直于某一基本投影面的平面作为新投影面,使倾斜部分在新投影面上反映真实形状,如图 7.7 所示。

斜视图的画法和标注规定如下。

(1) 斜视图一般只需表达物体上倾斜结构的形状,常画成局部的斜视图,其断裂边界用波浪线或双折线绘制。但当所表达的倾斜结构是完整的,且外轮廓又成封闭图形时,则不必画出

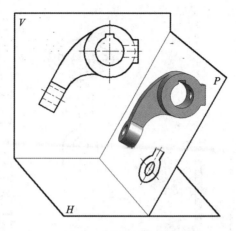

图 7.7　斜视图的形成

其断裂边界线。

（2）画斜视图必须标注。在相应视图的投射部位附近用垂直于倾斜表面的箭头指明投射方向，注上字母，并在斜视图的上方标注相同的字母（字母一律水平书写），如图 7.8 所示。

（3）斜视图一般按投影关系配置，如图 7.8(a)所示，必要时也可配置在其他适当位置。在不致引起误解时，允许将图形旋转，但必须加旋转符号，其箭头方向为旋转方向，字母应靠近旋转符号的箭头端，如图 7.8(b)所示。需要给出旋转角度时，角度应注写在字母之后。

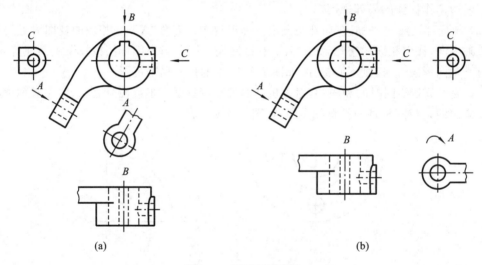

(a)　　　　　　　　　　　　　　　　　　(b)

图 7.8　斜视图的配置

## 7.2　剖　视　图

在用视图表达物体时，不可见的内部结构是用虚线绘制的。当物体内部结构比较复杂时，虚线较多，既影响了看图的清晰性，又不利于尺寸标注。为此，可以采用剖视图来表达物体的内部结构。

### 7.2.1　剖视图的概念

假想用剖切面剖开物体，将处在观察者和剖切面之间的部分移去，而将其余部分向投影面投射所得的图形称为剖视图,如图 7.9 所示。

　　采用剖视图可使物体上一些原来不可见的结构变为可见,相应虚线变为粗实线,看图和尺寸标注都更为清晰、方便。

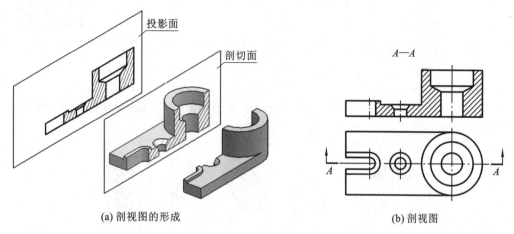

(a) 剖视图的形成　　　　　　　　　　　　(b) 剖视图

图 7.9　剖视图的概念

## 7.2.2　剖视图的画法

### 1. 剖切面及其位置的确定

剖切面一般应平行于相应投影面,并通过物体内部结构的对称面或轴线。

### 2. 剖视图中投影轮廓线的画法

用粗实线画出物体被剖切后的剖面区域(剖切面与物体的接触部分)轮廓线和剖切面后的可见轮廓线。

### 3. 剖面符号的画法

物体剖开后,剖面区域应画出剖面符号。国家标准(GB/T 4457.5—1984)规定了各种材料的剖面符号,见表 7.1。

表 7.1　剖面符号

| 材　　料 | 剖面符号 | 材　　料 | 剖面符号 |
|---|---|---|---|
| 金属材料<br>(已有规定符号者除外) | | 混凝土 | |
| 线圈绕组元件 | | 钢筋混凝土 | |
| 转子、电枢、变压器和电抗器等的叠钢片 | | 砖 | |
| 非金属材料(已有规定符号者除外) | | 基础周围的泥土 | |
| 型砂、填砂、粉末、冶金、砂轮、陶瓷刀片、硬质合金等 | | 格网(筛网、过滤网等) | |

续表

| 材　　　料 | | 剖　面　符　号 | |
|---|---|---|---|
| 玻璃及供观察用 的其他透明材料 |  | 液体 |  |

注:(1)剖面符号仅表示材料的类别,材料的名称和代号必须另行注明;

　　(2)叠钢片的剖面线方向应与束装中的叠钢片的方向一致;

　　(3)液面用细实线绘制。

在同一金属零件的各剖视图中,剖面线应画成间隔相等、方向相同,且与主要轮廓线或剖面区域的对称中心线成45°角的平行细实线,如图7.10所示。

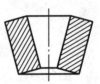

图7.10　剖面线的画法

**4. 剖视图的标注**

(1) 剖视图一般应进行标注,标注内容如下。

剖切线:用以指示剖切面的位置,用细点画线表示,一般可省略不画。

剖切符号:用以指示剖切面的起讫和转折位置(用短的粗实线表示)及投射方向(用箭头表示)。剖切符号尽可能不与图形的轮廓线相交,如图7.9(b)所示。

字母:在剖视图的上方用大写拉丁字母标出剖视图的名称"$X-X$",并在剖切符号附近注写相同的字母,如图7.9(b)所示。

(2) 标注的省略。

当剖视图按投影关系配置,中间又无其他图形隔开时,可省略表示投射方向的箭头。

当单一剖切平面通过物体的对称面或基本对称面,且剖视图按投影关系配置,中间又无其他图形隔开时,则不必标注。如图7.11所示剖视图即省略了标注。

**5. 画剖视图应注意的问题**

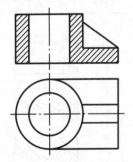

图7.11　剖视图中肋的画法

(1) 剖视图是假想将物体剖开后画出的,事实上物体并没有被剖开。所以除剖视图按规定画法绘制外,其他视图仍应按完整的物体画出。

(2) 凡是已表达清楚的结构,在剖视图中应省略相应的虚线。

(3) 对于机件的肋、轮辐及薄壁等,如按纵向剖切,这些结构都不画剖面符号,而用粗实线将它与其邻接部分分开。如图7.11所示主视图中的肋就是按此规定画出的。

(4) 在剖视图中应将剖切面后的所有可见部分的投影全部画出,不得遗漏。注意对比图7.12所示的错误画法和正确画法。

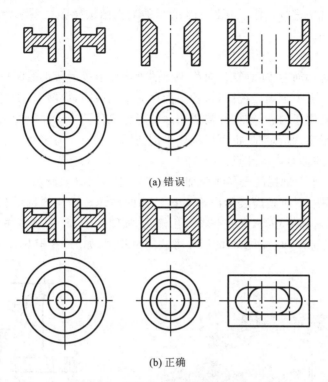

(a) 错误

(b) 正确

图 7.12　剖视图中错误和正确的画法

## 7.2.3　剖视图的分类

剖视图按剖切范围的不同可分为全剖视图、半剖视图和局部剖视图。

### 1. 全剖视图

用剖切面完全剖开物体所得的剖视图称为全剖视图，如图 7.13 所示。

由于画全剖视图时将物体完全剖开，物体的外部结构不能充分表达，因此，全剖视图一般适用于外形简单内部结构较复杂的物体或外部结构已在其他视图中表达清楚的物体。

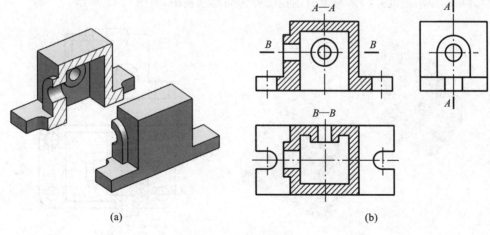

(a)　　　　　　　　　　　　　　(b)

图 7.13　全剖视图

全剖视图应按规定进行标注,如图 7.13 所示的剖视图按投影关系配置,故标注中省略了表示投射方向的箭头。

**2. 半剖视图**

当物体具有对称平面时,向垂直于对称平面的投影面上投射所得的图形,可以对称中心线为界,一半画成剖视,另一半画成视图,这种图形称为半剖视图,如图 7.14 所示。

半剖视图主要适用于内、外结构都需要表达的对称机件。当机件的形状接近于对称,且不对称部分已另有图形表达清楚时,也可以画成半剖视图。

画半剖视图时,应注意以下几点。

(1) 半个视图与半个剖视的分界线为细点画线,如图 7.14(b)所示。

(2) 在半个视图中不应画出表示内部对称结构的虚线。标注内部结构对称方向的尺寸时,尺寸线应略超过对称中心线,并在一端画出箭头,如图 7.14(b)主视图中的尺寸"$\phi 20$"。

(3) 半剖视图的标注和全剖视图的标注方法完全相同,如图 7.14(b)所示。

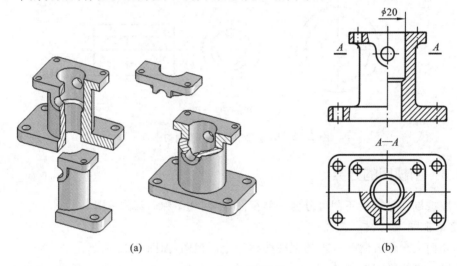

(a)　　　　　　　　　　　　　　　　　(b)

图 7.14　半剖视图

**3. 局部剖视图**

用剖切面局部地剖开物体所得的剖视图称为局部剖视图,如图 7.15 所示。

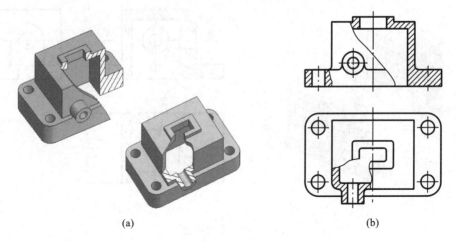

(a)　　　　　　　　　　　　　　　　　(b)

图 7.15　局部剖视图

局部剖视图能同时表达物体的内、外结构,且不受物体形状对称的条件限制。

画局部剖视图时,应注意以下几点。

(1) 剖视部分与视图部分用波浪线分界,波浪线不应和其他图线重合,也不能画在其他图线的延长线上。当被剖结构为回转体时,允许将该结构的中心线作为局部剖视与视图的分界线,如图 7.16 所示。

(2) 波浪线不应超出被剖开部分的外形轮廓线,在观察者与剖切面之间的通孔或缺口的投影范围内,波浪线必须断开,如图 7.17 所示。在同　视图中,局部剖视的数量不宜过多,以免图形过于破碎。

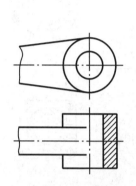

图 7.16　用中心线作为分界线

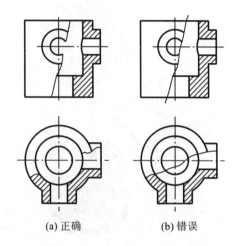

(a) 正确　　　　　　(b) 错误

图 7.17　波浪线画法正误对比

(3) 某些对称机件轮廓线与对称中心线重合,不宜画成半剖视图,可采用局部剖使表达更为清晰,如图 7.18 所示。

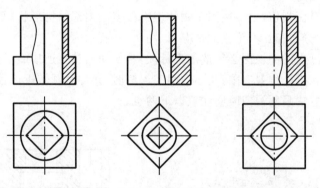

图 7.18　对称机件的局部剖

(4) 局部剖视图一般应按规定标注,但当用单一剖切面且剖切位置明显时,可省略标注。

## 7.2.4　剖切面的分类

由于物体的形状结构千差万别,因此画剖视图时,应根据物体的结构特点,选用相应的剖切面及剖切方法,以便使物体的内外结构得到充分的表现。

### 1. 单一剖切面

(1) 用一个平行于基本投影面的平面剖切:如图 7.13、图 7.14、图 7.15 所示分别为用该剖切方法获得的全剖视图、半剖视图和局部剖视图。

（2）用一个不平行于任何基本投影面的平面剖切：常用于物体上倾斜部分的内部结构需要表达的情况，如图 7.19 所示。用这种剖切方法获得的剖视图一般按投影关系配置，必要时也可配置在其他适当位置，如图 7.19(b)Ⅱ所示。在不致引起误解时，允许将图形旋转，但必须加旋转符号，其箭头方向为旋转方向，字母应靠近旋转符号的箭头端，如图 7.19(b)Ⅲ所示。

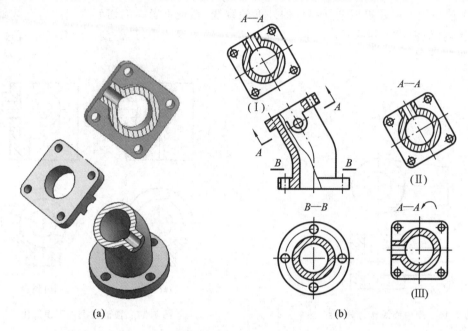

图 7.19　不平行于基本投影面的单一剖切面剖切

### 2. 几个平行的剖切平面

用几个平行的平面剖切：主要适用于物体上有较多的内部结构形状，而它们的轴线不在同一平面内，且按层次分布相互不重叠的情况，如图 7.20 所示。

采用这种方法画出的剖视图必须按规定标注，各剖切面相互连接而不重叠，其转折符号成直角且应对齐。当转折处位置有限，又不致引起误解时，允许只画转折符号，省略标注字母。

采用这种剖切方法画剖视图时应注意以下两点。

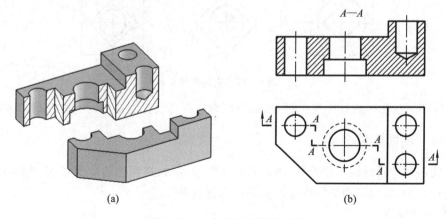

图 7.20　几个平行剖切面剖切

（1）不应画出两剖切面转折处的分界线。

（2）剖切后不应出现不完整要素，仅当两个要素在图形上
具有公共对称中心线或轴线时，可以各画一半，此时应以对称
中心线或轴线为界，如图 7.21 所示。

**3．几个相交的剖切面（交线垂直于某一投影面）**

（1）用两个相交的剖切面剖切：主要适用于具有公共回转
轴线的物体，如图 7.22 所示。

采用这种方法画剖视图时，先假想按剖切位置剖开物体，
然后将被剖切面剖开的结构及其有关部分旋转到与选定的投
影面平行再进行投射。在剖切面后的其他结构一般仍按原来
位置投射，如图 7.23 中所示的油孔。当剖切后产生不完整要
素时，应将此部分按不剖绘制，如图 7.24 所示右端的臂。

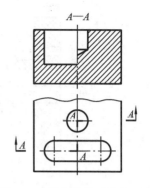

图 7.21　具有公共对称中心线
或轴线的画法

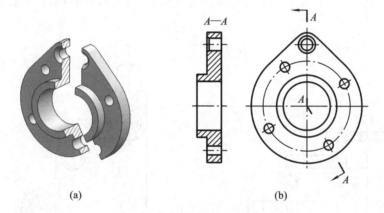

图 7.22　两相交剖切面剖切

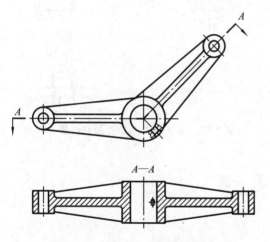

图 7.23　剖切平面后结构的画法

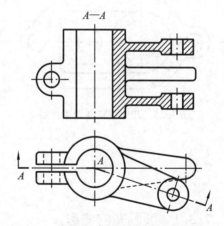

图 7.24　剖切后产生不完整要素的画法

用这种方法画出的剖视图必须按规定标注。当转折处位置有限，又不致引起误解时，允许
省略标注字母，如图 7.23 所示。两组或两组以上相交的剖切面，在剖切符号交汇处用大写字
母"O"标注，如图 7.25 所示。

（2）用几个相交的剖切面剖切：主要适用于当物体的内部结构比较复杂，用以上几种剖切

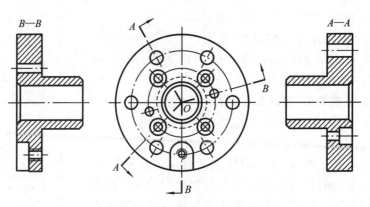

图 7.25　两组相交剖切面的标注

面都不能完全表达的情况,如图 7.26 所示。用这种方法画出的剖视图也必须按规定标注。

　　采用这种剖切方法时,根据需要还可采用展开画法,标注时在名称后加注"展开"两字,如图 7.27 所示。

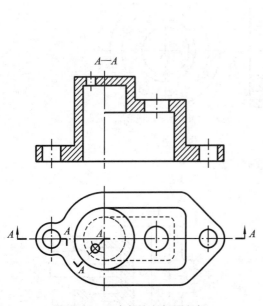

图 7.26　几个相交剖切面剖切

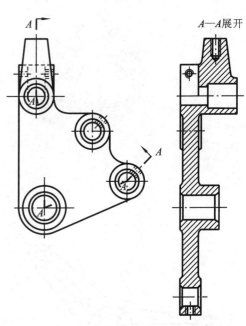

图 7.27　几个相交剖切面剖切的展开画法

# 7.3　断　面　图

## 7.3.1　断面图的概念

　　假想用剖切面将物体的某处切断,只画出该剖切面与物体接触部分的图形,这种图形称为断面图,简称断面,如图 7.28 所示。

　　断面图与剖视图的区别在于断面图只画出物体被剖切处的剖面区域形状,而剖视图不仅要画出剖面区域形状,还要画出剖切面后的可见轮廓线。

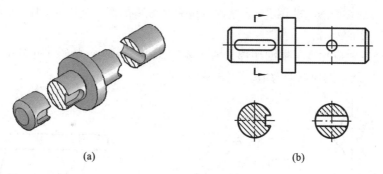

图 7.28 断面图的概念

## 7.3.2 断面图的分类及画法

断面图分为移出断面和重合断面。

**1. 移出断面**

画在视图之外的断面,称为移出断面。

1) 移出断面的画法

(1) 移出断面的轮廓线用粗实线绘制。

(2) 移出断面应尽量配置在剖切符号或剖切线的延长线上,如图 7.28 所示。必要时也可将移出断面配置在其他适当的位置,如图 7.29、图 7.30 所示。当断面图形对称时也可画在视图的中断处,如图 7.31 所示。在不致引起误解时,允许将图形旋转,但应按要求标注,如图 7.32所示。

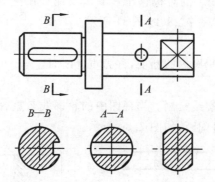

图 7.29 *A—A*、*B—B* 断面不配置在剖切符号的延长线上

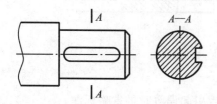

图 7.30 移出断面按投影关系配置

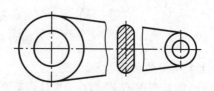

图 7.31 移出断面画在视图中断处

（3）当剖切面通过回转面形成的孔或凹坑的轴线时,这些结构按剖视绘制,如图7.28中右边的断面。当剖切面通过非圆孔,会导致出现完全分离的两个断面时,则这些结构也应按剖视绘制,如图7.32所示。

（4）剖切面一般应垂直于被剖切部分的主要轮廓线。由两个或多个相交的剖切面剖切得到的移出断面,中间一般应断开,如图7.33所示。

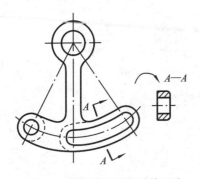

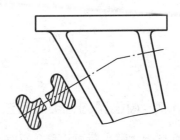

图 7.32  断面图形分离时的画法　　　　图 7.33  两相交剖切面剖切得到的移出断面

2）移出断面的标注

（1）移出断面一般应用剖切线和剖切符号表示剖切位置和投射方向,并注上字母,在断面图的上方应用同样的字母标出相应的名称"X—X",如图7.29所示的 $B—B$ 断面。

（2）配置在剖切符号延长线上的不对称移出断面,不必标字母,如图7.28所示左边的断面。

（3）未配置在剖切符号延长线上的对称移出断面,不必标注箭头,如图7.29和图7.30所示的 $A—A$ 断面。

（4）配置在剖切线延长线上的对称移出断面以及配置在视图中断处的对称移出断面,均不必标注剖切符号和字母,如图7.28、图7.31所示。

**2. 重合断面**

画在被切断部分的投影轮廓内的断面,称为重合断面。

1）重合断面的画法

重合断面的轮廓线用细实线绘制。当视图中的轮廓线与重合断面的图形重叠时,视图中的轮廓线仍应连续画出,不可间断,如图7.34所示。

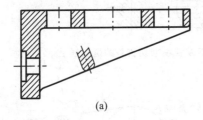

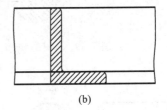

(a)　　　　　　　　　　　　　　(b)

图 7.34  重合断面

2）重合断面的标注

对称的重合断面不必标注。不对称重合断面在不致引起误解时可省略标注。

## 7.4　局部放大图及简化画法

### 7.4.1　局部放大图

将物体的部分结构用大于原图所采用的比例画出的图形,称为局部放大图,如图 7.35 所示。

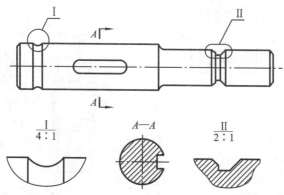

图 7.35　局部放大图

局部放大图可画成视图、剖视图、断面图,它与被放大部分的表达方式无关。当物体上的某些细小结构在原图中表达得不清楚,或不便于标注尺寸时,就可采用局部放大图。

绘制局部放大图时,应用细实线圆或长圆圈出被放大的部位,并应尽量把局部放大图配置在被放大部位的附近。当同一物体上有几个被放大的部位时,必须用罗马数字依次标明被放大的部位,并在局部放大图的上方标出相应的罗马数字和所采用的比例,如图 7.35 所示。当物体上被放大的部位仅一个时,在局部放大图的上方只需注明所采用的比例。

### 7.4.2　简化画法和其他规定画法

在将物体的形状结构表达完整、清晰的前提下,为使绘图简便,看图方便,国家标准提供了一些简化画法和其他规定画法。

(1) 当物体具有若干相同的结构(齿、槽等),并按一定规律分布时,只需画出几个完整的结构,其余用细实线连接,在零件图中则必须注明该结构的总数,如图 7.36 所示。

(2) 若干直径相同且成规律分布的孔(圆孔、螺孔、沉孔等),可以仅画出一个或几个,其余只需用细点画线或十字细实线(可加黑点)表示其中心位置,在零件图中应注明孔的总数,如图 7.37 所示。

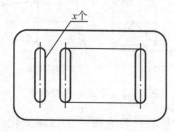

图 7.36　均布结构的简化画法

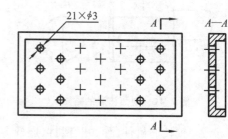

图 7.37　按规律分布的孔的简化画法

（3）对于机件的肋、轮辐及薄壁等，如按纵向剖切，这些结构都不画剖面符号，而用粗实线将它与其邻接部分分开；如按横向剖切，则这些结构仍应画出剖面符号，如图 7.38 所示。

（4）当回转体上均匀分布的肋、轮辐、孔等结构不处于剖切面上时，可将这些结构旋转到剖切面上画出，如图 7.39、图 7.40 所示。

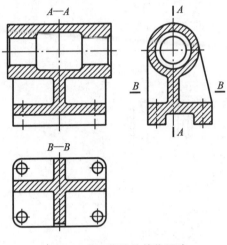

图 7.38　肋、薄壁的简化画法

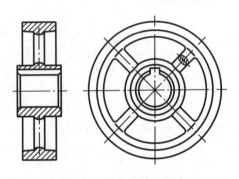

图 7.39　轮辐的简化画法

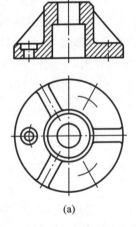

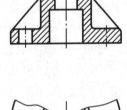

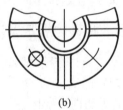

（a）　　　　　　　　（b）

图 7.40　均布肋、孔的简化画法

（5）在不致引起误解时，移出断面和剖视图允许省略剖面符号，如图 7.41 所示。

（6）当图形不能充分表达平面时，可用平面符号（相交的两细实线）表示，如图 7.42 所示。

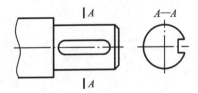

图 7.41　剖面符号的省略

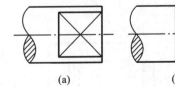

（a）　　　　　　（b）

图 7.42　平面符号的画法

（7）较长的机件（轴、杆、型材、连杆等）沿长度方向的形状一致或按一定规律变化时，可断开后缩短绘制，但所注尺寸为机件的真实尺寸，如图 7.43 所示。

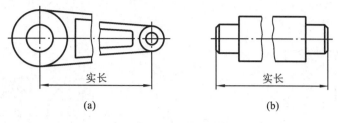

图 7.43　较长机件断开后的缩短画法

（8）与投影面倾斜角度小于或等于 30°的圆或圆弧，其投影可用圆或圆弧代替，如图 7.44 所示。

（9）机件上较小的结构，如在一个图形中已表达清楚，则其交线在其他图形中可以简化或省略，如图 7.45 所示。

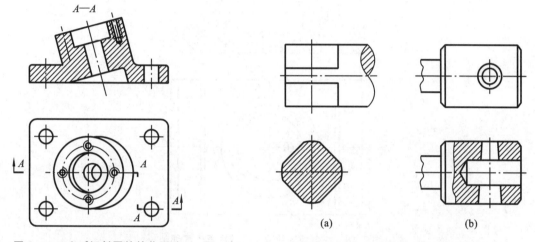

图 7.44　≤30°倾斜圆的简化画法　　　　　图 7.45　较小结构交线的简化画法

（10）机件上斜度不大的结构，如在一个图形中已表达清楚时，其他图形可按小端画出，如图 7.46 所示。

（11）在不致引起误解时，零件图中的小圆角、锐边的小倒圆或 45°小倒角允许省略不画，但必须注明尺寸或在技术要求中加以说明，如图 7.47 所示。

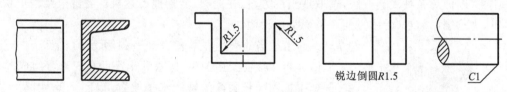

图 7.46　斜度不大结构的简化画法　　　　图 7.47　小圆角、小倒圆或 45°小倒角的简化画法

（12）圆柱形法兰和类似零件上的均匀分布的孔，可按图 7.48 绘制（由机件外向该法兰端面方向投射）。

（13）在需要表示位于剖切面之前的结构时，这些结构按假想投影的轮廓线（细双点画线）绘制，如图 7.49 所示。

（14）在剖视图的剖面区域中可再作一次局部剖。采用这种表达方法时，两个剖面区域的剖面线应同方向、同间隔，但要互相错开，并用引出线标注其名称，如图 7.50 所示。当剖切位置明显时，也可省略标注。

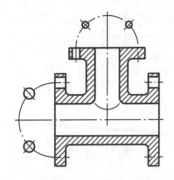

图 7.48　法兰上均布孔的简化画法

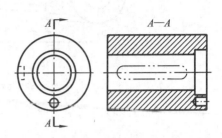

图 7.49　剖切面之前结构的画法

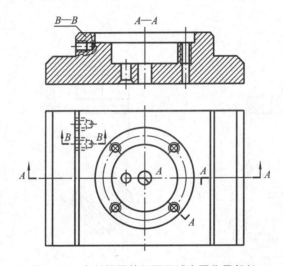

图 7.50　在剖视图的剖面区域中再作局部剖

# 7.5　表达方法综合应用举例

在实际应用中,由于机件的结构多种多样,因此,需要根据具体的结构特点综合运用视图、剖视、断面等各种表达方法,选取适当的方案,在完整、清晰地表达机件各部分结构形状的前提下,力求制图简单、看图方便。下面举例说明。

图 7.51　支架

例 7.1　选用适当的表达方案表达图 7.51 所示的支架。

(1) 形体分析　该支架由圆筒、底板和十字肋板三部分组成。

(2) 选择主视图　将圆筒的轴线水平放置,以图 7.51 中箭头所指方向作为主视图的投射方向,主要表达肋板与圆筒、底板的连接关系和相对位置。为了表达圆筒和底板上的通孔,采用了局部剖,如图 7.52 所示。

(3) 选择其他视图　由于左视图不能反映底板的实形且作图麻烦,故采用局部视图,主要表达圆筒的形状特征以及圆筒与肋板的连接关系。

采用斜视图 A 表达倾斜底板的实形及其上通孔的分布情况。另外,再用移出断面表达十字肋板的断面实形。

例 7.2　选用适当的表达方案表达如图 7.53 所示的箱体。

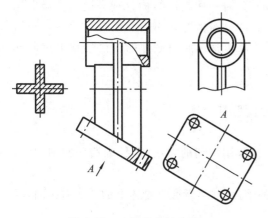

图 7.52　支架的表达方案

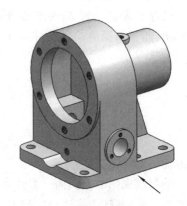

图 7.53　箱体

（1）形体分析　箱体前后对称，大体分为底板、腔体、圆筒和肋板四个主要部分。

（2）选择主视图　箱体按工作位置放置，以图 7.53 中箭头所指方向作为主视图的投射方向。采用全剖视图表达箱体内部结构以及四个主要组成部分之间的相对位置，结合重合断面表达肋板的厚度和断面形状，如图 7.54 所示。

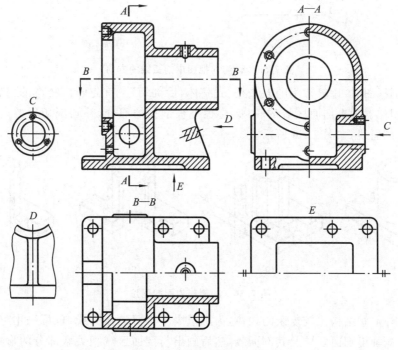

图 7.54　箱体的表达方案

（3）选择其他视图　箱体前后对称，左视图采用半剖视图。剖视的一半表达了腔体内部的形状、方形凸台及其中的通孔、前后圆形凸台上的螺孔；另一半视图表达了腔体左端的外形、端面小孔的分布情况和底板上的圆弧凹槽，再结合局部剖表达底板上的通孔。

俯视图采用半剖视图，主要表达底板的形状及其小孔的分布情况、圆筒上方的圆形凸台以及腔体内部的方形凸台。

　　以上三个视图已将箱体的主要结构基本表达清楚,对一些细部结构分别采用三个局部视图予以补充表达。前、后的圆形凸缘的形状及其螺孔的分布情况采用局部视图 C 表达。圆筒的形状、肋板与圆筒、底板的相对位置采用局部视图 D 表达。底板底部的凹槽形状采用局部视图 E 表达。

## 7.6　轴测剖视图

　　为了表达物体内部的不可见结构,在轴测图上也常用剖切的画法,这种剖切后的轴测图,称为轴测剖视图。

　　轴测剖视图的剖切面一般选择平行于坐标面的平面,并尽量通过物体上的孔槽对称面,以便能较完整、清晰地表达物体的内外结构形状。

　　轴测剖视图中,平行于三个坐标平面的剖切面上的剖面线方向如图 7.55 所示。

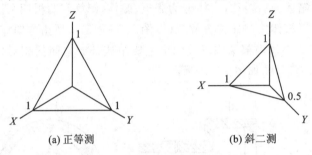

(a) 正等测　　　　　　　　　(b) 斜二测

**图 7.55　轴测剖视图中剖面线的方向**

　　画轴测剖视图时,比较常用的方法是"先整体,后剖切"。首先画出物体的完整外形,然后按所选的剖切位置画出剖面区域的轮廓,再擦掉被剖去的部分,补画剖切后的内部可见轮廓线,最后画出剖面线,如图 7.56 所示。

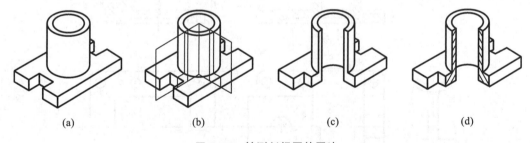

(a)　　　　　　　(b)　　　　　　　(c)　　　　　　　(d)

**图 7.56　轴测剖视图的画法**

　　对于内、外形状结构比较复杂的物体,为了减少不必要的作图线,也可采用"先剖切,后整体"的方法。先画出剖面区域及其剖面线,然后画出与剖面区域相关联部分的形状,再将其余剖切后可见部分的形状画出。

## 7.7　第三角画法简介

　　国家标准规定,绘制技术图样应以正投影法为主,并采用第一角画法,必要时(如按合同规定等)允许采用第三角画法。由于世界上还有一些国家是采用第三角画法,为了便于阅读国外图样资料,进行国际间技术交流,现对第三角画法作简要介绍。

如图 7.57 所示,$V$、$H$、$W$ 三个投影面两两相互垂直,$V$ 面、$H$ 面将 $W$ 面左侧的空间分成Ⅰ、Ⅱ、Ⅲ、Ⅳ四个分角。第一角画法是将物体放在第一分角,使物体处于观察者与对应的投影面之间,从而得到相应的正投影图。而第三角画法是将物体放在第三分角,使投影面处于观察者与物体之间,并假想投影面是透明的,从而得到物体的投影。

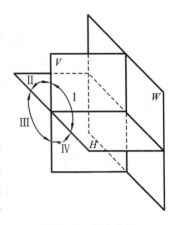

图 7.57　四个分角

第三角画法中,物体在 $V$、$H$、$W$ 三个投影面上的投影,分别为主视图、俯视图、右视图,如图 7.58 所示。展开时,$V$ 面保持不动,将 $H$ 面、$W$ 面分别绕它们与 $V$ 面的交线向上、向右旋转 $90°$。展开后三个视图的配置如图 7.58(b)所示,同样符合"长对正、高平齐、宽相等"的投影规律。

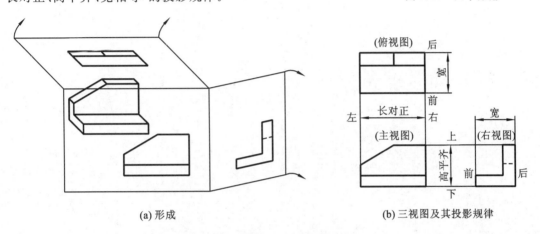

(a) 形成　　　　　　　　　　　　(b) 三视图及其投影规律

图 7.58　采用第三角画法的三视图

与第一角画法相同,第三角画法也有六个基本视图,其配置如图 7.59 所示。采用第三角画法时,应画出如图 7.60(a)所示的第三角画法的投影识别符号。而采用第一角画法时,其识别符号(见图 7.60(b))一般不必画出。投影识别符号一般放置在标题栏中名称及代号区的下方。当局部视图按第三角画法配置在视图上所需表达的局部结构附近时,应用细点画线将两者相连,无中心线的图形也可用细实线联系两图,此时无须另行标注。

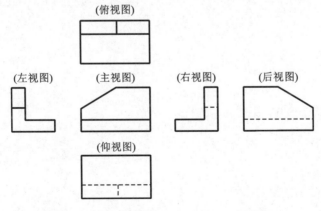

图 7.59　采用第三角画法的六个基本视图的配置

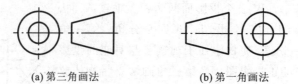

(a) 第三角画法　　　　　　　　(b) 第一角画法

**图 7.60　第三角画法和第一角画法的投影识别符号**

# 第8章  标准件、齿轮和弹簧

在机械设备中,有些零件用途非常广泛,如螺纹连接件、键、滚动轴承等。对这些零件如果不进行统一的管理和规范,就会造成设计混乱、成本高、质量难以控制,经济效益低等问题。因此,对这些零件国家标准从结构、尺寸、技术要求到成品质量都进行了标准化,并由专门的厂家生产,这些标准化后的零件称为标准件。一些标准件如果按照投影法进行绘制不但烦琐,而且不清晰,为此国家标准对这些结构规定了特殊的表达方法:一是用简单的画法代替真实的投影;二是规定了标注代号与标记,以表明对应结构要素、精度与规格。

还有一些机械零件,如齿轮和弹簧,由于用途也比较广泛,国家标准也对它们的部分结构要素、尺寸进行了标准化,并规定了相应的规定画法。

标准件的零件图是不需要绘制的,需要的时候只要向生产厂家提供相应的标注代号和标记即可购买。

本章主要介绍标准件(螺纹连接件、键、销、滚动轴承)、齿轮和弹簧的规定画法、用途、标注方法等。

## 8.1  螺纹和螺纹连接件

### 8.1.1  螺纹的形成、结构和要素

#### 1. 螺纹的形成

螺纹是指在过圆柱或圆锥轴线的剖切面上,具有一定形状的封闭轮廓,在圆柱或圆锥表面一边绕其轴线作匀速的转动,一边沿其轴线作匀速的直线运动而形成的连续凸起。在外表面上形成的螺纹称为外螺纹;在内表面上形成的螺纹称为内螺纹。凸起的顶端称为螺纹的牙顶,两个牙顶之间的沟槽底部称为牙底,如图8.1所示。

加工形成螺纹的方法很多,在车床上车削外螺纹和内螺纹的示意图如图8.2(a)、图8.2(b)所示。工件作等速的旋转运动,刀具沿工件轴向作等速的直线运动,其合成运动使切入工件的刀具顶部在工件表面车制出螺纹。用如图8.2(c)所示的丝锥和板牙可以手工加工螺纹。此外,还可以用碾制的方法加工螺纹,如图8.2(d)所示。

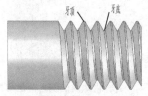
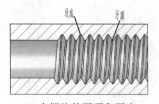

(a) 外螺纹的牙顶和牙底          (b) 内螺纹的牙顶和牙底

图8.1  螺纹的牙顶和牙底

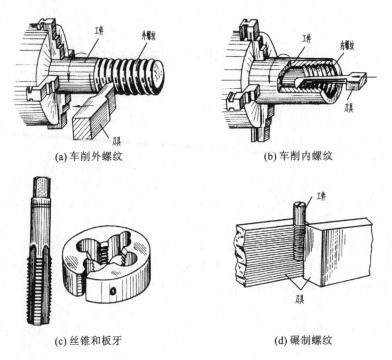

(a) 车削外螺纹　　　　　　　　(b) 车削内螺纹

(c) 丝锥和板牙　　　　　　　　(d) 碾制螺纹

图 8.2　螺纹的加工方法及其工具

**2. 螺纹的结构**

1）倒角

为了便于装配及防止螺纹端部被碰伤，通常在螺纹端部加工出倒角或倒圆，如图 8.3、图 8.4 所示。外螺纹倒角结构中，倒角端面的最小直径应小于外螺纹的小径；内螺纹倒角结构中，倒角端面的最大直径应大于内螺纹的大径。

2）螺尾和螺纹退刀槽

在螺纹车制结束时，当车刀开始远离被加工零件，直到完全退出切削的过程中，会在工件表面形成牙顶和牙底不是完整形状和尺寸的螺纹，这一部分螺纹称为螺尾，或者退刀纹，如图 8.5 所示。螺尾在图上一般不画出，而只画出具有完整螺纹要素的部分，螺尾在旋合与装配结构中都是多余的，为了避免螺尾，往往在加工螺纹之前在螺纹的终止处加工出比螺纹稍深的环形切槽，这个切槽称为螺纹退刀槽，如图 8.3 所示。国家标准对螺纹退刀槽也进行了相应的标准化，详见 GB/T 3—1997。

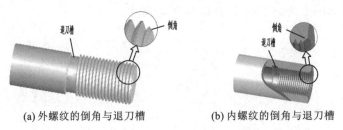

(a) 外螺纹的倒角与退刀槽　　　　(b) 内螺纹的倒角与退刀槽

图 8.3　螺纹端部倒角与退刀槽

图 8.4  螺纹端部倒圆

图 8.5  外螺纹的螺尾

**3. 螺纹的要素**

1）牙型

牙型是指在通过螺纹轴线的剖切面上的螺纹轮廓形状,常见的螺纹牙型如图 8.6 所示。

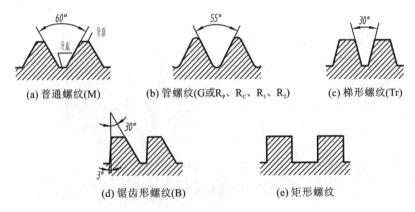

(a) 普通螺纹(M)    (b) 管螺纹(G或$R_P$、$R_C$、$R_1$、$R_2$)    (c) 梯形螺纹(Tr)

(d) 锯齿形螺纹(B)    (e) 矩形螺纹

图 8.6  螺纹的牙型

普通螺纹(特征代号为 M)牙型为等边三角形,牙型角为 60°,常用来紧固和连接零件。管螺纹(特征代号为 G 或 $R_P$、$R_C$、$R_1$、$R_2$)牙型为等腰三角形,牙型角为 55°,常用来连接管件,其特点在于螺距较小。梯形螺纹(特征代号为 Tr)用于双向的力和运动的传递。锯齿形螺纹(特征代号为 B)用于单向的力和运动的传递。矩形螺纹是一种非标准螺纹,也可以用来进行双向的动力和运动的传递,其效率比梯形螺纹高,但强度比梯形螺纹低,使用中常常会损坏,因此使用较少。

2）公称直径

公称直径是指代表螺纹尺寸的直径。对于标准螺纹,公称直径是指螺纹的大径($d$、$D$)(外螺纹的符号用小写,内螺纹的符号用大写)。如图 8.7 所示,与外螺纹牙顶或内螺纹牙底相切的圆柱面所对应的直径称为大径;与外螺纹牙底或内螺纹牙顶相切的圆柱面所对应的直径称为小径($d_1$、$D_1$)。中径($d_2$、$D_2$)是指这样一个圆柱面所对应的直径,用该圆柱面同轴切割螺纹,切得沟槽的轴向宽度和凸起的轴向宽度相同。

3）螺纹线数

螺纹的线数是指在同一圆柱或圆锥面上,按相同的螺纹形成规律形成螺纹的牙型的数量。由一个牙型按螺纹形成规律形成的螺纹称为单线螺纹;由两个或两个以上的牙型形成的螺纹称为多线螺纹,如图 8.8 所示。多线螺纹的牙型在圆柱或圆锥面的端面的周向上一般是均布的。

4）螺距($P$)和导程($P_h$)

同一螺旋线上相邻两牙在中径线上对应两点之间的轴向距离称为导程。相邻两牙在中径

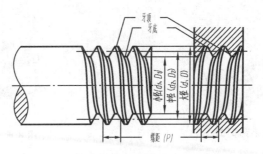

图 8.7　螺纹各部分名称

线上对应两点之间的轴向距离称为螺距,如图 8.8 所示。导程和螺距有以下关系:

$$螺距 = 导程/线数$$

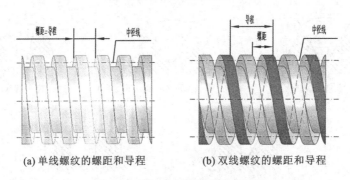

(a) 单线螺纹的螺距和导程　　　　　(b) 双线螺纹的螺距和导程

图 8.8　螺纹的线数、螺距和导程

5) 旋向

按顺时针方向旋转时旋入对象的螺纹称为右旋螺纹,按逆时针方向旋转时旋入对象的螺纹称为左旋螺纹,如图 8.9 所示。在生产实际中常用右旋螺纹。

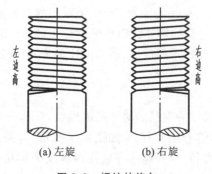

(a) 左旋　　　　　(b) 右旋

图 8.9　螺纹的旋向

牙型、公称直径、线数、螺距、旋向统称为螺纹的五要素,只有五个要素都相同的内、外螺纹才能相互旋合。

## 8.1.2　螺纹的规定画法

螺纹的投影较为复杂,为了方便画图和识图,国家标准对螺纹的画法作出了规定。

**1. 单个螺纹的规定画法**

(1) 螺纹为可见时,螺纹牙顶圆的投影用粗实线表示,牙底圆的投影用细实线表示。在平行于螺纹轴线的投影面视图中,螺杆上的倒角或倒圆部分也应画出。在垂直于螺纹轴线的投影面的视图中,表示牙底的细实线圆只画约 3/4 圈,此时,螺杆或螺孔上的倒角投影不应画出,绘图时可采用简化画法,螺纹小径按照螺纹大径的 0.85 倍绘制,如图 8.10、图 8.11(b)所示。

（2）不可见螺纹的所有图线用细虚线绘制,如图 8.11(a)所示。

（3）有效螺纹的终止线(简称螺纹终止线)用粗实线表示,如图 8.10、图 8.11(b)所示。外螺纹终止线处被剖开时,螺纹终止线只画出表示牙型高度的一小段,如图 8.10(b)所示。

（4）无论是外螺纹或内螺纹,在剖视图中的剖面线都应画到牙顶线,如图 8.10(b)、8.11(b)所示。

（5）绘制不穿通的螺孔时,一般应将钻孔深度与螺纹部分的深度分别画出,钻孔深度比螺纹部分的深度深 0.5D（D 为螺纹孔公称直径）,钻孔尖端圆锥角画成 120°,如图 8.11(b)所示。

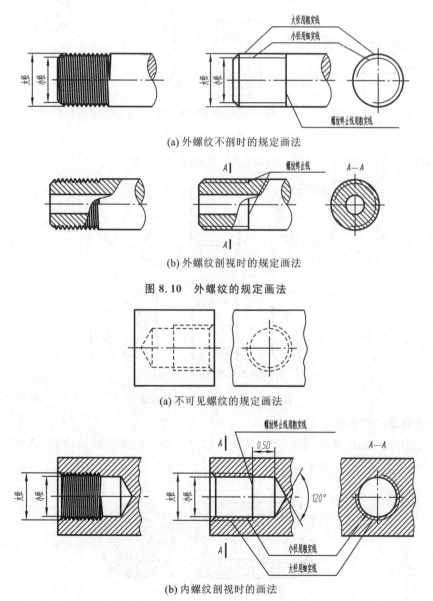

(a) 外螺纹不剖时的规定画法

(b) 外螺纹剖视时的规定画法

图 8.10　外螺纹的规定画法

(a) 不可见螺纹的规定画法

(b) 内螺纹剖视时的画法

图 8.11　内螺纹的规定画法

（6）螺纹孔与螺纹孔相交或螺纹孔与圆柱孔相交时，应只画螺纹小径对应圆柱面上的交线，如图 8.12 所示。

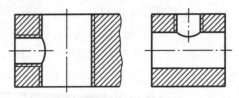

图 8.12　螺纹孔交线的画法

（7）当需要表示牙型时，可采取剖视图或局部放大画法，如图 8.13 所示。

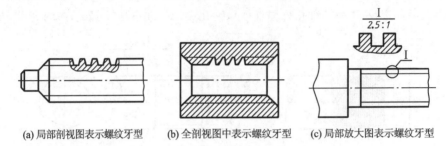

(a) 局部剖视图表示螺纹牙型　　(b) 全剖视图中表示螺纹牙型　　(c) 局部放大图表示螺纹牙型

图 8.13　螺纹牙型的表达方法

（8）圆锥外螺纹和圆锥内螺纹的规定画法如图 8.14 所示。

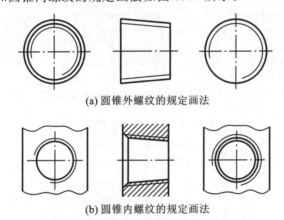

(a) 圆锥外螺纹的规定画法

(b) 圆锥内螺纹的规定画法

图 8.14　圆锥螺纹的规定画法

## 2. 内外螺纹旋合的画法

以剖视图表示内、外螺纹的旋合时，其旋合部分应按外螺纹的画法绘制，其余部分仍按各自的画法表示。如图 8.15 所示。

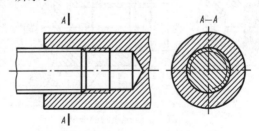

图 8.15　螺纹旋合的剖视图规定画法

### 8.1.3　常见螺纹的种类和标记

**1. 螺纹的种类**

按标准化程度来分，螺纹可分为标准螺纹、特殊螺纹和非标准螺纹。

在螺纹的五要素中，牙型、公称直径和螺距这三个要素符合国家标准规定的螺纹，就称为标准螺纹；牙型符合标准规定，直径和螺距不符合标准的螺纹称为特殊螺纹；牙型不符合标准的螺纹称为非标准螺纹。普通螺纹、管螺纹、梯形螺纹、锯齿形螺纹都是标准螺纹，矩形螺纹是非标准螺纹。

按用途分，螺纹可分为连接螺纹和传动螺纹，具体分类如下：

- 螺纹
  - 连接螺纹
    - 普通螺纹
      - 粗牙普通螺纹
      - 细牙普通螺纹
    - 管螺纹
      - 55° 非密封管螺纹
      - 55° 密封管螺纹
  - 传动螺纹
    - 梯形螺纹
    - 锯齿形螺纹

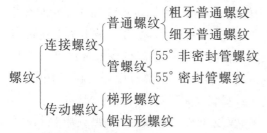

**2. 螺纹的标记方法**

国家标准规定了螺纹的标记方法，以对螺纹五要素及精度作进一步说明。

1）普通螺纹的标记方法

普通螺纹的完整标记格式为：

| 螺纹特征代号 | | 尺寸代号 | - | 公差带代号 | - | 旋合长度代号 | - | 旋向代号 |

下面是一个普通螺纹标记格式的完整示例：

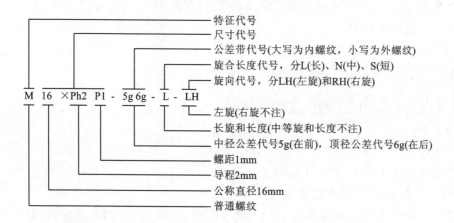

(1) 特征代号　表示牙型，如图 8.6 所示。

(2) 尺寸代号　单线细牙螺纹的只要写明“公称直径×螺距”，而且“Ph”和“P”省略不写。例如，上面所示螺纹如为单线螺纹，则相应的代号部分可写为：M16×1。为了避免粗牙螺纹与细牙螺纹发生混淆，粗牙螺纹的螺距省略不注，需要时可查相应的国家标准（GB/T 193—2003、GB/T 196—2003）。

(3) 公差带代号　5g6g 分别表示中径和顶径的公差代号。顶径是指外螺纹的大径和内螺纹的小径，当两者公差带代号相同时，只需写出一个，如 M16×1-5g。

螺纹公差带的含义与"极限与配合"中光滑表面的公差带代号的含义相同(详见本书第9章第5节),详细的规定可查阅"GB/T 197—2003"和"GB/T 5796.4—2005"。为了区别光滑表面的公差带代号与螺纹的公差带代号,把光滑表面的公差带代号写成英文字母(表示基本偏差)在前,阿拉伯数字(表示标准公差等级)在后,如 $\phi100H8$;而将螺纹的公差带代号写成阿拉伯数字在前,英文字母在后,如 M20-5g。

常用的中等公差精度螺纹(公称直径≤1.4 的 5H、6h 和公称直径≥1.6 的 6H、6g)不标记公差带代号。如:细牙普通螺纹,公称直径为10,螺距为1,中径与顶径公差代号都为6g,中等旋合长度,右旋,则对应的螺纹标记为 M10×1。如果中径与顶径的公差带代号中,只要有一个不为上述可以省略的公差带代号,则两个公差代号都要写出,如 M10×1-5g6g。

在内、外螺纹构成螺纹副的标记中,如果内螺纹和外螺纹各自的中径和顶径共四个公差带代号都为可以省略的公差带代号,则它们都可以省略。但其中只要有一个不为上述可以省略的公差带代号,则四个公差带代号都要标注出来,相同的中径和顶径公差带代号可以只写一个。如:公称直径为12的普通粗牙内、外螺纹组成的螺纹副,内螺纹中径、顶径的公差带代号都为6H,外螺纹中径、顶径的公差带代号都为6g,则螺纹副可省略标注为 M12。

公称直径为20,螺距为2的普通细牙内、外螺纹组成的螺纹副,内螺纹中径、顶径的公差带代号都为6H,外螺纹中径、顶径的公差带代号分别为5g、6g,则螺纹副标注为 M20×2-6H /5g6g。6H 在螺纹副的标注中不能省略,内、外螺纹公差带代号之间用"/"隔开。

(4) 旋合长度　普通螺纹的旋合长度有三种,分别为 L(长)、N(中)和 S(短),中等旋合长度"N"可省略不注。

(5) 旋向代号　左旋注"LH",右旋时"RH"可省略不注。

2) 管螺纹的标记

管螺纹的牙型角为55°,分55°非密封管螺纹和55°密封管螺纹。

(1) 55°非密封管螺纹的标记

55°非密封管螺纹标注的内容与格式如下。

外螺纹: 特征代号　尺寸代号　公差等级代号 - 旋向代号

内螺纹: 特征代号　尺寸代号　旋向代号

标记示例如下。

外螺纹:G3/4A-LH；　G1B

与之相配合的内螺纹:G3/4 LH；　G1

① 特征代号　G 表示55°非密封管螺纹

② 尺寸代号　是一个单位为英寸的数字(3/4,1),1 in≈25.4 mm。与普通螺纹不同,它不能称为公称直径,因为它代表的不是螺纹大径,而代表的是管子的内径,所以它只能称为尺寸代号。要得到管螺纹的尺寸参数,可查阅 GB/T 7307—2001。

③ 公差等级代号　外螺纹的公差等级分 A 级和 B 级两种,内螺纹的公差等级只有一种,所以内螺纹的公差等级代号不注。

④ 在标记非密封管螺纹组成的螺纹副时,由于内螺纹除了不注公差等级代号之外与外螺纹相同,因此,螺纹副的标记写成外螺纹的标记方式即可,如 G1B。

（2）55°密封管螺纹的标记如表 8.1 所示。

**表 8.1　55°密封管螺纹的标记**

| 螺纹种类 | 圆柱内螺纹 | 圆锥内螺纹 | 圆锥外螺纹 | |
|---|---|---|---|---|
| 特征代号 | $R_P$ | $R_C$ | $R_1$ | $R_2$ |
| 标记示例 | $R_P 1/2$-LH | $R_C 3/4$ | $R_1 3/8$ | $R_2 1$ |
| 附注 | 与 $R_1$ 配合使用 | 与 $R_2$ 配合使用 | 与 $R_P$ 配合，组成 $R_P/R_1$ 螺纹副 | 与 $R_C$ 配合，组成 $R_C/R_2$ 螺纹副 |

与 55°非密封管螺纹的标记相比，这类管螺纹内、外螺纹的标记中都没有公差等级这一项，这是由于它们的公差等级都只有一种。由于此类内、外螺纹的标记只是螺纹特征代号不同，所以在标记此类螺纹组成的螺纹副时，只需写明内、外螺纹特征代号（内螺纹在前，外螺纹在后）和尺寸代号，如：$R_C/R_2 1/2$。

3）梯形螺纹和锯齿螺纹的标记

梯形螺纹完整的标记格式为：

梯形螺纹代号 - 中径公差代号 - 旋合长度代号

标记示例如下：

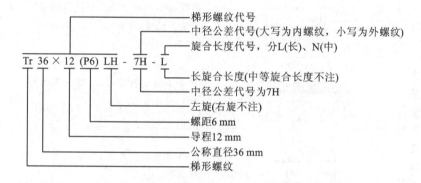

梯形螺纹代号 Tr36×12(P6)LH 包含了螺纹的五要素，如果螺纹为单线梯形螺纹，则只注螺距数值，符号"P"省略不写，右旋不注。例如：如果上述示例梯形螺纹为单线、右旋，则对应梯形螺纹代号部分可写成：Tr36×6。

锯齿形螺纹与梯形螺纹的标记相类似，只是特征代号为"B"。

4）螺纹和螺纹副在图样中的标注方法

（1）对于标准螺纹，国家标准规定的有关注法如表 8.2 所示。

① 标准螺纹，应注出相应标准所规定的螺纹标注内容。

② 公称直径以 mm 为单位的螺纹，其标记应直接注在大径的尺寸线上。

③ 管螺纹的标记一律注在引出线上，引出线应由大径引出。

表 8.2　标准螺纹的标记方法

| 螺 纹 种 类 | | | 标 记 示 例 | 标 记 说 明 |
|---|---|---|---|---|
| 连接螺纹 | 普通螺纹 | 粗牙 外螺纹 | 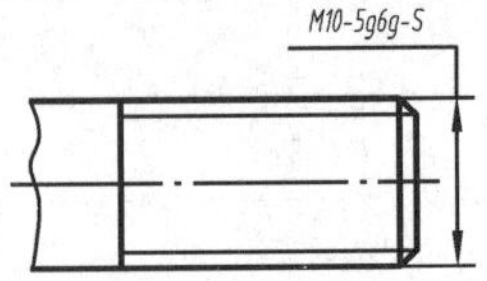 M10-5g6g-S | 粗牙普通螺纹,公称直径 10,外螺纹中径和顶径公差代号分别为 5g 和 6g,短旋合长度,右旋 |
| | | 粗牙 内螺纹 | 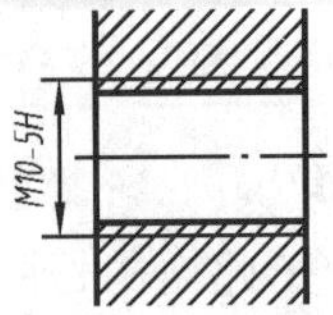 M10-5H | 粗牙普通螺纹,公称直径 10,内螺纹中径和顶径公差代号都是 5H,中等旋合长度,右旋 |
| | | 细牙 外螺纹 | 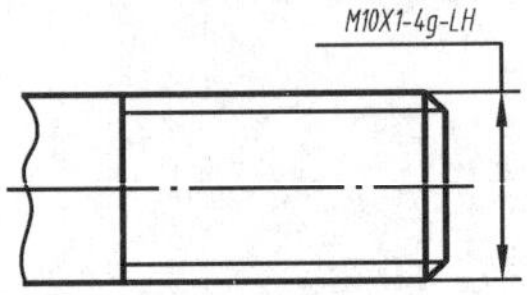 M10X1-4g-LH | 细牙普通螺纹,公称直径 10,螺距 1,外螺纹中径和顶径公差代号都是 4g,中等旋合长度,左旋 |
| | | 细牙 内螺纹 | 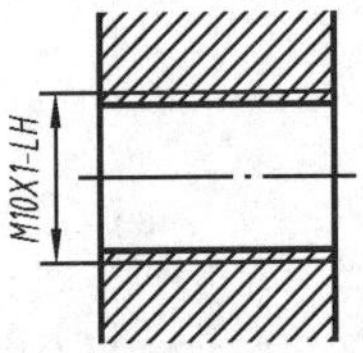 M10X1-LH | 细牙普通螺纹,公称直径 10,螺距 1,内螺纹中径和顶径公差代号都是 6H,中等旋合长度,左旋 |
| | 管螺纹 | 55°非密封管螺纹 外螺纹 | 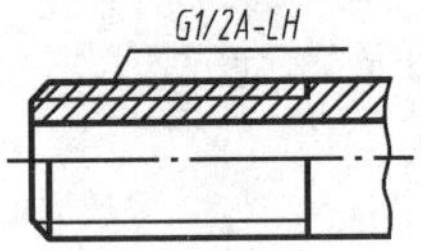 G1/2A-LH | 55°非密封管螺纹,外螺纹的尺寸代号为 1/2,A 级,左旋 |
| | | 55°非密封管螺纹 内螺纹 | 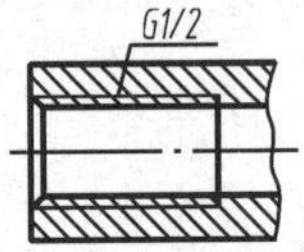 G1/2 | 55°非密封管螺纹,内螺纹的尺寸代号为 1/2,右旋 |
| | | 55°密封管螺纹 $R_P$ | 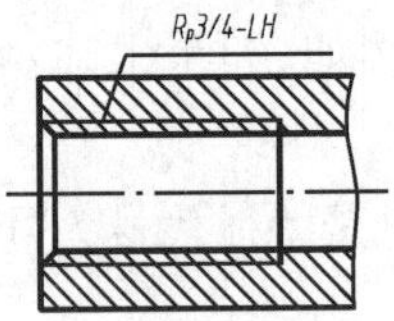 $R_P3/4$-LH | 55°密封管螺纹,圆柱内螺纹,螺纹的尺寸代号为 3/4,左旋 |
| | | 55°密封管螺纹 $R_C$ | $R_C1$-LH | 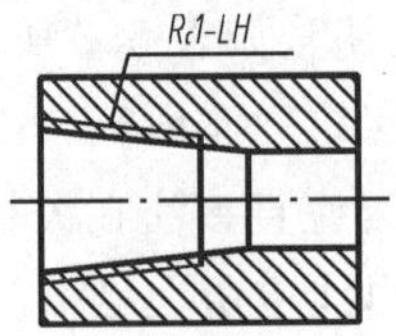 55°密封管螺纹,圆锥内螺纹,螺纹的尺寸代号为 1,左旋 |
| | | 55°密封管螺纹 $R_1$（或 $R_2$） | $R_11/2$ | 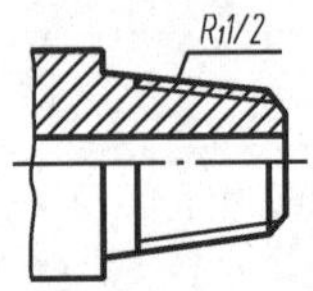 55°密封管螺纹,圆锥外螺纹,螺纹尺寸代号为 1/2,右旋 |

续表

| 螺纹种类 | | | 标记示例 | 标记说明 |
|---|---|---|---|---|
| 传动螺纹 | 梯形螺纹 | 外螺纹 | *Tr32x20(P10)-7c* | 梯形螺纹,公称直径 32,双线,螺距 10,导程 20,右旋,外螺纹中径公差代号是 7c,中等旋合长度 |
| | | 内螺纹 | *Tr32x10LH-7H* | 梯形螺纹,公称直径 32,单线,螺距 10,左旋,内螺纹中径公差代号是 7H,中等旋合长度 |
| | 锯齿形螺纹 | 外螺纹 | *B40x14(P7)-8c* | 锯齿形螺纹,公称直径 40,双线,螺距 7,导程 14,右旋,外螺纹中径公差代号是 8c,中等旋合长度 |
| | | 内螺纹 | *B40x7LH-8H* | 锯齿形螺纹,公称直径 40,单线,螺距 7,左旋,内螺纹中径公差代号是 8H,中等旋合长度 |

　　螺纹和螺纹副中的倒角尺寸常常不标注,需要时,可按如图 8.16 所示的两种方式标注,"$Ch_1$"表示 45°倒角的尺寸注法,其中,"C"表示 45°倒角,"$h_1$"表示倒角的轴向长度,例如 C2。螺纹退刀槽等其他结构的标注参看 GB/T 3—1997。

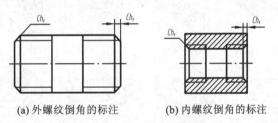

(a) 外螺纹倒角的标注　　　(b) 内螺纹倒角的标注

**图 8.16　45°倒角的标注**

　　(2) 对于非标准螺纹,国家标准规定应画出螺纹的牙型,并注明所需要的尺寸及有关要求,有关标记方法如图 8.17 所示。

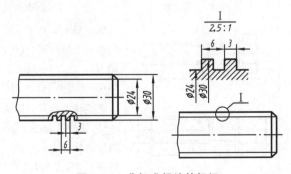

**图 8.17　非标准螺纹的标记**

（3）对于螺纹副在装配图中的标记,国家标准也规定了相应的方法,如图 8.18 所示。

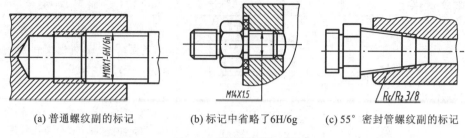

(a) 普通螺纹副的标记　　　(b) 标记中省略了6H/6g　　　(c) 55°密封管螺纹副的标记

图 8.18　螺纹副的标记

### 8.1.4　常用的螺纹连接件及标记

　　常用的螺纹连接件包括螺栓、双头螺柱、螺钉、螺母、垫圈等,如图 8.19 所示,主要用来连接和紧固被连接件。螺纹连接件的形式很多,但国家标准都已经将其标准化,规定了它们完整的标记内容、格式和标记简化原则(GB/T 1237—2000),根据标记即可在国家标准中查出某一螺纹连接件的所有信息。表 8.3 列出了常用螺纹连接件的简图、主要参数、说明及其简化标记示例。

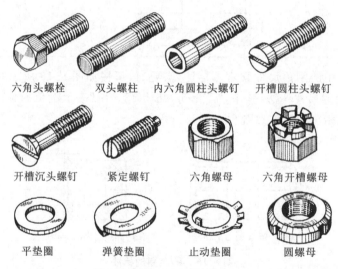

六角头螺栓　　双头螺柱　　内六角圆柱头螺钉　　开槽圆柱头螺钉

开槽沉头螺钉　　紧定螺钉　　六角螺母　　六角开槽螺母

平垫圈　　弹簧垫圈　　止动垫圈　　圆螺母

图 8.19　常用螺纹连接件

表 8.3　常用螺纹连接件的简图、主要参数、说明及其简化标记示例

| 名称及国家标准编号 | 简图和主要参数 | 说明及其简化标记 |
| --- | --- | --- |
| 六角头螺栓—A 级和 B 级<br>GB/T 5782—2000 | | 螺纹规格 $d$＝M12,公称长度 $l$＝80,性能等级为 8.8 级,表面氧化,A 级的六角头螺栓的标记为:<br>螺栓　GB/T 5782　M12×80 |
| 双头螺柱<br>GB/T 897—1988 | | 两端均为粗牙普通螺纹,螺纹规格 $d$＝M10,$l$＝50,性能等级为 4.8 级、B 型、$b_m$＝1$d$ 的双头螺柱的标记为:<br>螺柱　GB/T 897　M10×50 |

续表

| 名称及国家标准编号 | 简图和主要参数 | 说明及其简化标记 |
|---|---|---|
| 开槽圆柱头螺钉<br>GB/T 65—2000 | 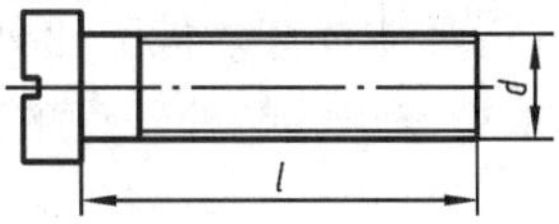 | 螺纹规格 $d$＝M5，公称长度 $l$＝20，性能等级为 4.8 级，不经表面处理的 A 级开槽圆柱头螺钉的标记为：<br>螺钉　GB/T 65　M5×20 |
| 开槽沉头螺钉<br>GB/T 68—2000 | 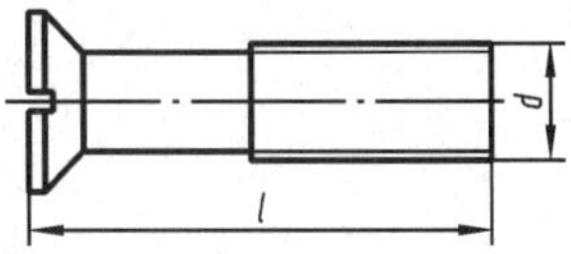 | 螺纹规格 $d$＝M5，公称长度 $l$＝20，性能等级为 4.8 级，不经表面处理的开槽沉头螺钉的标记为：<br>螺钉　GB/T 68　M5×20 |
| 十字槽沉头螺钉<br>GB/T 819.1—2000 | 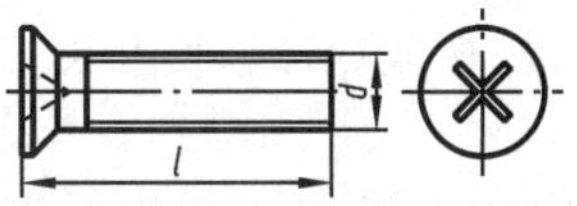 | 螺纹规格 $d$＝M5，公称长度 $l$＝20，性能等级为 4.8 级，不经表面处理的 H 型十字槽沉头螺钉的标记为：<br>螺钉　GB/T 819.1　M5×20 |
| 开槽锥端紧定螺钉<br>GB/T 71—1985 | 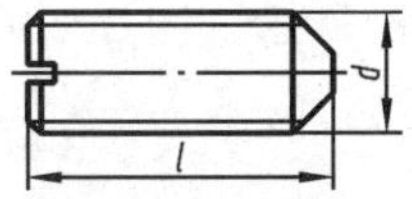 | 螺纹规格 $d$＝M5，公称长度 $l$＝12，性能等级为 14H 级，表面氧化的开槽锥端紧定螺钉的标记为：<br>螺钉　GB/T 71　M5×12 |
| 1 型六角螺母—A 级和 B 级<br>GB/T 6170—2000 | 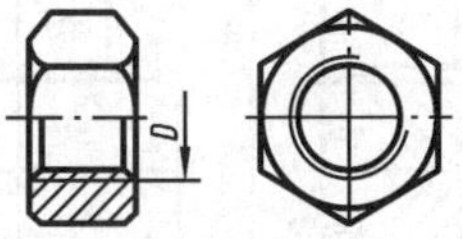 | 螺纹规格 $D$＝M12，性能等级为 8 级，不经表面处理，产品等级为 A 级的 1 型六角螺母的标记为：<br>螺母　GB/T 6170　M12 |
| 平垫圈—A 级<br>GB/T 97.1—2002 | 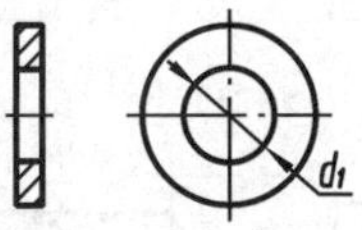 | 标准系列，公称尺寸 $d$＝8，性能等级为 200HV 级，不经表面处理，产品等级为 A 级的平垫圈的标记为：<br>垫圈　GB/T 97.1　8 |

## 8.1.5　螺纹连接的装配图画法

**1. 螺纹连接装配图画法遵循的规定**

常用的螺纹连接形式有螺栓连接、双头螺柱连接和螺钉连接，不管是哪种连接，其画法都遵循下列规定：

（1）两个零件的接触表面只画一条线，不接触表面与不配合表面画两条线；

（2）在剖视图中，当剖切面通过螺纹连接件的轴线时，这些螺纹连接件都按照不剖绘制；

（3）在剖视图中，相邻两个零件的剖面线方向应当相反，但同一个零件在各个剖视图中的剖面线方向与间隔应当相同。

**2. 螺纹连接的装配图画法**

1）螺栓连接

当两被连接零件不太厚而且能钻成通孔时，常常使用螺栓连接。最常见的螺栓连接是六角头螺栓连接(见图 8.20(a)),由六角螺栓、螺母和垫圈构成,垫圈的作用是使螺母的压力均匀分布在被连接件的表面上,同时防止拧紧螺母时磨伤被连接件的表面。

画螺栓连接装配图时,需要知道被连接件的厚度及各个螺纹连接件的尺寸,除螺栓的长度要根据被连接件的厚度、螺母和垫圈的厚度进行具体计算才能得出外,其余的尺寸可根据各螺纹连接件的形式、公称直径,从相应的国家标准中查出。螺栓长度的确定方法如下。

(1)确定螺栓的计算长度,公式为

$$l=\delta_1+\delta_2+h+m+b_1$$

式中:$l$——螺栓的计算长度(mm);

$\delta_1$、$\delta_2$——两个被连接件厚度(mm);

$h$——垫圈厚度(mm);

$m$——螺母厚度(mm);

$b_1$——螺栓伸出螺母的长度(mm),一般取为 $0.2d\sim0.3d$。

(2)根据螺栓的计算长度查相应国家标准,选取比计算长度长,而且最接近计算长度的标准值。

(3)螺栓连接装配图的画图方法。绘制螺栓连接装配图的方法有两种:一是根据从标准中查得的尺寸作图,但较为烦琐;二是采用比例画法,即以螺栓的螺纹大径为基本尺寸,其余各部分尺寸按螺纹大径的比例值画出,如图 8.20(b)所示。图 8.20(b)中除了包含螺栓连接的三视图外,还显示了螺栓六角头和螺母带倒角的画法。

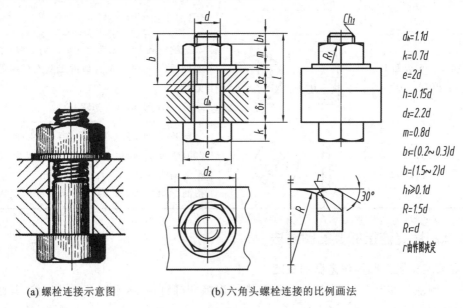

(a)螺栓连接示意图　　(b)六角头螺栓连接的比例画法

**图 8.20　六角头螺栓连接及其比例画法**

(4)螺栓连接的绘图步骤如图 8.21 所示。

**2)双头螺柱连接**

双头螺柱连接由双头螺柱、螺母和垫圈构成,常用在两个被连接件中一个较厚,不易加工成通孔的情况。与螺栓不同,双头螺柱的两端都有螺纹,其中一端要完全旋入到较厚的零件中,这一端称为旋入端,其长度用 $b_m$ 表示,除去旋入端 $b_m$ 以外的长度称为公称长度。确定公称长度的方法与螺栓连接相似,首先要确定双头螺柱的计算长度,然后在国家标准中,选取比

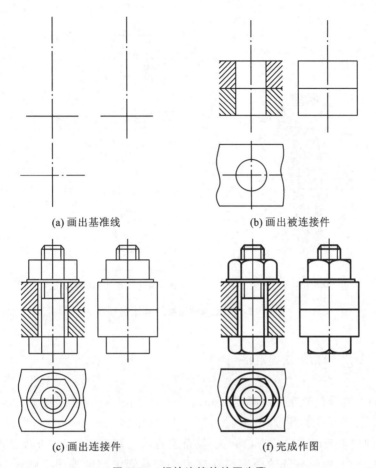

(a) 画出基准线　　　　　　　　　　　(b) 画出被连接件

(c) 画出连接件　　　　　　　　　　　(f) 完成作图

**图 8.21　螺栓连接的绘图步骤**

计算长度长,而且最接近计算长度的标准值。

双头螺柱的计算长度($l$)由下式确定:

$$l = \delta + h + m + b_1$$

式中,$\delta$ 为被加工成通孔的连接件厚度(mm),其余各字母的含义与螺栓连接中对应字母的含义相同。

在选用双头螺柱时,除了要知道公称长度外,还要知道旋入端 $b_m$ 的长度,$b_m$ 的长度与较厚零件(不通孔零件)的材质有关,国家标准对 $b_m$ 的长度规定有四种。

钢或青铜零件:$b_m = 1d$　(GB/T 897—1988)

铸铁零件:$b_m = 1.25d$　(GB/T 898—1988)

材料强度在铸铁和铝之间的零件:$b_m = 1.5d$　(GB/T 899—1988)

铝零件:$b_m = 2d$(GB/T 900—1988)

$b_m$ 确定后,较厚零件中的钻孔深度及螺纹深度随之确定。

双头螺柱连接也常采用比例画法,如图 8.22 所示。

3)螺钉连接

螺钉连接用于不经常拆卸,受力不大,且被连接件之一不能加工成通孔的情况。

螺钉的种类很多,不同的螺钉连接其画法也不尽相同,但其旋入端的画法都是一样的,画图时,同样也应先确定螺钉的计算长度,然后再查国家标准取最靠近计算长度且长于计算长度

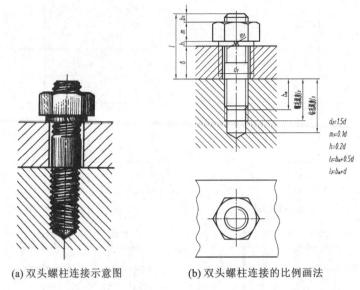

(a) 双头螺柱连接示意图　　　(b) 双头螺柱连接的比例画法

**图 8.22　双头螺柱连接及其比例画法**

的标准值。

螺钉的计算长度($l$)由下式确定：

$$l = \delta + L_1$$

式中：$\delta$——被加工成通孔的连接件厚度（mm）；

$L_1$——螺钉旋入螺孔的深度（mm）。

$L_1$ 的大小同样与较厚零件的材料有关，其确定方法与双头螺柱 $b_m$ 的确定方法完全相同。在螺钉连接的视图中，螺钉头部的一字槽在螺钉头部投影为圆的视图上画成与中心线成 $45°$ 的斜线；十字槽画成两个相互垂直的 $45°$ 线，如图 8.23 所示。

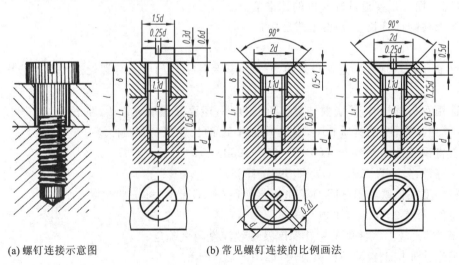

(a) 螺钉连接示意图　　　　　(b) 常见螺钉连接的比例画法

**图 8.23　螺钉连接及其比例画法**

在较为复杂的装配图中，螺栓、螺钉的头部及其螺母还可以使用简化画法，如图 8.24 所示。

紧定螺钉用来固定两个零件，使它们的相对位置固定，不产生相对运动。紧定螺钉连接的

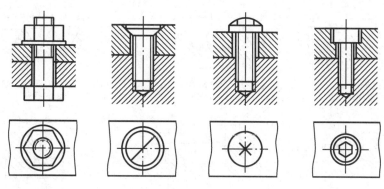

图 8.24　螺栓、螺钉连接的简化画法

画法如图 8.25 所示。

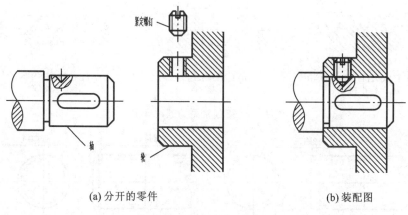

(a) 分开的零件　　　　　　　　　　(b) 装配图

图 8.25　紧定螺钉连接的画法

## 8.1.6　美国常用螺纹、画法及其标注

国外螺纹标准种类繁多,下面主要介绍 ANSI(American National Standards Institute,美国国家标准协会)有关螺纹的规定画法及其标注(ANSI Y14.6—1993)。

**1. 常见牙型的种类**

美国常见的螺纹牙型有九种,如图 8.26 所示。

除了牙型之外,ANSI 规定的螺纹的其他四个要素与中国国家标准的规定相似。

**2. ANSI 规定的螺纹画法**

ANSI 规定的螺纹画法主要分为简化画法和示意画法,与中国国家标准(GB)的主要区别在于螺纹牙底的画法和其所采用的第三角投影法。

1) 外螺纹的规定画法

(1) 简化画法　在平行于螺纹轴线的视图中,外螺纹的小径用细虚线;在垂直于螺纹轴线的视图中,用细虚线绘制的完整的圆表示螺纹小径,如图 8.27(a)所示。当有螺纹倒角时,在平行于螺纹轴线的视图中,表示螺纹小径的细虚线不绘入倒角;在垂直于螺纹轴线的视图中,用细实线绘制的完整的圆表示螺纹小径,倒角圆不画,如图 8.27(b)所示。

外螺纹的剖视画法如图 8.27(c)所示。

(2) 示意画法　如图 8.27(c)所示的外螺纹,其示意画法如图 8.27(d)所示。

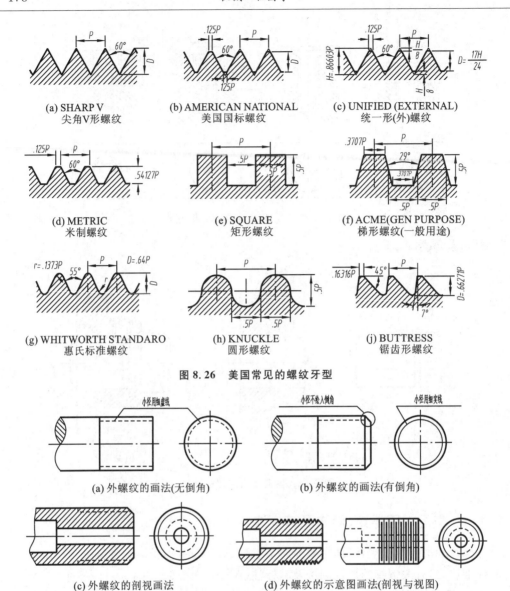

图 8.26　美国常见的螺纹牙型

图 8.27　ANSI 对外螺纹的规定画法

2) 内螺纹的规定画法

（1）简化画法　与外螺纹相似,内螺纹不可见时的画法如图 8.28(a)所示,剖视画法如图 8.28(b)所示。

（2）示意画法　如图 8.28(b)所示内螺纹的剖视图,其示意画法如图 8.28(c)所示。

**3. ANSI 规定的螺纹标注样式**

ANSI 规定的螺纹标注样式如下:

ANSI 规定螺纹应标注在垂直于螺纹轴线的视图上,指引线由大径引出,标注内容写在指引线的基准线上,如图 8.28(c)所示。

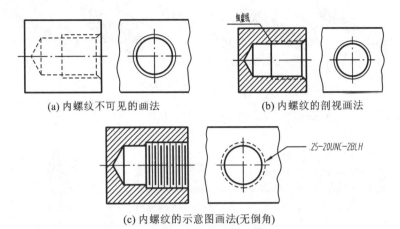

(a) 内螺纹不可见的画法　　　　(b) 内螺纹的剖视画法

(c) 内螺纹的示意图画法(无倒角)

图 8.28　ANSI 对内螺纹的规定画法

**4. ANSI 规定的螺纹连接装配图的画法**

ANSI 规定的螺纹连接装配图的画法如图 8.29 所示,其中螺栓连接与双头螺柱连接是简化画法,螺栓连接是铰孔连接,如图 8.29(a)所示,螺栓与内孔表面相接触,画图时两表面之间只画一条线;螺钉连接用的是示意画法,如图 8.29(c)所示。

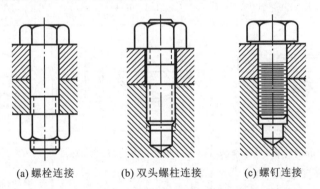

(a) 螺栓连接　　　(b) 双头螺柱连接　　　(c) 螺钉连接

图 8.29　ANSI 规定的螺纹连接装配图的画法

## 8.2　键连接的结构和画法

键是一种常见的标准件,用来连接轴与轴上的零件,起着传递运动和动力的作用,如图 8.30所示。键分为常用键和花键两类。

### 8.2.1 常用键

#### 1. 常用键的分类与标记

1)常用键的分类

常用键有普通平键、半圆键和钩头楔键,如图 8.31 所示。

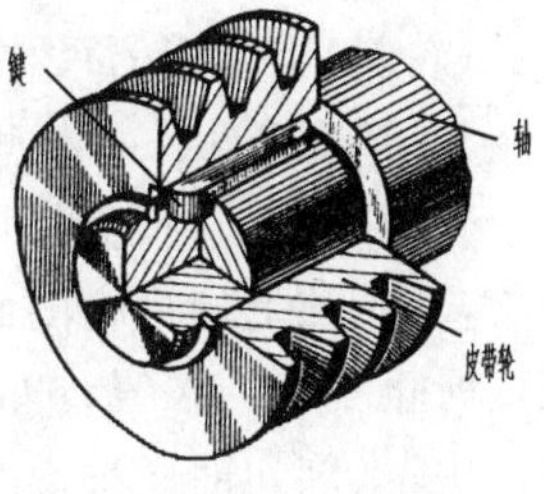

普通平键有 A 型(圆头)、B 型(方头)、C 型(单圆头)三种,其

图 8.30　键连接示意图

中 A 型圆头普通平键最为常用。

普通平键(A型)　普通平键(B型)　普通平键(C型)　　半圆键　　　钩头楔键

图 8.31　常见的键

零件上键槽的加工方法如图 8.32 所示。

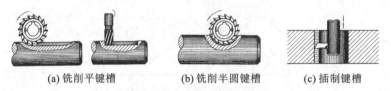

(a) 铣削平键槽　　　　(b) 铣削半圆键槽　　　(c) 插制键槽

图 8.32　键槽的加工方法

2）常用键的标记

常用键的标记如表 8.4 所示。

表 8.4　常用键的标记

| 名称及标准编号 | 普通型　平键 GB/T 1096—2003 | 普通型　半圆键 GB/T 1099.1—2003 | 钩头型　楔键 GB/T 1565—2003 |
| --- | --- | --- | --- |
| 简图及其主要参数 | A型 | | 1:100 |
| 标记示例 | $b=18$、$h=11$、$L=100$ 的普通 A 型平键，标记为：<br>　GB/T 1096 键 18 × 11 ×100 | $b=6$、$h=10$、$D=25$ 的普通半圆键，标记为：<br>　GB/T 1099.1 键 6 × 10 ×25 | $b=16$、$h=10$、$L=100$ 的钩头楔键，标记为：<br>　GB/T 1565 键 16×100 |

## 2. 键连接

常用键的连接有普通平键连接、半圆键连接、钩头楔键连接。在画键连接装配图时，首先要选择键连接的类型，然后查阅相应的国家标准（GB/T 1095—2003），初步确定键的尺寸、轴与孔（轮毂）上键槽的尺寸，并根据实际工况进行强度校核，无误后，进行绘图。

1）普通平键连接装配图的画法

普通平键的两个侧面是工作表面，工作时依靠承受剪切力传递动力与运动。连接时，键的侧面与轴、孔上键槽的侧面相接触，画图时只画一条线。键的底面与轴上键槽的底面相接触，画图时也只画一条线；键的顶面与孔上键槽的顶面之间有间隙，画图时画两条线。此外，在剖视图中，当剖切面通过键的纵向对称面时，键按不剖绘制；当剖切面垂直于轴的回转轴线剖切键时，键按剖视绘制。普通平键连接的轴和孔及其装配图的画法如图 8.33 所示。

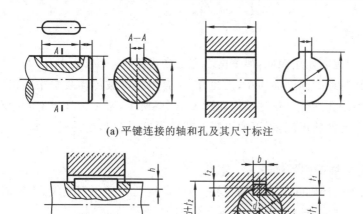

(a) 平键连接的轴和孔及其尺寸标注

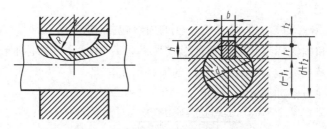

(b) 平键连接的装配图画法

**图 8.33　平键连接装配图的画法**

2）半圆键连接装配图的画法

半圆键的使用场合与平键相似，装配图的画法如图 8.34 所示。

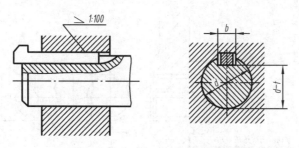

**图 8.34　半圆键连接装配图的画法**

3）钩头楔键连接装配图的画法

钩头楔键的顶面具有 1∶100 的斜度，装配时将钩头楔键打入键槽内，楔键的上下两个表面与轴和孔上键槽的上下两个表面之间产生很大的正压力，并依靠正压力产生的摩擦力传递力与运动。画图时，钩头楔键的上下两个表面与轴、孔上键槽的上下两个表面相接触，画图时只画一条线；钩头楔键的两个侧面与轴、孔上键槽的两个侧面之间有间隙，画图时各画两条线。如图 8.35 所示。

**图 8.35　钩头楔键连接装配图的画法**

### 8.2.2　花键

花键的作用与键的作用相同,但是由于它是多齿工作,承载能力高,对中性、导向性好,同时齿根较浅,对轴与毂的强度削弱小,因此,广泛应用于机械传动装置中。花键是一种标准的结构要素,而并不是标准件。花键结构如图 8.36(a)所示,常见的花键有矩形花键和渐开线花键,其中又以矩形花键使用较多,下面以矩形花键为例说明花键的规定画法、标记方法及其装配图画法。

**1. 花键及花键装配图的画法**

(1) 在平行于花键轴线的投影面视图中,外花键的大径用粗实线、小径用细实线绘制,并在断面图上画出一部分或全部齿形,如图 8.36(b)所示。

(2) 外花键工作长度的终止端和尾部长度的末端均用细实线绘制,并与轴线垂直;尾部画成斜线,其斜线角度一般与轴线成 30°,如图 8.36(b)所示。

(3) 在平行于花键轴线的投影面的剖视图中,内花键的大径及小径均用粗实线绘制,并在局部视图中画出一部分或全部齿形,如图 8.36(c)所示。

(4) 在装配图中,花键连接用剖视图或断面图表示时,其连接部分按外花键绘制,矩形花键的连接画法如图 8.37 所示。

**2. 花键的标注方法**

如图 8.36(b)、图 8.36(c)所示,花键标注的内容包括:花键图形符号、$N$(键数)、$d$(小径)、$D$(大径)、$B$(键宽)和国家标准代号。标注形式为 $N \times d \times D \times B$ 国家标准代号,花键标注的内容应写在指引线的基准线上,指引线由花键的大径引出。

花键连接的标注方法如图 8.37 所示。

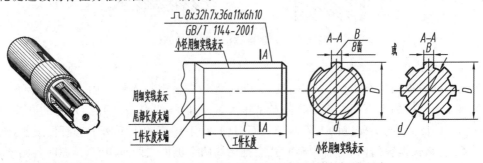

(a) 花键的示意图　　　　　　　　(b) 外花键的规定画法与标注方法

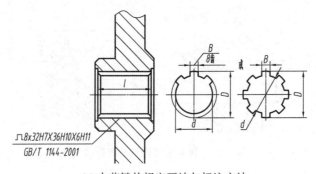

(c) 内花键的规定画法与标注方法

**图 8.36　花键的示意图、规定画法及其标注方法**

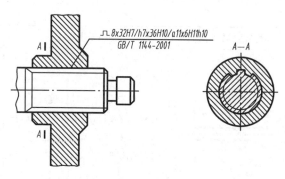

图 8.37　矩形花键连接的画法和标注方法

## 8.3　销连接的结构及其画法

销是标准件,主要用于装配定位,也可用于连接零件,还可作为安全装置中的过载剪断元件。常见的销有圆柱销、圆锥销和开口销等。

### 8.3.1　圆柱销

圆柱销用于定位,也可用于连接,常用在不经常拆卸的场合。常用的销孔加工方法是配钻、配铰,以保证要求的装配精度。

### 8.3.2　圆锥销

圆锥销有 1∶50 的锥度,主要用于定位,也可用于固定零件,传递动力。它不但便于安装,还可以用于经常装卸的场合,且定位精度比圆柱销高。

### 8.3.3　开口销

开口销常用于锁定其他零件,如销轴、六角开槽螺母等,以防止松动。

常用销的简图、说明及其标记、装配图画法如表 8.5 所示。

表 8.5　常用销的简图、说明及其标记、装配图画法

| 名称及标准编号 | 简图及其主要参数 | 说明及其标记 | 装配图画法 |
|---|---|---|---|
| 圆柱销<br>GB/T 119.1—2000 | | 公称直径 $d=8$,公差为 m6,公称长度 $l=30$,材料为钢,不经淬火,不经表面处理的圆柱销,其标记为:<br>销　GB/T 119.1　8 m6×30 | |
| 圆锥销<br>GB/T 117—2000 | 1:50 | 公称直径 $d=10$,长度 $l=60$,材料为 35 钢,热处理硬度 28~38HRC,表面氧化处理的 A 型圆锥销,其标记为:<br>销　GB/T 117　10×60 | |

续表

| 名称及标准编号 | 简图及其主要参数 | 说明及其标记 | 装配图画法 |
|---|---|---|---|
| 开口销<br>GB/T 91—2000 | | 公称直径 $d=5$，长度 $l=50$，材料为 Q215 或 Q235，不经表面处理的开口销，其标记为：<br>销　GB/T 91　5×50 | |

圆柱销与圆锥销连接的销孔都是在被连接两零件相对位置固定后一起加工出来的，如图 8.38(a)、图 8.38(b)所示。在标注销孔时，一定要指出与哪些零件配作，如图 8.38(c)、图 8.38(d)所示。

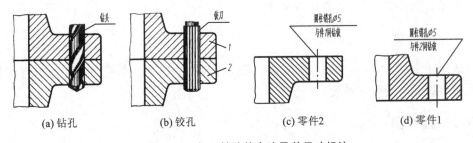

(a) 钻孔　　　(b) 铰孔　　　(c) 零件2　　　(d) 零件1

图 8.38　加工销孔的方法及其尺寸标注

## 8.4　滚 动 轴 承

滚动轴承起支承转动轴的作用，目的在于减小摩擦。按照其承受载荷方向的不同，可以分为三类，即：向心轴承（承受径向载荷）、推力轴承（承受轴向载荷）和向心推力轴承（能同时承受径向载荷与轴向载荷），滚动轴承是应用非常广泛的标准件。

### 8.4.1　滚动轴承的结构及其画法

**1. 滚动轴承的结构**

滚动轴承的结构一般由四个部分组成，如图 8.39 所示。

(a) 深沟球轴承　　　(b) 圆锥滚子轴承　　　(c) 推力球轴承

图 8.39　滚动轴承的类型及其结构

外圈——与基座上的轴承孔相配合。

内圈——与转动的轴相配合。

滚动体——工作时在内圈和外圈之间的滚道中滚动。

隔离圈——又称保持架,它将滚动体相互隔离开。

**2. 滚动轴承的画法**

滚动轴承的画法可分为简化画法和规定画法,简化画法又分为通用画法和特征画法。

1)基本规定

(1)图线  通用画法、特征画法和规定画法中的各种符号、矩形线框和轮廓线均用粗实线绘制。

(2)尺寸及比例  绘制滚动轴承时,其矩形线框或外形轮廓的大小与滚动轴承的外形一致,并与所属的图样采用同一比例。

(3)剖面符号  在剖视图中,用简化画法绘制滚动轴承时,一律不画剖面线。采用规定画法绘制滚动轴承的剖视图时,滚动体不画剖面线,内外圈画成方向和间隔相同的剖面线。在不致引起误解时,也允许省略不画。

2)简化画法

用简化画法绘制滚动轴承时,应采用通用画法或特征画法,但在同一图样中一般只采用其中一种画法。

(1)通用画法  在剖视图中,当不需要确切地表示滚动轴承的外形轮廓、载荷特性、结构特征时,可用矩形线框及位于线框中央正立的十字形符号表示。十字符号不应与矩形线框接触,通用画法应绘制在轴的两侧,如图 8.40(a)所示。如需确切地表示滚动轴承的外形,则应画出其剖面轮廓,并在轮廓中央画出正立的十字形符号,十字形符号不应与剖面轮廓线接触,如图 8.40(b)所示。通用画法的尺寸比例如图 8.41 所示。

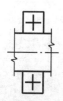 

(a) 不需表示外形的通用画法  (b) 表示外形轮廓的通用画法

**图 8.40  轴承的通用画法**

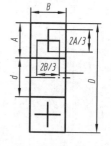

**图 8.41  通用画法的尺寸比例**

(2)特征画法  在剖视图中,如需较形象地表示滚动轴承的结构特征时,可采用在矩形线框内画出其结构要素符号的方法来表示。各种滚动轴承的特征画法可查阅 GB/T 4459.7—1998。

在垂直于滚动轴承轴线的投影面视图上,无论滚动体的形状(球、柱、针等)及尺寸如何,均可按图 8.42 所示的方法进行绘制。

3)规定画法

必要时,在滚动轴承的产品图样、产品样品、产品标准、用户手册和使用说明书中可采用规定画法绘制滚动轴承,具体可参考 GB/T 4459.7—1998。

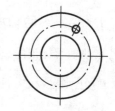

**图 8.42  在轴线垂直于投影面的视图上滚动轴承的特征画法**

在装配图中,滚动轴承的保持架及倒角等可省略不画。规定画法一般绘制在轴的一侧,另一侧按通用方法绘制。滚动轴承的通用画法、特征画法、规定画法及其装配示意图如表 8.6 所示。

表 8.6　滚动轴承的通用画法、特征画法、规定画法及其装配示意图

| 名称和标准号 | 查表主要数据 | 画法 | | | 装配示意图 |
| --- | --- | --- | --- | --- | --- |
| | | 简化画法 | | 规定画法 | |
| | | 通用画法 | 特征画法 | | |
| 深沟球轴承 (GB/T 276—1994) | D d B | | 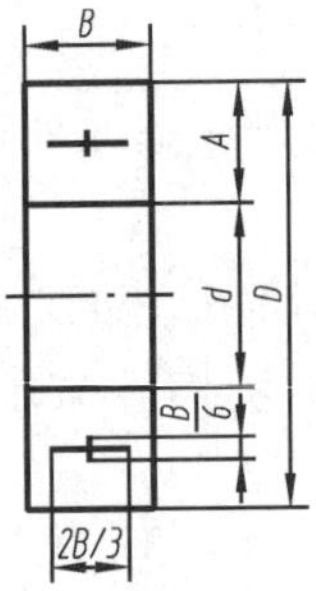 | 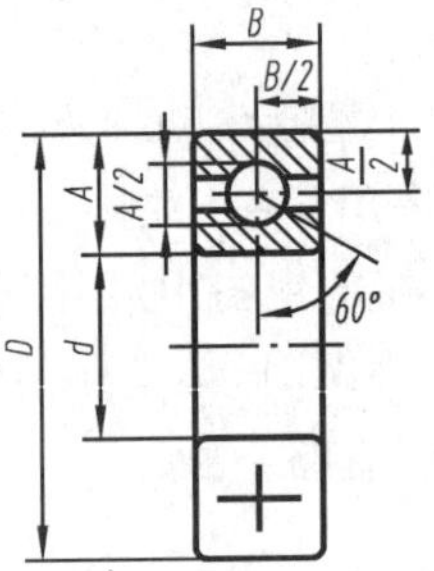 | 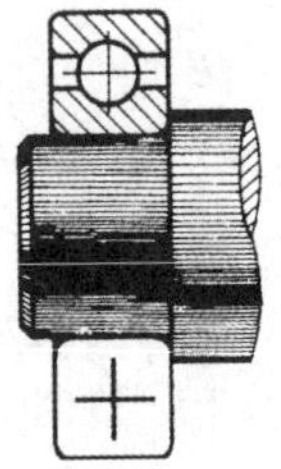 |
| 圆锥滚子轴承 (GB/T 297—1994) | D d B T C | 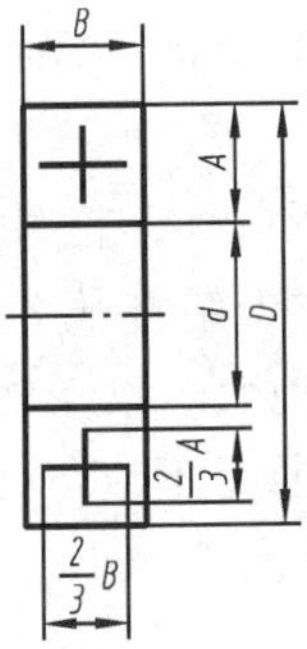 | 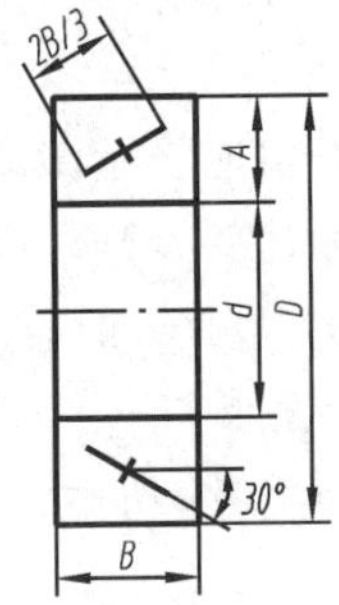 | 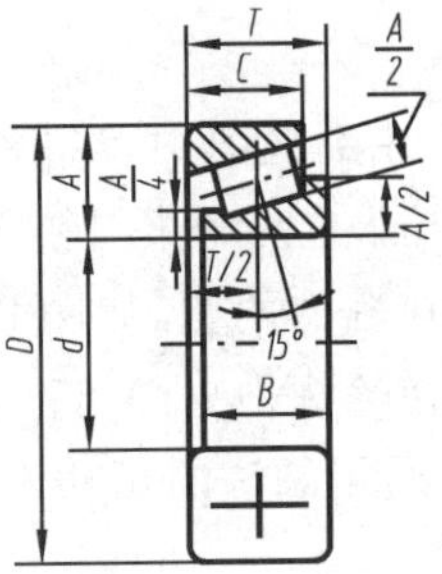 | 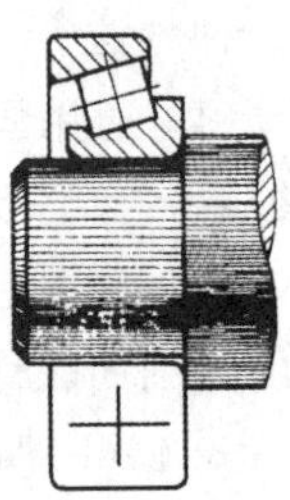 |
| 推力球轴承 (GB/T 301—1995) | D d T | | 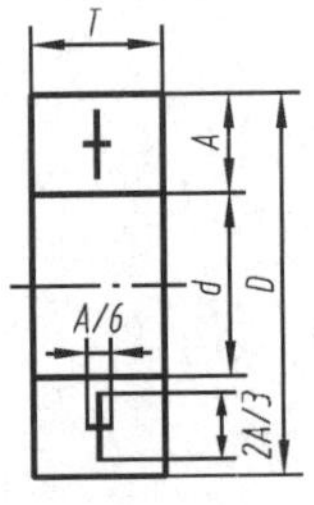 | 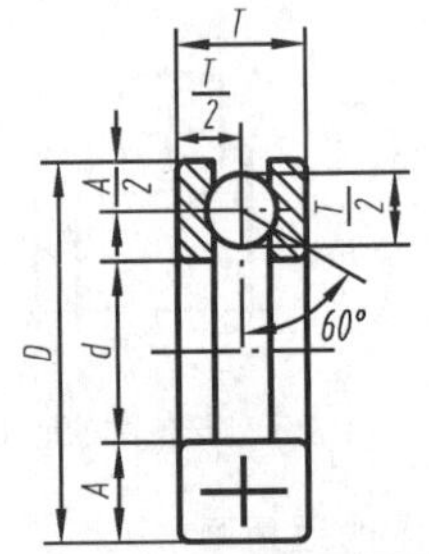 | 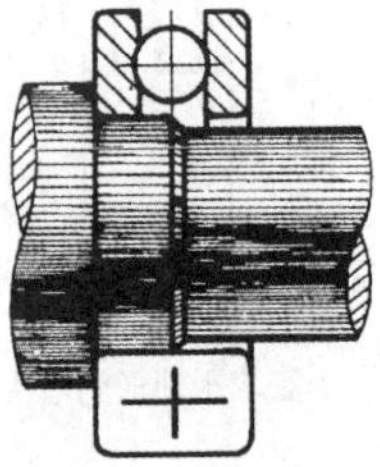 |

## 8.4.2　滚动轴承的标记(GB/T 272—1993、GB/T 271—2008)

滚动轴承标记的组成部分如下所示:

名称　代号　标准编号

1) 名称

名称为滚动轴承。

2) 代号

代号由前置代号、基本代号和后置代号三部分组成。其中前置代号、后置代号是轴承在结构形状、尺寸、公差、技术要求等有改变时,在基本代号前面和后面添加的补充代号。如无特殊

要求,则只标记基本代号。

基本代号包括轴承的类型代号、尺寸系列代号和内径代号。

(1) 类型代号:用数字或字母表示。

(2) 尺寸系列代号:包括轴承的宽(高)度系列代号和直径系列代号,各用一位阿拉伯数字表示。宽(高)度系列代号表示轴承在内、外径都相同时,可以有的几种不同的宽(高)度,它代表了轴承的承载能力;直径系列代号表示轴承在内径相同时,可以有的几种不同的外径。

(3) 内径代号:表示滚动轴承的公称内径。

代号数字为 00、01、02、03 时,分别表示内径 $d=10$、12、15、17。

代号数字为 04～96 时,代号数字乘以 5,即为轴承公称内径。

轴承公称直径为 0.6～10 的非整数,1～9 的整数,大于或等于 500 及 22、28、32 时,用公称内径毫米数值直接表示,但与尺寸系列代号之间应用"/"隔开。

3) 滚动轴承标记示例

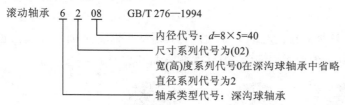

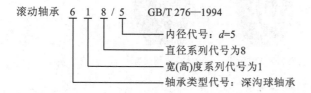

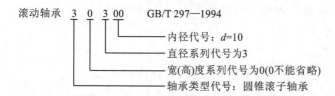

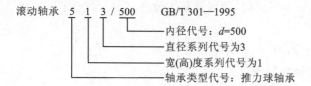

# 8.5　齿　轮

齿轮是一种应用广泛的传动零件,起着传递动力与运动,改变转速、转向和运动方式等的作用,齿轮常常成对使用。齿轮的参数中只有模数、齿形角标准化,故其属于常用的一般零件。根据传动时两齿轮轴线相对位置的不同,可将齿轮的传动形式分为三种,如图 8.43 所示。

圆柱齿轮传动——用于两平行轴之间的传动。

锥齿轮传动——用于两相交轴之间的传动。

蜗轮蜗杆传动——用于两交叉轴之间的传动。

(a) 圆柱齿轮传动　　　　(b) 锥齿轮传动　　　　(c) 蜗轮蜗杆传动

图 8.43　齿轮的传动形式

齿轮轮齿的齿廓形状有渐开线、摆线和圆弧等。其中渐开线齿廓由于成本低、易加工、传动精度和效率高等特点而得到了广泛的应用。下面主要介绍渐开线齿廓的齿轮。

### 8.5.1　圆柱齿轮

圆柱齿轮有直齿圆柱齿轮、斜齿圆柱齿轮和人字齿圆柱齿轮,如图 8.44 所示。当齿轮上轮齿的方向与齿轮轴线的方向相一致时,称该齿轮为直齿圆柱齿轮。

(a) 直齿圆柱齿轮　　(b) 斜齿圆柱齿轮　　(c) 人字齿圆柱齿轮

图 8.44　常见的圆柱齿轮

**1. 直齿圆柱齿轮的基本参数及其基本尺寸之间的关系**

1) 直齿圆柱齿轮的基本参数(见图 8.45)

齿数($z$)——齿轮的齿数。

齿顶圆直径($d_a$)——与齿轮顶部相重合的圆称为齿顶圆,其直径用 $d_a$ 表示。

齿根圆直径($d_f$)——与齿槽根部相重合的圆称为齿根圆,其直径用 $d_f$ 表示。

分度圆直径($d$)——在齿轮加工过程中形成的,用以计算齿轮各部分尺寸的圆,其直径用 $d$ 表示。

齿顶高($h_a$)——分度圆到齿顶圆的径向距离。

齿根高($h_f$)——分度圆到齿根圆的径向距离。

齿高($h$)——齿顶圆与齿根圆之间的径向距离。

齿厚($s$)——在分度圆上,每一齿对应的弧长。

齿槽宽($e$)——在分度圆上,相邻两齿面间凹槽的弧长。

齿距($p$)——在分度圆上,相邻两齿对应点之间的弧长,齿距等于齿厚与齿槽宽之和,即 $p=s+e$。

齿宽($b$)——齿轮轮齿在分度圆上沿分度圆圆柱直母线方向的宽度。

压力角($\alpha$)——过齿廓与分度圆的交点 $C$ 的径向直线与在该点处的齿廓切线所夹的锐角。压力角的大小与加工该齿轮的齿条类刀具上的齿形角相同,国家标准所规定的标准齿轮压力角为 20°。

模数($m$)——如果齿轮齿数为 $z$，则分度圆周长 $= pz$，又分度圆周长 $\pi d$，所以 $pz = \pi d$，由此得分度圆直径 $d = \dfrac{p}{\pi}z$。国标规定比值 $\dfrac{p}{\pi}$ 称为模数，用 $m$ 表示，即 $m = \dfrac{p}{\pi}$，它是表示齿轮轮齿大小的参数，单位为 mm。因此，$d = mz$。由于 $\pi$ 是一个无理数，所以 $m = \dfrac{p}{\pi}$ 也是一个无理数。为了便于设计和加工，国家标准已将模数标准化，如表 8.7 所示。

**表 8.7　圆柱齿轮标准模数**

| 第一系列 | 1,1.25,1.5,2,2.5,3,4,5,6,8,10,12,16,20,25,32,40,50 |
| --- | --- |
| 第二系列 | 1.75,2.25,2.75,(3.25),3.5,(3.75),4.5,5.5,(6.5),7,9,(11),14,18,22,28,36,45 |

2）两个直齿圆柱齿轮啮合时的参数

两个直齿圆柱齿轮啮合时，除了上述的齿轮参数之外，还有下列几个参数。

节圆直径($d'$)——两齿轮啮合传动时，在中心 $O_1O_2$ 的连线与齿廓相交的点 $C$ 处，两齿轮的圆周速度（垂直于 $O_1O_2$）相等，此时两齿轮可以认为是相互作无摩擦的纯滚动，$O_1C$ 和 $O_2C$ 即为两齿轮啮合时的节圆半径，对应的圆称为节圆，节圆对应的直径称为节圆直径，用 $d'$ 表示，如图 8.45(b)所示。在标准齿轮的无侧隙装配（或称准确装配）中，节圆与分度圆直径相等，即 $d = d'$。节圆在两个齿轮啮合时才有，两个齿轮分开，节圆就不存在了。

啮合角($\alpha'$)——两齿轮啮合时，两个啮合齿廓接触点处的公法线与两个节圆的内公切线所夹的锐角，如图 8.45(b)所示。一对标准安装的标准齿轮，其啮合角等于压力角，即 $\alpha = \alpha'$。

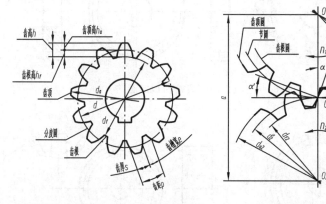

(a) 直齿圆柱齿轮基本参数及其各部分名称　　　(b) 直齿圆柱齿轮啮合图

**图 8.45　直齿圆柱齿轮各部分名称、参数及啮合图**

中心距($a$)——两个圆柱齿轮轴线之间的最短距离。

对于一对标准安装的标准齿轮有

$$a = \frac{d'_1 + d'_2}{2} = \frac{d_1 + d_2}{2} = \frac{m(z_1 + z_2)}{2}$$

传动比($i$)——主动齿轮转速 $n_1$ 与从动齿轮转速 $n_2$ 之比。由于两齿轮啮合时可以看成是在节圆上作无摩擦的纯滚动，即

$\pi d'_1 n_1 = \pi d'_2 n_2$，故 $i = \dfrac{n_1}{n_2} = \dfrac{d'_2}{d'_1}$。对于一对标准安装的标准齿轮有

$$i = \frac{d_2}{d_1} = \frac{mz_2}{mz_1} = \frac{z_2}{z_1}$$

3）圆柱齿轮各基本尺寸之间的关系

在齿轮的模数（$m$）和齿数（$z$）已知的条件下，标准直齿圆柱齿轮各基本尺寸之间的关系如表 8.8 所示。

表 8.8　标准直齿圆柱齿轮各基本尺寸之间的关系

| 名称及代号 | 计算公式 | 名称及代号 | 计算公式 |
|---|---|---|---|
| 模数 $m$ | $m = p/\pi = d/z$ | 齿顶圆直径 $d_a$ | $d_a = d + 2h_a = m(z+2)$ |
| 齿顶高 $h_a$ | $h_a = m$ | 齿根圆直径 $d_f$ | $d_f = d - 2d_f = m(z - 2.5)$ |
| 齿根高 $h_f$ | $h_f = 1.25m$ | 齿距 $p$ | $p = \pi m$ |
| 齿高 $h$ | $h = h_a + h_f = 2.25m$ | 中心距 $a$ | $a = \dfrac{d'_1 + d'_2}{2} = \dfrac{m(z_1 + z_2)}{2}$ |
| 分度圆直径 $d$ | $d = mz$ | | |

**2. 齿轮轮齿部分的规定画法**

齿轮轮廓形状较为复杂，绘制起来较为困难，为此国家标准对齿轮的画法作出了规定，如图 8.46 至图 8.48 所示。

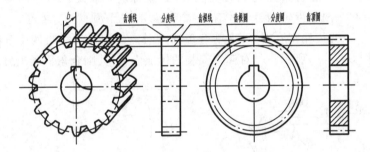

图 8.46　直齿圆柱齿轮的规定画法

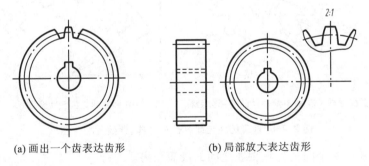

(a) 画出一个齿表达齿形　　　　(b) 局部放大表达齿形

图 8.47　齿形的表达方法

（1）齿顶圆与齿顶线用粗实线绘制。

（2）分度圆与分度线用细点画线绘制。

（3）齿根圆与齿根线用细实线绘制，也可以省略不画。在剖视图中，齿根线用粗实线绘制。

（4）在剖视图中，当剖切平面通过齿轮轴线时，轮齿一律按不剖处理。

（5）如需表明齿形，可在图形中用粗实线画出一个齿或两个齿，或用适当比例的局部放大图表示,如图 8.47 所示。

（6）如果要表示斜齿或人字齿,则需在齿轮投影不为圆的视图或剖视图的未剖部分,画三条与齿向一致、间隔相等的细实线表示其轮齿方向,如图 8.48 所示。

单个齿轮一般用两个视图(包括剖视图与局部视图)表示,画法应遵循(1)～(6)所述规定画法。

**3. 圆柱齿轮外啮合的画法**

两个齿轮相啮合时,除啮合区域外的其他部分画法与单个齿轮相同。啮合区域的画法如图 8.48、图 8.49 所示。

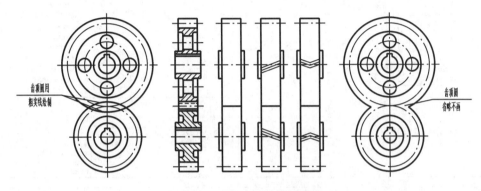

图 8.48　圆柱齿轮啮合的画法

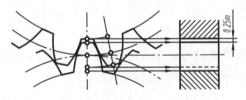

图 8.49　圆柱齿轮啮合间隙的画法

（1）在垂直于圆柱齿轮轴线的投影面视图中,啮合区的齿顶圆均用粗实线绘制,也可以省略不画,齿根圆全部不画。

（2）在平行于圆柱齿轮轴线的投影面视图中,啮合区的齿顶线不需要画出,节线用粗实线绘制,其他处的节线用细点画线绘制。

（3）在圆柱齿轮啮合的剖视图中,当剖切平面通过两啮合齿轮的轴线时,在啮合区内,将一个齿轮的轮齿用粗实线绘制,另一个齿轮的轮齿被遮住部分用细虚线绘制。一个齿轮的齿顶线与另一个齿轮的齿根线之间应有 $0.25m$ 的间隙,如图 8.49 所示。

（4）在剖视图中,当剖切平面通过啮合齿轮的轴线时,齿轮一律按不剖绘制。

**4. 直齿圆柱齿轮零件图**

齿轮较为复杂,为了全面表达齿轮形状和技术参数,国家标准规定了各种齿轮的图样格式。图 8.50 所示为渐开线直齿圆柱齿轮的零件图,图中除了用规定画法表达出了齿轮并进行了标注之外,还列表表达出了齿轮轮齿的参数与精度,参数列表一般放在图纸的右上角。

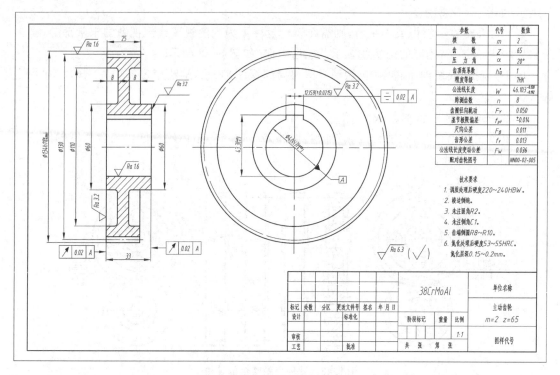

图 8.50　直齿圆柱齿轮零件图

## 8.5.2　锥齿轮

锥齿轮常常用于相交两轴之间力或回转运动的传递,锥齿轮的轮齿形状有直齿、螺旋齿、人字齿等,如图 8.51 所示,下面主要介绍直齿锥齿轮。

(a) 直齿锥齿轮　　　(b) 螺旋齿锥齿轮　　　(c) 人字齿锥齿轮

图 8.51　常见的锥齿轮

**1. 直齿锥齿轮的基本参数及其基本尺寸之间的关系**

直齿锥齿轮的轮齿在圆锥面上,在从锥底向锥顶过渡的过程中,轮齿的厚度与高度都逐渐减小,也就是说,轮齿的模数是一个变化的数值。为了计算与制造方便,选择锥齿轮的大端模数为标准模数,来计算锥齿轮的其他各部分尺寸。

锥齿轮各部分名称和基本参数如图 8.52 所示,各部分的尺寸关系如表 8.9 所示。

**2. 直齿锥齿轮的画法**

1) 单个锥齿轮的规定画法

单个锥齿轮的画法如图 8.53 所示。

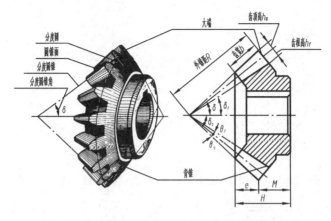

**图 8.52　锥齿轮各部分名称和基本参数**

**表 8.9　直齿锥齿轮各部分的尺寸关系(当锥齿轮两轴线垂直相交时)**

| 名称及代号 | 公　　式 | 名称及代号 | 公　　式 |
|---|---|---|---|
| 齿顶高 $h_a$ | $h_a = m$ | 齿根圆直径 $d_f$ | $d_f = m(z - 2.4\cos\delta)$ |
| 齿根高 $h_f$ | $h_f = 1.2m$ | 外锥距 $R$ | $R = mz/2\sin\delta$ |
| 齿高 $h$ | $h = h_a + h_f = 2.2m$ | 齿顶角 $\theta_a$ | $\tan\theta_a = 2\sin\delta/z$ |
| 分度圆锥角 $\delta_1$<br>(小齿轮) | $\tan\delta_1 = \dfrac{z_1}{z_2}$ | 齿根角 $\theta_f$ | $\tan\theta_f = 2.4\sin\delta/z$ |
| 分度圆锥角 $\delta_2$<br>(大齿轮) | $\tan\delta_2 = \dfrac{z_2}{z_1}$ 或 $\delta_2 = 90° - \delta_1$ | 顶锥角 $\delta_a$ | $\delta_a = \delta + \theta_a$ |
| 分度圆直径 $d$ | $d = mz$ | 根锥角 $\delta_f$ | $\delta_f = \delta - \theta$ |
| 齿顶圆直径 $d_a$ | $d_a = m(z + 2\cos\delta)$ | 齿宽 $b$ | $b \leqslant R/3$ |

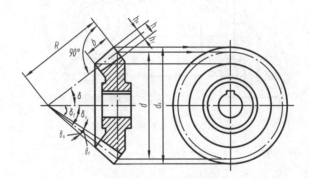

**图 8.53　单个锥齿轮的画法**

(1) 平行于锥齿轮轴线的投影图采取剖视画法,在过锥齿轮轴线的剖视图上,轮齿按不剖绘制,齿顶线与齿根线画成粗实线,分度线画成细点画线。

(2) 在垂直于锥齿轮轴线的视图上,轮齿大端与小端的齿顶圆用粗实线绘制,大端的分度圆用细点画线绘制,大端的齿根圆、小端的齿根圆和分度圆均不绘出。其他部分按真实投影关系绘制。

单个锥齿轮的作图过程如图 8.54 所示。

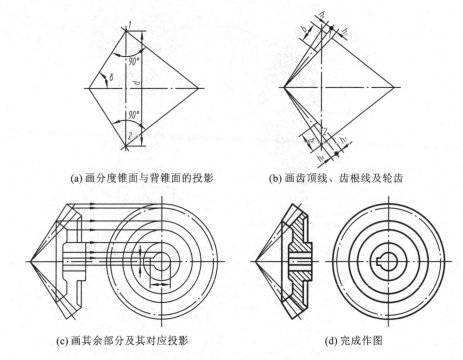

(a) 画分度锥面与背锥面的投影　　　　　(b) 画齿顶线、齿根线及轮齿

(c) 画其余部分及其对应投影　　　　　　　(d) 完成作图

**图 8.54　单个锥齿轮的作图过程**

2）直齿锥齿轮的啮合画法

直齿锥齿轮的啮合画法如图 8.55 所示。啮合区域内,两个锥齿轮大端的分度圆应相切,在过轴线的剖视图中,分度线重合。

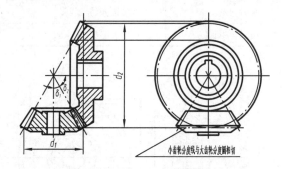

小齿轮分度线与大齿轮分度圆相切

**图 8.55　锥齿轮啮合的画法**

3）直齿锥齿轮的零件图

直齿锥齿轮的零件图如图 8.56 所示。

### 8.5.3　蜗轮与蜗杆

蜗轮与蜗杆通常用于两交叉(常常为垂直交叉)的两轴之间的传动。蜗杆与蜗轮的传动是单方向的,运动能从蜗杆传向蜗轮,而不能从蜗轮传向蜗杆。蜗杆与蜗轮的传动比可以达到 40～50,远远大于圆柱或锥齿轮的传动比(为 1～10)。除此之外,这种传动结构还具有结构紧凑,占用空间小的优点;但是也具有效率低、摩擦大、发热量高的缺点。

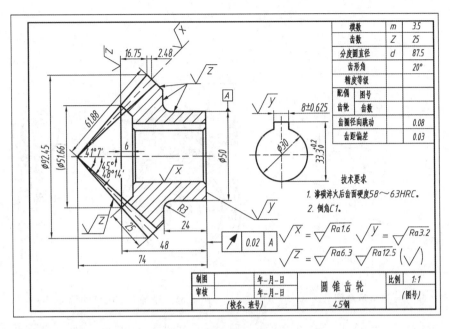

| 模数 | $m$ | 3.5 |
|---|---|---|
| 齿数 | $Z$ | 25 |
| 分度圆直径 | $d$ | 87.5 |
| 齿形角 | | 20° |
| 精度等级 | | |
| 配偶 | 图号 | |
| 齿轮 | 齿数 | |
| 齿圈径向跳动 | | 0.08 |
| 齿距偏差 | | 0.03 |

技术要求

1. 渗碳淬火后齿面硬度58～63HRC。
2. 倒角C1。

图 8.56　直齿锥齿轮的零件图

**1. 蜗杆与蜗轮的基本参数及其基本尺寸之间的关系**

（1）模数（$m$）　相啮合的蜗杆与蜗轮应当具有相同的标准模数 $m$。如果蜗杆的轴向模数用 $m_x$ 表示，蜗轮的端面模数用 $m_t$ 表示，有：$m = m_x = m_t$。值得注意的是，蜗杆与蜗轮的标准模数与齿轮的标准模数并不相同。

（2）蜗杆的分度圆直径（$d_1$）　加工成对的蜗杆与蜗轮时，一般是先加工出蜗杆，再制造出尺寸、形状与蜗杆都相同的蜗轮滚刀，按照啮合的原理加工出蜗轮。而同一模数下的蜗杆可以有不同的直径，如果对蜗杆的直径不进行统一的规定，将造成蜗轮滚刀数目繁多、生产混乱的局面。为此国家标准对蜗杆直径 $d_1$ 进行了标准化，并使之与模数 $m$ 有一定的匹配关系，蜗杆分度圆直径 $d_1$ 与其自身的轴向模数 $m_x$（即 $m$）有一比值，称为蜗杆的直径系数（$q$），即 $q = \dfrac{d_1}{m}$，或 $d_1 = mq$。对于标准的蜗杆，模数（$m_x$）确定后，可查取相匹配的 $q$，以确定 $d_1$。蜗杆轴向模数 $m_x$ 与直径系数 $q$ 的搭配如表 8.10 所示。

表 8.10　蜗杆轴向模数 $m_x$ 与直径系数 $q$ 的搭配

| 模数 $m_x$ | 1 | 1.5 | 2 | 2.5 | 3 | (3.5) | 4 | (4.5) | 5 | 6 | (7) | 8 | (9) | 10 | 12 |
|---|---|---|---|---|---|---|---|---|---|---|---|---|---|---|---|
| 直径系数 $q$ | 14 | 14 | 13 | 12 | 12 | 12 | 11 | 11 | 10 (12) | 9 (11) | 9 (11) | 8(11) | 8(11) | 8(11) | 8(11) |

（3）蜗杆导程角 $\gamma$　根据如图 8.57 所示的蜗杆导程角示意图，有下式：

$$\tan\gamma = \frac{导程}{分度圆周长} = \frac{z_1 p_x}{\pi d_1} = \frac{z_1 \pi m}{\pi m q} = \frac{z_1}{q}$$

式中：$z_1$——蜗杆头数；

$p_x$——蜗杆轴向齿距（mm）。

一对正确啮合的蜗杆与蜗轮具有大小、方向相同的蜗杆导程角 $\gamma$。

（4）中心距 $a$　根据如图 8.58 所示的蜗轮与蜗杆传动示意图，可知：

$$a = \frac{d_1 + d_2}{2} = \frac{m}{2}(q + z_2)$$

式中，$z_2$——蜗轮齿数。

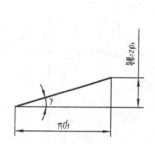

图 8.57　蜗杆导程角示意图

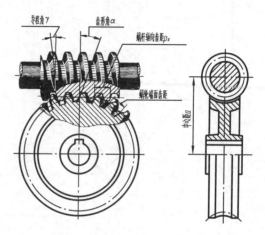

图 8.58　蜗轮与蜗杆传动示意图

　　（5）蜗杆与蜗轮基本尺寸之间的关系　　如图 8.59、图 8.60 所示，蜗杆与蜗轮基本尺寸之间的关系如表 8.11 和表 8.12 所示。

表 8.11　蜗杆基本尺寸之间的关系

| 名　称　代　号 | 公　　式 | 名　称　代　号 | 公　　式 |
|---|---|---|---|
| 分度圆直径 $d_1$ | $d_1 = mq$ | 轴向齿距 $p_x$ | $p_x = \pi m$ |
| 齿顶高 $h_{a1}$ | $h_{a1} = m$ | 螺杆导程 $p_z$ | $p_z = z_1 p_x$ |
| 齿根高 $h_{f1}$ | $h_{f1} = 1.2m$ | 导程角 $\gamma$ | $\tan \gamma = \dfrac{z_1}{q}$ |
| 齿高 $h_1$ | $h_1 = h_{a1} + h_{f1} = 2.2m$ | 轴向齿形角 $\alpha$ | $\alpha = 20°$ |
| 齿顶圆直径 $d_{a1}$ | $d_{a1} = d_1 + 2h_{a1} = d_1 + 2m$ | 蜗杆齿宽 $b_1$ | 当 $z_1 = 1 \sim 2, b_1 \geqslant (11 + 0.06z_2)m$<br>当 $z_1 = 3 \sim 4, b_1 \geqslant (12.5 + 0.09z_2)m$ |
| 齿根圆直径 $d_{f1}$ | $d_{f1} = d_1 - 2h_{f1} = d_1 - 2.4m$ | | |

表 8.12　蜗轮基本尺寸之间的关系

| 名　称　代　号 | 公　　式 | 名　称　代　号 | 公　　式 |
|---|---|---|---|
| 分度圆直径 $d_2$ | $d_2 = mz_2$ | 中心距 $a$ | $a = \dfrac{1}{2}(d_1 + d_2) = \dfrac{m}{2}(q + z_2)$ |
| 齿顶高 $h_{a2}$ | $h_{a2} = m$ | 齿顶圆弧半径 $R_{a2}$ | $R_{a2} = \dfrac{d_{f1}}{2} + 0.2m = \dfrac{d_1}{2} - m$ |
| 齿根高 $h_{f2}$ | $h_{f2} = 1.2m$ | 齿根圆弧半径 $R_{f2}$ | $R_{f2} = \dfrac{d_{a1}}{2} + 0.2m = \dfrac{d_1}{2} + 1.2m$ |
| 齿高 $h_2$ | $h_2 = 2.2m$ | 顶圆直径 $d_{e2}$ | 当 $z_1 = 1$ 时, $d_{e2} \leqslant d_{a2} + 2m$<br>当 $z_1 = 2 \sim 3$ 时, $d_{e2} \leqslant d_{a2} + 1.5m$ |
| 喉圆直径 $d_{a2}$ | $d_{a2} = d_2 + 2h_{a2} = m(z_2 + 2)$ | 齿宽 $b_2$ | 当 $z_1 \leqslant 3$ 时, $b_2 \leqslant 0.75d_{a1}$<br>当 $z_1 \leqslant 4$ 时, $b_2 \leqslant 0.67d_{a1}$ |
| 齿根圆直径 $d_{f2}$ | $d_{f2} = d_2 - 2h_{f2} = m(z_2 - 2.4)$ | | |

**2. 蜗杆、蜗轮及其啮合的画法**

1）蜗杆的画法

蜗杆按照齿轮的绘制方法进行绘制，采取局部放大或剖视的方法表示蜗杆上的牙型，如图8.59所示。

2）蜗轮的画法

平行于蜗轮轴线的投影画成剖视，画法与圆柱齿轮的画法相类似，在垂直于蜗轮轴线的视图上，只画顶圆（$d_{e2}$）和分度圆（$d_2$），喉圆（$d_{a2}$）与齿根圆（$d_{f2}$）不画。如图8.60所示。

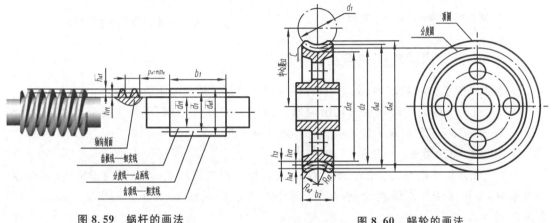

图 8.59　蜗杆的画法　　　　图 8.60　蜗轮的画法

3）蜗轮与蜗杆啮合的画法

蜗轮与蜗杆啮合的画法如图8.61所示，平行于蜗轮轴线的投影画成全剖视图，蜗杆的齿顶圆和齿根圆画成粗实线，分度圆画成细点画线，蜗轮被遮住部分不画。垂直于蜗轮轴线的投影在啮合区处画成局部剖，蜗杆的齿顶线应画至与蜗轮喉圆相交处，蜗杆分度线与蜗轮分度圆相切，如图8.61(a)所示。也可采取外形画法，如图8.61(b)所示。

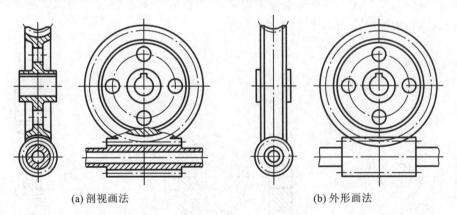

(a)剖视画法　　　　(b)外形画法

图 8.61　蜗轮与蜗杆啮合的画法

### 8.5.4　齿轮与齿条啮合

当直齿圆柱齿轮的半径变成无穷大，齿轮就变成了齿条，齿条齿廓不再是圆的渐开线，而变成了齿形角为20°的等腰梯形，如图8.62所示。齿轮齿条啮合副能把旋转运动转换成直线运动，或把直线运动转换成旋转运动。齿轮齿条副啮合的画法如图8.63所示。

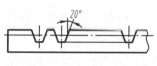

图 8.62　齿条的齿形示意图

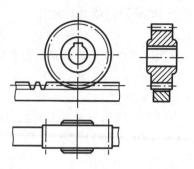

图 8.63　齿轮齿条副啮合的画法

### 8.5.5　美国齿轮常用参数及其画法

美国齿轮的基本参数类型、概念与我国的相同,只是数值大小上存在差异。

ANSI 对于齿轮的规定画法与我国国家标准规定的画法相似,下面主要介绍美国 ANSI Y14.7.1—1993 规定的齿轮画法与我国标准的不同之处。

**1. 单个齿轮的画法**

(1) 当无须指明齿轮部分的详细内容时,在投影为圆的视图上,齿顶圆与齿根圆用细双点画线绘制,节圆采用细点画线绘制;在与齿轮轴线平行的视图上,齿根圆用细虚线绘制,如图 8.64(a)所示。

(2) 在过齿轮轴线的剖视图上,齿轮的画法与我国国家标准规定的相同;在垂直于齿轮轴线的剖视图中,除了用细双点画线表明齿顶圆与齿根圆外,在齿轮的实心部分还要绘制出剖面线,如图 8.64(b)所示。

(3) 如需表明齿轮齿廓的尺寸或形状,可用剖面的局部放大图表示,如图 8.64(a)所示。

**2. 齿轮的啮合画法**

齿轮的啮合画法与我国国家标准规定相同,有时候可以见到在过齿轮轴线的剖视图中在啮合区内只画齿根圆的特殊画法,如图 8.65 所示。

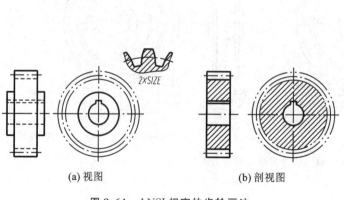

(a) 视图　　　　(b) 剖视图

图 8.64　ANSI 规定的齿轮画法

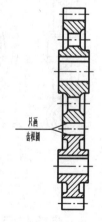

图 8.65　ANSI 关于齿轮啮合区的特殊画法

# 8.6　弹　簧

## 8.6.1　常用的弹簧

弹簧是一种储能元件,用于减振、测力等。弹簧的类型繁多,分类方法多种多样,按受力方向的不同,可分为压缩弹簧、拉伸弹簧、扭转弹簧;按结构形状分,有螺旋弹簧、发条弹簧和板弹簧等,如图 8.66 所示。

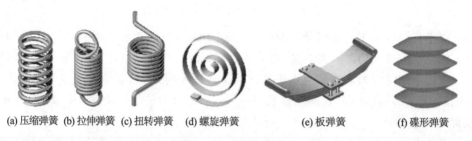

(a) 压缩弹簧　(b) 拉伸弹簧　(c) 扭转弹簧　(d) 螺旋弹簧　　　(e) 板弹簧　　　(f) 碟形弹簧

**图 8.66　常见的弹簧**

## 8.6.2　圆柱螺旋压缩弹簧

圆柱螺旋压缩弹簧是使用最多、最为常见的一种弹簧,对其主要介绍如下。

**1. 圆柱螺旋压缩弹簧的结构及参数**(GB/T 4459.4—2003)

如图 8.67 所示,圆柱螺旋压缩弹簧的参数如下。

(1) 弹簧丝直径($d$)——制造弹簧所用的钢丝直径。

(2) 弹簧的外径($D_2$)、内径($D_1$)和中径($D$)。

外径($D_2$)和内径($D_1$)分别是弹簧的最大直径和最小直径,中径($D$)是外径和内径的平均值,即

$$D = \frac{D_1 + D_2}{2} = D_1 + d = D_2 - d$$

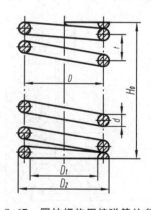

(3) 有效圈($n$)、支承圈($n_z$)和总圈数($n_1$)。

对于压缩弹簧,需要将两端压紧并锻平或磨平,使其起到支承的作用,这些压紧并锻平或磨平的圈称为支承圈,用 $n_z$ 表示;其余的圈称为有效圈,用 $n$ 表示。总圈数 $n_1$ 为支承圈 $n_z$ 与有效圈 $n$ 之和,即:$n_1 = n_z + n$。$n_z$ 的数值一般取 1.5、2、2.5。

**图 8.67　圆柱螺旋压缩弹簧的参数**

(4) 节距($t$)——相邻两个有效圈在中径上的轴向距离。

(5) 自由高度($H_0$)——没有外力作用下弹簧的高度,$H_0 = nt + (n_z - 0.5)d$。

(6) 旋向——顺时针方向旋转而前进的为右旋,逆时针方向旋转而前进的为左旋。

(7) 弹簧丝的展开长度($l$)——制造该弹簧所需要的弹簧丝长度,$l \approx \pi D n_1$。

**2. 圆柱螺旋压缩弹簧的规定画法**

1) 圆柱螺旋压缩弹簧的规定画法(GB/T 4459.4—2003)

圆柱螺旋压缩弹簧可以画成视图、剖视图或示意图,如图 8.68 所示。

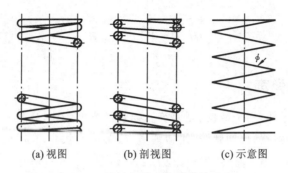

(a) 视图          (b) 剖视图          (c) 示意图

图 8.68　圆柱螺旋压缩弹簧的画法

（1）在平行于螺旋压缩弹簧轴线的投影面视图中,其各圈轮廓都画成直线。

（2）螺旋压缩弹簧均可画成右旋,对必须保证螺旋方向要求的应在"技术要求"中注明。

（3）螺旋压缩弹簧如果要求两端压紧并磨平或锻平时,不论支承圈多少和末端贴紧情况如何,均按如图 8.67 所示(有效圈是整数,支承圈是 2.5 圈)的形式绘制。必要时,也可按支承圈的实际结构绘制。

（4）有效圈数在 4 圈以上的螺旋压缩弹簧,其中间部分可以省略,而只画出两端的 1～2 圈(支承圈除外),中间的省略部分用代表弹簧丝中径的细点画线表示,并允许适当缩短图形的长度。

（5）在装配图中,被剖切弹簧丝的直径在图形上等于或小于 2 mm 时,允许用示意图表示,如图 8.69(a)所示,当弹簧被剖切时,弹簧丝断面也可以用涂黑表示,如图 8.69(b)所示。

（6）装配图中,被弹簧遮住的结构一般不画,可见部分应从弹簧的外部轮廓线以外画起,或从剖视图中表示弹簧中径的细点画线以外画起,如图 8.69(c)所示。

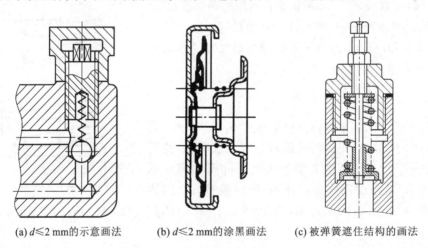

(a) $d \leqslant 2$ mm的示意画法      (b) $d \leqslant 2$ mm的涂黑画法      (c) 被弹簧遮住结构的画法

图 8.69　弹簧在装配图中的画法

2）圆柱螺旋压缩弹簧的作图举例

**例 8.1**　已知弹簧中径 $D=8$ mm,弹簧丝直径 $d=5$ mm,自由高度 $H_0=100$ mm,有效圈数 $n=6.5$,支承圈数 $n_z=2$,弹簧为 A 型,右旋。试画出这个圆柱螺旋压缩弹簧。

**解**　首先由公式计算出节距 $t$,即

$$t = \frac{H_0 - (n_z - 0.5)d}{n} = \frac{100 - (2 - 0.5) \times 5}{6.5}\text{mm} = 14.23 \text{ mm}$$

　　然后按下列步骤进行作图　(1) 根据中径 $D$ 和自由高度 $H_0$ 作出矩形和弹簧轴线,如图 8.70(a) 所示。

　　(2) 虽然 $n_z=2$,但根据国标,按 $n_z=2.5$ 的规定进行绘图,根据弹簧丝直径 $d$ 画出两端支承圈弹簧丝断面,如图 8.70(b) 所示。

　　(3) 在 $a$ 和 $b$ 之间画出几个有效弹簧丝断面,如图 8.70(c) 所示。

　　(4) 按右旋方向作出弹簧丝断面的公切线,完成作图,如图 8.70(d) 所示。

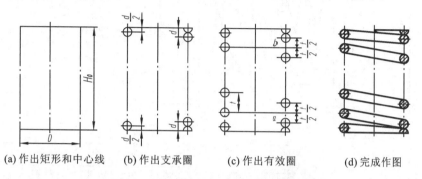

(a) 作出矩形和中心线　　(b) 作出支承圈　　(c) 作出有效圈　　(d) 完成作图

**图 8.70　圆柱螺旋压缩弹簧的作图过程**

### 3. 标准圆柱压缩弹簧的标记

GB/T 2089—2009 规定了圆柱压缩弹簧的标记,具体内容如下:

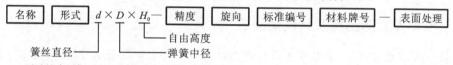

(1) 圆柱螺旋压缩弹簧的名称用"Y"表示。

(2) 形式有"A"、"B"两种。"A"表示两端并紧磨平型,"B"表示两端并紧锻平型。

(3) 精度分 2、3 两级,3 级精度不需标注。

(4) 旋向分"左"、"右"两种,右旋时,"右"可省略不注。

(5) 圆柱螺旋压缩弹簧的国家标准编号为 GB/T 2089—2009。

(6) 弹簧丝直径≤10 时,采用冷卷工艺制造弹簧,材料为 C 级碳素弹簧钢丝;弹簧丝直径 >10 时,采用热卷工艺制造弹簧,材料为 60Si2MnA 弹簧材料。如采用上述材料,"材料牌号" 可省略不注。

(7) 表面处理一般不注。如果有特别表面处理要求,应按相关国家标准规定进行标注。

　　标记示例　　圆柱螺旋压缩弹簧,A 型,弹簧丝直径 $\phi$10,弹簧中径 $\phi$85,自由高度 180,精度等级 3 级,右旋,材料为 60Si2MnA,表面涂漆处理。其标记为

$$\text{YA}\quad 10×85×180\quad \text{GB/T } 2089—2009$$

　　圆柱螺旋压缩弹簧,B 型,线径 $\phi$1.6,弹簧中径 $\phi$12,自由高度 38,精度等级 2 级,左旋,材料为 B 级碳素弹簧钢丝,表面镀锌处理。其标记为

$$\text{YB}\quad 1.6×12×38\text{-}2\ 左\quad \text{GB/T } 2089—2009\quad \text{B 级-D-Zn}$$

### 4. 圆柱螺旋压缩弹簧零件图

圆柱螺旋压缩弹簧零件图示例如图 8.71 所示。

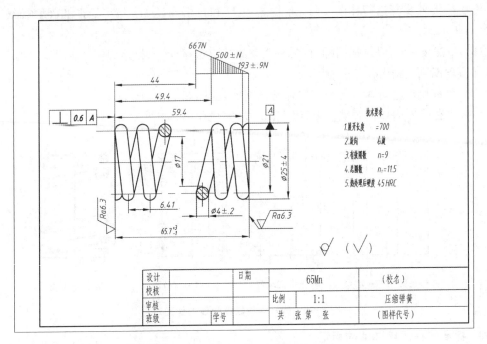

图 8.71　圆柱螺旋压缩弹簧零件图示例

### 8.6.3　拉伸弹簧的结构及其规定画法

拉伸弹簧与压缩弹簧相似,只是在不承受载荷的自由状态下各圈都是并紧的,拉伸弹簧两端的簧圈平面处于与弹簧轴线平行的位置,以承受轴向拉力。拉伸弹簧的结构及其画法如图8.72 所示。

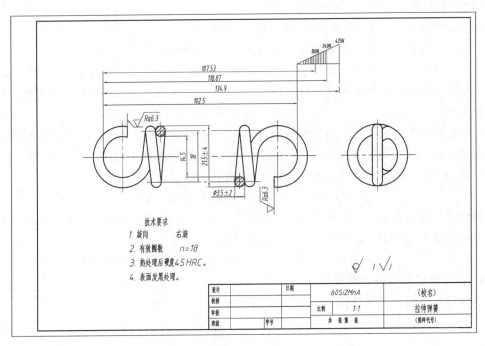

图 8.72　圆柱螺旋拉伸弹簧零件图示例

### 8.6.4 其他弹簧的结构及其画法

其他常见的弹簧有扭转弹簧、截锥涡卷弹簧、碟形弹簧和平面涡卷弹簧等,它们的结构及其画法分别如表 8.13 至表 8.16 所示。

表 8.13 圆柱螺旋扭转弹簧的结构及其画法

| 视 图 | 剖 视 图 | 示 意 图 |
| --- | --- | --- |
| 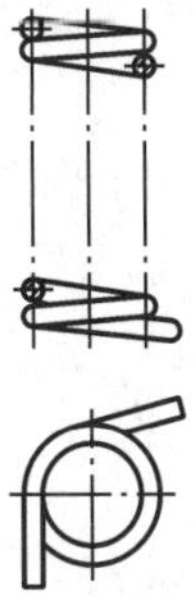 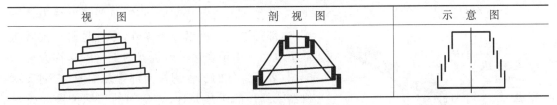 | 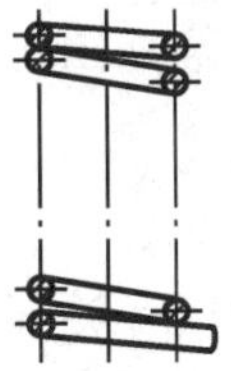 |  |

表 8.14 截锥涡卷弹簧的结构及其画法

| 视 图 | 剖 视 图 | 示 意 图 |
| --- | --- | --- |

表 8.15 碟形弹簧的结构及其画法

| 视 图 | 剖 视 图 | 示 意 图 |
| --- | --- | --- |
| 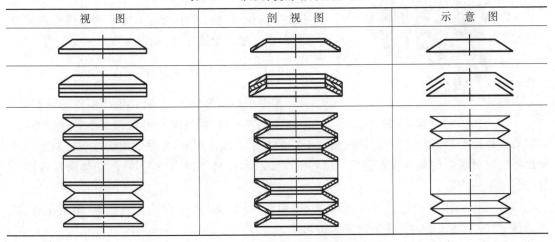 | | |

表 8.16 平面涡卷弹簧的结构及其画法

| 视 图 | 示 意 图 |
| --- | --- |
| 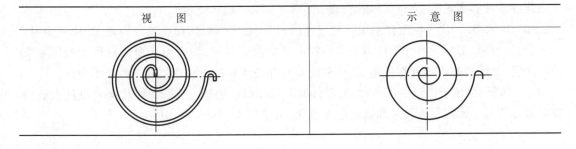 | |

# 第9章 零 件 图

在实际生产中,零件图是用于设计、生产和检验的重要工程技术文件,它是零件进行加工制造和检验的重要依据,一张完整的零件图必须包含生产零件的全部技术资料。工程技术人员需要熟练掌握绘制和阅读零件图的方法和技能。

本章主要介绍零件图的作用和内容、零件的表达方法、尺寸标注、表面结构要求、常见工艺结构和技术要求、零件图的绘制和阅读方法等。

## 9.1 零件图与装配图的关系以及零件图的内容

### 9.1.1 零件图与装配图的关系

一台机器是由若干个零件按一定的装配关系和技术要求装配而成的,机器可以分为各个部件,部件进一步可以分为零件,零件是构成机器的最小单元。用于表达一台机器的工程图样称为总装配图,表达部件的工程图样为部件装配图,它们表示机器或部件的工作原理、零件间的装配关系和技术要求等,如图 9.1 所示为球阀的装配图。用于表达零件的结构、形状、大小和技术要求的图样称为零件图,根据它加工制造零件,如图 9.2 所示。

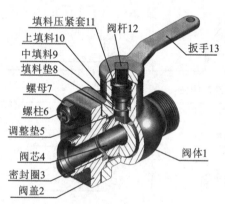

图 9.1 球阀装配图

### 9.1.2 零件图的内容

零件图是指导加工、检验和生产零件的依据,它不仅要把零件的内、外结构形状和大小表达清楚,还需要对零件的材料、加工、检验、测量提出必要的技术要求。因此,零件图中必须包括制造和检验该零件时所需要的全部技术资料。由如图 9.2 所示阀杆零件图可见,一张完整的零件图一般应包括下列内容。

(1) 一组视图:其中包括视图、剖视图、断面图、局部放大图及其简化画法等,用于正确、完整、清晰和简便地表达出零件的内外结构形状。

(2) 完整尺寸:包括零件的结构形状、相互位置及大小、制造和检验过程中所需的全部尺寸。所标尺寸必须正确、完整、清晰、合理。

(3) 技术要求:优先在图样中用一些规定的符号、数字、字母(如表面结构要求、尺寸公差、几何公差)表示,部分没有标明的再用文字在图纸空白处注解(如表面处理和材料处理的要求等),简明、准确地给出零件在使用、制造和检验时在技术指标上应达到的一些技术要求。

(4) 标题栏:位于图纸右下角,填写零件的名称、材料、数量、比例、图样代号及设计人员的签名和日期等。标题栏的尺寸和格式已标准化,可参见本书第 1 章。

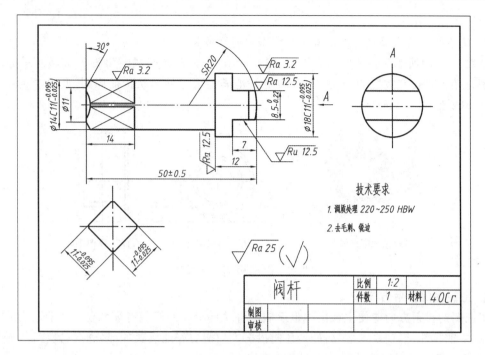

**图 9.2　阀杆零件图**

## 9.2　零件图的视图选择

对于零件图的视图选择,要综合运用前面所学的知识,了解零件的用途、主要加工方法,以及零件在部件中的装配方式、工作状态等,才能合理地选择视图。对于较复杂的零件,可拟订几种不同的表达方案进行对比,最后确定合理的表达方案。

对于不同结构形状的零件,要选择一组恰当的视图把其结构形状表达清楚,主要考虑以下几点:

(1) 便于看图;

(2) 完整、清晰地表达各部分形状;

(3) 力求作图简单。

### 9.2.1　主视图的选择

主视图是一组图形的核心,在表达零件结构形状、画图和看图中起主导作用,因此应把选择主视图放在首位,选择时从以下两个方面考虑。

**1. 零件安放位置**

对于零件的安放位置,一般考虑以下几个方面。

1) 零件的加工位置

零件在制造过程中,为了便于加工,要把它装夹在一定位置上。应选择主视图的放置方式与加工位置尽量一致,以使制造者看图方便。

2) 零件的工作位置

零件的工作位置是指零件安装在机器或部件中工作时的摆放位置。当零件复杂,加工位置多变时,主视图应尽量与零件的工作位置一致,以便于装配。除此之外,还要考虑反应形状特征原则。

3) 使尽量多的表面平行或垂直于投影面以便于画图

如图 9.3(a)所示为轴承座的立体图,图 9.3(b)所示的 A 向视图和图 9.3(c)所示的 B 向视图都是按工作位置放置的,而图 9.3(b)更好地满足了零件形状特征原则,所以主视图选择图 9.3(b)要比图 9.3(c)好。

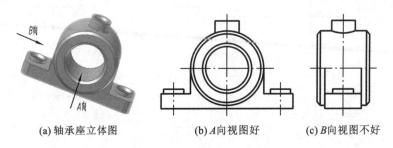

(a) 轴承座立体图    (b) A向视图好    (c) B向视图不好

**图 9.3　零件的安放位置选择**

**2. 主视图的投射方向**

主视图的投射方向应使主视图尽量反映零件主要形体的形状特征和位置特征。如图 9.4(a)所示主轴零件,当轴线水平放置时,B 向投射方向能更好地反映各部分的位置特征,显然要比 A 向好。所示主视图选择图 9.4(b)要比图 9.4(c)好。

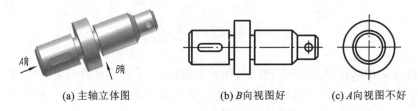

(a) 主轴立体图    (b) B向视图好    (c) A向视图不好

**图 9.4　主视图的投射方向选择**

应该指出,有些运动零件的工作位置并不固定,还有些零件(如叉架和箱体等)各工序的加工位置各不相同,因此,在选择主视图时,当确定了主视图的投射方向后,根据零件的特点,应尽量使主视图符合零件的工作位置(或自然位置)或加工位置。此外,还要考虑其他视图的合理布置,充分利用图纸。

## 9.2.2　其余视图表达方案的选择

一般来说,仅用一个主视图是不能将零件的结构形状完全表达清楚。当主视图确定以后,要分析该零件在主视图上还有哪些尚未表达清楚的结构,对这些结构,必须选择其他视图,包括剖视图、断面图、局部放大图及其简化画法等各种表达方法,使每个视图都有表达的重点,几个视图互相补充而不重复,具体选用时,应注意以下几点。

(1) 根据零件的复杂程度及内、外结构形状,全面考虑还应需要的其他视图,要求每个所选视图应具有独立存在的意义及明确的表达重点,注意避免不必要的细节重复,在明确表达清楚零件的前提下,使视图的数量尽可能少。

(2) 优先考虑采用基本视图,当有内部结构需要表达时,应尽量在基本视图上作剖视;对尚未表达清楚的局部结构和倾斜部分的结构,可增加必要的局部(剖)视图和局部放大图。有关的视图应尽量保持直接投影关系,配置在相关视图附近。

（3）按照视图表达零件形状结构要正确、完整、清晰、简便的要求，进一步综合、比较、调整、完善，选出最佳的表达方案。

### 9.2.3 典型零件的视图表达方案选择示例

零件的结构形状多种多样，根据其形状结构特点和功能，常见零件大致可分为五类：

（1）轴套类零件——各种类型的轴、套筒等零件；

（2）盘盖类零件——各种端盖、轮子等；

（3）叉架类零件——拨叉、连杆、支座等零件；

（4）箱体类零件——阀体、泵体、减速器箱体等零件；

（5）其他类零件——镶嵌类、薄板冲压类等。

**1. 轴套类零件的视图选择**

1）形体结构分析

轴套类零件结构大多由一系列同轴回转体构成，其径向尺寸较小，轴向尺寸较大。这类零件包括各种轴、丝杆、套筒、衬套等。根据设计和工艺要求，零件上常带有键槽、轴肩、螺纹、退刀槽、砂轮越程槽、挡圈槽、中心孔、销孔、倒角或圆角等结构。

2）主视图选择

轴套类零件主要结构是在车床进行加工的，一般按加工位置（轴线水平）放置零件，因此，可采用一个基本视图，加上直径尺寸，就可以清晰表达主体结构。

3）其他视图选择

轴套类零件的结构比较简单，可以选用若干断面图表达键槽、销孔和凹坑等结构。轴上的局部工艺结构（如螺纹退刀槽、砂轮越程槽、圆角等）可以采用局部放大图表达。

轴套类零件一般的表达方案如图 9.5 所示。

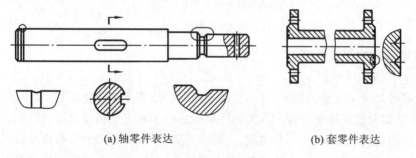

(a) 轴零件表达    (b) 套零件表达

**图 9.5 轴套类零件表达**

**2. 盘盖类零件的视图选择**

1）形体结构分析

盘盖类零件的主体结构一般由同轴回转体和少量的非圆柱面构成，其径向尺寸较大，轴向尺寸较小，呈盘状。零件上常有均布孔、肋板、轮辐、槽、凸台、凹坑和倒角等结构。这类零件包括齿轮、手轮、带轮、飞轮、法兰盘、端盖等。

2）主视图选择

盘盖类零件的毛坯大多系铸件和锻件，加工以车削为主。主视图一般按加工位置放置，轴线水平；如因加工工序较多，位置多变，也可按工作位置放置。主视图通常画成全剖视图或半剖视图。

3) 其他视图选择

为了更好地将盘盖上的形状特征及其上的孔、槽、肋板和轮辐等形状及分布表达清晰,一般要选择一个左视图或右视图,有时是左视图和右视图两个视图。

盘盖类零件的一般表达方案如图 9.6(a)、(b)所示。

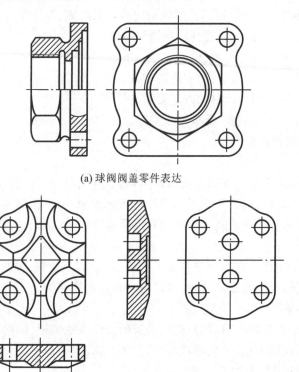

(a) 球阀阀盖零件表达

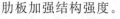

(b) 齿轮油泵后泵盖零件表达

**图 9.6　盘盖类零件表达**

### 3. 叉架类零件的视图选择

1) 形体结构分析

叉架类零件是用来支承其他零件的,其结构与安装位置及功能密切相关,根据功能可分为工作部分、安装部分和连接部分等。这类零件包括各种连杆支架和拨叉等,如图 9.7 所示为一轴承架的立体图,该轴承架由三部分组成:上部分是轴承孔(工作部分),孔内安装回转轴,其顶部有凸台,凸台中间的螺孔用于安装油杯,用来润滑运动轴;下部分是安装板(安装部分),安装板上有两个对称的通孔用于固定轴承架;圆筒与安装板之间是连接板(连接部分)并用三角形肋板加强结构强度。

2) 主视图选择

叉架类零件多为铸件,加工位置较多。选择主视图主要考虑形状特征和工作位置。主视图通常画成局部剖视或视图。对于图 9.7 所示轴承架,选 A 为主视图投射方向能够反映轴承架的形状特征、工作位置及各组成部分的相对位置。选 B 为主视图投射方向虽然能够反映各组成部分的相对位置,但是不能反映轴承架的形状特征,所以选 A 作为主视图的投射方向比较合适。

**图 9.7　轴承架立体图**

3) 其他视图选择

叉架类零件一般需要两个或两个以上基本视图,并且常需要局部剖视图、断面图等表达零件的局部结构和某横断面的形状,可选择多种表达方案,然后对比各种方案后选择最佳表达方案。

如图 9.8(a)、(b)、(c)所示为轴承架三种不同的表达方案,这三种表达方案都已经将轴承架的结构形状表达清楚,但三种方案在选择主视图和采用的视图数量、表达方法等方面都不尽

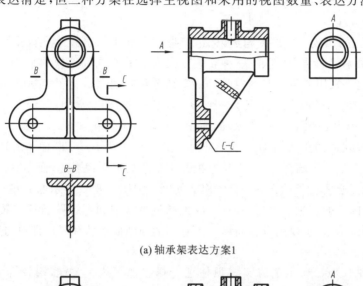

(a) 轴承架表达方案1

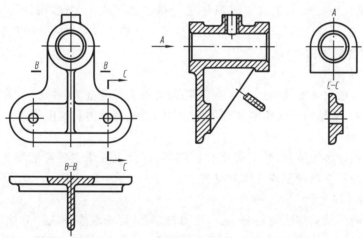

(b) 轴承架表达方案2

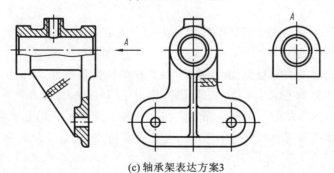

(c) 轴承架表达方案3

图 9.8 叉架类零件表达

相同且各有特点。下面从两个方面来分析比较这三种表达方案。

(1) 主视图的比较　如图 9.8(a)、(b)所示的表达方案 1、方案 2,其主视图投射方向相同,主要反映轴承架的形状特征及其与轴承孔、肋板及安装板之间的上下位置关系;图 9.8(c)所示表达方案 3 的主视图突出表示轴承孔、螺孔安装孔的结构形状,以及轴承孔、连接板、肋板、安装板之间的上下、左右位置关系,且按主要加工位置放置。对轴承架来说,轴承孔是它的主要结构,在主视图上直接显示轴承孔的结构比反映安装板的形状结构更为重要,所以方案 3 的主视图选择比较合理。

(2) 其他视图的比较　主视图确定以后,应考虑需要再画出哪几个视图与之配合才能完整、清晰地表示轴承架的结构形状。三种表达方案都采用 A 向局部视图来说明轴承孔两端凸缘的不同外形,也都采用了两个基本视图——主视图和左视图。为了表达安装板和肋板的断面形状,图 9.8(a)所示的方案 1 补充了一个 B—B 断面图,图 9.8(b)所示的方案 2 添加了一个 B—B 全剖视图,又增加了一个 C—C 断面图。比较方案 1 和方案 2,方案 2 采用 B—B 全剖视图表示安装板和肋板的断面形状。显然不如方案 1 中采用 B—B 断面图表达简明且作图简单。对于安装板上的两个圆孔,方案 1 在左视图中采用局部剖视表达,而方案 2 则多画了一个 C—C 断面图,无此必要。所示方案 1 比方案 2 简明。但图 9.8(c)所示的方案 3 对安装板和肋板及安装板上的圆孔的表达显得更为简练,因为通过主视图和左视图已将安装板和肋板的外形结构形状表达清楚了,只要用重合断面表示它们的横断面形状和厚度即可,这样表达显得更加简明。

综上所述,图 9.8(c)所示的方案 3 抓住了选择主视图这一关键,用较少的视图正确、完整、清晰地表达了轴承架的结构形状,所以方案 3 是三种表达方案中的最佳方案。

### 4. 箱体类零件的视图选择

1) 形体结构分析

箱体类零件一般用来支承和包容其他零件,故零件上常有空腔、轴孔、支承壁、肋板、凸台、沉孔、螺孔等结构。常见的箱体类零件有泵体、阀体、减速器箱体和机座等。

2) 主视图选择

箱体类零件毛坯多为铸件,也有焊接件。同样,选择主视图主要考虑形状特征和工作位置。主视图通常画成全剖视图或局部剖视图。

3) 其他视图选择

箱体类零件内外结构都比较复杂、基本视图较多,需要选取多种表达方法表达内、外结构和形状。表达方案可以选取多个,需对比后灵活选取,对比方法(如叉架类零件的表达)这里不再重述。

如图 9.9(a)、(b)所示为两个箱体类零件的表达方案示例。

### 5. 其他类零件的视图

除了上述用得比较多的轴套类、盘盖类、叉架类和箱体类零件外,机械工程领域还有很多零件。它们不便归纳为上述四类零件,如冲压件、塑料注塑件、垫片,金属与非金属镶嵌件等零件,它们的视图表达,视零件的复杂程度而定。注塑零件及镶嵌零件的非金属材料,在剖视图上应注意运用其剖面符号与金属材料的区别。它们各有特点,这里仅介绍冲压件和镶嵌件。

1) 冲压件

冲压件是在常温下将金属板材用冲模加工而成的零件。冲压加工分冲孔、落料、弯曲、拉延等基本工序。

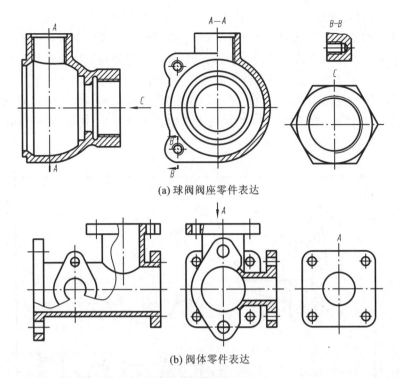

(a) 球阀阀座零件表达

(b) 阀体零件表达

图 9.9　箱体类零件表达

冲压件在弯折处一般是圆角过渡。通常，为了防止弯制过程中在弯曲处产生裂纹或褶皱，弯曲内圆角半径应有一定限制(可查阅有关手册)。有时也在弯曲处预先钻出防裂孔。机电设备中的簧片、支架、罩壳、操纵台的机架和面板等常用此法成形。冲压件在视图表达上有一些特点，例如，板材中的通孔一般只画出反映其形状特征的投影，在其他视图中则画出轴线；在此类零件图中，根据需要还要画出展开图，以供剪裁下料或设计冲料模具之用。展开图的上方应标出"展开图"字样，如图 9.10(a)所示。若形状简单，展开图可与基本视图结合起来，如图 9.10(b)所示。展开图在弯曲区域的中间位置用细实线画出弯制时的弯折处，如图 9.10 所示。

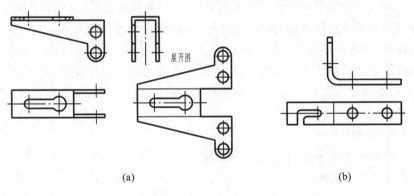

展开图

(a)　　　　　　　　　　　　　　　(b)

图 9.10　冲压件零件表达

2）镶嵌件

镶嵌件是将金属零件与塑料一起注塑成形得到的镶嵌零件。它可实现如部分导电和部分绝缘、表面柔软有弹性而整体有一定刚度等特殊功能。这类零件既省去了装配过程，又使零件触感良好。目前,镶嵌件已较广泛地在各工程领域和日常生活中使用。在表达这类零件时,如果镶入的金属件不是标准件,那么,镶合件应画两张图样:一张是预制金属件的零件图,图中需注全制造该金属件所需的全部尺寸;另一张是预制金属件与塑料镶嵌成形后的整体图,图中应注出塑料部分的全部尺寸及金属件在注塑时的定位尺寸。

在镶嵌件零件的视图中必须对每个零件标注序号,并在标题栏上方编写明细栏,序号的标注和明细栏的编写方法可参照"第 10 章"的有关内容。如图 9.11 所示为一旋钮镶嵌件的工程图样。

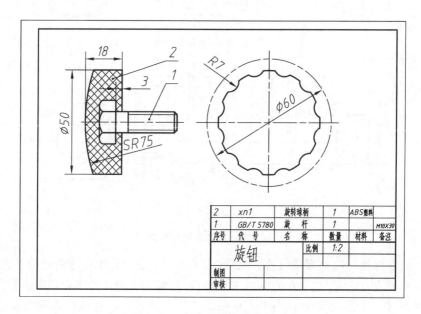

图 9.11  旋钮镶嵌件零件表达

## 9.3  零件的尺寸标注

零件图中的尺寸是加工和检验零件的重要依据,它包括公称尺寸和上、下极限偏差。尺寸除了要满足前面章节所述的正确、完整、清晰外,还应符合合理性的要求。本节主要讲述怎样较合理地标注尺寸(所叙述的尺寸仅指公称尺寸)。

所谓零件图中尺寸标注的合理性,是指所注尺寸必须满足设计要求和工艺要求。也就是说,所注尺寸既要满足功能要求,又要满足零件的制造、加工、测量、检验和装配的要求。为了能够做到合理,在标注尺寸时应该注意:

(1) 了解零件的使用要求;
(2) 对零件进行结构分析、工艺分析和形体分析;
(3) 正确选择尺寸基准。

### 9.3.1  零件上的主要尺寸必须直接注出

主要尺寸是指那些直接影响产品工作性能、精度及装配要求的重要尺寸,如零件间的配合尺寸、重要的安装定位尺寸。由于零件在加工制造时总会产生尺寸误差,为了保证零件质量,避免加工误差的积累,而又避免增加不必要的加工成本,在加工时,图样中所标注的主要尺寸都必须保证其精度要求,没有注出的尺寸则不保证。如图 9.12 所示的轴承座尺寸标注,图 9.12(a)的主要尺寸直接标注是正确的,它保证了轴承孔中心到安装面的距离精度要求。如果标注成图 9.12(b)的形式则不能保证此精度要求,所以此标注是错误的。能够直接标出的主要尺寸,可以直接标出尺寸公差、几何公差的要求,以保证设计要求。

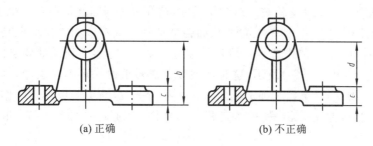

(a) 正确　　　　　　　　　(b) 不正确

**图 9.12　主要尺寸应直接标出**

### 9.3.2　合理选择尺寸基准

尺寸基准是指零件在机器中或在加工及测量时,用以确定其位置的一些面、线或点,也是我们标注尺寸的起点。零件的长、宽、高三个方向每个方向至少要有一个尺寸基准,当同一方向上有几个基准时,其中之一为主要基准,其余为辅助基准。要合理地标注尺寸,一定要正确选择尺寸基准。由于用途的不同,零件在某一方向上的基准可以分为设计基准和工艺基准。

**1. 设计基准**

设计基准是指设计时保证功能、确定结构形状和相对位置时所选用的基准。设计基准常选择机器工作时确定零件位置的接触面、对称面、回转面等。如图 9.13 所示为轴的设计基准。

**2. 工艺基准**

工艺基准是为了方便加工或测量而选定的基准,工艺基准一般选择在加工或测量时确定零件位置的一些面、线或点,如图 9.13 所示。

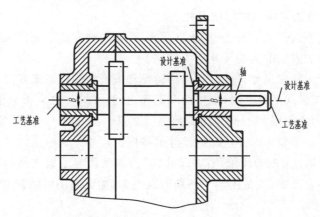

**图 9.13　设计与工艺基准选择**

从设计基准出发标注尺寸,其优点就是在标注尺寸上反映了设计要求,能保证所设计的零件在机器中的工作性能。从工艺基准出发标注尺寸,其优点是把尺寸的标注和零件的加工制造联系起来,使零件便于制造、加工和测量。

在标注尺寸时,力争将设计基准和工艺基准统一起来,这样,即能保证设计要求又能保证工艺要求。如两者不能统一时,应以保证设计要求为主,优先选择设计基准。

### 9.3.3　避免出现封闭尺寸链

封闭尺寸链是指头尾相接,绕成一整圈的一组尺寸。每个尺寸称为尺寸链的一个环,如图9.14(a)所示,尺寸 $a$、$b$、$c$、$d$、$e$ 就是一组封闭尺寸,这样标注的问题是存在一个多余尺寸,由于加工时需要保证每一个尺寸的尺寸精度,从而会增加加工成本。如果要保证其中的四段尺寸如尺寸 $a$、$b$、$d$、$e$,则尺寸 $c$ 的误差为四段尺寸误差之和,可能达不到设计要求。因此,尺寸一般都注成开口的,如图9.14(b)所示,这时对精度要求最低的一环不注尺寸,称为开口环。这样,既保证了设计要求,又节约了加工成本。在某些情况下,为了避免加工时作加、减计算,把开口环尺寸加上括号标注出来,称为"参考尺寸",如图9.14(c)中的尺寸 $b$。生产中对参考尺寸一般不进行检验。

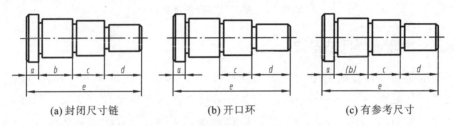

| (a) 封闭尺寸链 | (b) 开口环 | (c) 有参考尺寸 |

**图 9.14　不能标注封闭的尺寸链**

### 9.3.4　标注尺寸要便于加工和测量

**1. 按加工顺序标注尺寸**

按加工顺序标注尺寸时,既要符合加工过程,又要便于加工和测量。如图9.15(a)所示的小轴,仅尺寸 51 是长度方向的主要尺寸,要直接注出,其余都按加工顺序标注。零件加工顺序图如图9.15(b)至图9.15(f)所示,每步加工尺寸如图所示。

**2. 按不同加工方法尽量集中标注尺寸**

一个零件,一般不仅仅用一种方法加工,而是经过几种方法加工才能制成。在标注尺寸时,最好把相同的加工方法的有关尺寸集中标注。

铸件、锻件按形体标注尺寸,这样,可以给铸模和锻模的制作带来方便。

标注毛面和加工面间的尺寸时,加工面和毛面之间,在同一方向上只能有一个尺寸联系,其余则为毛面与毛面之间或加工面与加工面之间联系。图9.16(a)表示零件的上、下两个端面为加工面,其余都是毛面。标注这样的尺寸时按两组尺寸分别标注,各个方向要有一个尺寸把它们联系起来,如图9.16(a)所示,右方尺寸"8"为加工面与毛面之间的联系尺寸。图9.16(b)所示的注法是不合理的,这是由于毛坯制造误差大,加工面不可能同时保证对两个及两个以上毛面的尺寸要求。

**3. 标注的尺寸要便于测量**

如图9.17(a)所示图例,尺寸 $B$ 不易测量。标注成图9.17(b)所示的形式便于测量。如图9.18(a)所示图例,是由设计基准标注出中心至加工面的尺寸,但不易测量。如果这些尺寸对设计要求影响不大,应考虑测量方便,标注成图9.18(b)所示的形式。

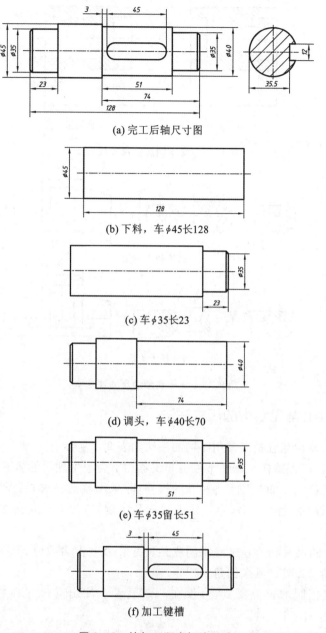

(a) 完工后轴尺寸图

(b) 下料，车φ45长128

(c) 车φ35长23

(d) 调头，车φ40长70

(e) 车φ35留长51

(f) 加工键槽

**图 9.15　按加工顺序标注尺寸**

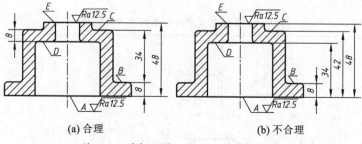

(a) 合理　　　　　　　　　　　　　　　　　(b) 不合理

注：A、E为加工面，B、C、D为非加工面。

**图 9.16　联系起来标注尺寸**

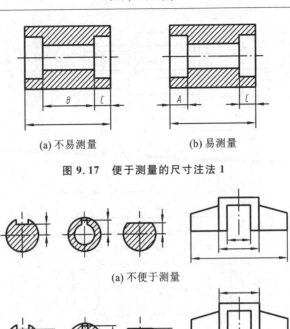

(a) 不易测量　　　　(b) 易测量

图 9.17　便于测量的尺寸注法 1

(a) 不便于测量

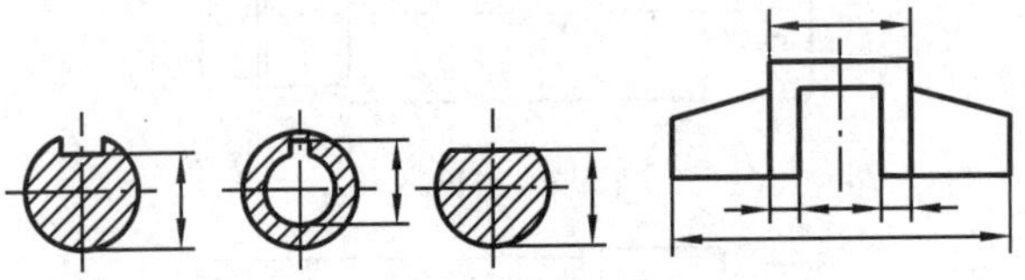

(b) 便于测量

图 9.18　便于测量的尺寸注法 2

### 9.3.5　零件上常见结构的尺寸注法

倒角、退刀槽、砂轮越程槽等常用结构的注法如表 9.1 所示。

国家标准规定,工程图样在保证不致引起误解和不会产生理解的多意性的前提下,有些结构还可以进行简化注法。如零件上各种孔的尺寸,除采用普通注法外,还可以采用简化注法,如表 9.2 所示。采用简化注法时,为了便于阅读和绘制,应注重简化的综合效果。基本要求如下。

(1) 若图样中的尺寸和公差全部相同或某尺寸和公差占多数时,可在图样空白处作总的说明,如"全部倒角 $C1.6$"、"其余圆角 $R4$"等。

(2) 对于尺寸相同的重复要素,可仅在一个要素上注出其尺寸和数量,见第 1 章相关内容。

(3) 标注尺寸时,应尽可能使用符号和缩写词。常用的符号和缩写词(除第 1 章介绍过的符号外)如表 9.3 所示。

表 9.1　零件上常用典型结构的尺寸标注

| 结　构　名　称 | | 图　　　例 | 说　　　明 |
|---|---|---|---|
| 倒角 | 45°倒角注法 | 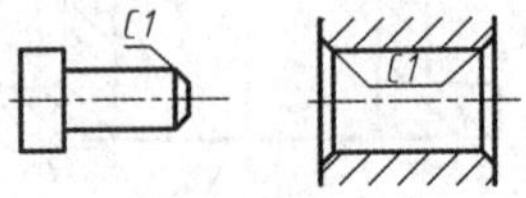 | 为了便于装配和安装,零件的尖角处要倒角 |
| | 60°、30°倒角注法 | 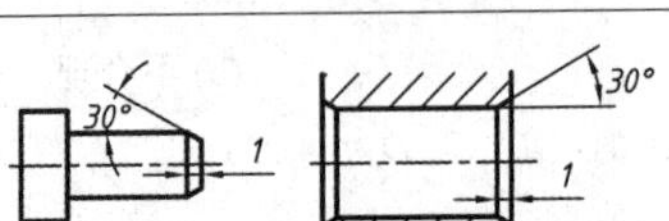 | |

续表

| 结构名称 | 图　例 | 说　明 |
|---|---|---|
| 退刀槽、砂轮越程槽 | 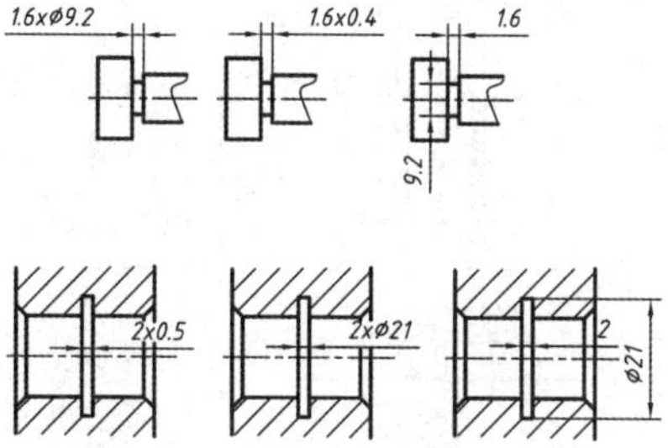1.6xØ9.2 1.6x0.4 1.6 9.2 2x0.5 2xØ21 2 Ø21 | 为了避免零件表面转折处在车、磨削后产生圆角，保证相关零件的平面装配时能紧密接触，常在接触面根部预先制出退刀槽或砂轮越程槽 |
| 钻孔 | 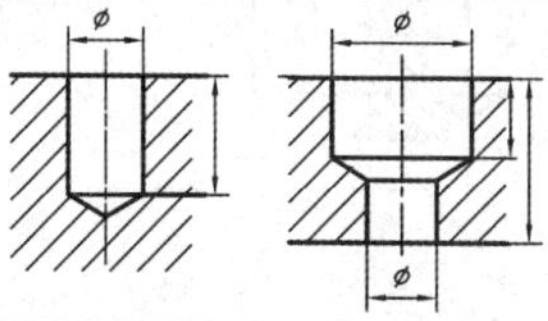Ø Ø Ø | 用钻头加工的不通孔或阶梯孔，其末端锥坑画成 120°，但在图上不必注明角度尺寸，孔的深度尺寸不应包括锥坑 |
| 方头 | 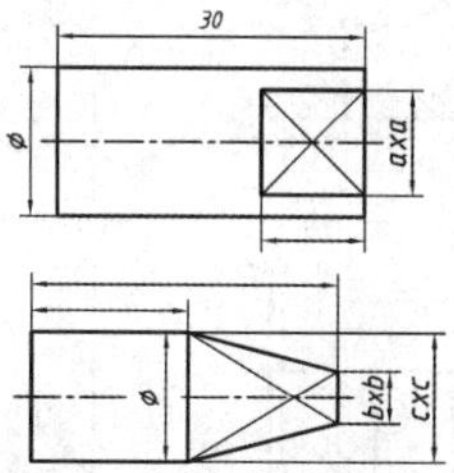30 Ø axa Ø bxb cxc | 为了转动轴件，常将轴端制成方头，方头的平面在视图中可用相交的细实线来表示。图中尺寸如“$a$”表示方头两对边的距离 |
| 滚花 | 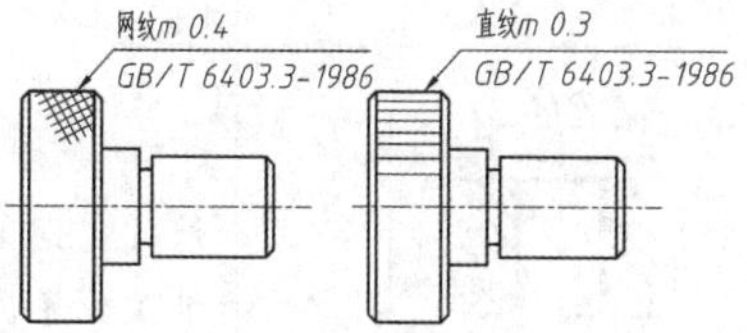网纹m 0.4 GB/T 6403.3-1986 直纹m 0.3 GB/T 6403.3-1986 | 在用手转动的圆形零件表面上，或压塑件中的嵌装件的外表面上，常加工出网纹或直纹滚花。在图中除注明“网纹”或“直纹”外，后面还应注出 $m$ 和模数数值 |

**表 9.2　各种孔的标注方法**

| 类型 | | 简化注法 | 普通注法 | 说　明 |
|---|---|---|---|---|
| 光孔 | 一般孔 | 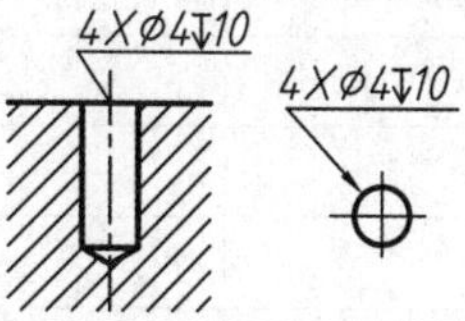4XØ4↧10 4XØ4↧10 | 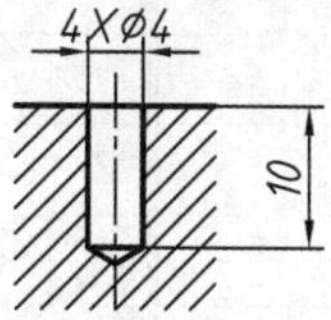4XØ4 10 | 4×$\phi$4 表示直径为 4、均匀分布的 4 个光孔，孔深可与孔径连注，也可分别注出 |
| | 精加工孔 | 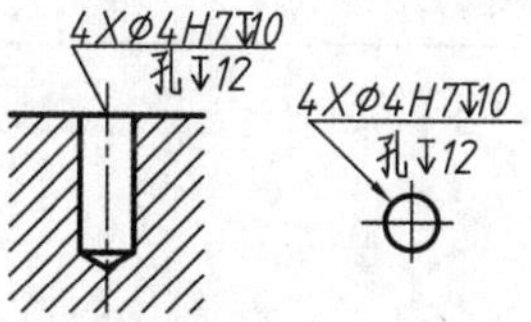4XØ4H7↧10 孔↧12 4XØ4H7↧10 孔↧12 | 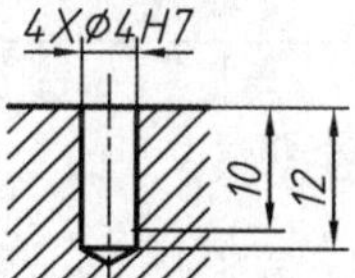4XØ4H7 10 12 | 4×$\phi$4 表示直径为 4、均匀分布的 4 个光孔。粗加工光孔深度为 10，精加工孔（铰孔）深度为 12 |
| | 锥销孔 | 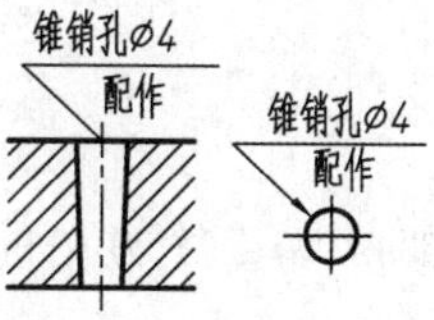锥销孔Ø4 配作 锥销孔Ø4 配作 | 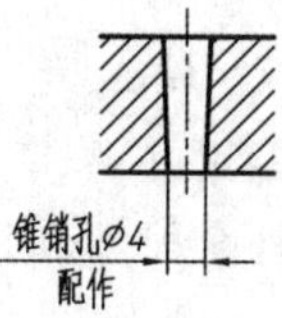锥销孔Ø4 配作 | $\phi$4 为锥销孔的小端直径，锥销孔通常与其相邻零件的同位锥销孔一起配钻铰 |

续表

| 类　　型 | | 简 化 注 法 | 普 通 注 法 | 说　　明 |
|---|---|---|---|---|
| 螺孔 | 通孔 | 3XM6-7H　　3XM6-7H | 3XM6-7H | 3×M6 表示公称直径为 6、均匀分布的 3 个螺孔 |
| | 不通孔 | 3XM6-7H▽10 孔▽12　　3XM6-7H▽10 孔▽12 | 3XM6-7H　10　12 | 需注出光孔深度时,应分别注出螺纹和钻孔的深度尺寸 |
| 沉孔 | 锥形沉孔 | 6X∅7 ▽∅13X90°　　6X∅7 ▽∅13X90° | 90° ∅13 6X∅7 | 6×∅7 是直径为 7、均匀分布的 6 个孔。沉孔尺寸为锥形部分的尺寸 |
| | 柱形沉孔 | 4X∅6.4 ⊔∅12▽4.5　　4X∅6.4 ⊔∅12▽4.5 | ∅12 4.5 4X∅6.4 | 4×∅6.4 为直径较小的柱孔尺寸;沉孔 ∅12 深为 4.5,为直径较大的柱孔尺寸 |
| | 锪平沉孔 | 4X∅6.4 ⊔∅12　　4X∅6.4 ⊔∅12 | ∅12 锪平 4X∅6.4 | 4×∅6.4 为直径较小的柱形沉孔尺寸。锪平部分的深度不注,一般加工到不出现毛面为止 |

表 9.3　常用的标注符号

| 含　　义 | 符号或缩写词 | 含　　义 | 符号或缩写词 |
|---|---|---|---|
| 厚度 | $t$ | 沉孔或锪平 | ⊔ |
| 正方形 | □ | 埋头孔 | ∨ |
| 45°倒角 | $C$ | 均布 | EQS |
| 深度 | ↓ | 展开长 | ⌒→ |

## 9.3.6　零件上的尺寸注法举例

标注零件尺寸的方法步骤如下:

(1) 选择基准;

(2) 考虑设计要求,标注出主要尺寸;

(3) 考虑工艺要求,标注出非功能尺寸;

(4) 用形体分析法、结构分析法补全尺寸和检查尺寸,同时计算三个方向的尺寸链是否正确,尺寸数值是否符合标准数系。

图 9.19 所示为零件按以上方法步骤标注尺寸后的图样。具体步骤如下。

（1）按照零件的加工特点和工作情况，选择右端回转体的轴线为长度方向的主要基准，左端面为长度方向的辅助基准；选择如图所示的端面为高度方向的主要基准，阶梯孔的轴线为辅助基准；选择前后方向的对称中心线为宽度方向的主要基准。

（2）根据设计要求和各个方向的主要基准，直接标出长度方向的主要尺寸 $\phi29$、$\phi19$、$\phi15$、$\phi22$、$\phi74$、65；宽度方向的主要尺寸 $\phi34$、29；高度方向的主要尺寸 24、38、27。

（3）根据各个方向的辅助基准标出长度方向的非功能尺寸 39、15；高度方向的非功能尺寸 $\phi18$、M16、$\phi10$。

（4）用形体分析、结构分析法补全其他尺寸和检查尺寸，同时，计算三个方向的尺寸链是否正确，尺寸数值是否符合标准数系。

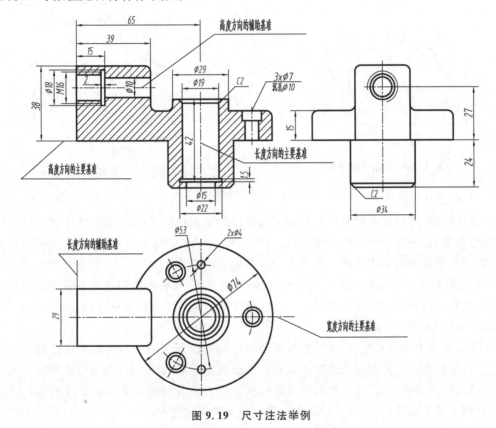

图 9.19　尺寸注法举例

# 9.4　表面结构要求

## 9.4.1　基本概念及术语

### 1. 基本概念

零件在加工制造过程中，由于受到各种因素的影响，其表面具有各种类型的不规则状态，这种状态称为工件表面结构的几何特征。表面结构的几何特征包括尺寸误差、形状误差、粗糙度和波纹度等。粗糙度和波纹度都属于微观表面结构的几何形状误差，波纹度是间距大于粗糙度但小于形状误差的表面结构的几何不平度。它们严重影响产品的质量和使用寿命，因此，在技术产品文件中必须对表面结构的几何特征提出要求。

**2. 表面结构术语及定义**

对实际表面微观几何特征的研究是用轮廓法进行的。平面与实际表面相交的交线称为实际表面的轮廓,也称为实际轮廓或表面轮廓,如图 9.20 所示。实际轮廓是由无数大小不同的波形叠加在一起形成的复杂曲线,如图 9.21(a)表示某一实际轮廓,如图 9.21(b)、(c)、(d)表示从该实际轮廓分离出来的粗糙度轮廓、波纹度轮廓和形状轮廓。

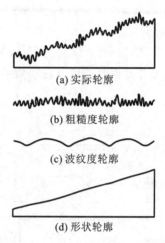

(a) 实际轮廓

(b) 粗糙度轮廓

(c) 波纹度轮廓

(d) 形状轮廓

**图 9.21　几种轮廓示意图**

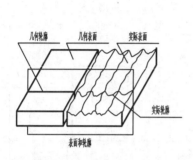

**图 9.20　表面结构术语**

1) 一般术语及定义

粗糙度轮廓、波纹度轮廓和原始轮廓构成零件的表面特征,称为表面结构。国家标准以这三种轮廓为基础,建立了一系列参数,定量地描述对表面结构的要求,并能用仪器检测有关参数值,以评定实际表面是否合格。下面介绍有关轮廓的术语和定义。

(1) 三种轮廓和传输带:划分三种轮廓的基础是波长,每种轮廓都定义于一定的波长范围内,这个波长范围称为该轮廓的传输带。传输带用截止短波波长值和截止长波波长值表示,例如 0.0025-0.8(单位为 mm)。

在实际表面上测量粗糙度、波纹度和原始轮廓参数时所用的仪器为轮廓滤波器。传输带的截止长、短波波长值分别由长波滤波器和短波滤波器限定,短波滤波器能排除实际轮廓中所有比短波波长更短的短波成分,长波滤波器能排除所有比长波波长更长的长波成分。连续应用长、短两个滤波器以后,所形成的轮廓就是被定义的那种轮廓。

供测量用的滤波器有三种,其截止波长值代号分别用 $\lambda_s$、$\lambda_c$ 和 $\lambda_f$ 表示($\lambda_s < \lambda_c < \lambda_f$)。三种轮廓的定义如下。

原始轮廓——对实际轮廓应用短波滤波器 $\lambda_s$ 之后的总的轮廓。

粗糙度轮廓——对原始轮廓应用 $\lambda_c$ 滤波器抑制长波成分以后形成的轮廓。

波纹度轮廓——对原始轮廓连续应用 $\lambda_f$ 和 $\lambda_c$ 以后形成的轮廓。$\lambda_f$ 滤波器抑制长波成分,$\lambda_c$ 滤波器抑制短波成分。

(2) 中线:具有几何轮廓形状,并划分轮廓的基准线。即中线就是轮廓坐标系的 $X$ 坐标轴,与之垂直的为 $Z$ 坐标轴。如图 9.22 所示。

(3) 取样长度:用于判别被评定轮廓的不规则特征的 $X$ 轴向上的长度。(注:评定粗糙度和波纹度轮廓的取样长度,在数值上分别与它们的长度滤波器 $\lambda_c$ 和 $\lambda_f$ 的标志波长相等;原始

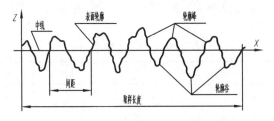

**图 9.22 表面结构的一般术语示意图**

轮廓的取样长度与评定长度相等)

（4）评定长度：用于判别被评定轮廓的 $X$ 轴向上的长度。一般情况下，评定长度包含一个或几个取样长度。

2）表面轮廓参数术语及定义

（1）概述 表示表面微观几何特性时要用表面结构参数。国家标准把三种轮廓分别称为 $R$ 轮廓、$W$ 轮廓和 $P$ 轮廓，从这三种轮廓上计算所得的参数称为 $R$ 参数、$W$ 参数和 $P$ 参数。

$R$ 参数（粗糙度参数）——从粗糙度轮廓上计算所得的参数。

$W$ 参数（波纹度参数）——从波纹度轮廓上计算所得的参数。

$P$ 参数（原始轮廓参数）——从原始轮廓上计算所得的参数。

三种表面结构轮廓构成几乎所有表面结构参数的基础。表面参数分为三类：轮廓参数、图形参数和支承率曲线参数。表示表面结构类型的代号称为参数代号。在轮廓参数中，$R$、$W$、$P$ 三种轮廓都定义了参数。如表 9.4 所示为 $R$ 轮廓参数代号。$W$ 轮廓和 $P$ 轮廓也有类似的参数代号系列。

**表 9.4 GB/T 3505—2009 标准中定义的 $R$ 轮廓参数代号**

| $R$ 轮廓参数（粗糙度轮廓参数） | 高度参数 | | | | | | | | | 间距参数 | 混合参数 | 曲线和相关参数 | | |
|---|---|---|---|---|---|---|---|---|---|---|---|---|---|---|
| | 峰谷值 | | | | | 平均值 | | | | | | | | |
| | $Rp$ | $Rv$ | $Rz$ | $Rc$ | $Rt$ | $Ra$ | $Rq$ | $Rsk$ | $Rku$ | $RSm$ | $R\Delta q$ | $Rmr(c)$ | $R\delta c$ | $Rmr$ |

（2）表面粗糙度高度参数 $Ra$ 和 $Rz$ 简介 在图样中，$Ra$ 和 $Rz$ 是常用的表面结构参数，国家标准推荐优先选用 $Ra$ 参数。

$Ra$：评定粗糙度轮廓高度的算术平均偏差。其定义为：在取样长度内纵坐标值 $Z(x)$ 绝对值的算术平均值。如图 9.23 所示，可用下式来表示：

$$Ra = \frac{1}{lr}\int_0^{lr} | Z(x) | \, \mathrm{d}x$$

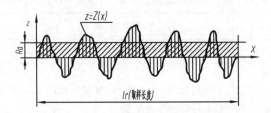

**图 9.23 表面粗糙度高度参数 $Ra$ 示意图**

表 9.5 所示为国家标准给定的 $Ra$ 系列值。表 9.6 所示为国家标准给定 $Ra$ 的取样长度($lr$)的标准值。

**表 9.5  $Ra$ 系列值**                                          $\mu m$

| $Ra$ | 0.012 | 0.2 | 3.2 | 50 |
|---|---|---|---|---|
|  | 0.025 | 0.4 | 6.3 | 100 |
|  | 0.05 | 0.8 | 12.5 |  |
|  | 0.1 | 1.6 | 25 |  |

**表 9.6  $Ra$ 的取样长度($lr$)的标准值**

| $Ra/\mu m$ | $lr/\mu m$ | $Ra/\mu m$ | $lr/\mu m$ |
|---|---|---|---|
| $\geqslant 0.008 \sim 0.02$ | 0.08 | $> 2.0 \sim 10.0$ | 2.5 |
| $0.02 \sim 0.1$ | 0.25 | $> 10.0 \sim 80.0$ | 8.0 |
| $> 0.1 \sim 2.0$ | 0.8 |  |  |

$Rz$:表面粗糙度轮廓的最大高度。其定义为:在一个取样长度内,最大轮廓峰高和最大轮廓谷深之间的高度,如图 9.24 所示。

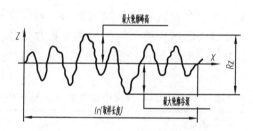

**图 9.24  表面粗糙度高度参数 $Rz$**

(3)零件表面粗糙度高度参数值的选用  零件表面粗糙度高度参数值的选用,既要满足零件表面的功能要求,又要考虑经济合理性。参数值越小,零件被加工表面越光滑,但加工成本越高。具体选用时,可参照已有的类似零件,用类比法确定,在满足零件使用要求的前提下,应合理选用 $Ra$ 值。零件的工作表面、配合表面、密封表面、摩擦表面和精度要求高的表面等,$Ra$ 值应取小一些。非工作表面、非配合表面和尺寸精度低的表面,$Ra$ 值应取大一些。表 9.7 列出了 $Ra$ 值与其相应的加工方法、表面特征及应用实例。一般机械中常用的 $Ra$ 值为 25 $\mu m$,12.5 $\mu m$,6.3 $\mu m$,3.2 $\mu m$,1.6 $\mu m$,0.8 $\mu m$ 等。$Rz$ 的选用与 $Ra$ 类似,这里不再叙述。

**表 9.7  $Ra$ 值与其相应的加工方法、表面特征及应用实例**

| 加工面 | $Ra/\mu m$ | 表面特征 | 应用举例 | 加工方法 |
|---|---|---|---|---|
| 粗加工面 | 50 | 明显可见刀痕 | 一般很少使用 | 粗车、粗刨、粗铣、钻孔等 |
|  | 25 | 可见刀痕 | 钻孔表面,倒角,端面,穿螺栓用的光孔、沉孔。要求较低的非接触面 |  |
|  | 12.5 | 微见刀痕 |  |  |

续表

| 加工面 | $Ra/\mu m$ | 表面特征 | 应用举例 | 加工方法 |
|---|---|---|---|---|
| 半粗加工面 | 6.3 | 可见加工痕迹 | 要求较低的静止接触面,如轴肩、螺栓头的支承面、一般盖板的结合面;要求较高的非接触表面,如支架、箱体、离合器、带轮、凸轮的非接触面 | 粗车、精刨、精铣、精镗、铰孔、刮研、粗磨等 |
| | 3.2 | 微见加工痕迹 | 要求紧贴的静止结合面以及有较低配合要求的内孔表面,如支架、箱体上的结合面等 | |
| | 1.6 | 看不见加工痕迹 | 一般转速的轴孔、低速转动的轴颈、一般配合用的内孔,如衬套的压入孔、一般箱体的滚动轴承孔、齿轮的齿廓表面,轴与齿轮、带轮的配合表面等 | |
| 精加工面 | 0.8 | 可见加工痕迹的方向 | 一般转速的轴颈、定位销、孔的配合面,要求保证较高定心及配合的表面、一般精度的刻度盘、需镀铬抛光的表面 | 精磨、精铰、抛光、研磨、金刚石车刀精车、精拉等 |
| | 0.4 | 可辨加工痕迹的方向 | 要求保证规定的配合特性的表面,如滑动导轨面、高速工作的滑动轴承;凸轮的工作表面 | |
| | 0.2 | 不可见加工痕迹的方向 | 精密机床的主轴锥孔、活塞销和活塞孔、要求气密的表面和支承面 | |
| 光加工面 | 0.1 | 暗光泽面 | 保证精确定位的锥面 | 细磨、抛光、研磨 |
| | 0.05 | 亮光泽面 | 精密仪器摩擦面、量具工作面、保证高度气密的结合面,量规的测量面;光学仪器的金属镜面 | |
| | 0.025 | 镜状光泽面 | | |
| | 0.012 | 雾状镜面 | | |
| | 0.006 | 镜面 | | |

## 9.4.2 标注表面结构的图形符号

**1. 概述**

在技术产品文件中对表面结构的要求可用几种不同的图形符号表示。每种符号都有特定含义。图形符号应附加对表面结构的补充要求,其形式有数字、图形符号和文本。在特殊情况下,图形符号可以在技术图样中单独使用以表达特殊含义。

1)基本图形符号

基本图形符号由两条不等长的与标注表面成 60°夹角的直线构成,如图 9.25 所示。基本图形符号仅用于简化代号注法,没有补充说明时,不能单独使用。

如果基本图形符号与补充的或辅助的说明一起使用,则不需要进一步说明为了获得指定的表面是否应去除材料或不

图 9.25　表面结构的基本图形符号

去除材料。

2）扩展图形符号

（1）要求去除材料的图形符号　在基本图形上加一短横，表示指定表面是去除材料的方法获得，如通过机械加工获得的表面，如图 9.26 所示。

（2）不允许去除材料的图形符号　在基本图形上加一圆圈，表示指定表面是用不去除材料的方法获得，如图 9.27 所示。

图 9.26　表面去除材料的扩展图形符号　　　　　图 9.27　表面不去除材料的扩展图形符号

3）完整图形符号

当要求标注表面结构特征的补充信息时，应在基本图形符号和扩展图形符号的长边上加一短横线，如图 9.28 所示。

(a) 允许任何工艺　　(b) 去除材料　　(c) 不去除材料

图 9.28　完整图形符号

4）工件轮廓各表面的图形符号

当在某个视图上组成封闭轮廓的各表面有相同的表面结构要求时，应在完整图形符号上加一圆圈，标注在图形中工件的封闭轮廓线上，如图 9.29 所示。图示的表面结构符号是对图形中封闭的六个面的共同要求，不包含前后面。如果标注会引起歧义时，各表面应分别标注。常用的工件轮廓各表面的图形符号如图 9.30 所示。

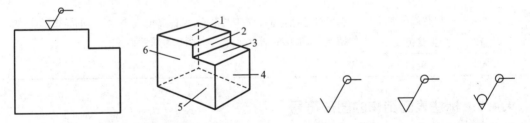

图 9.29　对周边各面有相同的表面结构要求的注法　　　图 9.30　常用的工件轮廓各表面的图形符号

**2. 表面结构图形符号的画法**

国家标准规定的图形符号形状及画法如图 9.31 所示，图形符号各部分的尺寸如表 9.8 所示。

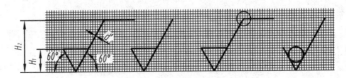

图 9.31　表面结构图形符号

表 9.8　图形符号的尺寸

| 数字与字母的高度 h | 2.5 | 3.5 | 5 | 7 | 10 | 14 | 20 | 25 |
|---|---|---|---|---|---|---|---|---|
| 符号的线宽 d′<br>数字与字母的笔画宽度 d | 0.25 | 0.35 | 0.5 | 0.7 | 1 | 1.4 | 2 | 2.5 |
| 高度 $H_1$ | 3.5 | 5 | 7 | 10 | 14 | 20 | 28 | 35 |
| 高度 $H_2$（最小值） | 8 | 11 | 15 | 21 | 30 | 42 | 60 | 80 |

**3. 表面结构完整图形符号的组成**

1）概述

为了明确表面结构要求,除了标注结构参数和数值外,必要时应标注补充要求,补充要求包括传输带、取样长度、加工工艺、表面纹理及方向、加工余量等。为了保证表面的功能特征,应对表面结构参数规定不同要求。

2）表面结构补充要求的注写位置

在完整图形符号中,对表面结构的补充要求应注写在如图 9.32 所示的位置。

位置 a:注写表面结构单一要求,包括参数代号、极限值和传输带或取样长度等,例如 0.0025-0.8/Rz6.3（传输带标注）-0.8/Rz6.3（取样长度标注）。为了避免误解,对注写有以下规定,即传输带或取样长度后应有一斜线"/",之后是参数代号,空一格之后注写极限值。

图 9.32　补充要求的注写位置

位置 b:注写两个和多个表面结构要求,每个要求写成一行。

位置 c:注写加工方法、表面处理、涂层或其他加工工艺要求等,如车、磨、镀等加工表面。

位置 d:注写表面纹理和方向。

位置 e:注写加工余量。

3）国家标准定义的 R 轮廓参数的标注

给出表面结构要求时,应标注其参数代号和极限值,包括要求解释这两项元素所涉及的重要信息:传输带、评定长度或满足评定长度要求的取样长度个数和极限值判别规则。为了简化标注,对这些信息定义了默认值,当其中某一项采用默认定义时,则不需注出。

标注表面结构参数时应使用完整符号,在完整符号中包含参数代号、极限值等要求。下面举例说明 R 轮廓参数的标注。

（1）参数代号的标注　参数代号由字母和数字组成。例如,$Ra$、$Ra3.2$、$Ra3.2\ max$,代号中的大、小写字母和数字都为同一字号。

（2）评定长度（$ln$）的标准　评定长度用它所包含的取样长度个数表示。标准中默认的评定长度为 $ln=5lr$（$lr$ 为取样长度）;若 $ln=3lr$,则应在参数中标注个数"3",如 $Ra3$。

（3）极限值判别规则的标准　表面结构中给定极限值的判别规则有两种:16% 规则和最大规则,16% 规则为默认规则。

（4）传输带和取样长度的标注　传输带的标注用长、短滤波器的截止波（mm）表示。如果常采用默认的传输带,则在参数代号前不注传输带。

（5）单向极限和双向极限的标注　标注表面结构要求时,必须明确所标注的表面结构参数是上极限值还是下极限值。上下极限值都标注的称为双向极限;只标注上极限值或下极限值称为单向极限。

**4. 表面结构代号**

表面结构符号中注写了具体参数代号及参数值要求后,称为表面结构代号。表面结构代号及其含义示例如表 9.9 所示。

**表 9.9　表面结构代号及其含义示例**

| 序号 | 代　号 | 含　义　解　释 |
|---|---|---|
| 1 | $\sqrt{}$ Ra 3.2 | 表示表面去除材料,单向上限值(默认),默认传输带,$R$ 轮廓,粗糙度算术平均偏差,极限值为 3.2 $\mu$m,评定长度为 5 个取样长度(默认),"16％规则"(默认),表面纹理没有要求(以下同) |
| 2 | $\sqrt{}$ Rzmax 6.3 | 表示不允许去除材料,单向上限值(默认),轮廓最大高度的最大值为 6.3 $\mu$m,"最大规则",评定长度为 5 个取样长度(默认),其余元素均采用默认定义 |
| 3 | $\sqrt{}$ Ra3 3.2 | 表示表面去除材料,评定长度为 3 个取样长度,其余元素的含义与序号 1 的相同 |
| 4 | $\sqrt{}$ -0.8/Ra3 3.2 | 表示去除材料,单向上限值,取样长度(等于传输带的长波波长值)为 0.8 mm,传输带的短波波长为默认值(等于 0.002 5 mm),其余元素的含义与序号 3 的相同 |
| 5 | $\sqrt{}$ 0.008-0.8/Ra 3.2 | 表示表面去除材料,单向上限值(默认),传输带 0.008-0.8 mm,粗糙度算术平均偏差,极限值为 3.2 $\mu$m,其余元素均采用默认定义 |
| 6 | $\sqrt{}$ U Rz 0.8 L Ra 0.2 | 表示去除材料,双向极限值,上限值为 $Rz0.8$ $\mu$m,下限值为 $Ra0.2$ $\mu$m |
| 7 | $\sqrt{}$ 磨 Ra 1.6 -2.5/Rzmax 6.3 | 表示磨削加工获得的表面,两个单向上限值:<br>(1) $Ra1.6$ $\mu$m<br>(2) $-2.5/Rzmax6.3$ |

### 9.4.3　表面结构要求在图样上的标注

**1. 概述**

表面结构要求对每一表面一般只标注一次,并尽可能注在相应的尺寸及其公差的同一视图上。除非另有说明,所标注的表面结构要求是对完工零件表面的要求。

**2. 表面结构符号、代号的标注位置与方向**

(1) 标注原则。根据 GB/T 4458.4—2003 尺寸注法的规定,表面结构的注写和读取方向与尺寸的注写和读写方向一致。这就是说:注写在水平线上时,代号、符号的尖端应向下;注写在竖直线上时,代号、符号的尖端应向右;注写在倾斜线上时,代号、符号的尖端应向下倾斜。符号的尖端必须从材料的外部指向零件表面。在图样上表面结构代号中,数字的大小和方向必须与图中尺寸数字的大小和方向一致。如图 9.33 所示。

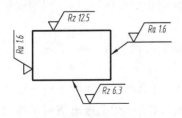

**图 9.33　表面结构的注写方向**

(2) 标注在轮廓线上或指引线上。表面结构要求可标注在轮廓线上,其符号应从材料外指向内部并接触加工表面。

必要时,表面结构符号用带箭头或黑点的指引线引出标注,如图 9.34 所示。

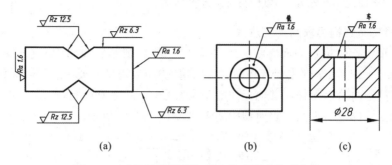

图 9.34　表面结构符号标注在轮廓线或指引线上

（3）标注在特征尺寸的尺寸线上。在不致引起误解时,表面结构要求可以标注在给定的尺寸线上,如图 9.35 所示。

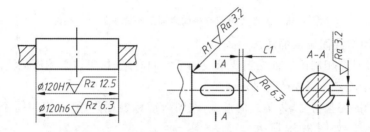

图 9.35　表面结构符号标注在特征尺寸的尺寸线上

（4）标注在形位公差框格的上方,如图 9.36 所示。

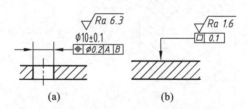

图 9.36　表面结构符号标注在形位公差框格的上方

（5）直接标注在延长线上或者延长线用带箭头的指引线引出标注,如图 9.34（a）和图 9.37（a）所示。

（6）标注在圆柱和棱柱表面上。圆柱和棱柱表面的表面结构要求只标注一次,如果每个棱柱表面有不同的表面结构要求,则应分别标注,如图 9.37 所示。

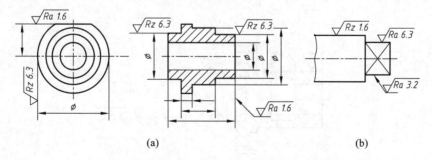

图 9.37　表面结构符号标注在圆柱和棱柱表面上

### 9.4.4　表面结构要求在图样中的简化注法

**1. 有相同表面结构要求的简化注法**

如果工件的全部或多数表面有相同的表面结构要求,则其表面结构要求可统一标注在图样标题栏附近。此时(除全部表面有相同要求的情况外)表面结构要求的代号后面应有:

(1) 在圆括号内给出无任何其他标注的基本符号,如图 9.38(a)所示;

(2) 在圆括号内给出不同的表面结构要求,如图 9.38(b)所示。

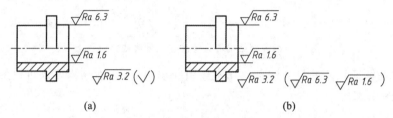

(a)　　　　　　　　　　　　　　　　(b)

**图 9.38　大多数表面有相同表面结构要求的简化注法**

**2. 多个表面有共同要求的注法**

当多个表面具有相同的表面结构要求或图纸空间有限时,可以采用简化注法。

1) 用带字母的完整符号的简化注法

可用带字母的完整符号,以等式的形式,在图形或标题栏附近,对有相同表面结构要求的表面进行简化标注,如图 9.39 所示。

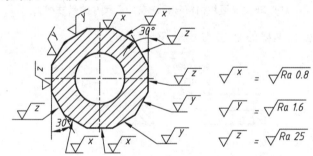

**图 9.39　用带字母的完整符号的简化注法**

2) 只用表面结构符号的简化注法

根据被标注表面所用工艺方法的不同,相应地采用基本图形符号、应去除材料或不允许去除材料的扩展图形符号在图中进行标注,再在标题栏附近以等式的形式给出对多个表面共同的表面结构要求,如图 9.40 所示。

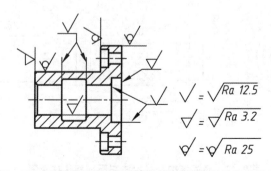

**图 9.40　只用基本图形符号和扩展图形符号的简化注法**

### 3. 两种或多种工艺获得的同一表面的注法

由几种不同工艺方法获得的同一表面,当需要明确每种工艺方法的结构要求时,可在国家标准规定的图线上标注相应的表面结构代号;同时给出镀、覆前后的表面结构要求的注法,如图 9.41 所示。(图中 Fe 表示基体为钢,Ep 表示加工工艺为电镀,Cr50 表示镀铬 50 $\mu$m 以上)

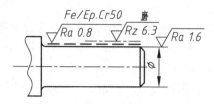

图 9.41 同时给出镀覆前后的表面结构要求的注法

# 9.5 极限与配合简介

极限与配合是零件图和装配图中的重要的技术要求,也是检验产品质量的技术指标。

## 9.5.1 有关极限与配合的术语及定义

### 1. 互换性

在一批相同规格和型号的零件中,不需选择,也不经过任何修配,任取一件就能装到机器上,并能保证使用性能的要求,零件的这种性质,称为互换性。零件具有互换性,不仅给机器的装配、维修带来方便,而且对机械工业现代化协作生产、专业化生产、提高劳动效率,提供了重要条件。机器或部件中的零件(标准件或非标准件)要具有互换性,还需由极限制与配合制来保证。

### 2. 尺寸公差

零件在制造过程中,由于加工或测量等因素的影响,完工后的尺寸与公称尺寸总会存在一定的误差。零件的尺寸是保证零件互换性的重要几何参数,为了使零件具有互换性,并不要求零件的尺寸加工得绝对准确,而是要求在保证零件的机械性能和互换性的前提下,允许零件尺寸有一个变动量,这个允许尺寸的变动量称为尺寸公差。关于尺寸公差的一些名词术语,下面以图 9.42 所示的圆孔尺寸为例来加以说明。

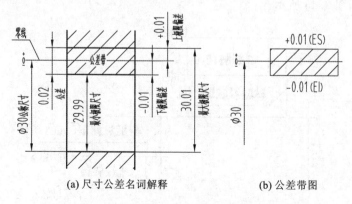

(a) 尺寸公差名词解释        (b) 公差带图

图 9.42 极限与配合的基本术语解释及公差带图

1) 公称尺寸

公称尺寸是指设计给定的理想形状要素的尺寸,图 9.42 中的公称尺寸为 $\phi30$。

2) 极限尺寸

极限尺寸是指允许尺寸变化的两个极限值,它以基本尺寸为基数来确定,分为最大极限尺寸和最小极限尺寸。

最大极限尺寸:$(30+0.01)$ mm $=30.01$ mm,即允许的最大尺寸。

最小极限尺寸:$(30-0.01)$ mm $=29.99$ mm,即允许的最小尺寸。

3) 极限偏差

极限尺寸减公称尺寸所得的代数差,即上极限尺寸和下极限尺寸减公称尺寸所得的代数差,分别称为上极限偏差和下极限偏差,统称为极限偏差。国家标准规定:孔的上、下极限偏差分别用 ES、EI 表示;轴的上、下极限偏差分别用 es、ei 表示。

上极限偏差:$ES=(30.01-30)$ mm $=+0.01$ mm。

下极限偏差:$EI=(29.99-30)$ mm $=-0.01$ mm。

4) 尺寸公差

尺寸公差是指允许尺寸的变动量,等于上极限尺寸减下极限尺寸,也等于上极限偏差减下极限偏差所得的代数差。尺寸公差是一个没有符号的绝对值。

公差 $=$ 上极限尺寸 $-$ 下极限尺寸 $=(30.01-29.99)$ mm $=0.02$ mm

公差 $=$ 上极限偏差 $-$ 下极限偏差 $=(0.01-(-0.01))$ mm $=0.02$ mm

5) 公差带图、公差带和零线

为简化起见,一般只画出孔和轴的上、下极限偏差围成的方框简图,以此来表达它们公差带的位置,该图称为公差带图,如图 9.42(b)所示。在公差带图中,由代表上、下极限偏差的两条直线所限定的一个区域称为公差带。确定偏差的一条基准直线称为零线,零线常表示公称尺寸的一条直线,以此为基准确定偏差和公差。通常,零线沿水平方向绘制,正偏差位于其上,负偏差位于其下。

6) 极限制

经标准化的公差与偏差制度称为极限制。

## 9.5.2 标准公差和基本偏差

孔、轴公差带是由标准公差和基本偏差组成。标准公差确定公差带的大小,基本偏差确定公差带的位置,如图 9.43 所示。

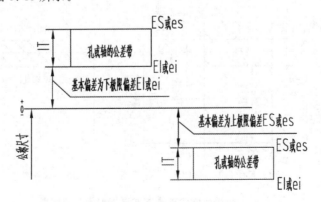

图 9.43 公差带大小及位置

**1. 标准公差**

标准公差是指由国家标准 GB/T 1800.1—2009 极限与配合制中所规定的用以确定公差带大小的任一公差。标准公差的数值由公称尺寸和公差等级来确定,其中公差等级确定尺寸的精确程度。标准公差用公差符号"IT"表示,分为 20 个等级,即 IT01,IT0,IT1,IT2,…,IT18。IT01 公差值最小,精度最高;IT18 公差值最大,精度最低。标准公差反映了尺寸的精确程度。各级标准公差的数值可查附表 G.1。

**2. 基本偏差**

由标准 GB/T 1800.1—2009 极限与配合制中所列的用以确定公差带相对零线位置的上或下极限偏差,一般是指孔和轴的公差带中靠近零线的那个极限偏差。基本偏差代号用拉丁字母表示,大写字母表示孔、小写字母表示轴。

国家标准对孔和轴的基本偏差系列各规定了 28 个,如图 9.44 所示。当公差带在零线的上方时,基本偏差为下极限偏差;当公差带在零线下方时,基本偏差为上极限偏差。由图中可知,孔的基本偏差从 A～H 为下极限偏差,从 J～ZC 为上极限偏差。而轴的基本偏差则相反,从 a～h 为上极限偏差,从 j～zc 为下极限偏差。图中 h 和 H 的基本偏差为零,它们分别代表基准轴和基准孔。JS 和 js 对称于零线,没有基本偏差,其上、下极限偏差分别为 +IT/2 和 -IT/2。孔和轴基本偏差的值可从附表 G.2 和附表 G.3 中查得。

如果基本偏差和标准公差的等级确定了,那么,公差带的位置和大小就确定了。

根据尺寸公差的定义,基本偏差与标准公差的计算公式如下:

$$ES = EI + IT \quad 或 \quad EI = ES - IT$$

$$es = ei + IT \quad 或 \quad ei = es - IT$$

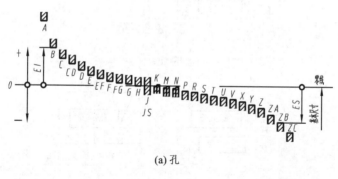

(a) 孔

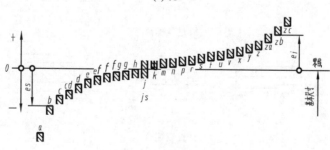

(b) 轴

**图 9.44　基本偏差系列示意图**

### 9.5.3　配合与配合制

**1. 配合**

公称尺寸相同的、相互结合的孔和轴公差带之间的关系,称为配合。由于制造完工后零件的孔和轴的实际尺寸不同,装配后会产生间隙或过盈。孔的尺寸减去相配合轴的尺寸之差为正时是间隙,为负时是过盈。

国家标准规定配合分三类:即间隙配合、过盈配合、过渡配合。

1) 间隙配合

具有间隙(包括最小间隙等于零)的配合,称为间隙配合。此时,孔的公差带在轴的公差带之上,如图 9.45(a)所示。当孔与轴处于间隙配合时,通常轴在孔中能作相对运动。

2) 过盈配合

具有过盈(包括最小过盈等于零)的配合,称为过盈配合。此时,孔的公差带在轴的公差带之下,如图 9.45(b)所示。当孔与轴处于过盈配合时,通常需要一定的外力或使带孔的零件加热膨胀后,才能将轴装入孔中,所以轴与孔不能作相对运动。

3) 过渡配合

可能具有间隙或过盈的配合,称为过渡配合。此时,孔的公差带与轴的公差带相互交叠,如图 9.45(c)所示。

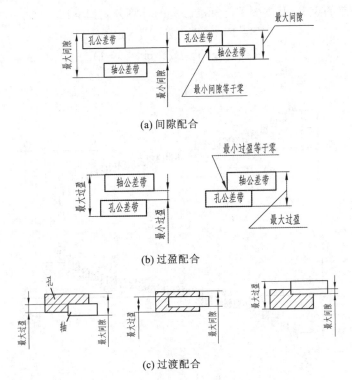

图 9.45　极限与配合的基本术语解释及公差带图

**2. 配合制**

为了便于选择配合,减少零件加工的专用刀具和量具,在制造相互配合的零件时,使其中一种零件作为基准件,它的基本偏差固定,通过改变另一种非基准件的偏差来获得各种不同性质的配合制度称为配合制。根据生产实际需要,GB/T 1800.1—2009 规定了两种配合制:基孔制配合和基轴制配合。与标准件配合时通常选择标准件为基准件。

1) 基孔制配合

基孔制配合是指基本偏差为一定的孔的公差带,与不同基本偏差的轴的公差带形成各种配合的一种制度,如图 9.46 所示。基孔制配合中的孔称为基准孔,其基本偏差代号为 H,下极限偏差为零,即它的下极限尺寸等于公称尺寸,图 9.47 所示为采用基孔制配合的公差带图。

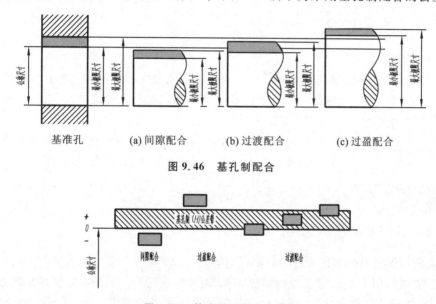

图 9.46　基孔制配合

图 9.47　基孔制配合公差带图

在基孔制中,基准孔 H 与轴配合,轴的基本偏差 a～h 用于间隙配合;j～n 主要用于过渡配合;n、p、r 可能为过渡配合,也可能为过盈配合;p～zc 主要用于过盈配合。

2) 基轴制配合

基轴制配合是指基本偏差为一定的轴的公差带,与不同基本偏差的孔的公差带形成各种配合的一种制度。基轴制配合的轴称为基准轴,其基本偏差代号为 h,上极限偏差为零,即它的上极限尺寸等于公称尺寸,图 9.48 所示为采用基轴制配合的三种配合示例。图 9.49 所示为公差带图。

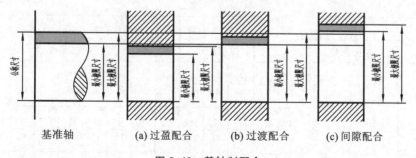

图 9.48　基轴制配合

在基轴制中,基准轴 h 与孔配合,孔的基本偏差 A～H 用于间隙配合;J～N 主要用于过渡配合;N、P、R 可能为过渡配合,也可能为过盈配合;P～ZC 主要用于过盈配合。

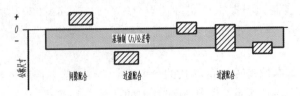

图 9.49　基轴制配合公差带图

### 9.5.4　公差带代号和配合代号

**1. 公差带代号**

公差带代号由基本偏差代号后跟标准公差等级数字组成,如图 9.50 所示。例如,H8、K7 为孔的公差带代号,s7、h6 为轴的公差带代号。

图 9.50　公差带代号组成

**2. 配合代号**

配合代号由组成配合的孔、轴公差带代号组成,写成分数形式,分子为孔的公差带代号,分母为轴的公差带代号,例如,H8/s7、K7/h6,也可写成 $\frac{H8}{s7}$、$\frac{K7}{h6}$。

### 9.5.5　公差与配合的选用原则

(1) 选用优先公差带和优先配合(GB/T 1800.2—2009、GB/T 1801—2009)。按照配合定义,只要公称尺寸相同的孔、轴公差带结合起来,就可组成配合。但是从经济性出发,避免刀具和量具品种、规格不必要的繁杂,国家标准规定了基本尺寸至 3 150 mm 的孔、轴公差带的选择范围,并将允许选用的公称尺寸至 500 mm 的孔、轴公差带分为"优先选用"、"其次选用"、"最后选用"三个层次,通常,将优先选用和其次选用合称为常用。如表 9.10 和表 9.11 所示。

(2) 优先选用基孔制。由于孔的加工比轴的加工难度大,国家标准中规定,优先选用基孔制配合。同时,采用基孔制可以减少加工孔所需要的定值刀具的品种和数量,降低生产成本。

(3) 选用孔比轴低一级的公差等级。

(4) 标准公差的等级的选用如表 9.12 所示。

表 9.10　基本尺寸至 500 mm 基孔制优先、常用配合

| 基准孔 | 轴 | | | | | | | | | | | | | | | | | | | | | |
|---|---|---|---|---|---|---|---|---|---|---|---|---|---|---|---|---|---|---|---|---|---|---|
| | a | b | c | d | e | f | g | h | js | k | m | n | p | r | s | t | u | v | x | y | z |
| | 间隙配合 | | | | | | | | 过渡配合 | | | 过盈配合 | | | | | | | | | | |
| H6 | | | | | | $\frac{H6}{f5}$ | $\frac{H6}{g5}$ | $\frac{H6}{h5}$ | $\frac{H6}{js5}$ | $\frac{H6}{k5}$ | $\frac{H6}{m5}$ | $\frac{H6}{n5}$ | $\frac{H6}{p5}$ | $\frac{H6}{r5}$ | $\frac{H6}{s5}$ | $\frac{H6}{t5}$ | | | | | |
| H7 | | | | | | $\frac{H7}{f6}$ | $\frac{H7}{g6}$ | $\frac{H7}{h6}$ | $\frac{H7}{js6}$ | $\frac{H7}{k6}$ | $\frac{H7}{m6}$ | $\frac{H7}{n6}$ | $\frac{H7}{p6}$ | $\frac{H7}{r6}$ | $\frac{H7}{s6}$ | $\frac{H7}{t6}$ | $\frac{H7}{u6}$ | $\frac{H7}{v6}$ | $\frac{H7}{x6}$ | $\frac{H7}{y6}$ | $\frac{H7}{z6}$ |
| H8 | | | | $\frac{H8}{e7}$ | | $\frac{H8}{f7}$ | $\frac{H8}{g7}$ | $\frac{H8}{h7}$ | $\frac{H8}{js7}$ | $\frac{H8}{k7}$ | $\frac{H8}{m7}$ | $\frac{H8}{n7}$ | $\frac{H8}{p7}$ | $\frac{H8}{r7}$ | $\frac{H8}{s7}$ | $\frac{H8}{t7}$ | $\frac{H8}{u7}$ | | | | |
| | | | | $\frac{H8}{d8}$ | $\frac{H8}{e8}$ | $\frac{H8}{f8}$ | | $\frac{H8}{h8}$ | | | | | | | | | | | | | |

续表

| 基准孔 | 轴 | | | | | | | | | | | | | | | | | | | | |
|---|---|---|---|---|---|---|---|---|---|---|---|---|---|---|---|---|---|---|---|---|---|
| | a | b | c | d | e | f | g | h | js | k | m | n | p | r | s | t | u | v | x | y | z |
| H9 | | | $\dfrac{H9}{c9}$ | $\dfrac{H9}{d9}$ | $\dfrac{H9}{e9}$ | $\dfrac{H9}{f9}$ | | $\dfrac{H9}{h9}$ | | | | | | | | | | | | | |
| H10 | | | $\dfrac{H10}{c10}$ | $\dfrac{H10}{d10}$ | | | | $\dfrac{H10}{h10}$ | | | | | | | | | | | | | |
| H11 | $\dfrac{H11}{a11}$ | $\dfrac{H11}{b11}$ | $\dfrac{H11}{c11}$ | $\dfrac{H11}{d11}$ | | | | $\dfrac{H11}{h11}$ | | | | | | | | | | | | | |
| H12 | | $\dfrac{H12}{b12}$ | | | | | | $\dfrac{H12}{h12}$ | | | | | | | | | | | | | |

(1)标注▶的配合为优先选用配合。

(2)H6/n5、H7/p6 在基本尺寸小于或等于 3 mm 和 H8/r7 在小于或等于 100 mm 时为过渡配合。

**表 9.11　基本尺寸至 500 mm 基轴制优先、常用配合**

| 基准轴 | 孔 | | | | | | | | | | | | | | | | | | | | |
|---|---|---|---|---|---|---|---|---|---|---|---|---|---|---|---|---|---|---|---|---|---|
| | A | B | C | D | E | F | G | H | Js | K | M | N | P | R | S | T | U | V | X | Y | Z |
| | 间隙配合 | | | | | | | | 过渡配合 | | | 过盈配合 | | | | | | | | | |
| h5 | | | | | | $\dfrac{F6}{h5}$ | $\dfrac{G6}{h5}$ | $\dfrac{H6}{h5}$ | $\dfrac{Js6}{h5}$ | $\dfrac{K6}{h5}$ | $\dfrac{M6}{h5}$ | $\dfrac{N6}{h5}$ | $\dfrac{P6}{h5}$ | $\dfrac{R6}{h5}$ | $\dfrac{S6}{h5}$ | $\dfrac{T6}{h5}$ | | | | | |
| h6 | | | | | | $\dfrac{F7}{h6}$ | $\dfrac{G7}{h6}$ | $\dfrac{H7}{h6}$ | $\dfrac{Js7}{h6}$ | $\dfrac{K7}{h6}$ | $\dfrac{M7}{h6}$ | $\dfrac{N7}{h6}$ | $\dfrac{P7}{h6}$ | $\dfrac{R7}{h6}$ | $\dfrac{S7}{h6}$ | $\dfrac{T7}{h6}$ | $\dfrac{U7}{h6}$ | | | | |
| h7 | | | | | $\dfrac{E8}{h7}$ | $\dfrac{F8}{h7}$ | | $\dfrac{H8}{h7}$ | $\dfrac{Js8}{h7}$ | $\dfrac{K8}{h7}$ | $\dfrac{M8}{h7}$ | $\dfrac{N8}{h7}$ | | | | | | | | | |
| h8 | | | | $\dfrac{D8}{h8}$ | $\dfrac{E8}{h8}$ | $\dfrac{F8}{h8}$ | | $\dfrac{H8}{h8}$ | | | | | | | | | | | | | |
| h9 | | | | $\dfrac{D9}{h9}$ | $\dfrac{E9}{h9}$ | $\dfrac{F9}{h9}$ | | $\dfrac{H9}{h9}$ | | | | | | | | | | | | | |
| h10 | | | | $\dfrac{D10}{h10}$ | | | | $\dfrac{H10}{h10}$ | | | | | | | | | | | | | |
| h11 | $\dfrac{A11}{h11}$ | $\dfrac{B11}{h11}$ | $\dfrac{C11}{h11}$ | $\dfrac{D11}{h11}$ | | | | $\dfrac{H11}{h11}$ | | | | | | | | | | | | | |
| h12 | | $\dfrac{B12}{h12}$ | | | | | | $\dfrac{H12}{h12}$ | | | | | | | | | | | | | |

标注▶的配合为优先选用配合。

**表 9.12　标准公差的等级的选用**

| 公差等级 | IT5 | IT6(轴)、IT7(孔) | IT8、IT9 | IT10～IT12 | 举例 |
|---|---|---|---|---|---|
| 精密机械 | 常用 | 次要处 | | | 仪器、航空机械 |
| 一般机械 | 重要处 | 常用 | 次要处 | | 机床、汽车制造 |
| 非精密机械 | | 重要处 | 常用 | 次要处 | 矿山、农业机械 |

### 9.5.6　公差和配合的标注及其查表

**1. 公差与配合在装配图中的标注**

（1）在装配图中标注尺寸的配合代号时，配合代号由两个相互结合的孔和轴的公差代号组成，用分数形式表示。分子为孔的公差带代号，分母为轴的公差带代号，在分数形式前注写公称尺寸，如图 9.51(a) 所示，必要时也允许按如图 9.51(b)、(c) 所示的形式标注。

（2）在装配图中标注相配合的零件的极限偏差时，一般按如图 9.51(d) 所示的形式标注。孔的公称尺寸和极限偏差注写在尺寸线上方，轴的公称尺寸和极限偏差注写在尺寸线下方，也可按图 9.51(e) 所示形式标注，若需要明确指出装配件的代号时，可按如图 9.51(f) 所示形式标注。

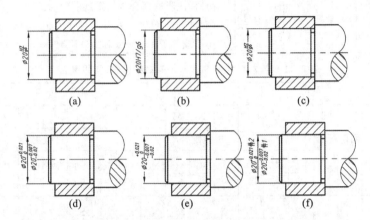

**图 9.51　公差与配合在装配图中的标注**

**2. 公差在零件图中的标注**

零件图中的公差应按下列三种形式之一标注。

（1）采用公差带代号标注零件图的公差。此时，公差带代号应注写在公称尺寸的右边，并且孔的公差带代号用大写字母，轴的公差带代号用小写字母，如图 9.52(a) 所示。

（2）采用极限偏差标注零件图的公差。此时，上极限偏差应注写在公称尺寸的右上方，下极限偏差应与公称尺寸注写在同一底线上，上下极限偏差的数字的字号应比公称尺寸的数字字号小一号，如图 9.52(b) 所示。

（3）采用同时标注公差带代号和相应的上、下极限偏差标注零件图的公差。此时，上、下极限偏差应加圆括号，如图 9.52(c) 所示。

**3. 在装配图中与滚动轴承配合的轴和孔的标注**

滚动轴承内圈与轴的配合为基孔制配合，外圈与座孔的配合为基轴制配合。因此，在装配图中与滚动轴承配合的轴和孔，只标注轴和孔的公差带代号，滚动轴承内、外直径尺寸的极限偏差另有标准，规定一般不标注，如图 9.53 所示。

**4. 查表方法**

查表方法可分为以下两种。

根据公称尺寸和公差带代号，可查表获得孔和轴的极限偏差数值。查表时，根据某一基本尺寸的孔和轴，先由其基本偏差代号得到基本偏差值，再由公差等级查表得到标准公差值，最后由标准公差与基本偏差的关系，算出另一极限偏差值，下面举例说明。

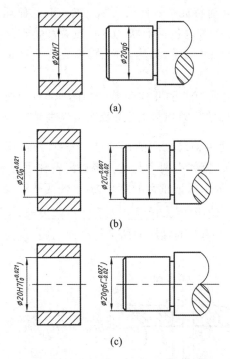

图 9.52　公差与配合在零件图中的标注

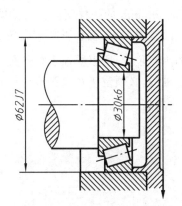

图 9.53　装配图中与滚动轴承配合的轴和孔的标注

**例 9.1**　写出 $\phi30f7$ 配合轴的极限偏差。

方法一　在轴的基本偏差数值表中,根据公称尺寸 30 在附表 G.3 左边查到 24 至 30 的行,与极限偏差 f 所在的列相交处查得其基本偏差为 $-20$,即为轴的上极限偏差。再从附表 G.1 标准公差数值表中公称尺寸 18 至 30 的行,与标准公差等级为 IT7 所在的列相交处查得其公差为 21。则其下极限偏差为 $-20-21=-41$。查算出上下极限偏差值后,$\phi30f7$ 写成极限偏差的形式为 $\phi30^{-0.020}_{-0.041}$。

方法二　对于优先及常用配合的极限偏差,可以直接查表获得。由于 $\phi30f7$ 是属于优先选用的配合,它可以直接从轴的优先配合的表中查得其上下偏差数值。从附表 G.3 中公称尺寸 24 至 30 的行,与公差带 f7 的列相交处查到 $^{-20}_{-41}$,该数值就是用 $\mu m$ 为单位表示的上下极限偏差值。

**例 9.2**　写出 $\phi30H8$ 基准孔的极限偏差。

由于该孔为优先配合,所以可以直接从孔的优先配合的极限偏差表中查得其上下极限偏差数值。从附表 G.2 公称尺寸 24 至 30 的行,与公差带 H8 的列相交处查到 $^{+33}_{0}$,该数值就是用 $\mu m$ 为单位,所以 $\phi30H8$ 写成上下极限偏差值为 $\phi30^{+0.033}_{0}$。

# 9.6　几何公差简介

## 9.6.1　几何公差的概念

在机器中某些精确度较高的零件,不仅需要保证其尺寸公差,而且还要保证其几何公差。《产品几何技术规范(GPS)几何公差　形状、方向、位置和跳动公差标注》(GB/T 1182—2008)

规定了工件几何公差标注的基本要求和方法。零件的几何特征是零件的实际要素对其几何理想要素的偏离情况,它是决定零件功能的因素之一,几何误差包括形状、方向、位置和跳动误差。为了保证机器的质量,要限制零件对几何误差的最大变动量,称为几何公差,允许变动量的值称为公差值。

对要求较高的零件,根据设计要求,需在零件图上注出有关的几何公差。如图 9.54(a)所示的滚柱,为了保证滚柱的工作质量,除了注出直径的尺寸公差以外,还需要注出滚柱轴线的形状公差 ⎓ $\boxed{-\;|\;\phi 0.006}$ ,这个代号表示滚柱实际轴线与理想轴线之间的变动量——直线度,必须保持在 $\phi 0.006$ mm 的圆柱面内。又如图 9.54(b)所示,箱体上两个孔是安装锥齿轮轴用的,如果两孔轴线歪斜太大,就会影响锥齿轮的啮合传动。为了保证正常的啮合,应该使两孔轴线保持一定的垂直位置,所以要注上位置公差——垂直度,图中 $\boxed{\perp\;|\;0.05\;|\;A}$ 为所注位置公差,说明水平孔的轴线,必须位于距离为 0.005 mm 且垂直于铅垂孔的轴线的两平行平面之间,$A$ 为基准符号字母。

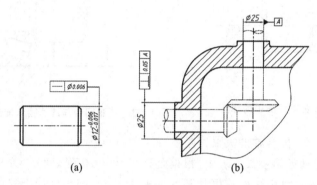

(a)　　　　　　　　　(b)

图 9.54　几何公差示例

## 9.6.2　几何公差的几何特征和符号

几何公差的类型、几何特征和符号如表 9.13 所示。

表 9.13　几何特征符号

| 公差类型 | 几何特征 | 符号 | 有无基准 | 公差类型 | 结合特征 | 符号 | 有无基准 |
|---|---|---|---|---|---|---|---|
| 形状公差 | 直线度 | — | 无 | 位置公差 | 位置度 | ⊕ | 有 |
| | 平面度 | ▱ | | | 同心度（用于中心线） | ◎ | |
| | 圆度 | ○ | | | | | |
| | 圆柱度 | ⌀ | | | 同轴度（用于轴线） | | |
| | 线轮廓度 | ⌒ | | | | | |
| | 面轮廓度 | ⌓ | | | 对称度 | ⚌ | |
| 方向公差 | 平行度 | // | 有 | | 线轮廓度 | ⌒ | |
| | 垂直度 | ⊥ | | | 面轮廓度 | ⌓ | |
| | 倾斜度 | ∠ | | 跳动公差 | 圆跳动 | ↗ | |
| | 线轮廓度 | ⌒ | | | 全跳动 | ↗↗ | |
| | 面轮廓度 | ⌓ | | | | | |

### 9.6.3　几何公差的标注

几何公差代号包括：几何公差特征项目的符号、几何公差框格及指引线、几何公差数值和其他有关符号、基准符号。本节仅简要说明国家标准中标注被测几何公差的附加符号——公差框格，以及基准要素的附加符号。需要其他的附加符号时，读者可查阅相关标准。

**1. 几何公差框格**

标注几何公差时，公差要求注写在划分成两格或多格的矩形框格内，几何公差框格用细实线画出，可画成水平的或垂直的。各格自左向右标注如图9.55所示内容。

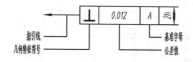

**图 9.55　几何公差框格**

**2. 被测要素**

按下列方式之一用指引线连接被测要素和公差框格。用带箭头的指引线将被测要素与公差框格一端相连，但指引线箭头应指向公差带的宽度方向或直径方向。

（1）当被测要素为轮廓线或轮廓面时，箭头指向该要素的轮廓线或其延长线且应与尺寸线明显错开。如图9.56(a)、(b)所示。

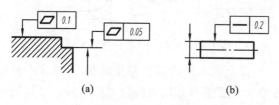

**图 9.56　被测要素的标注方法（一）**

（2）当被测要素为中心线、中心面或中心点时，指引线箭头应位于该要素的尺寸线的延长线上，被测要素指引线的箭头可代替一个尺寸箭头，如图9.57所示。

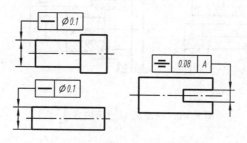

**图 9.57　被测要素的标注方法（二）**

（3）公差框格的箭头也可指向引出线的水平线，带黑点的指引线引自被测面，如图9.58所示。

（4）当被测要素为圆锥体的中心线时，指引线应对准锥体的大端或小端的尺寸线。也可在图上任意处添加一空白尺寸，将框格标准的箭头画在尺寸线的延长线上，如图9.59所示。

（5）仅对被测要素的局部结构提出几何公差要求时，可用粗点画线画出其范围，并标注尺寸，如图9.60所示。

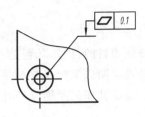

**图 9.58　被测要素的标注方法（三）**

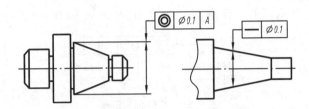

**图 9.59　被测要素的标注方法（四）**

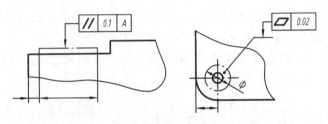

**图 9.60　被测要素的标注方法（五）**

（6）对同一要素有一个以上的几何特征公差要求时，可将多个框格上下相连，整齐排列，如图 9.61(a)所示。若干个分离要素有相同几何公差要求时。可用同一公差框格多条指引线标注，如图 9.61(b)所示。

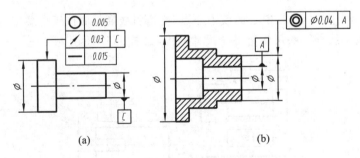

　　　　(a)　　　　　　　　　　　　　　(b)

**图 9.61　被测要素的标注方法（六）**

### 3. 基准

**1）基准的表示**

　　与被测要素相关的基准用一个大写字母表示，字母标注在基准方格内，与一个涂黑或空白的三角形相连(框格和连线都用细实线绘制)以表示基准，如图 9.62 所示。表示基准的字母还应标注在公差框格内。涂黑的和空白的基准三角形含义相同。

　　**2）基准三角形的放置**

　　当基准要素为轮廓线或轮廓面时，基准三角形应放置在该要素的轮廓线或其延长线上且应与尺寸线明显错开，如图 9.63(a)所示；基准三角形也可放置在该轮廓面引出线的水平线上,如图 9.63(b)所示。

图 9.62 基准符号    图 9.63 基准要素的放置方法(一)

当基准是尺寸要素确定的轴线、中心面或中心点时,基准三角形应放置在该尺寸线的延长线上,如图 9.64(a)、(c)所示;如果没有足够的位置标注基准要素尺寸的两个尺寸箭头,则其中一个箭头可用基准三角形代替,如图 9.64(b)所示。

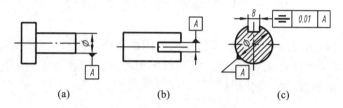

图 9.64 基准要素的放置方法(二)

仅用要素的局部而不是整体作为基准要素时,可用粗点画线画出其范围,并标注尺寸,如图 9.65 所示。

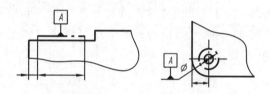

图 9.65 基准要素的放置方法(三)

以单个要素作基准时,在公差框格内用一个大写字母表示,如图 9.66(a)所示。以两个要素建立公共基准体系时,在公差格内用中间加连字母的两个大写字母表示,如图 9.66(b)所示。以两个或三个要素建立基准体系(即采用多基准)时,表示基准的大写字母按优先顺序自左向右填写在各个框格内,如图 9.66(c)所示。

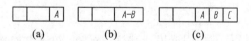

图 9.66 公差框格内基准要素标注方法

### 9.6.4 几何公差标注示例

图 9.67 所示为一气门阀杆(在图中所标注的几何公差附近添加了说明文字,只是为了让读者便于理解几何公差含义而重复填写上去的,在实际的图样中不应该重复填写),从图中可以看到,当被测要素为线或表面时,从框格引出的指引线箭头,应指在该要素的轮廓线或其延长线上。当被测要素是轴线时,应将箭头与该要素的尺寸线对齐,如 M8×1 轴线的同轴度注法。当基准要素为轴线时,应将基准符号与该要素的尺寸线对齐,如基准 A。

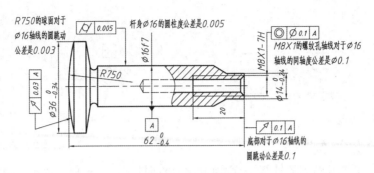

图 9.67　几何公差标注示例

# 9.7　零件结构的工艺性简介

零件的形状结构,主要是根据它在部件中的作用决定的,即设计首先要满足使用性能的要求,但制造工艺对零件的结构也有某些要求,所以零件的设计也要考虑加工制造的方便。下面举一些常用的工艺结构,供学习时参考。

## 9.7.1　铸造零件的工艺结构

### 1. 铸造圆角

为了满足铸造工艺要求,铸造表面转角处要做成小圆角,其作用是便于起模和防止在浇注时金属液将砂型转角处冲坏,也可以避免铸件在冷却时产生裂纹和缩孔。圆角半径一般取壁厚的 0.2~0.4。在同一铸造件上圆角半径的种类应尽可能少。如图 9.68 所示,铸造圆角在图上一般不注出,而写在技术要求中。

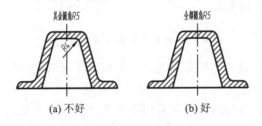

图 9.68　铸造圆角

### 2. 起模斜度

为了在铸造时便于木模从砂型中取出,一般沿木模的起模方向做成约 1：20 斜度的起模斜度,铸件也有相应的斜度。零件图上起模斜度可以不画出,如图 9.69(a)所示,也可以不标出,必要时可在技术要求中注明,如图 9.69 所示。

### 3. 铸件壁厚要均匀

为了保证铸件质量,避免因各部分冷却速度不同而产生缩孔和裂纹,铸件壁厚要均匀,并且要避免突然改变壁厚和局部肥大现象,如图 9.70 所示。

### 4. 铸件各部分形状应尽量简化

为了便于制模、造型、清理、去除浇冒口和机械加工,铸件外形应尽量平直,内壁也应减少凸起或分支部分,如图 9.71 所示。

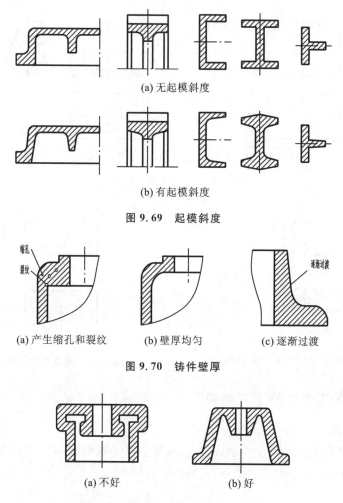

(a) 无起模斜度

(b) 有起模斜度

图 9.69　起模斜度

(a) 产生缩孔和裂纹　　　(b) 壁厚均匀　　　(c) 逐渐过渡

图 9.70　铸件壁厚

(a) 不好　　　　　(b) 好

图 9.71　铸件各部分形状应尽量简化

**5. 过渡线表示法**

　　当铸件表面的相交处有小圆角过渡时,交线就不明显了,但为了区分不同表面,便于看图,仍需画出没有圆角时的交线的投影,这种线称为过渡线。过渡线的画法与原有交线投影画法的主要区别如下。

　　(1) 当两个面相交时,过渡线用细实线绘制,两端不应与轮廓线接触,如图 9.72 和图 9.73 所示。

　　在图样中一般不要求将图 9.72 主视图中所示两圆柱面的过渡线画得很准确,为了简化作图,可以用过三个特殊点的圆弧来代替,该圆弧的半径等于大圆柱面的半径,如图 9.72(a)、(b)所示。

　　(2) 当两曲面的轮廓线相切时,过渡线在切点处应断开,如图 9.73 所示。

　　应该注意:在视图中,当过渡线积聚在有关面的投影面上时,则应画成该面的投影。如图 9.73 和图 9.74 中所示的有关圆柱面的投影为圆时,仍画成完整的圆和圆弧,不能画成过渡线。

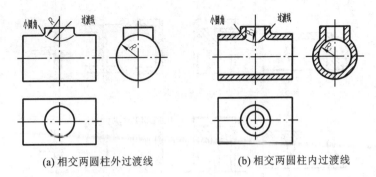

(a) 相交两圆柱外过渡线　　　　　(b) 相交两圆柱内过渡线

图 9.72　过渡线的画法

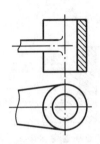

图 9.73　平面所产生的过渡线的画法

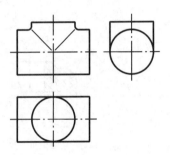

图 9.74　两曲面相切时过渡线的画法

## 9.7.2　机加工零件的工艺结构

### 1. 倒角和倒圆

为了便于零件的装配并消除毛刺或锐边,在轴和孔的端部都加工出倒角。为减少应力集中,在轴肩处往往制成过渡形式的圆角。如图 9.75 所示。

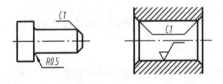

图 9.75　倒角和倒圆

### 2. 退刀槽和越程槽

在切削和磨削加工时,为了避免损坏刀具,并容易退出刀具,以及在装配时与相邻零件保证靠紧,常在加工表面的台肩处预先加工出退刀槽和越程槽,如图 9.76 所示。

### 3. 钻孔结构

用钻头钻孔时,要求钻头尽量垂直于被钻孔的端面,以保证钻孔准确和避免钻头折断,如图 9.77 所示。同时,还要保证工具有最好的工作条件,如图 9.78 所示。钻盲孔和阶梯孔时,在底部有一个 118° 的锥角,常画成 120° 的锥角,钻孔深度是指圆柱部分的深度,不包含锥坑,如图 9.79 所示。

### 4. 凸台和凹槽

为了保证零件间接触良好,减少加工面。零件上常有凸台和凹槽结构,凹槽多用于连接件,凸台用于大面积接触情况,凸台应在同一平面上,以保证加工方便,如图 9.80 所示。

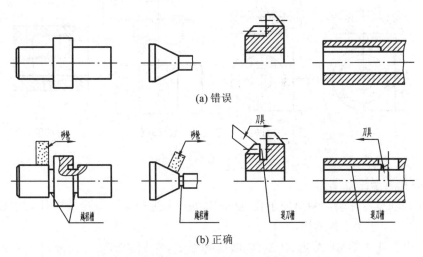

(a) 错误

(b) 正确

图 9.76　退刀槽和越程槽

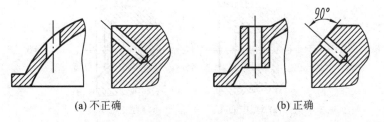

(a) 不正确　　　　　　　　　　　　(b) 正确

图 9.77　钻头要尽量垂直于被钻孔的端面

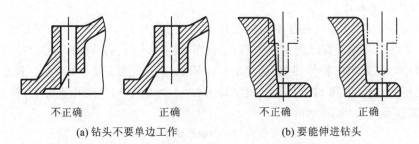

不正确　　　　　正确　　　　　不正确　　　　　正确

(a) 钻头不要单边工作　　　　(b) 要能伸进钻头

图 9.78　钻孔时要有方便的工作条件

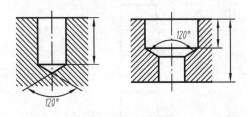

图 9.79　钻孔结构

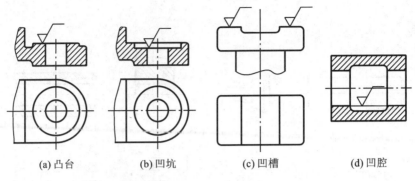

(a) 凸台　　　　(b) 凹坑　　　　(c) 凹槽　　　　(d) 凹腔

图 9.80　凸台和凹槽

**5. 中心孔表示法**

中心孔是轴类零件端面制出的小孔,供车床和磨床进行加工或检验零件时定位和装夹工件之用,是轴上常见的工艺结构。

标准的中心孔有 R 型、A 型、B 型、C 型四种形式,它们的形状和尺寸可查有关标准。图 9.81 所示为 A 型和 B 型中心孔。

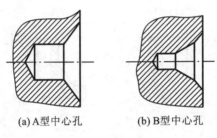

(a) A 型中心孔　　　　(b) B 型中心孔

图 9.81　标准中心孔

1)中心孔规定画法

在零件图中,标准中心孔用图形符号加标记的方法来表示,标准中有如下规定。

(1) 对于已经有相应标准规定的中心孔,在图样中可不绘制其详细结构,只需在零件轴端面绘制出对中心孔要求的符号,随后标注出相应标记,表示法如表 9.14 所示。R 型、A 型和 B 型中心孔的标记包括:标准编号,形式(用字母 R、A、B 来表示),导向孔直径 $D$,锥形孔端面直径 $D_1$。例如:GB/T 4459.5-B2.5/8。

表 9.14　中心孔表示法

| 要　　求 | 符　　号 | 表示法示例 | 说　　明 |
|---|---|---|---|
| 在完工的零件上保留中心孔 | | GB/T 4459.5-B2.5/8 | 采用 B 型中心孔 $D=2.5,D_1=8$ |
| 在完工的零件上可以保留中心孔 | | GB/T 4459.5-A4/8.5 | 采用 A 型中心孔 $D=4,D_1=8.5$ |

续表

| 要　　求 | 符　　号 | 表示法示例 | 说　　明 |
|---|---|---|---|
| 在完工的零件上不允许保留中心孔 | | GB/T 4459.5—A1.6/3.35 | 采用 A 型中心孔 $D=1.6,D_1=3.35$ |

（2）中心孔标记中的标准编号，也可按图 9.82、图 9.83 所示的方法表示。

2）中心孔简化表示方法

（1）在不致引起误解时，可省略标记中的标准号码，如图 9.84 所示。

（2）如同一轴的两端中心孔相同，可只在其一端标出，但应加注其数量"2×"，如图 9.84 所示。

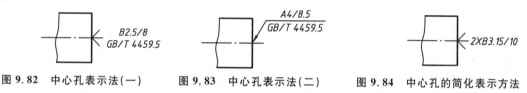

图 9.82　中心孔表示法（一）　　　图 9.83　中心孔表示法（二）　　　图 9.84　中心孔的简化表示方法

# 9.8　画零件图

现以图 9.85 所示的轴承底座为例，来说明画零件图的一般步骤和方法。

（1）确定视图表达方案　由于底座属于箱体类零件，所以确定表达方案时应按照箱体类零件的表达方法来表达。首先根据底座的用途、结构特点和加工方法等方面因素，对零件进行结构、形体分析。依据投射方向，选取主视图和其他视图，择优确定视图表达方案。

① 主视图的选择　根据底座的工作位置和加工方法选择自然的安放位置，如图 9.85 所示的 B 向不符合底座的工作位置，所以应该排除。A 向和 C 向都符合底座的工作位置特征，但 A 向更加符合形状特征的原则，所以选择如图 9.85 所示的

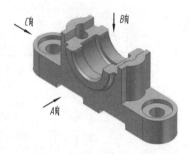

图 9.85　轴承底座

A 向为主视图的投射方向。由于底座左右对称，且内外结构均需表达，所示主视图画成半剖视图。

② 其他视图的选择　主视图确定后，俯视图的左视图就唯一确定。由于俯视图反映底座地板的形状特征，所以采用视图表达即可。由于底座前后对称，为了表达清楚底座的内外形状结构，左视图画成半剖视图。

（2）选择图幅、比例　在确定了视图表达方案之后，选择 A3 图幅。依据零件视图数目和实物大小确定 1∶1 比例画图，然后画出相应的图框和标题栏，如图 9.86（a）所示。

（3）画底稿。

① 定出各视图的基准线　依据已经确定的视图方案和比例，合理布置各视图的相应位置。视图与图框线之间，以及各视图之间要留有充分的标注尺寸的空间，画出各视图的主要中心线、轴线、基准线，如图 9.86（a）所示。

②　绘制视图　在已绘制出各视图的基准线、中心线、轴线的基础上，按视图表达方案一般先从主视图开始绘制，并根据各视图之间的投影关系，画出其他视图的主要轮廓线，如图 9.86(b)所示。

③　绘制细节　绘制出各视图上螺钉孔、销孔、倒角、圆角和剖面线等细节部分，如图 9.86(c)所示。

(4)　标注尺寸、尺寸公差、表面结构要求等。

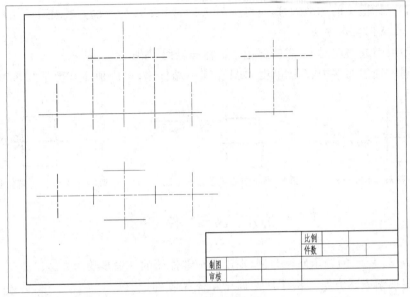

(a)

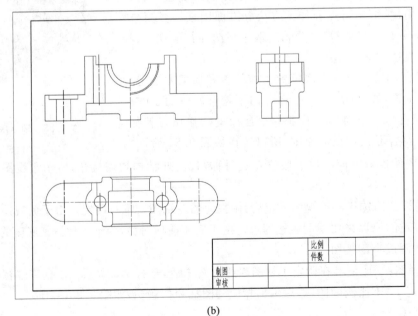

(b)

图 9.86　画零件图步骤

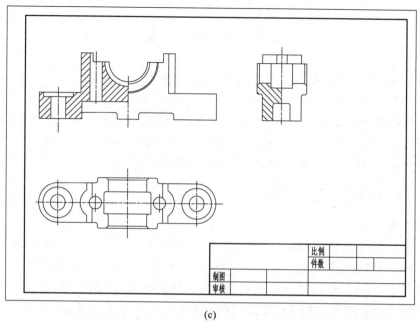

(c)

技术要求

1. 彻底清砂并去除尖角毛刺。

2. 未注圆角R2。

3. Ø10、Ø36孔与轴承盖同时加工。

轴承底座　　比例 1:1　件数 1　材料 HT150

制图

审核

(d)

续图 9.86

（5）写出技术要求。

（6）填写标题栏。

（7）检查、完成　检查各视图的画法是否准确反映零件的结构、形状，以及尺寸标注是否正确、完整、清晰、合理。没有错误之后，加深完成全图，如图 9.86(d) 所示。

根据上述步骤，轴承底座的零件图绘制过程如图 9.86 所示。

# 9.9 读 零 件 图

零件图是生产中指导制造和检验该零件的主要图样,它不仅应将零件的材料、内、外结构形状和大小表达清楚,而且还要对零件的加工、检验、测量提供必要的技术要求。从事各种专业的技术人员,必须具备识读零件图的能力。读零件图就是要求在了解零件在机器中的作用和装配关系的基础上,弄清零件的材料、结构形状、尺寸和技术要求等,评论零件设计上的合理性,必要时提出改进意见,或者为零件拟订适当的加工制造工艺方案。

## 9.9.1 读零件图的方法和步骤

### 1. 概括了解

首先看零件图的标题栏,从中了解零件的名称,大体了解零件的功用和形状;从制造该零件所用材料可想到零件制造时的工艺要求;从图的比例和图形的大小可以估计出零件实际大小。对于不熟悉的零件,就需要进一步参考有关技术资料,如装配图和技术说明书等文字资料,了解零件在机器或部件中的功用以及与相关零件的配合、装配关系,从而初步判断零件的主要形状和结构。

### 2. 分析视图、构思零件的结构形状

进行视图分析,看懂零件的内外结构形状是读图的重点。找出主视图,分析各视图的投影方向,确定各视图间的关系,要根据零件的功用及视图的特征,运用形体分析和线面分析的方法将零件分解成几部分。在各视图中找出各部分的特征视图,再运用视图间的投影规律,想象出各部分的结构,最后综合在一起,想象出零件的整体形状。

### 3. 分析尺寸,弄清零件的大小

图上的尺寸是加工制造零件的重要依据。因此,必须对零件的全部尺寸进行仔细的分析。分析时可从两个方面考虑:一个是分析标注尺寸的起点,从而找出尺寸基准;另一个是结合公差和表面结构要求看尺寸,从而找出重要尺寸及确定待加工表面的加工方法和要求。

### 4. 看技术要求,进一步明确制造、检验的要求

分析零件的尺寸公差、几何公差、表面结构要求及其他技术要求等项目,要逐项仔细分析,然后根据现有加工条件,进一步明确制造、检验的要求。

### 5. 归纳总结,看懂全图

综合上述各项分析的内容,将图形、尺寸和技术要求等综合起来考虑,并参阅相关资料,对零件有一个总体认识,达到读懂零件图的目的。

## 9.9.2 读零件图举例

### 1. 轴承盖(见图 9.87)

1) 概括了解

从标题栏可知,轴承盖按 1:2 绘制,材料为 HT150。

2) 分析视图、构思零件的结构形状

主视图按工作位置放置,采用半剖视图,主要表达了轴承盖左右对称的内、外结构形状;左视图采用全剖视图,表达了轴承盖内部阶梯孔和螺孔的结构形状;俯视图表达了轴承盖的外形。

3）分析尺寸，弄清零件的大小

长度方向的尺寸基准是轴承盖的左右对称面；宽度方向的尺寸基准是轴承盖的前后对称面；高度方向的尺寸基准是底面。由图中可以看出，轴承盖的主要尺寸有：轴孔直径尺寸 $\phi 60^{+0.046}_{0}$；与轴承配合及连接尺寸 $85\pm0.027$，$90^{-0.036}_{-0.123}$，$10$；轴承盖的宽度尺寸 $65^{-0.030}_{-0.104}$。

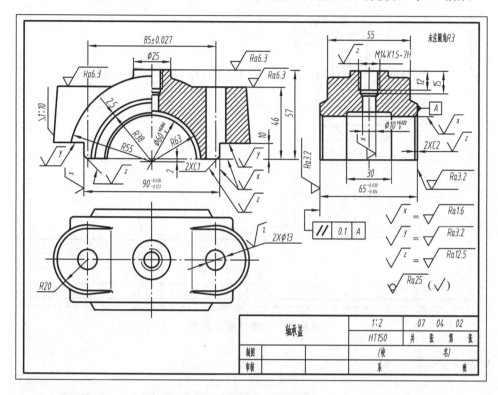

图 9.87　读零件图示例（一）

4）看技术要求，进一步明确制造、检验的要求

轴承盖上比较重要的表面的尺寸都标注了偏差数值，图中标出了所有配合面的表面结构要求且有些表面结构要求采用简化标注方法。一些重要表面的表面结构要求也比较高，$Ra$ 值一般为 $1.6\ \mu m$。

5）归纳总结，看懂全图

综合考虑后，轴承盖的立体图如图 9.88 所示。

图 9.88　轴承盖的立体图

**2. 带轮**(见图 9.89)

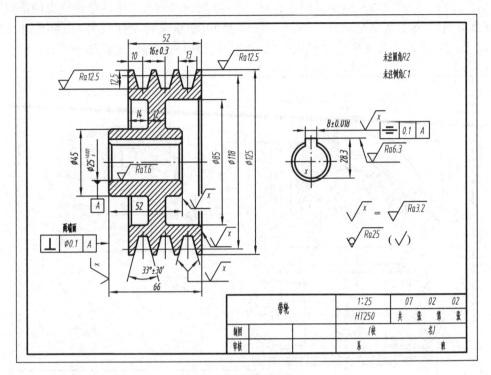

图 9.89　读零件图示例(二)

**3. 支架**(见图 9.90)

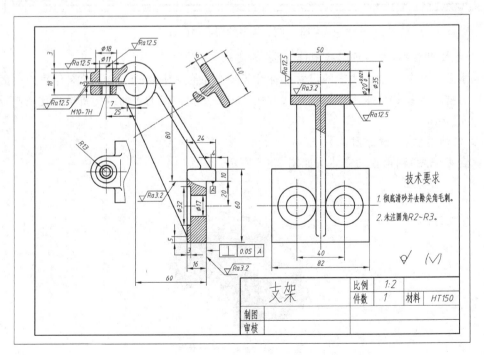

图 9.90　读零件图示例(三)

**4. 箱体**(见图 9.91)

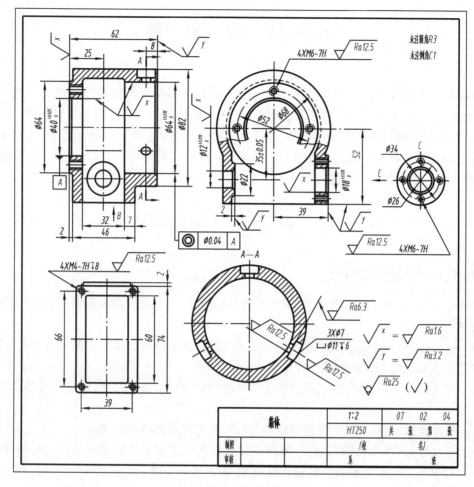

**图 9.91 读零件图示例(四)**

以上三例请根据读零件图的步骤和参照读轴承盖零件图的方法进行读图,这里不再重述。

# 第10章 装 配 图

装配图是表达机器或部件的结构、工作原理、零件之间的装配关系以及设计者意图的图样。表达一台完整机器的图样称为总装配图,表达一个部件的图样称为部件装配图。在生产过程中,生产者是根据装配图制订装配工艺规程,进行装配和检验。在使用过程中,使用者又是通过装配图了解机器或部件的工作原理及构造,以便正确使用和维修。所以,装配图是设计、制造、使用、维修及技术交流的重要技术文件。

## 10.1 装配图的内容和视图表达方法

### 10.1.1 装配图的内容

如图 10.1 所示为手动气阀的装配图,由图可以看出,一张完整的装配图,包括以下四方面的内容。

(1) 一组视图:用来表达机器或部件的工作原理,各零件间的相对位置关系、相互连接方式和装配关系以及主要零件的结构特征。

(2) 必要的尺寸:主要标注机器或部件的规格性能、装配、安装尺寸,总体尺寸和一些重要尺寸。

(3) 技术要求:用符号或文字说明装配、检验、调整时必须满足的条件。

(4) 零件序号、明细栏和标题栏:零件序号和明细栏用来说明机器或部件的组成情况,以及零件的代号、名称、数量和材料等有关事项,序号的另一个作用是将明细栏与图样联系起来。标题栏说明装配体的名称、图号、绘图比例、设计者等信息。

### 10.1.2 装配图的视图表达方法及画法

装配图和零件图一样也是按正投影的原理和方法,以及有关的国家标准规定绘制的,即采用一组视图(视图、剖视图、断面图等)表达机器和部件的工作原理、形状结构、各零件之间的相对位置和装配关系以及零件的主要结构形状。由于装配图与零件图各自表达对象的重点及在生产中所使用的范围不同,因而国家标准对装配图还规定了一些特殊的表达方法。

**1. 装配图的规定画法**

装配图的规定画法如图 10.2 所示,说明如下。

(1) 两零件的接触面和配合面只画一条线。对于不接触表面、非配合表面,即使其间隙很小,也必须画两条线。

(2) 在剖视图或断面图中,相互邻接的金属零件的剖面线,其倾斜方向应相反,或方向一致而间隔不等。但在同一装配图中的同一零件的剖面线应方向相同、间隔相等。若相邻零件多于两个时,则应以间隔不同与相邻零件相区别。除金属零件外,当各邻接零件的剖面符号相同时,应采用疏密不一的方法以示区别。

(3) 装配图中,宽度小于或等于 2 mm 的狭小面积的剖面,可用涂黑代替剖面符号。

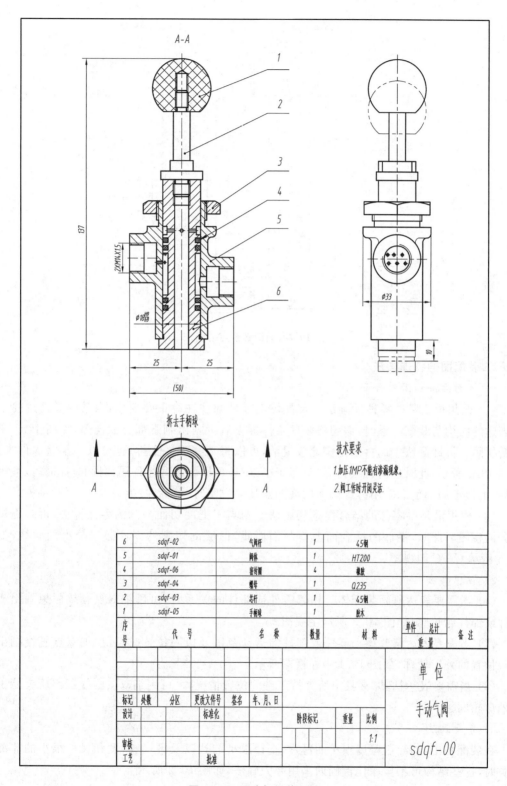

图 10.1 手动气阀装配图

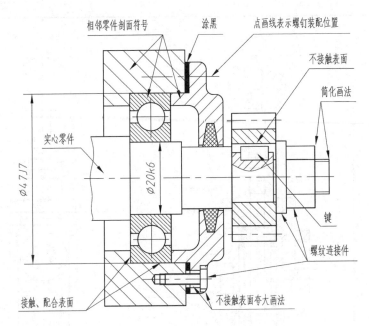

图 10.2　装配图规定的画法

**2. 装配图的特殊画法**

1) 拆卸画法和沿结合面剖切

（1）假想拆去某些零件的画法。装配体上零件间往往有重叠现象,当某些零件遮住了需要表达的结构与装配关系时,假想将一些零件拆去后再画出剩下部分的视图,如图 10.1 所示的俯视图。拆卸画法中的拆卸范围比较灵活,可以将某些零件全拆;也可以将某些零件半拆,如图 10.4 所示,此时以对称线为界,类似于半剖;还可以将某些零件局部拆卸,此时,以波浪线分界,类似于局部剖。采用拆卸画法的视图需加以说明时,可标注"拆去×××等"字样。

（2）假想沿某些零件的结合面剖切画法。相当于把剖切面一侧的零件拆去,再画出剩下部分的视图。此时,零件的结合面上不画剖面线,但被剖切到的零件必须画出剖面线,如图 10.3 所示 C—C 剖视图。

2) 假想画法

（1）当需要表达所画装配体与相邻零件或部件的关系时,可用细双点画线假想画出相邻零件或部件的轮廓,如图 10.3 所示主视图。

（2）当需要表达某些运动零件或部件的运动范围及极限位置时,可用细双点画线画出其极限位置的外形轮廓,如图 10.1 中左视图所示。

（3）当需要表达钻具、夹具中所夹持工件的位置情况时,可用细双点画线画出所夹持工件的外形轮廓。

3) 夸大画法

在装配图中,如绘制厚度很小的薄片、直径很小的孔以及锥度、斜度和尺寸很小的非配合间隙时,这些结构可不按原比例画而采用夸大画法,如图 10.2 所示。

4) 单独表达某个零件

当某个零件在装配图中未表达清楚,而又需要表达时,可单独画出该零件的视图,并在单

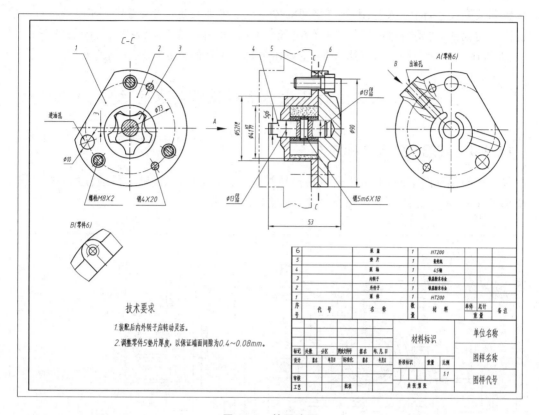

**图 10.3　转子油泵**

独画出的零件视图上方注出该零件的名称或编号,其标注方法与局部视图类似,如图 10.3 中 A 视图所示。

5) 展开画法

为了表达传动机构的传动路线和装配关系,可假想按传动顺序沿轴线剖切,然后依次将各剖切平面展开在一个平面上,画出其剖视图。此时应在展开图的上方注明" ×展开"字样。

6) 简化画法

(1) 在装配图中,对于紧固件以及轴、连杆、球、钩子、键、销等实心零件,若按纵向剖切,且剖切平面通过其对称平面或轴线时,则这些零件均按不剖绘制。如需要特别表明零件的构造,如凹槽、键槽、销孔等则可用局部剖视来表达,如图 10.2 所示。

(2) 在装配图中,零件的工艺结构,如小圆角、倒角、退刀槽等可不画出,如图 10.2 所示。

(3) 在装配图中,螺栓、螺母等可按简化画法画出,如图 10.2 所示。

(4) 对于装配图中若干相同的零件组,如螺栓、螺母、垫圈等,可只详细地画出一组或几组,其余只用点画线表示出装配位置即可,如图 10.2、图 10.3 所示。

(5) 装配图中的滚动轴承,可只画出一半,另一半按通用画法画出。

(6) 在装配图中,当剖切平面通过的某些组件为标准产品,或该组件已由其他图形表达清楚时,则该组件可按不剖绘制,如图 10.4 中的油杯。

(7) 在装配图中,在不致引起误解,不影响看图的情况下,剖切平面后不需表达的部分可省略不画。

　　如图 10.1 所示手动气阀装配图采用的一组视图为:主视图采用全剖表达各零件之间的相对位置和装配关系,同时把进、出气口之间的关系也清晰地表达出来,使其工作原理一目了然;左视图采用视图,主要表达接工作气缸的出气口形状,并用细双点画线表达气阀的另一个工作状态;俯视图采用拆去零件的表达方法,主要用来表达芯杆的形状以及气阀的外形。

## 10.2　装配图的尺寸标注和技术要求的注写

### 10.2.1　装配图的尺寸标注

　　装配图与零件图不同,不是用来直接指导零件生产的,不需要、也不可能注出每一个零件的全部尺寸,一般仅标注出下列几类尺寸,如图 10.4 所示。

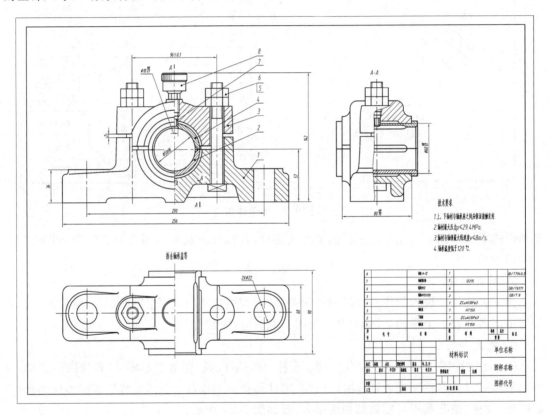

图 10.4　装配图中的尺寸

**1. 特性、规格尺寸**

　　表示装配体的性能、规格或特征的尺寸。它们常常是设计和用户选用产品的主要依据,如图 10.4 中轴瓦的孔径 $\phi50\text{H}8$。

**2. 装配尺寸**

　　表示装配体各零件之间装配关系的尺寸,它包括以下尺寸。

　　配合尺寸:表示零件之间配合性质的尺寸,如图 10.4 中 $\phi60\frac{\text{H}8}{\text{k}7}$、$\phi10\frac{\text{H}8}{\text{s}7}$。

　　相对位置尺寸:表示零件间比较重要的相对位置尺寸,如图 10.4 中轴承孔的中心高度 57。

连接尺寸:装配体中连接用的螺钉、螺栓、销等的定位尺寸,如图 10.4 中的 96±0.3。

**3. 安装尺寸**

表示将装配体安装在基础上或其他部件上时所需要的尺寸,如图 10.4 中的 200 和 2×$\phi$22。

**4. 外形尺寸**

表示装配体的外形轮廓尺寸,即总长、总宽、总高等。这是装配体在包装、运输、安装时所参考的尺寸,如图 10.4 中 256,90,142。

**5. 其他重要尺寸**

经计算或选定的不包括在上述几类尺寸中的重要尺寸,此外,有时还需要注出运动零件的极限位置尺寸。

上述几类尺寸,并非在每一张装配图上都必须注全,应根据装配体的具体情况而定。在有些装配图上,同一个尺寸,可能兼有几种功能。

## 10.2.2　装配图上技术要求的注写

装配图中的技术要求,一般可从以下几个方面来考虑。

**1. 性能要求**

装配体装配后应达到的性能。

**2. 装配要求**

装配体在装配过程中应注意的事项及装配后应达到的指标等。例如,特殊的装配方法、装配间隙等,有的表面需装配后加工,有的孔需要将有关零件装好后配作等。

**3. 检验、试验要求**

装配后对机器或部件进行验收时所要求的检验、试验、验收方法和条件的说明。

**4. 使用要求**

对机器在使用、保养、维修时提出的要求及操作使用时应注意的事项和涂饰要求等。例如限速要求、限温要求、绝缘要求等。

与装配图中的尺寸标注一样,上述内容并非在每一张图上都要写全,而是根据装配体的具体情况来确定。编制装配图中的技术要求时,一般可参阅同类产品或原有的老产品图样中的要求。

技术要求中的文字应准确、简练,一般注写在明细栏的上方或图纸下部空白处,参见图 10.1、图 10.3、图 10.4。如果内容很多,也可另外编写成技术文件作为图样的附件。

## 10.3　装配图中零、部件序号及明细栏

为了便于图样管理、生产准备,以及读图和装配工作,必须对装配图中的所有零、部件编注序号,同时要编制并填写相应的明细栏。

### 10.3.1　装配图中零件序号的编写

**1. 基本要求**

(1) 装配图中所有的零、部件均应编号。

（2）装配图中一个部件可以只编写一个序号；同一装配图中相同的零、部件用一个序号，一般只标注一次；多处出现的相同的零、部件，必要时也可重复标注。

（3）装配图中零、部件的序号，应与明细栏中的一致。

**2. 序号的编排方法**

（1）装配图中编写零、部件序号的表示方法有三种，如图 10.5 所示。

在水平的基准线（细实线）或圆（细实线）内注写序号，序号字号比该装配图中所注尺寸数字大一号或两号，如图 10.5(a)、(b)所示。

在指引线的非零件端的附近注写序号，序号字号比该装配图中所注尺寸数字大一号或两号，如图 10.5(c)所示。

（2）同一装配图中编排序号的形式应一致。

（3）相同的零、部件用一个序号，一般只标注一次，多处出现的相同的零、部件，必要时也可以重复标注。

（4）指引线应自所指部分的可见轮廓线内引出，并在末端画一圆点，如图 10.5 所示。若所指部分（很薄的零件或涂黑的剖面）内不便画圆点时，可在指引线的末端画出箭头，并指向该部分的轮廓，如图 10.3 所示的零件序号 5。

指引线不能相交，当指引线通过有剖面线的区域时，它不应与剖面线平行，如图 10.5(b)所示。

指引线可以画成折线，但只可曲折一次，如图 10.5(d)所示。

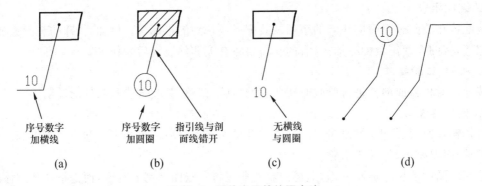

图 10.5　零件序号的编写方法

一组紧固件以及装配关系清楚的零件组，可以采用公共指引线，形式如图 10.6 所示，其应用如图 10.4 中零件序号 5 和 6。

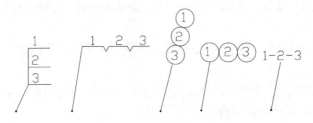

图 10.6　公共指引线的编注形式

（5）装配图中的序号应按水平或竖直方向排列整齐。并按顺时针或逆时针方向顺次排列，在整个图上无法连续时，可只在每个水平或竖直方向顺次排列。

### 10.3.2　装配图中明细栏的编写

装配图中一般应有明细栏,明细栏是机器或部件中全部零、部件的详细目录,国家标准规定的明细栏基本组成和尺寸如图 10.7 所示,其下边线与标题栏上边线重合,长度相同。填写时应注意遵守下列规定。

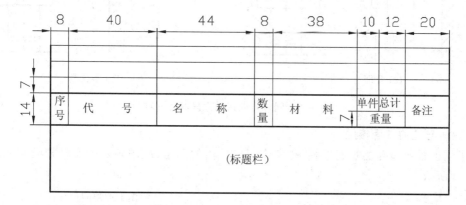

图 10.7　明细栏

**1. 明细栏的配置**

(1) 明细栏一般配置在装配图中标题栏的上方,按由下而上的顺序填写。其格数应根据需要而定。当由下而上延伸位置不够时,可紧靠在标题栏的左边自下而上延续。

(2) 当装配图中不能在标题栏的上方配置明细栏时,可作为装配图的续页按 A4 幅面单独给出,其顺序应是由上而下延伸,但应在明细栏的下方配置标题栏,并在标题栏中填写与装配图相一致的名称和代号。

**2. 明细栏的填写**

(1) 序号:填写图样中相应组成部分的零件序号。

(2) 代号:填写图样中相应组成部分的代号或标准号。

(3) 名称:填写图样中相应组成部分的名称。必要时,也可写出其形式与尺寸。

(4) 数量:填写图样中相应组成部分在装配图中所需的数量。

(5) 材料:填写图样中相应组成部分的材料标记。

(6) 重量:填写图样中相应组成部分单件和总件的计算重量。

(7) 备注:填写该项的附加说明或其他有关的内容。

# 10.4　常用装配结构简介

### 10.4.1　常用装配结构的合理性

为了保证机器或部件装配后达到设计要求,并且便于零件的加工、装拆和维修,在设计和绘制装配图的过程中应确定合理的装配结构,从而满足装配工艺要求。

**1. 两零件接触面的数量**

两零件在同一方向上(横向、竖向或径向)只能有一对接触面或配合面,这样,既能保证接触良好,又能降低加工要求,否则,将造成加工困难,并且也不会同时接触。如图 10.8 所示。

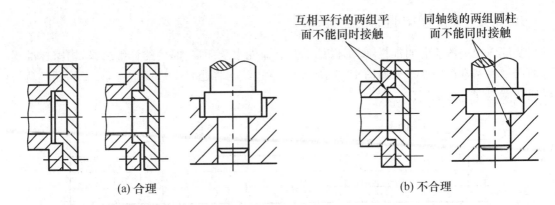

图 10.8　同一方向接触面只能有一对

## 2. 轴肩与孔的端面接触

为了保证轴肩与孔的端面接触,孔口应制出适当的倒角(或圆角),或在轴根处加工出槽,如图 10.9 所示。

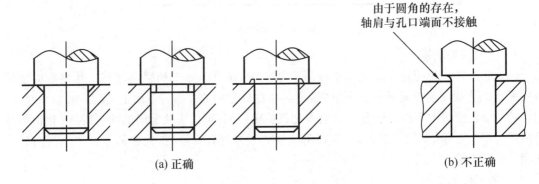

图 10.9　轴肩与孔的端面接触处的结构

## 3. 两圆锥面配合

两圆锥面配合时,其轴向相对位置即被确定,圆锥体的端面与锥孔的底部之间应留空隙,如图 10.10 所示。

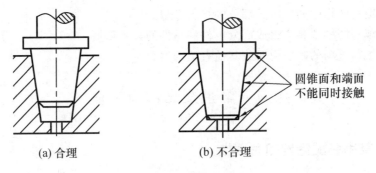

图 10.10　圆锥面配合

## 4. 滚动轴承的安装

为便于维修时容易拆卸,滚动轴承如以轴肩定位,则轴肩的高度必须小于轴承内圈厚度,如图 10.11 所示;滚动轴承如以孔肩定位,则孔肩的高度必须小于轴承外圈的厚度,如图 10.12 所示。

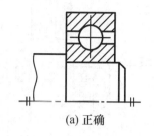 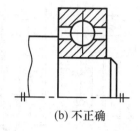

(a) 正确          (b) 不正确

**图 10.11　轴上滚动轴承的安装**

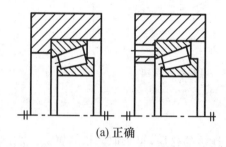 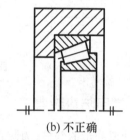

(a) 正确          (b) 不正确

**图 10.12　孔内滚动轴承的安装**

### 10.4.2　常用密封结构

机器或部件能否正常运转,在很大程度上取决于密封或防漏结构的可靠性。为此,在机器或部件的旋转轴、滑动杆(阀杆、活塞杆等)伸出箱体(或阀体)处,设置有密封装置。

**1. 滚动轴承的密封**

滚动轴承工作时需要进行密封,从而防止润滑油渗漏和外部的灰尘、水分等侵入。常见的密封方法如图 10.2、图 10.13 所示,常用的密封件有密封圈和毡圈等,均为标准件,与此对应的局部结构也为标准结构,如轴承盖的毡圈槽、油沟等,其尺寸要从有关手册中查取。画图时,密封件要紧套在轴上,且轴承盖的孔径大于轴径,应有间隙。

**2. 填料密封结构**

在轴或滑动杆伸出箱体(或阀体)处做一填料箱(函),填入具有特殊性质的软质填料,用压盖或螺母将填料压紧,使填料以适当的压力贴在轴(杆)上,达到既不阻碍轴(杆)运动,又能阻止工作介质(流体或气体)沿轴(杆)泄露,从而起到密封和防漏作用,如图 10.14 所示。画图时按压盖在开始压紧的位置画出。

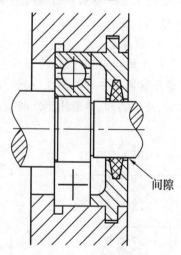

间隙

**图 10.13　滚动轴承的密封**

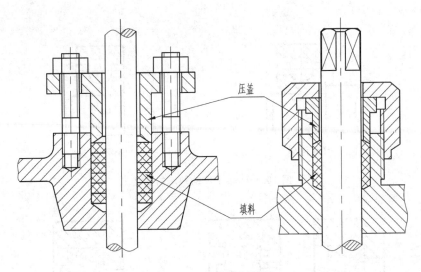

图 10.14　填料密封结构

### 10.4.3　常用防松装置

对承受振动或冲击的部件,为防止螺纹连接的松脱,可采取防松装置。

**1. 槽形螺母和开口销防松**

槽形螺母拧紧后,用开口销穿过螺栓尾部的小孔和螺母的槽,也可以用普通螺母拧紧后配钻销孔,如图 10.15 所示。这种方法防松可靠,但装拆不便。用于变载、振动的连接场合。

**2. 止动垫片**

螺母拧紧后,将单耳或双耳止动垫圈分别向螺母和被连接件的侧面折弯贴紧,以实现防松,如图 10.16 所示。如果两个螺栓需要双联锁紧时,可采用双联止动垫片。这种方法结构简单,使用方便,防松可靠。

**3. 双螺母**

两个螺母对顶拧紧,使螺栓在旋合段内受拉而螺母受压,构成螺纹连接副纵向压紧。尽管双螺母紧固是一种可靠性较低,且会增加连接副重量和螺杆长度的防松手段,但是由于其结构简单、便于装卸,普遍用于低速重载或载荷平稳的场合,如图 10.17 所示。

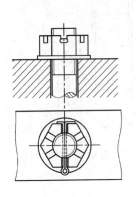

图 10.15　开口销防松

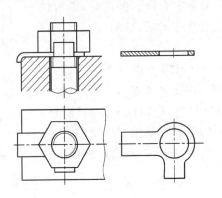

图 10.16　止动垫片防松

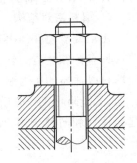

图 10.17　双螺母防松

# 10.5  由零件图画装配图

机器或部件是由一些零件所组成,因此,根据机器或部件所属的零件图,就可以拼画其装配图,现以图 10.1 所示的手动气阀装配图为例,说明由零件图画装配图的步骤和方法。

## 10.5.1  画图前的准备

### 1. 了解部件的用途、工作原理和装配关系

手动气阀是常用的一种压缩空气开关,其工作原理是:根据气阀杆与阀体之间的相对位置改变,来实现通道的接通、转换或关闭,如图 10.18 所示。当气阀杆在图 10.18(a)所示位置时,储气筒与工作系统接通;当气阀杆在图 10.18(b)所示位置时,工作系统与储气筒的通道被关闭,此时工作系统中的高压气体通过气阀杆中心的孔道与大气接通,释放气体。图 10.1 所示的手动气阀共计有 6 种零件,如图 10.19(a)所示,装配示意图如图 10.19(b)所示。

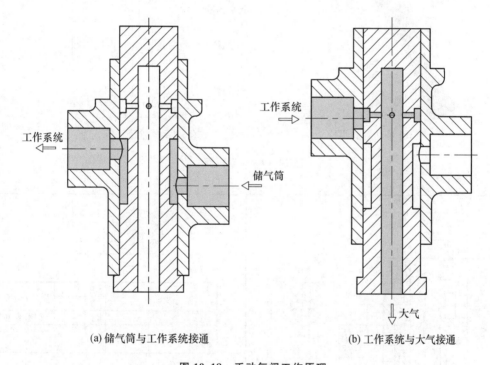

(a) 储气筒与工作系统接通                    (b) 工作系统与大气接通

**图 10.18  手动气阀工作原理**

### 2. 熟悉所画部件的各个零件结构形状、相对位置关系和装配连接关系

手动气阀各零件之间的位置和连接关系如图 10.19(b)所示,各零件的形状、详细尺寸如图 10.20、图 10.21 所示。

## 10.5.2  视图的选择

为了满足生产的需要,应正确运用各种表达方法,将机器或部件的工作原理、各零件间的装配关系及主要零件的基本结构完整清晰地表达出来。选择表达方法时,应根据机器或部件的结构特点,从装配干线入手。首先考虑与机器或部件功能密切的主要干线(如工作系统、传

动系统等);然后,考虑次要干线(如润滑冷却系统、操纵系统和各种辅助装置等);最后,考虑连接、定位等方面的表达。

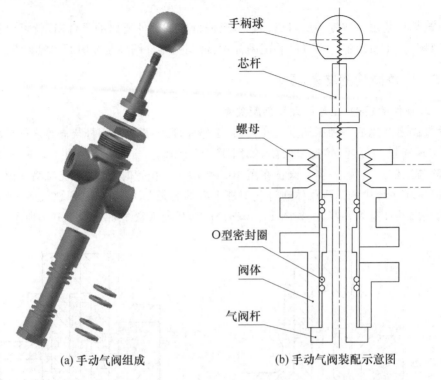

(a) 手动气阀组成　　　　　　　　(b) 手动气阀装配示意图

图 10.19　手动气阀

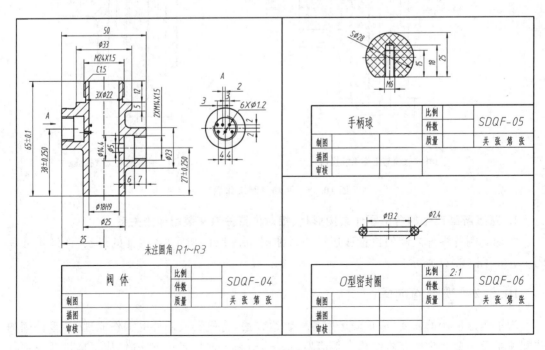

图 10.20　手动气阀零件 1

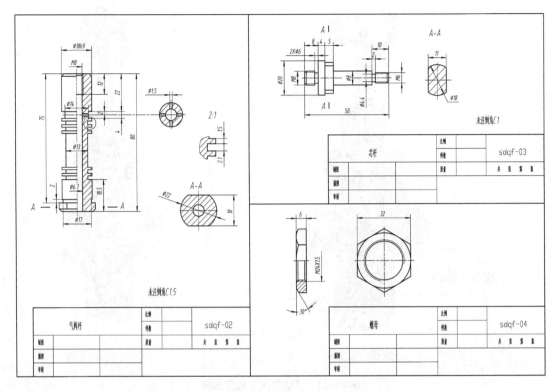

**图 10.21  手动气阀零件 2**

**1. 主视图的选择**

根据装配图的内容和要求,在选择主视图时应着重考虑工作位置和部件特征,同时要方便装配工作,符合看图习惯。故在选择主视图时,一般按机器或部件工作位置摆放,对于因应用场合不同而有多种工作位置的部件,可将其常见或习惯的位置确定为主视图的摆放位置。主视图的投射方向应能够充分表达出机器或部件的工作原理、传动关系、零件间主要的装配关系及主要零件结构形状特征。在机器或部件中,一般将组装在同一轴线上的一系列相关零件称为装配干线。机器或部件是由一些主要和次要的装配干线组成,常通过装配干线的轴线把部件剖开,画出剖视图作为装配图的主视图。

如图 10.22 所示,选择方向 A 作为主视图投射方向,主要表达手动气阀的装配干线(气阀杆→密封圈→阀体→螺母→芯杆→手柄球);方向 B 不能表达两个气口的位置关系。主视图采取全剖视,这样,就把全部零件间的相对位置、连接和装配关系等都表达清楚了。

**2. 确定其他视图和表达方法**

在确定主视图后,根据机器或部件的结构形状特征,对主视图没有表达而又必须表达的部分,或者表达不够完善、清晰的部分,选定其他视图表达。至于各视图采用何种表达方法,应根据需要来确定,但每个零件至少应在某个视图中出现一次,否则图上就缺少一种零件了。

对于手动气阀,选择左视图表达手动气阀的外形以及手动气阀连接工作系统的出气口形状,同时,用双点画线表达手动气阀的另一个工作位置,如图 10.23 所示。

选择俯视图并采用拆卸画法,除了与左视图配合表达手动气阀外形外,还表达了芯杆的形状特征,如图 10.24 所示。

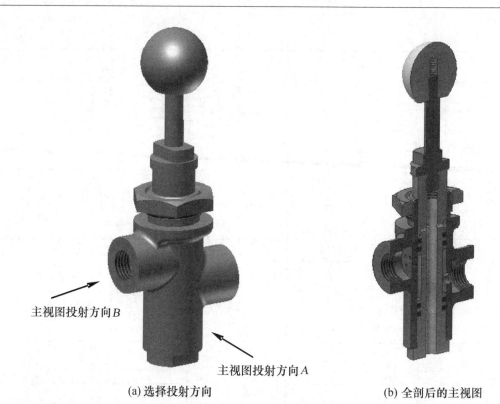

(a) 选择投射方向　　　　　　　　　　　(b) 全剖后的主视图

图 10.22　手动气阀主视图选择

图 10.23　手动气阀左视图

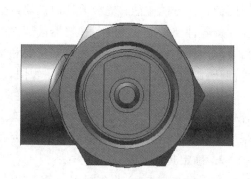

图 10.24　手动气阀俯视图

　　通过以上三个视图的选择,可以将手动气阀的工作原理、各零件间的装配关系及主要零件的基本结构完整清晰地表达出来。

## 10.5.3　装配图的画图步骤

　　确定了部件的视图表达方案后,为了便于看图,各视图间的位置应尽量符合投影关系。整个图样的布局应匀称、美观。根据零件图画装配图的步骤如下。

**1. 根据表达方案,定比例,定图幅,画出图框**

根据拟订的表达方案,确定图样比例,选择标准的图幅,画好图框、明细栏及标题栏。对于手动气阀,当总体尺寸不大时,可采用 1∶1 的比例作图;根据视图特征采用 A3 图纸竖放,如图 10.25 所示。

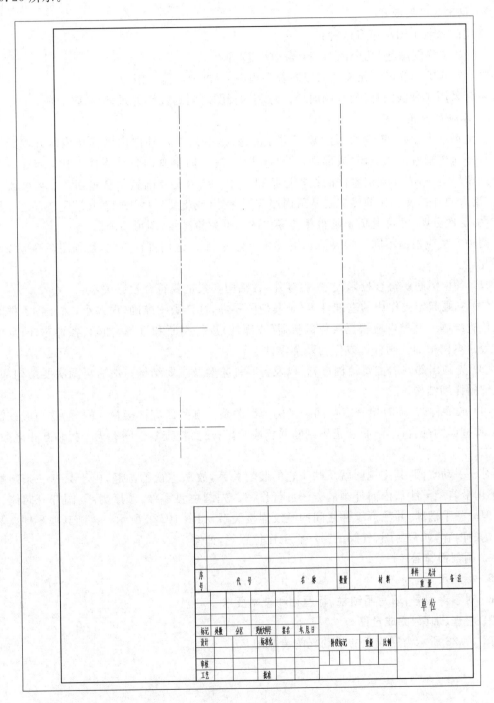

**图 10.25  定比例、定图幅、画图框、画基准**

**2. 合理布图,留出空隙,画出基准**

根据拟订的表达方案,合理美观地布置各个视图,注意留出标注尺寸、编写零件序号及注写技术要求所需的位置,画出各个视图的主要基准线,如轴线、中心线、零件的主要轮廓线等,如图 10.25 所示。

**3. 画底稿**

1) 视图的画图顺序

常用的画装配图顺序有两种:

(1) 从主视图画起,几个视图相互配合一起画;

(2) 先从反映较多装配关系的视图着手画,然后再画其他视图。

不管采用哪种画图顺序,画图时应注意利用视图之间的投影关系,联系起来画。

2) 零件的画图顺序

在画每个视图时,零件的画图顺序也需要考虑,一般有从外向内画或从内向外画两种方法。从外向内画就是从机器(或部件)的机体出发,逐次向里画出各个零件。其优点是从整体的合理布局出发,方便确定零件的结构形状和尺寸。从内向外画就是从里面的主要装配干线出发,逐次向外扩展。它的优点是从最内层实形零件(或主要零件)画起,按装配顺序逐步向四周扩展,层次分明,并可避免多画被挡住零件的不可见轮廓线,图形清晰。

两种方法应根据不同结构灵活选用或结合运用,不论运用哪种方法,在画图时都应该注意以下几点。

(1) 各视图间要符合投影关系,各零件、各结构要素也要符合投影关系。

(2) 先画起定位作用的基准件,再画其他图零件,这样画图准确、误差小,保证各零件间的相互位置准确。基准件应根据具体的机器(或部件)进行判断和选择,如轴、各种芯杆、重要的零件等。本例中的气阀杆可以作为基准零件。

(3) 先画出部件的主要结构形状,以及各零件轮廓及主要结构。然后再画次要结构部分,以及细画详细结构。

(4) 画零件时,随时检查零件间正确的装配关系。哪些面应该接触,哪些面之间应该留有间隙,哪些面为配合面等,必须正确判断并相应画出;还要检查零件间有无干扰和互相碰撞,及时纠正。

对于手动气阀,其主视图就反映了它的装配关系,故从主视图画起,由于只有一条装配干线,采用沿装配干线从内向外画的方法进行作图。先画主要零件,顺序为:气阀杆→阀体→芯杆→螺母→手柄球,并注意零件之间的螺纹连接关系,如图 10.26 所示。再画其他零件以及需要表达的内容,如密封圈、气阀的另一个工作位置等,如图 10.27 所示。

**4. 画剖面符号**

**5. 标注尺寸**

**6. 对零件编号,填写明细栏、标题栏和技术要求**

**7. 检查、加深、完成全图**

图 10.28 所示为完成后的手动气阀装配图。

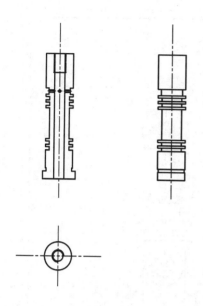

(a) 画气阀杆

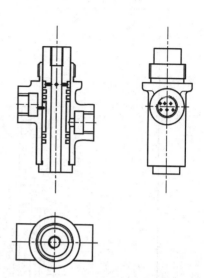

(b) 画阀体

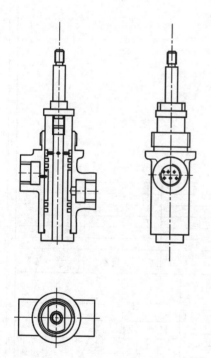

(c) 画芯杆

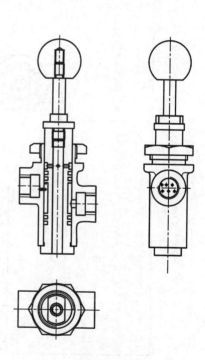

(d) 画螺母和手柄球

图 10.26 画主要零件

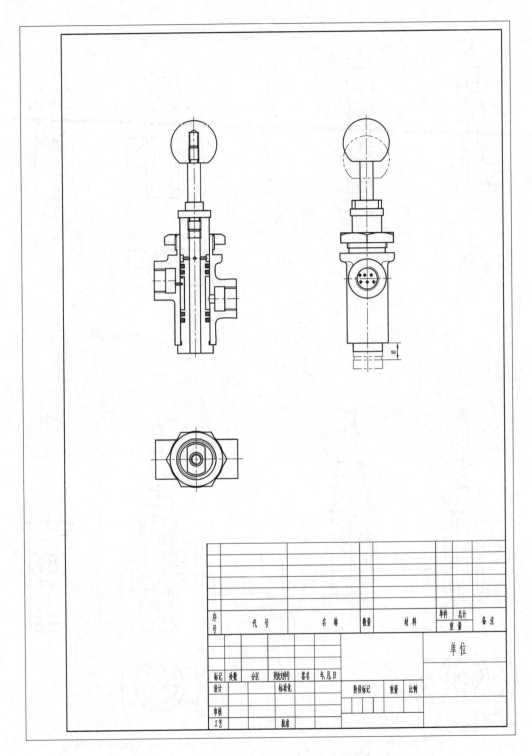

| 序号 | 代号 | | 名称 | 数量 | 材料 | 单件 总计 重量 | 备注 |
|---|---|---|---|---|---|---|---|
| | | | | | | | |

| 标记 | 处数 | 分区 | 更改文件号 | 签名 | 年月日 | | |
|---|---|---|---|---|---|---|---|
| 设计 | | | 标准化 | | | 阶段标记 | 重量 | 比例 |
| 审核 | | | | | | | |
| 工艺 | | | 批准 | | | | |

图 10.27　画其他零件和需要表达的内容

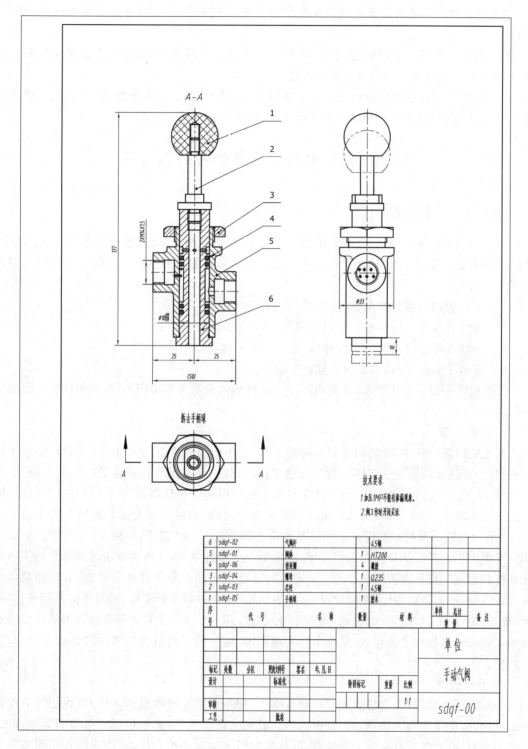

图 10.28  手动气阀装配图

### 10.5.4  画装配图应注意的事项

（1）要正确确定各零件间的相对位置。运动件一般按其一个极限位置绘制，另一个极限位置需要表达时,可用细双点画线画出其轮廓。螺纹连接件一般按将连接零件压紧的位置绘制。

(2)某视图已确定要剖开绘制时,应先画被剖切到的内部结构,即由内逐层向外画。这样,其他零件被遮住的外形就可以省略不画。

(3)装配图中各零件的剖面符号是看图时区分不同零件的重要依据之一,必须按有关规定绘制。剖面符号的密度可按零件的大小来决定,不宜太稀或太密。

# 10.6　读装配图和由装配图画零件图

## 10.6.1　读装配图

在设计、制造、装配、检验、使用、维修机器或部件,以及技术革新、技术交流等生产活动时,都要读装配图。因此,工程技术人员必须具备熟练阅读装配图的能力。读装配图的基本要求如下。

(1)了解机器或部件的名称、功用、性能、工作原理。

(2)弄清各零件之间的相互位置、装配关系及装拆顺序和方法。

(3)看懂各零件的名称、数量、材料、主要结构形状和作用。

(4)了解主要尺寸、技术要求和操作方法等。

根据读装配图的基本要求,下面以图 10.29 所示齿轮油泵装配图为例,说明读装配图的一般步骤和方法。

### 1. 概括了解

首先从标题栏入手,了解机器或部件的名称、绘图比例和用途。从装配体的名称联系生产实践知识,往往可以知道装配体的大致用途,例如:阀,一般是用来控制流量起开关作用的;虎钳,一般是用来夹持工件的;减速器,则是在传动系统中起减速作用的;各种泵,则是在气压、液压或润滑系统中产生一定压力和流量的装置。通过比例,即可大致确定装配体的大小。如图 10.29 所示齿轮油泵是一个用来给润滑系统输送润滑油的一个部件,比例 1:1 说明图示大小即是实物大小。其次从零件明细栏入手,对照图上的零件序号,了解组成机器或部件的零件和标准件名称、数量、材料和所在位置。从图 10.29 所示明细栏和零件序号可知,齿轮油泵由泵体,前、后泵盖,运动零件(主动齿轮轴、从动齿轮轴)及相关的支承零件,密封零件及标准件(螺栓、垫圈、螺母、销、挡圈)等所组成,共有 16 种零件,其中标准件 7 种。条件允许的话还可以查阅相关的说明书和技术资料,或联系生产实践知识,进一步了解机器或部件的性能、用途和工作原理。

### 2. 分析视图

对视图进行分析,弄清楚装配图中共有哪些视图,采用了哪些表达方法,各视图间的投影关系,以及每个视图的表达重点。分析视图一般从主视图入手,按照投影关系识别其他视图,找出剖视图、断面图所对应的剖切位置,以及各视图表达方法的名称,从而明确各视图表达的重点和意图,为下一步深入读图打下基础。

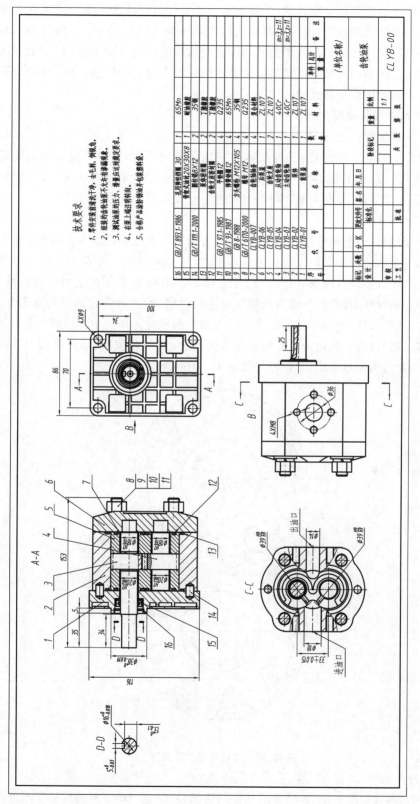

图 10.29 齿轮油泵装配图

　　齿轮油泵的主视图采用全剖视图,主要表达全部零件的相对位置、连接和装配关系等。左视图主要表达齿轮油泵的外形,同时也能反映出齿轮油泵的安装尺寸。$B$ 向视图用来表达进油口的形状和安装尺寸,$C$—$C$ 剖视图为沿前泵盖与泵体的结合面剖开所得,用来表达齿轮支座密封圈的安装方向,同时,又采用局部剖来表达油泵进出油孔的区别。$D$—$D$ 断面图用来表达主动齿轮轴上的键槽形状和尺寸。

**3. 读懂工作原理和装配关系**

　　在概括了解装配图的基础上,从反映装配关系、工作原埋明显的视图入手,对照视图仔细研究部件的装配关系和工作原理,将装配体分成几条装配干线,此时可以利用剖面符号的不同,区别各个零件。找到主要装配干线,分析各零件的运动情况和装配关系;再找到其他装配干线,继续分析工作原理、装配关系、零件的连接、定位及配合的松紧程度等。

　　1) 工作原理分析

　　分析工作原理时,一般从传动关系入手,通过分析视图及相关的参考说明来了解。

　　由图 10.29 所示装配图中的主视图可以看出,齿轮油泵中有一对啮合的齿轮(与轴制成一体),当外部动力通过主动齿轮轴 3 传入时,带动从动齿轮轴 4,从而产生两齿轮的啮合运动。当主动齿轮轴 3 顺时针旋转时,从动齿轮轴 4 则逆时针转动,此时左边的轮齿逐渐分开,空腔容积逐渐扩大,油压降低,油箱中的油在大气压力的作用下进入泵腔中。齿槽中的油随着齿轮的继续旋转被带到右边;而右边的各对轮齿又重新啮合,空腔容积缩小,使齿槽中不断挤出的油成为高压油,并由出油口排出,工作原理如图 10.30 所示。

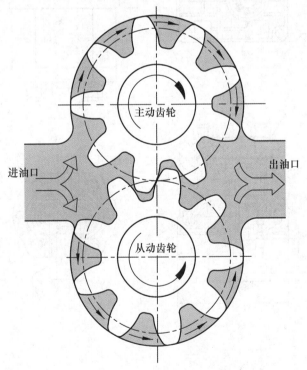

**图 10.30　齿轮油泵工作原理**

　　2) 装配关系分析

　　分析零件之间的装配关系、连接方式和接触情况,从而进一步了解为保证实现部件的功能所采取的相应措施,以便更加深入地了解部件,同时为分析零件打下基础。从图 10.29 所示齿轮油泵的主视图可以看出其零件之间的装配关系,主动齿轮和从动齿轮是一对啮合齿轮,齿轮两边各镶有一个轴套齿轮支座,支承齿轮轴,它们一起被装入泵体中。为防止漏油,在齿轮支座和泵体两端有密封圈,在主动齿轮轴和前泵盖之间安装有骨架式油封。前泵盖与泵体用圆柱销定位,前泵盖、泵体、后泵盖用四条螺栓连接在一起,如图 10.31 所示。

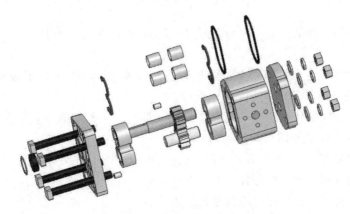

**图 10.31 齿轮油泵的装配关系**

3)配合关系分析

配合关系可以通过图中所注的配合尺寸来分析,图 10.29 所示齿轮油泵共有六对配合面:齿顶与泵体内腔的配合($\phi39\ \frac{H9}{h9}$),轴与轴套内圈的配合($\phi18\ \frac{H7}{f6}$),轴套外圈与齿轮支座孔的配合($\phi20\ \frac{H7}{m6}$)。全部属于基孔制,其中轴套外圈与齿轮支座孔的配合属于过渡配合,其余属于间隙配合。

**4. 零件分析**

根据零件的编号、投影的轮廓、剖面符号的方向、间隔(如同一金属零件在不同视图中剖面线方向与间隔必须一致)以及某些规定画法(如实心零件不剖)等,来分析零件的投影。了解各零件的结构形状和作用,也可分析其与相关零件的连接关系。对分离出来的零件,可用形体分析法及线面分析法结合结构仔细分析,逐步读懂。基本步骤如下。

1)对零件进行分类

从明细栏了解部件由多少零件组成,多少标准件,多少非标准件,以判断部件复杂程度。

按明细栏中的序号依次熟悉每种零件的名称、材料、数量及备注中的说明,零件通常可分成如下几类。

(1)标准件——通常在明细表中已经注明标准件的国家标准编号、规定标记。根据规定标记可以直接采购。

(2)常用件——借用其他定型产品上的非标准零件,也可以直接购买或者借用图纸资料复制,所以这类零件不必画图。

(3)一般零件——又称为非标准件,是为装配体专门设计和制造的零件,是阅读装配图的重点研究内容。

2)一般零件的识读

(1)对照视图,分离零件。根据零件的序号和指引线所指部位,先找到零件在该视图上的位置和外形。

（2）对照投影关系，并借助同一个零件在不同的剖视图上剖面线方向、间隔应一致的原则，来区分零件的投影，找出该零件在其他视图中的位置及外形。

（3）对分离后的零件投影，采用形体分析法、线面分析法及结构分析法，逐步看懂每个零件的结构形状和作用。对照投影关系时，可借助三角板、分规等工具，往往能大大提高看图的速度和准确性。

（4）分析与相邻零件的关系，相邻两零件的接触表面一般具有相似性。

**5. 归纳总结**

在以上分析的基础上，对装配体的运动情况、工作原理、装配关系、拆装顺序等进一步研究，加深理解，一般可按以下几个主要问题进行。

（1）装配体的功能是什么？其功能是怎样实现的？在工作状态下，装配体中各零件起什么作用？运动零件之间是如何协调运动的？

（2）装配体的装配关系、连接方式是怎样的？有无润滑、密封及其实现方式如何？

（3）装配体的拆卸及装配顺序如何？

（4）装配体如何使用？使用时应注意什么事项？

（5）装配图中各视图的表达重点意图如何？装配图中所注尺寸各属哪一类？

通过对上述几个问题的分析探讨，可以达到全面分析装配体的整体结构形状，技术要求及维护使用要领的目的，进一步领会设计意图及加工和装配的技术条件，掌握装配体的调整和装配顺序。

## 10.6.2　由装配图拆画零件图

由装配图拆画零件图，是机器或部件设计过程中的一个重要环节，应在读懂装配图的基础上进行。

**1. 拆画零件图的要求**

（1）画图前，应认真阅读装配图，全面了解设计意图和装配体的工作原理、装配关系、技术要求及每个零件的结构形状。

（2）画图时，不但要从设计方面考虑零件的作用和要求，而且还要从工艺方面考虑零件的制造和装配，应使所画的零件图符合设计与工艺两方面的要求。

**2. 拆画零件图的步骤**

1）分析零件，确定拆画零件的结构形状

在读懂装配图的基础上，将零件从装配图中分离出来。分离零件时，应利用投影关系、剖面符号和间隔、零件编号及装配图的规定画法和特殊表达方法，同时，注意标准件和常用件的规定画法。有可能的话，先徒手画出从装配图中分离出来的拆画零件的各个图形。由于在装配图中一个零件的可见轮廓线可能要被另一个零件的轮廓线遮挡，所以，分离出来的零件图形往往是不完整的，必须补全。

如图 10.32 所示为从齿轮油泵分离出的油泵泵体及补画部分轮廓线后的图形。

2）确定拆画零件的视图表达方案

零件图和装配图所表达的对象和重点不同，因此，在拆画零件图时，对于每个拆画零件的主视图选择和视图数量的确定，应根据零件本身的结构形状特点来重新考虑。通常，壳体、箱座类零件主视图所选位置可与装配图上的一致，轴套类零件一般按加工位置或工作位置选择主视图。装配图中该零件的表达方法，可以作为参考，但不能照搬，因为装配图的视图选择是

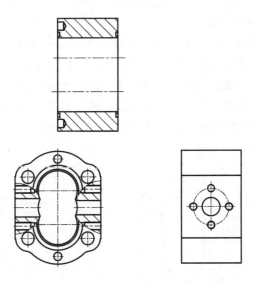

图 10.32　分离出的油泵泵体

从整体出发的,不一定符合每个零件的表达方案。齿轮油泵的泵体为箱体类零件,其主视图可与装配图上的一致,并采用全剖表达内部结构,如图 10.33(a)所示;为表达进出油孔形状、进出油管的连接尺寸、进出油孔与泵体内腔的关系,选择了全剖的俯视图,如图 10.33(b)所示;为表达泵体端面形状、端面上的密封槽形状以及端面上孔的位置,选择左视图和右视图表达,如图 10.33(c)所示。

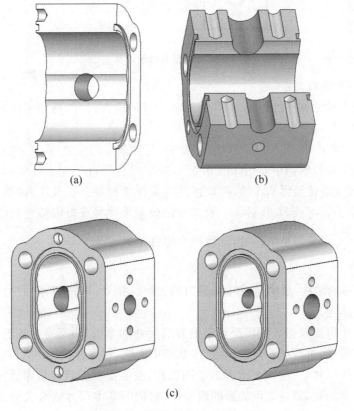

(a)　　　　　　　　(b)

(c)

图 10.33　油泵泵体的表达方案

3）画出拆画零件的零件图形

画出拆画零件的各视图,不要漏线,也不要画出与其相邻零件的轮廓线。由于装配图不侧重表达零件的全部结构形状,因此,某些零件的个别结构在装配图中可能表达不清楚或未给出形状,对于这种情况,一般可根据与其接触的零件的结构形状及设计和工艺要求加以确定。而对于装配图中省略不画的标准结构,如倒角、圆角、退刀槽等,在拆画零件图时则必须画出,使零件的结构符合工艺要求,拆画的泵体零件图如图 10.34 所示。

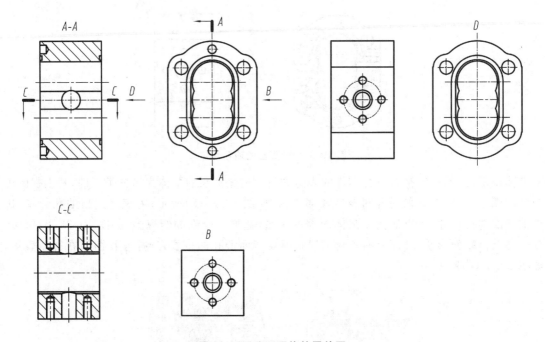

图 10.34　油泵泵体的零件图

4）确定拆画零件的尺寸

根据零件图上尺寸标注的原则,标注出拆画零件的全部尺寸,拆画零件的尺寸来源,主要有以下四个方面。

（1）装配图中所注出的尺寸都是比较重要的,与拆画零件相关的,可直接抄注到拆画零件的零件图上。如两齿轮轴的中心距 $33\pm0.015$,进出油孔的直径 $\phi18$ 和 $\phi14$,连接进油管的螺纹孔尺寸 $4\times M8$ 及定位尺寸 $\phi36$ 等,都应抄注在泵体零件图上。凡注有配合代号的尺寸,则应根据配合类别、公差等级,在零件图上直接注出公差带代号或极限偏差数值（由查表确定）,如配合尺寸 $\phi39\dfrac{H9}{h9}$ 应分别是泵体、齿轮轴两个零件的尺寸 $\phi39H9$ 和 $\phi38h9$,泵体零件图上标注为 $\phi39^{+0.062}_{0}$。

（2）有些标准的结构,如倒角、圆角、退刀槽、螺纹、销孔、键槽等,它们的尺寸应该通过查阅有关的手册来确定。

（3）有些尺寸需要根据装配图所给定的有关尺寸和参数,由标准公式进行计算,再注写。如齿轮的分度圆直径,可根据给定的模数、齿数或中心距,根据公式进行计算所得。

（4）对于其他尺寸,一般按装配图的绘图比例,在装配图上直接量取计算,再按标准圆整后注出。需要注意的是,对有装配关系的两零件,它们的基本尺寸或有关的定位尺寸要相同,避免发生矛盾,从而造成生产损失。如四个螺栓孔的定位尺寸 60。

5）确定拆画零件的技术要求

零件图上的技术要求将直接影响零件的加工质量和使用性能,应根据设计要求和零件的功用进行注写。但此项工作涉及相关的专业知识,如加工、检验和装配等,初学者可通过以下方法注写。

（1）抄：根据装配图标注的配合尺寸和技术要求,在零件图中抄注。

（2）类比：将零件与其他类似零件进行比较,取其类似的技术要求,如表面粗糙度,形位公差等。

（3）设计确定：根据理论分析及设计经验确定。

6）填写标题栏

标题栏应填写完整,零件名称、材料等要与装配图中明细栏所填写的内容一致。

图 10.35 所示为拆画的齿轮油泵中泵体的零件图。

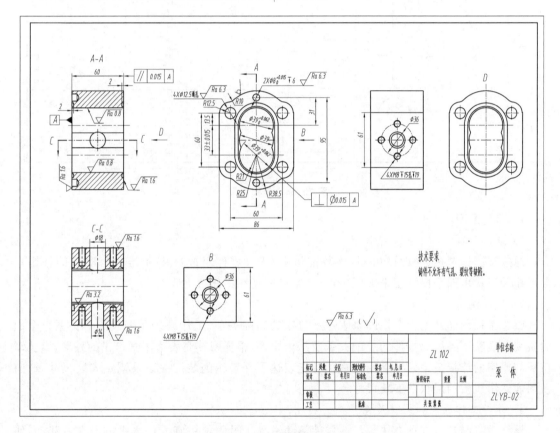

**图 10.35　油泵泵体零件图**

拆画零件图是一种综合能力训练。它不仅要具有看懂装配图的能力,而且还应具备相关的专业知识,有待后续不断实践提高。

### 10.6.3　应用举例

**例 10.1**　读懂如图 10.36 所示平口钳（又称机用虎钳）装配图,并拆画固定钳座的零件图。

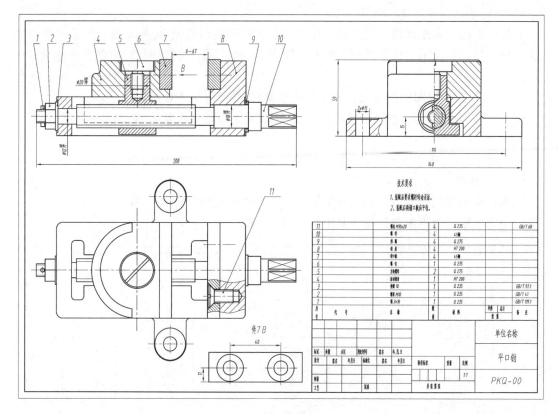

**图 10.36　平口钳**

**1. 读装配图**

1）概括了解

通过阅读标题栏、明细栏可知,该装配体由 11 种零件组成,2 种标准件(螺钉、圆柱销)。参考相关资料可知平口钳用来夹紧工件,通常被固定在工作台上。

2）分析视图

整个工程图样共用 4 个视图来表达平口钳的装配关系、工作原理及安装配合关系。全剖的主视图反映了各组成零件的装配关系及工作原理,俯视图补充表达了平口钳的外形,以及钳口板与钳座的连接关系。半剖的左视图补充表达了平口钳的装配关系及固定安装尺寸,B 向视图表达钳口板的形状及安装尺寸。

3）分析工作原理和装配关系

螺杆 10 旋转时,带动方块螺母 5 并使活动钳身 4 沿固定钳座 8 作水平方向左右移动,使钳口张开或闭合从而夹紧或卸下工件。平口钳的最大装夹厚度为 67 mm。

主视图还反映出主要零件的装配关系。方块螺母 5 装入钳座 8 的工字形槽内,再旋入螺杆 10,并用挡圈 9、垫圈 3、螺母 2 及销 1 将螺杆 10 轴向固定。通过螺钉 6 将活动钳身 4 与方块螺母 5 连接,螺钉 11 将两块钳口板 7 分别与固定钳座 8 和活动钳身 4 连接。

4）零件分析

(1)固定钳座的下方为工字形槽,其内装有方块螺母。由于方块螺母带动活动钳身沿固定钳座的导轨移动,因此,导轨表面有较高的表面结构要求。

(2)方块螺母结构为上圆下方。上部圆柱与活动钳身配合,有尺寸公差要求。此外,方块螺母与丝杆旋合,其上的螺纹也有较高的表面结构要求。

(3) 螺杆在钳座两端的圆柱孔内转动,两者间采用的是基孔制间隙配合($\phi 12 \frac{H8}{f7}$、$\phi 18 \frac{H8}{f7}$)。

(4) 活动钳身在固定钳座的水平导轨面上移动。

5) 综合分析读懂装配图

综合分析得出平口钳的总体结构,其立体分解图如图 10.37 所示。

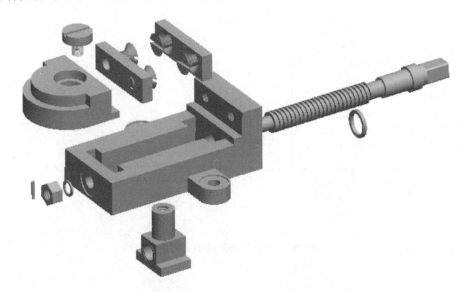

图 10.37　平口钳立体分解图

## 2. 拆画固定钳座的零件图

1) 分离零件

根据剖面线的方向及视图间的投影关系,从装配图中的主视图、左视图和俯视图中分离出固定钳座 8 的轮廓,如图 10.38 所示。

2) 确定拆画零件的视图表达方案并画出零件图形

固定钳座的立体图参见图 10.37。根据零件图的视图表达方法,主视图按装配图中主视图的投射方向沿前后对称中心线全剖视画出;左视图采用 $A$—$A$ 半剖视,表达安装孔的形状。俯视图主要表达固定钳座 8 的外形,并采用局部剖视图表达螺孔的结构,如图 10.39 所示。

3) 确定拆画零件的尺寸

在固定钳座零件图上标注尺寸时,首先将装配图上已注出的与固定钳座有关的尺寸直接标出,如 $\phi 12H8$、$\phi 18H8$、114 等,并通过查表注出偏差数值。各螺孔的尺寸可根据明细栏中螺钉的规格确定,如 $2\times M5$。未标注的尺寸按绘图比例从装配图上直接量取计算标注。

4) 确定拆画零件的技术要求

可参考有关表面结构资料,确定固定钳座各加工面的表面结构要求。最后,根据钳座加工、检验、装配等要求及平口钳的工作情况,注出其他方面的技术要求。

5) 填写标题栏

完成的零件图如图 10.40 所示。

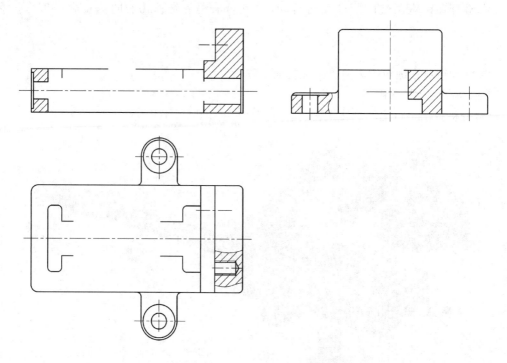

图 10.38　分离出来的固定钳座

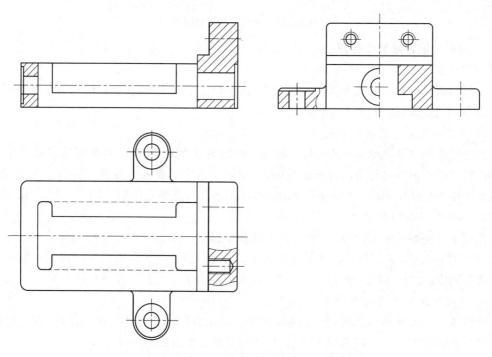

图 10.39　确定钳座视图表达方案并画出零件图形

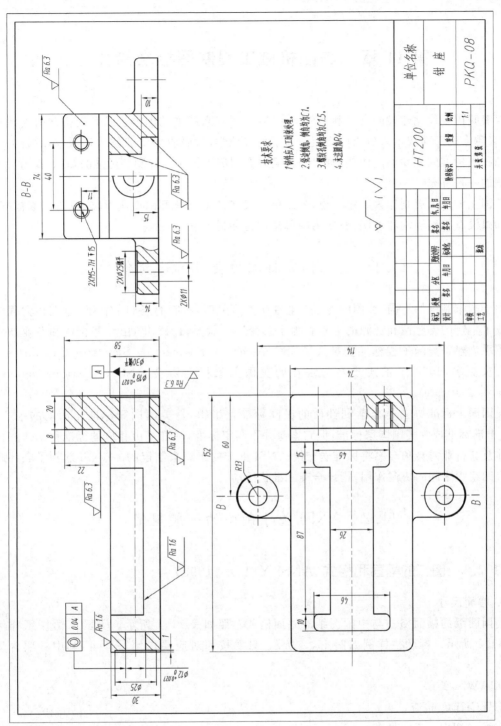

图 10.40　钳座零件图

# 第 11 章　美国机械工程制图标准简介

随着我国现代化建设的发展和对外交流的扩大,越来越多的国外技术和设备被引入到我国,越来越多的工程技术人员出国交流。为了更好地学习、吸收国外的技术知识,本章就美国标准和我国标准的主要不同作相应的比较,简要介绍美国机械工程制图标准的知识,作为对制图知识的一种补充。

美国主要使用英制作为度量单位,公制单位仅在几个州及部门使用,尚未成为国家标准,本章如果没有特别标注和说明,所使用的单位均为英制单位。

## 11.1　美国国家标准协会 ANSI 简介

由于国家制度的不同,美国的各个企业在生产产品时,都执行各自的标准,这在很大程度上造成了生产的无序性和资源的浪费。为了改变这一状况,1918 年,由一些企业和专业技术团体携手创建了美国工程标准委员会 AESC(American Engineering Standards Committee),中间几次更名,1969 年正式改名为现在的美国国家标准协会 ANSI(American National Standards Institute)。

美国国家标准协会是非营利性质的民间标准化组织,是美国国家标准化活动的中心,ANSI 批准标准成为美国国家标准,但它本身并不制定标准,标准是由相应的标准化团体和技术团体及其行业协会和自愿将标准送交给 ANSI 批准的组织来制定的。ANSI 起到了联邦政府和民间组织之间的协调作用,指导全美标准化活动。

## 11.2　ANSI 关于制图的一般规定

### 11.2.1　图纸的幅面和格式(ANSI Y14.1—1995)

**1. 幅面尺寸**

美国图纸的幅面格式与中国图纸的幅面格式对照如表 11.1 所示。美国 A 号图纸样例如图 11.1 所示。标题栏样例如图 11.2 所示,只要按照对应要求填写即可,其中各项含义如下。

DRAWN:绘图

CHECKED:检查

ENG APPR. :工程批准

MFG APPR. :生产批准

Q. A:质量检验

表 11.1　美国与中国图纸的幅面尺寸与格式的比较（图纸横放）

| 美国标准/inch | | | | | 中国标准/mm | | |
|---|---|---|---|---|---|---|---|
| 代号 | 宽 | 长 | 边框 | | 代号 | 宽 | 长 |
| | | | 竖直方向 | 水平方向 | | | |
| A | 8.5 | 11.0 | 0.25 | 0.38 | A4 | 210 | 297 |
| B | 11.0 | 17.0 | 0.62 | 0.38 | A3 | 297 | 420 |
| C | 17.0 | 22.0 | 0.50 | 0.75 | A2 | 420 | 594 |
| D | 22.0 | 34.0 | 1.00 | 0.50 | A1 | 594 | 841 |
| E | 34.0 | 44.0 | 0.50 | 1.00 | A0 | 841 | 1189 |

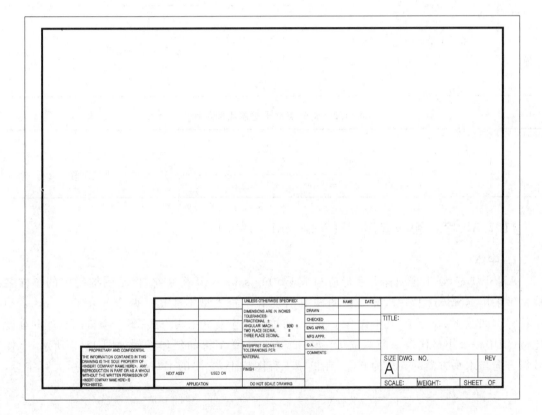

图 11.1　A 号图纸

图 11.2　标题栏

## 11.2.2　比例

由于 1 inch≈25.4 mm,是一个相对较大的单位,所以在机械工程中,常常使用原值比例和缩小比例。放大比例在电子工程中使用较多,由于专业和篇幅的关系,这里不作过多介绍。

作为绘图工具之一的比例尺,现在在美国仍然有广泛的应用,表 11.2、表 11.3 所示为常用的比例尺种类。

表 11.2　常用英寸分数制比例尺种类

| 比　　例 | | 应　　用 |
|---|---|---|
| 足尺 | $1''=1''$ | 机械工程 |
| 缩尺 | $1/2''=1'', 1/4''=1'', 1/8''=1''$ | $1/2''=1''$ 表示图上的 $1/2''$ 代表实物 $1''$,其余类同 |
| 足尺 | $12''=1'$ | 建筑及机械工程 |
| 缩尺 | $6''=1', 3''=1', 1{}^1/_2''=1', 1''=1'$ ${}^3/_4''=1', {}^1/_2''=1', {}^3/_8''=1', {}^1/_4''=1'$ ${}^3/_{16}''=1', {}^1/_8''=1', {}^3/_{32}''=1'$ | |

表 11.3　常用英寸十进制比例尺种类

| 比　　例 | | 应　　用 |
|---|---|---|
| 足尺 | $1.00''=1.00''$ | 机械工程 |
| 缩尺 | $0.50''=1.00'', 0.375''=1.00'', 0.25''=1.00''$ | |

## 11.2.3　字体和线型(ANSI Y14.2M—1992)

### 1. 字体

ANSI 规定,在工程图样上字母应写成 Gothic sans-serif 型字符,但是明细栏中的图样名称常常采用 Roman 型字符,同一张图样上出现的字符类型不能超过两个。gothic sans-serif 字符样例如图 11.3 所示,其中包含了字母、阿拉伯数字及其书写方式、每个字符的宽度和高度比例(图中一个小格代表一个单位)。gothic sans-serif 字符的斜体样例如图 11.4 所示,字体倾斜方向与水平方向的夹角为 68°。在机械工程图样上,文字的书写一般全部使用大写字母,

图 11.3　gothic sans-serif 字符样例(直体)　　　图 11.4　gothic sans-serif 字符样例(斜体)

小写字母一般在有大量注释文字的情况下才使用。

ANSI 规定的文字高度系列有 1/8″,5/32″,3/16″,1/4″等。小写字母的高度一般为大写字母高度的 3/5 到 2/3。

**2. 线型**

ANSI 规定的基本线型有 13 种,它们画法和用法如图 11.5 所示。

ANSI 规定的图线标准宽度系列如图 11.6 所示,粗线的线宽取标准线宽,相应细线的线宽是粗线线宽的一半。

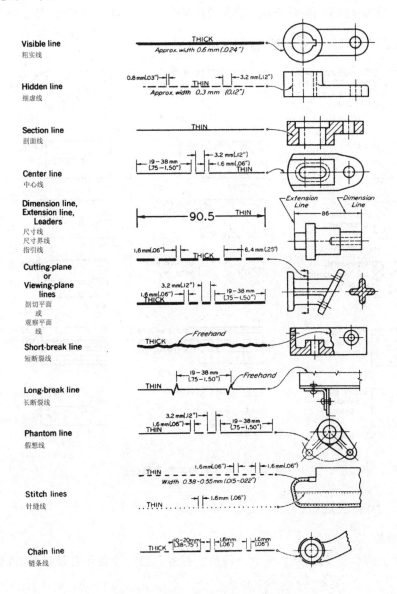

图 11.5 基本的线型与用法

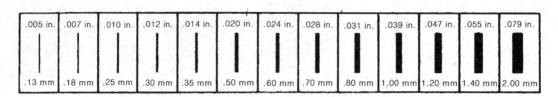

图 11.6　常用图线的线宽系列

## 11.2.4　常见材料剖面线的画法（ANSI Y14.2M—1992，ANSI Y14.3M　1994）

ANSI 规定的常见材料的剖面线画法如图 11.7 所示。

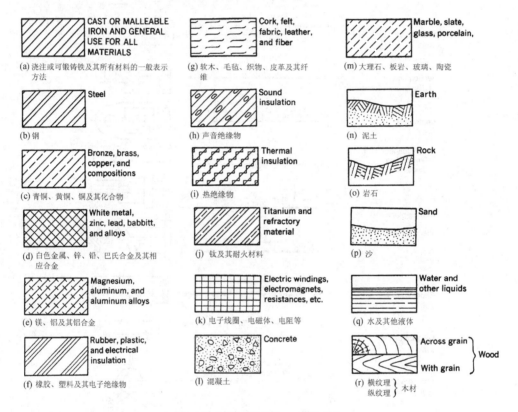

图 11.7　常见材料的剖面线画法

## 11.2.5　尺寸注法（ANSI Y14.5M—1994）

### 1. 尺寸单位

美国图纸上的尺寸多为英寸，一般不注英寸符号。当尺寸在 6 英尺以上时则需要标注出英尺符号，如"$10'-5''$"表示 10 英尺 5 英寸。

### 2. 尺寸数字、尺寸线、尺寸界线和箭头

（1）尺寸数字一般以小数形式写在尺寸线中央，如图 11.8 所示，也有的写成分数形式，但是同一张图上只能采取一种书写方式。

（2）尺寸数字采用水平书写方式，如图 11.8 所示，也可按尺寸线方向书写。

（3）尺寸数值小于 1 时，小数点前面的"0"省略不写。如图 11.8 所示。

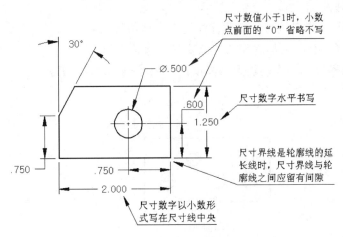

图 11.8 尺寸标注

（4）当尺寸界线是轮廓线的延长线时，尺寸界线与轮廓线之间应留有间隙。如图 11.8 所示。

（5）对具有公差的尺寸，有两种标注方式：第一种是直接注出上下极限尺寸，如图 11.9(a) 所示；第二种是注出公称尺寸和上下偏差，上下偏差要注出与公称尺寸相同的小数精度，如图 11.9(b)所示。

（6）尺寸箭头的长度是尺寸箭头宽度的 3 倍。尺寸箭头的长度等于尺寸数字高度。

（7）角度数字一律水平书写。

（8）倾斜的线性尺寸避免在如图 11.10 所示的 45°范围内标注。

(a) 注出上下极限尺寸　　　　　　　(b) 注出极限偏差

图 11.9 公差尺寸的标注

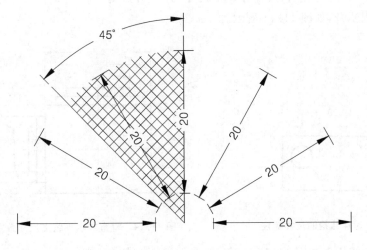

图 11.10 倾斜线性尺寸的标注

### 3. 指引线与注解

如图 11.11 所示,指引线与注解的标注注意事项如下。

(1) 相邻近的指引线,它们之间的方向要尽量保持平行。

(2) 指引线的基准线要指向注解字高度的中央,注解字水平书写。

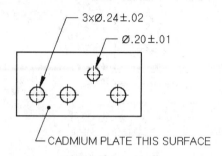

**图 11.11 指引线和注解的标注**

### 4. 端部为圆弧结构的尺寸标注

端部形状为圆弧的结构,标注时要注出全长。如果两端是完整的半圆,在注出宽度后还要加注符号"2×R",但不用写明半径尺寸数字。如果两端不是完整的半圆,则还需要注明半径尺寸数字,如图 11.12 所示。

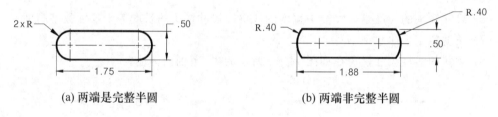

(a) 两端是完整半圆　　　　　　　　　　(b) 两端非完整半圆

**图 11.12 端部为圆弧的尺寸标注**

### 5. 对称结构的尺寸标注

对称结构一般标注出总长尺寸和一半长度的尺寸,如图 11.13 所示。垂直或水平方向上的尺寸数字应当错开,如图 11.14 所示。

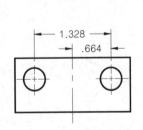

**图 11.13 对称结构的尺寸标注**

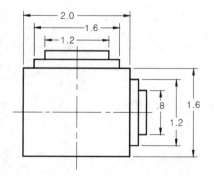

**图 11.14 垂直或水平线上尺寸数字的排列**

平面图形标注样例如图 11.15 所示。

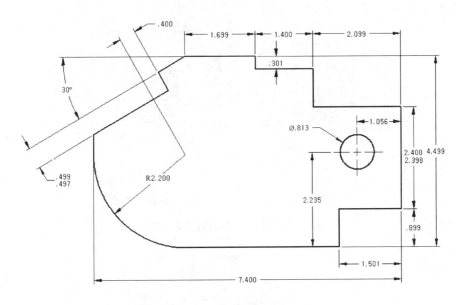

**图 11.15　平面图形标注样例**

## 11.3　ANSI 关于工程图样画法的规定(ANSI Y14.3M—1994、 ANSI Y14.2—1992)

在机械工程图样的表达中,世界各国都采用了正投影的方法。按照物体与观察者和投影面的位置的不同,正投影法又进一步分为第一角投影法和第三角投影法,中国、英国、德国等国采用的是第一角投影法,美国、日本采用的是第三角投影法。第一角投影法和第三角投影法在表达形体的作用上同样有效。第一角投影和第三角投影的识别符号如图 11.16 所示。

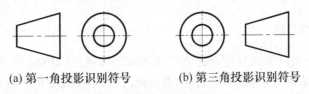

(a) 第一角投影识别符号　　　　　　(b) 第三角投影识别符号

**图 11.16　投影识别符号**

### 11.3.1　第三角投影法简介

第三角投影法与第一角投影法不同,它的投影过程是按照相机成像的位置关系进行的,即按人(观察者)-感光底板(投影面)-物(机件)的位置关系,用正投影的方法在感光底板(投影面)上得到影像(投影图)。美国认为,这种成像原理更加贴近于实际,因此采用了第三角投影法。

第三角投影的基本原理如图 11.17 所示,六个基本视图的配置方位如图 11.18 所示,三个常用的视图为前视图、顶视图和右视图。

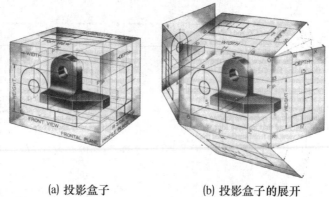

(a) 投影盒子　　　　　　　　　(b) 投影盒子的展开

图 11.17　第三角投影的基本原理

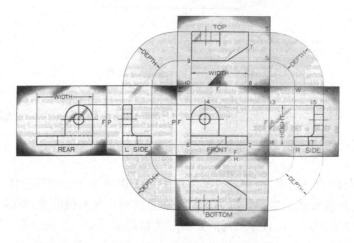

图 11.18　第三角投影六个基本视图的配置方位

### 11.3.2　移出视图

移出视图相当于我国国家标准规定的向视图或局部视图,只是命名和标注方法不同。它是用剖切平面线(粗虚线)或观察平面线(粗双点画线)表示出观察的部位,箭头表示观察方向,并进行投影得到的视图,如图 11.19 所示。

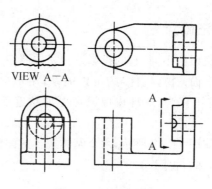

图 11.19　移出视图

### 11.3.3　辅助视图

辅助视图相当于我国国家标准的斜视图,它的名称是按照投影方向上机件的尺寸名称来命名的,如:在前视图的投影方向上(前后方向)机件的尺寸(前后方向的尺寸)名称为深度尺寸,那么,配置在前视图上的辅助视图命名为"深度辅助视图",它主要表现出机件深度方向(前后方向)的尺寸,类似的还有"高度辅助视图"和"宽度辅助视图",如图 11.20 所示。有时"深度辅助视图"、"高度辅助视图"和"宽度辅助视图"并不需要画出全部,而是只画出其中的一部分,这时分别称之为"局部深度辅助视图"、"局部高度辅助视图"和"局部宽度辅助视图",如图 11.21所示。

无论是完整的辅助视图还是局部的辅助视图,它们和与其相关的视图之间往往采取延长中心线(细点画线)或画一条至两条投影线(细实线)的方法或两种方法同时采用,以使辅助视图与相关视图的投影关系更加明显,如图 11.21 所示。

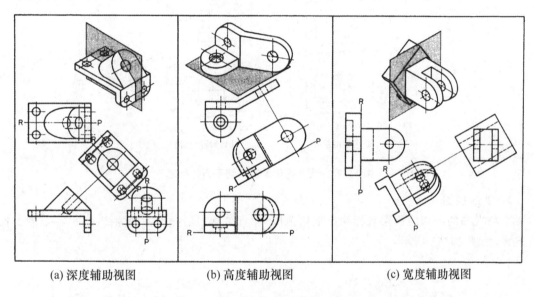

(a) 深度辅助视图　　　　(b) 高度辅助视图　　　　(c) 宽度辅助视图

**图 11.20　辅助视图**

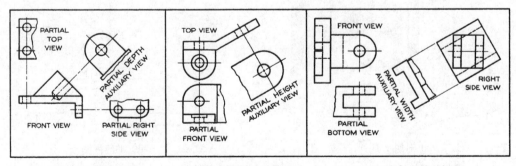

(a) 局部深度辅助视图　　　(b) 局部高度辅助视图　　　(c) 局部宽度辅助视图

**图 11.21　局部辅助视图**

### 11.3.4　剖视图

**1. 全剖视图**

当剖切位置明显时,表达剖切面位置的剖切线可以省略,但是在绝大多数情况下,剖切面的位置是需要表达出来的,表达的方式有两种:一种是用剖切平面线(粗虚线)表示;另外一种是用观察平面线(粗双点画线)表示,如图 11.22 所示。

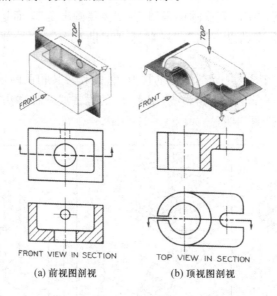

(a) 前视图剖视　　　　　　　　　(b) 顶视图剖视

**图 11.22　全剖视图及其剖切平面的标注**

**2. 半剖视图**

半剖视图的剖切线画法只标注出剖切范围,而且只画出沿投影方向的箭头,另一个箭头省略不画,如图 11.23 所示。

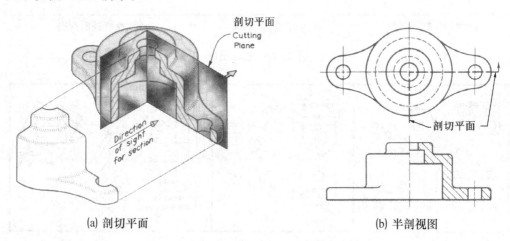

(a) 剖切平面　　　　　　　　　　　　　　　(b) 半剖视图

**图 11.23　半剖视图及其剖切平面的标注**

**3. 局部剖视图**

局部剖视图中,用短断裂线(粗波浪线)表示视图与剖视的分界线,或是用短断裂线和中心线(细点画线)的组合来表示分界线,如图 11.24 所示。

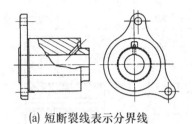

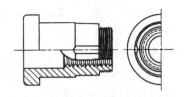

(a) 短断裂线表示分界线　　　　　　　　　　(b) 短断裂线与中心线组合表示分界线

图 11.24　局部剖视图与视图分界线的表示方法

### 4. 重合断面

重合断面的外轮廓线采用粗实线绘制,应优先绘制出重合断面的轮廓,被重合断面遮住的视图轮廓不再绘出,如图 11.25 所示。

### 5. 局部放大图

局部放大图的概念和画法与我国的相同,只是标注方法有些差别。如图 11.26 所示,被放大的部分用断开的、两端带箭头的观察平面线(粗双点画线)绘制出的圆表示,断裂开口处写明局部放大的名称,在相应的放大图下方还要写上放大图的名称和比例。

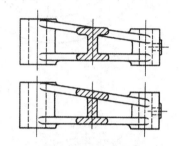

图 11.25　重合断面

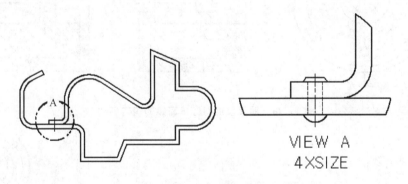

VIEW A
4XSIZE

图 11.26　局部放大视图

### 6. 规定与简化画法

1) 肋与孔

剖切肋的规定画法以及均布的肋与孔的表达方法与我国国家标准相近,不同点在于剖切平面的表达方法,如图 11.27 所示。一般情况下肋板沿纵向剖切时是不画剖面线的,但是有时候能看到用双倍间距的剖面线表达沿纵向剖切的肋板,这是为了区别肋板与周围的实体部分和空间,并将肋板与周围的实体部分用细虚线分隔开,如图 11.28 所示。

2) 对称结构

对称结构的表达方法是以对称线为分界线,只画出一半图形,但是对称线的两端没有我国国家标准中规定的两条短的平行的细实线。ANSI 规定绘制出的对称结构要与其他视图相对应。如果前视图采取了剖视,保留了机件的后半部分,在顶视图中也应当对应地保留机件的后半部分,如图 11.29 所示。如果没有作剖视,则对称结构要保留距其他视图最近的那一部分,如图 11.30 所示。

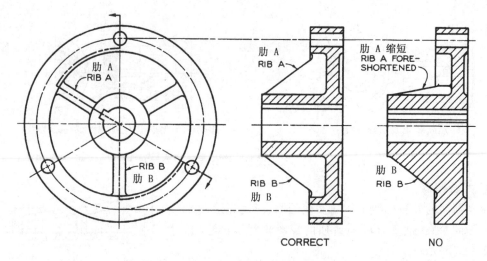

图 11.27　均布的肋与孔的规定画法

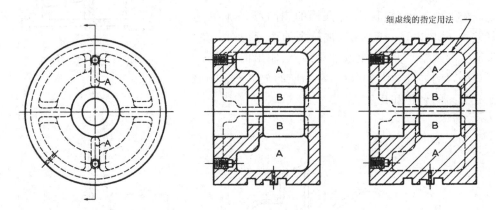

图 11.28　肋板双倍间距剖面线的规定画法

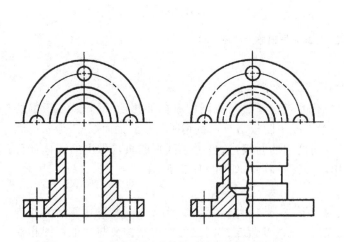

图 11.29　与剖视图相对应的对称结构的表达方法

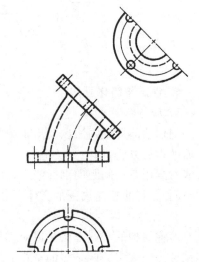

图 11.30　与视图相对应的对称
　　　　结构的表达方法

# 11.4　标　准　件

螺纹及螺纹连接件部分的 ANSI 标准见本书 8.1.6 节,关于齿轮的画法详见 8.5.5 节。

**1. 键连接的结构及表达方法**(ANSI B17.1—1989)

键连接与我国国家标准的最大区别在于:装配图中,所有类型的键的顶面与孔上键槽的上表面都是接触表面;普通平键在轴与孔上键槽里面的深度各为键高度的一半,如图 11.31 所示。

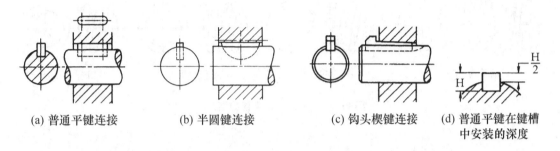

(a) 普通平键连接　　　(b) 半圆键连接　　　(c) 钩头楔键连接　　　(d) 普通平键在键槽中安装的深度

**图 11.31　键连接的表达方法**

**2. 弹簧**(ANSI Y13.13M—1992)

目前,ANSI 规定的弹簧画法采用了简化画法,即:用直线代替了弹簧的螺旋部分的螺旋线。简化画法又可分为轮廓画法和示意图画法,示意图画法与我国的相似。

轮廓画法中,弹簧丝的轮廓用两条粗实线绘制,圈数较多时,可用弹簧外径上的两条假想线(细双点画线)代替,如图 11.32(a)所示,或用内径和外径上的四条假想线代替,如图 11.32(b)所示。弹簧丝可以采自然断开的画法,如图 11.33(a)所示,也可以采取自然断开与剖视相结合的画法,如图 11.33(b)所示。弹簧丝直径过小时可采用涂黑的画法,如图 11.33(c)所示。

压缩弹簧的两个端部可采取自然方式、并紧方式、自然磨平方式、并紧磨平方式中的任意一种方式进行绘制,如图 11.34 所示。

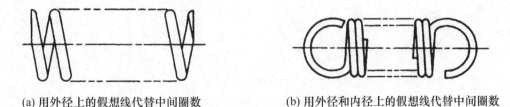

(a) 用外径上的假想线代替中间圈数　　　(b) 用外径和内径上的假想线代替中间圈数

**图 11.32　弹簧中间圈数的表达方法**

**3. 其他标准件**

销连接的画法与我国标准基本相同。滚动轴承在 ANSI 标准中尚未作出统一的规定,各个轴承生产公司对轴承的画法各不相同。这里就不再作一一介绍。

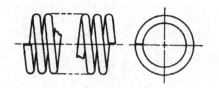

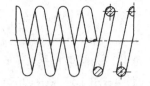

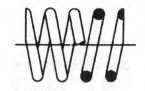

(a) 自然断开法　　　　　　(b) 自然断开与剖视结合法　　　(c) 簧丝断面涂黑的表达方法

图 11.33　弹簧丝的表达方法

(a) 自然方式　　　　　(b) 并紧方式　　　　(c) 自然磨平方式　　　　(d) 并紧磨平方式

图 11.34　压缩弹簧端部的画法

# 附　　录

## 附录A　螺　纹

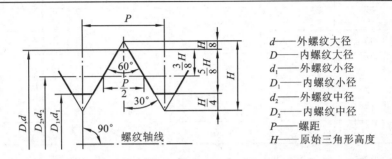

$d$——外螺纹大径
$D$——内螺纹大径
$d_1$——外螺纹小径
$D_1$——内螺纹小径
$d_2$——外螺纹中径
$D_2$——内螺纹中径
$P$——螺距
$H$——原始三角形高度

标记示例：

M12　粗牙普通外螺纹，公称直径 $d=12$，右旋，中径及大径公差带均为6g（6g省略），中等旋合长度

M12×1.5LH—7H　普通细牙内螺纹，公称直径 $D=12$，螺距 $P=1.5$，左旋，中径及小径公差带均为7H（6H才可以省略），中等旋合长度

单位：mm

| 公称直径 $D$、$d$ | | | 螺距 $P$ | | 粗牙螺纹 |
|---|---|---|---|---|---|
| 第1选择 | 第2选择 | 第3选择 | 粗牙 | 细牙 | 小径 $D_1$、$d_1$ |
| 4 | | | 0.7 | 0.5 | 3.242 |
| 5 | | | 0.8 | | 4.134 |
| 6 | | | 1 | 0.75 | 4.917 |
| | | 7 | | | 5.917 |
| 8 | | | 1.25 | 1、0.75 | 6.647 |
| 10 | | | 1.5 | 1.25、1、0.75 | 8.376 |
| 12 | | | 1.75 | 1.5、1.25、1 | 10.106 |
| | 14 | | 2 | 1.5、1.25、1 | 11.835 |
| | | 15 | — | 1.5、1 | — |
| 16 | | | 2 | 1.5、1 | 13.835 |
| | 18 | | | | 15.294 |
| 20 | | | 2.5 | 2、1.5、1 | 17.294 |
| | 22 | | | | 19.294 |

续表

| 公称直径 $D$、$d$ | | | 螺距 $P$ | | 粗牙螺纹 小径 $D_1$、$d_1$ |
|---|---|---|---|---|---|
| 第1选择 | 第2选择 | 第3选择 | 粗牙 | 细牙 | |
| 24 | | | 3 | 2、1.5、1 | 20.752 |
| | | 25 | — | 2、1.5、1 | |
| | 27 | | 3 | 2、1.5、1 | 23.752 |
| 30 | | | 3.5 | (3)、2、1.5、1 | 26.211 |
| | 33 | | | (3)、2、1.5 | 29.211 |
| | | 35 | | 1.5 | — |
| 36 | | | 4 | 3、2、1.5 | 31.670 |
| | 39 | | | 3、2、1.5 | 34.670 |
| | | 40 | | 3、2、1.5 | — |
| 42 | | | 4.5 | 4、3、2、1.5 | 37.129 |
| | 45 | | | | 40.129 |
| 48 | | | 5 | | 42.587 |

注:(1) 直径优先选用"第1选择",其次是"第2选择","第3选择"(表中未全部列出)尽可能不选用。

(2) 括号内螺距尽可能不选用。

(3) M14×1.25 仅用于火花塞,M35×1.5 仅用于滚动轴承锁紧螺钉。

**附表 A.2　梯形螺纹直径与螺距优选系列**(GB/T 5796.1～5796.3—2005)

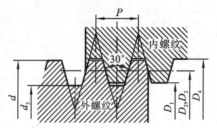

$d$——外螺纹大径(公称直径)
$d_3$——外螺纹小径
$D_4$——内螺纹大径
$D_1$——内螺纹小径
$d_2$——外螺纹中径
$D_2$——内螺纹中径
$P$——螺距

标记示例:

Tr40×7—7H　单线梯形内螺纹,公称直径 $d=40$,螺距 $P=7$,右旋,中径公差带为 7H,中等旋合长度

Tr60×18(P9)LH—8e—L　双线梯形外螺纹,公称直径 $d=60$,导程 $P_h=18$,螺距 $P=9$,左旋,中径公差带为 8e,长旋合长度

梯形螺纹的基本尺寸　　　　　　　　　　　　　　　　单位:mm

| 公称直径 $d$ | | 螺距 $P$ | 中径 $d_2=D_2$ | 大径 $D_4$ | 小径 | | 公称直径 $d$ | | 螺距 $P$ | 中径 $d_2=D_2$ | 大径 $D_4$ | 小径 | |
|---|---|---|---|---|---|---|---|---|---|---|---|---|---|
| 第一系列 | 第二系列 | | | | $d_3$ | $D_1$ | 第一系列 | 第二系列 | | | | $d_3$ | $D_1$ |
| 8 | | 1.5 | 7.25 | 8.30 | 6.20 | 6.50 | | | 3 | 24.50 | 26.50 | 22.50 | 23.00 |
| | 9 | 1.5 | 8.25 | 9.30 | 7.20 | 7.50 | 26 | | 5 | 23.50 | 26.50 | 20.50 | 21.00 |
| | | 2 | 8.00 | 9.50 | 6.50 | 7.00 | | | 8 | 22.00 | 27.00 | 17.00 | 18.00 |

续表

| 公称直径 d | | 螺距 P | 中径 $d_2=D_2$ | 大径 $D_4$ | 小径 | | 公称直径 d | | 螺距 P | 中径 $d_2=D_2$ | 大径 $D_4$ | 小径 | |
|---|---|---|---|---|---|---|---|---|---|---|---|---|---|
| 第一系列 | 第二系列 | | | | $d_3$ | $D_1$ | 第一系列 | 第二系列 | | | | $d_3$ | $D_1$ |
| 10 | | 1.5 | 9.25 | 10.30 | 8.20 | 8.50 | | 28 | 3 | 26.50 | 28.50 | 24.50 | 25.00 |
| | | 2 | 9.00 | 10.50 | 7.50 | 8.00 | | | 5 | 25.50 | 28.50 | 22.50 | 23.00 |
| | 11 | 2 | 10.00 | 11.50 | 8.50 | 9.00 | | | 8 | 24.00 | 29.00 | 19.00 | 20.00 |
| | | 3 | 9.50 | 11.50 | 7.50 | 8.00 | 30 | | 3 | 28.50 | 30.50 | 26.50 | 27.00 |
| 12 | | 2 | 11.00 | 12.50 | 9.50 | 10.00 | | | 6 | 27.00 | 31.00 | 23.00 | 24.00 |
| | | 3 | 10.50 | 12.50 | 8.50 | 9.00 | | | 10 | 25.00 | 31.00 | 19.00 | 20.00 |
| | 14 | 2 | 13.00 | 14.50 | 11.50 | 12.00 | 32 | | 3 | 30.50 | 32.50 | 28.50 | 29.00 |
| | | 3 | 12.50 | 14.50 | 10.50 | 11.00 | | | 6 | 29.00 | 33.00 | 25.00 | 26.00 |
| 16 | | 2 | 15.00 | 16.50 | 13.50 | 14.00 | | | 10 | 27.00 | 33.00 | 21.00 | 22.00 |
| | | 4 | 14.00 | 16.50 | 11.50 | 12.00 | | 34 | 3 | 32.50 | 34.50 | 30.50 | 31.00 |
| | 18 | 2 | 17.00 | 18.50 | 15.50 | 16.00 | | | 6 | 31.00 | 35.00 | 27.00 | 28.00 |
| | | 4 | 16.00 | 18.50 | 13.50 | 14.00 | | | 10 | 29.00 | 35.00 | 23.00 | 24.00 |
| 20 | | 2 | 19.00 | 20.50 | 17.50 | 18.00 | 36 | | 3 | 34.50 | 36.50 | 32.50 | 33.00 |
| | | 4 | 18.00 | 20.50 | 15.50 | 16.00 | | | 6 | 33.00 | 37.00 | 29.00 | 30.00 |
| | 22 | 3 | 20.50 | 22.50 | 18.50 | 19.00 | | | 10 | 31.00 | 37.00 | 25.00 | 26.00 |
| | | 5 | 19.50 | 22.50 | 16.50 | 17.00 | | 38 | 3 | 36.50 | 38.50 | 34.50 | 35.00 |
| | | 8 | 18.00 | 23.00 | 13.00 | 14.00 | | | 7 | 34.50 | 39.00 | 30.00 | 31.00 |
| 24 | | 3 | 22.50 | 24.50 | 20.50 | 21.00 | | | 10 | 33.00 | 39.00 | 27.00 | 28.00 |
| | | 5 | 21.50 | 24.50 | 18.50 | 19.00 | 40 | | 3 | 38.50 | 40.50 | 36.50 | 37.00 |
| | | 8 | 20.00 | 25.00 | 15.00 | 16.00 | | | 7 | 36.50 | 41.00 | 32.00 | 33.00 |
| | | | | | | | | | 10 | 35.00 | 41.00 | 29.00 | 30.00 |

注:优先选用"第一系列"的直径。

### 附表 A.3　55°非螺纹密封的管螺纹（GB/T 7307—2001）

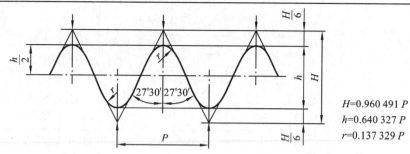

$H=0.960\,491\,P$
$h=0.640\,327\,P$
$r=0.137\,329\,P$

标记示例：

　　管子尺寸代号为 3/4，左旋内螺纹的标记为 G3/4LH（右旋螺纹不写旋向）

　　管子尺寸代号为 1/2，A 级左旋外螺纹的标记为 G1/2A-LH

　　管子尺寸代号为 1/2，B 级左旋外螺纹的标记为 G1/2B-LH

| 尺寸代号 | 每 25.4mm 内所包含的牙数 | 螺距 $P$ /mm | 牙高 $h$ /mm | 基本直径 | | |
| --- | --- | --- | --- | --- | --- | --- |
| | | | | 大径 $d=D$ /mm | 中径 $d_2=D_2$ /mm | 小径 $d_1=D_1$ /mm |
| 1/16 | 28 | 0.907 | 0.581 | 7.723 | 7.142 | 6.561 |
| 1/8 | 28 | 0.907 | 0.581 | 9.728 | 9.147 | 8.566 |
| 1/4 | 19 | 1.337 | 0.856 | 13.157 | 12.301 | 11.445 |
| 3/8 | 19 | 1.337 | 0.856 | 16.662 | 15.806 | 14.950 |
| 1/2 | 14 | 1.814 | 1.162 | 20.955 | 19.793 | 18.631 |
| 5/8 | 14 | 1.814 | 1.162 | 22.911 | 21.749 | 20.587 |
| 3/4 | 14 | 1.814 | 1.162 | 26.441 | 25.279 | 24.117 |
| 7/8 | 14 | 1.814 | 1.162 | 30.201 | 29.039 | 27.877 |
| 1 | 11 | 2.309 | 1.479 | 33.249 | 31.770 | 30.291 |
| 1 1/8 | 11 | 2.309 | 1.479 | 37.897 | 36.418 | 34.939 |
| 1 1/4 | 11 | 2.309 | 1.479 | 41.910 | 40.431 | 38.952 |
| 1 1/2 | 11 | 2.309 | 1.479 | 47.803 | 46.324 | 44.845 |
| 1 3/4 | 11 | 2.309 | 1.479 | 53.746 | 52.267 | 50.788 |
| 2 | 11 | 2.309 | 1.479 | 59.614 | 58.135 | 56.656 |
| 2 1/4 | 11 | 2.309 | 1.479 | 65.710 | 64.231 | 62.752 |
| 2 1/2 | 11 | 2.309 | 1.479 | 75.184 | 73.705 | 72.226 |
| 2 3/4 | 11 | 2.309 | 1.479 | 81.534 | 80.055 | 78.576 |
| 3 | 11 | 2.309 | 1.479 | 87.884 | 86.405 | 84.926 |
| 3 1/2 | 11 | 2.309 | 1.479 | 100.330 | 98.851 | 97.372 |
| 4 | 11 | 2.309 | 1.479 | 113.030 | 111.551 | 110.072 |
| 4 1/2 | 11 | 2.309 | 1.479 | 125.730 | 124.251 | 122.772 |
| 5 | 11 | 2.309 | 1.479 | 138.430 | 136.951 | 135.472 |
| 5 1/2 | 11 | 2.309 | 1.479 | 151.130 | 149.651 | 148.172 |
| 6 | 11 | 2.309 | 1.479 | 163.830 | 162.351 | 160.872 |

# 附录 B　螺纹紧固件

**附表 B.1　六角头螺栓**（GB/T 5780～5783—2000）

六角头螺栓—C级(摘自GB/T 5780—2000)

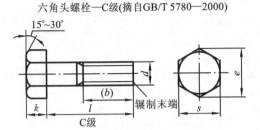

六角头螺栓—A级和B级(摘自GB/T 5782—2000)

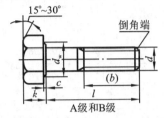

C级

A级和B级

六角头螺栓—全螺纹—C级(摘自GB/T 5781—2000)

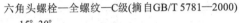

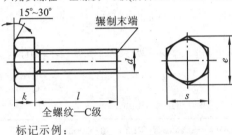

六角头螺栓—全螺纹—A级和B级(摘自GB/T 5783—2000)

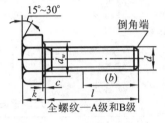

全螺纹—C级

全螺纹—A级和B级

标记示例：

　　螺栓 GB/T 5780　M20×120　螺纹规格 $d=$M20，公称长度 $l=$120，性能等级为 4.8 级，不经表面处理，杆身半螺纹，C级的六角头螺栓

　　螺栓 GB/T 5781　M12×70　螺纹规格 $d=$M12，公称长度 $l=$70，性能等级为 4.8 级，不经表面处理，全螺纹，C级的六角头螺栓

　　螺栓 GB/T 5782　M12×100　螺纹规格 $d=$M12，公称长度 $l=$100，性能等级为 8.8 级，表面氧化，杆身半螺纹，A级的六角头螺栓

单位:mm

| 螺纹规格 $d$ | | M5 | M6 | M8 | M10 | M12 | M16 | M20 | M24 | M30 | M36 | M42 | M48 |
|---|---|---|---|---|---|---|---|---|---|---|---|---|---|
| $k$ | | 3.5 | 4 | 5.3 | 6.4 | 7.5 | 10 | 12.5 | 15 | 18.7 | 22.5 | 26 | 30 |
| $s$ | | 8 | 10 | 13 | 16 | 18 | 24 | 30 | 36 | 46 | 55 | 65 | 75 |
| $e_{min}$ | A 级 | 8.8 | 11.1 | 14.4 | 17.8 | 20.0 | 26.8 | 33.5 | 40.0 | — | — | — | — |
| | B、C 级 | 8.6 | 10.9 | 14.2 | 17.6 | 19.9 | 26.2 | 33.0 | 39.6 | 50.9 | 60.8 | 72.0 | 82.6 |
| $b$ 参考 (A、B 级) | $l\leqslant125$ | 16 | 18 | 22 | 26 | 30 | 38 | 46 | 54 | 66 | 78 | — | — |
| | $25<l\leqslant200$ | 22 | 24 | 28 | 32 | 36 | 44 | 52 | 60 | 72 | 84 | 96 | 108 |
| | $l>200$ | 35 | 37 | 41 | 45 | 49 | 57 | 65 | 73 | 85 | 97 | 109 | 121 |
| $b$ 参考 (C 级) | $l\leqslant125$ | 16 | 18 | 22 | 26 | 30 | 38 | 46 | 54 | 66 | 78 | — | — |
| | $25<l\leqslant200$ | — | — | 28 | 32 | 36 | 44 | 52 | 60 | 72 | 84 | 96 | 108 |
| | $l>200$ | — | — | — | — | — | 57 | 65 | 73 | 85 | 97 | 109 | 121 |

续表

| 螺纹规格 $d$ | | M5 | M6 | M8 | M10 | M12 | M16 | M20 | M24 | M30 | M36 | M42 | M48 |
|---|---|---|---|---|---|---|---|---|---|---|---|---|---|
| $l$ 范围 | GB/T 5780 | 25~50 | 30~60 | 40~80 | 45~100 | 55~120 | 65~160 | 80~200 | 100~240 | 120~300 | 140~360 | 180~420 | 200~480 |
| | GB/T 5781 | 10~50 | 12~60 | 16~80 | 20~100 | 25~120 | 35~160 | 40~200 | 50~240 | 60~300 | 70~360 | 80~420 | 100~480 |
| | GB/T 5782 | 25~50 | 30~60 | 40~80 | 45~100 | 50~120 | 65~160 | 80~200 | 100~240 | 110~300 | 140~360 | 160~440 | 180~480 |
| | GB/T 5783 | 10~50 | 12~60 | 16~80 | 20~100 | 25~120 | 30~150 | 40~150 | 50~200 | 60~200 | 70~200 | 80~200 | 100~200 |
| $l$ 系列 | | 10、12、16、20~70（5 递增）、80~160（10 递增）、180~480（20 递增） | | | | | | | | | | | |

注：(1) 产品等级　A 级用于 $d \leqslant 24$ mm 和 $l \leqslant 10d$ 或 $l \leqslant 150$ mm；B 级用于 $d > 24$ mm 和 $l > 10d$ 或 $l > 150$ mm（按较小值，A 级比 B 级精确）。

(2) A 级和 B 级　螺纹公差为 6g，机械性能等级有 5.6、8.8、9.8、10.9（材料：钢）；C 级　螺纹公差为 8g，机械性能等级有 3.6、4.6、4.8（材料：钢）。

(3) 末端按 GB/T 5782—2000 规定。

附表 B.2　六角螺母（GB/T 41—2000、GB/T 6170—2000）

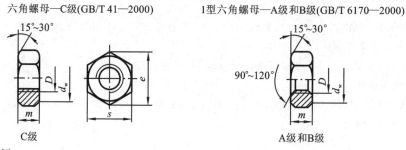

六角螺母—C级(GB/T 41—2000)　　　　1型六角螺母—A级和B级(GB/T 6170—2000)

C级　　　　　　　　　　　A级和B级

标记示例：

螺母 GB/T 41　M12　螺纹规格 $D$＝M12，性能等级为 5 级，不经表面处理，产品等级为 C 级的六角螺母

螺母 GB/T 6170　M16　螺纹规格 $D$＝M16，性能等级为 10 级，不经表面处理，A 级的 1 型六角螺母

单位：mm

| 螺纹规格 | $D$ | M4 | M5 | M6 | M8 | M10 | M12 | M16 | M20 | M24 | M30 | M36 | M42 | M48 |
|---|---|---|---|---|---|---|---|---|---|---|---|---|---|---|
| | $s$ | 7 | 8 | 10 | 13 | 16 | 18 | 24 | 30 | 36 | 46 | 55 | 65 | 75 |
| $e_{min}$ | A、B 级 | 7.7 | 8.8 | 11.0 | 14.4 | 17.8 | 20.0 | 26.8 | 33.0 | 40.0 | 50.9 | 60.8 | 72.0 | 82.6 |
| | C 级 | — | 8.6 | 10.9 | 14.2 | 17.6 | 19.9 | 26.2 | | | | | | |
| $m_{max}$ | A、B 级 | 3.2 | 4.7 | 5.2 | 6.8 | 8.4 | 10.8 | 14.8 | 18.0 | 21.5 | 25.6 | 31.0 | 34.0 | 38.0 |
| | C 级 | — | 5.6 | 6.1 | 7.9 | 9.5 | 12.2 | 15.9 | 18.7 | 22.3 | 26.4 | 31.9 | 34.9 | 38.9 |
| $d_{wmin}$ | A、B 级 | 5.9 | 6.9 | 8.9 | 11.6 | 14.6 | 16.6 | 22.5 | 27.7 | 33.2 | 42.7 | 51.1 | 60.6 | 69.4 |
| | C 级 | — | 6.7 | 8.7 | 11.5 | 14.5 | 16.5 | 22.0 | | | | | | |

注：(1) A 级用于 $D \leqslant 16$ mm 的螺母；B 级用于 $D > 16$ mm 的螺母；C 级的螺纹规格为 M5~M60。

(2) A、B 级，螺纹公差为 6H，机械性能等级有 6、8、10（材料：钢）；C 级，螺纹公差为 7H，机械性能等级有 4、5 级（材料：钢）。

### 附表 B. 3　双头螺柱(GB/T 897～900—1988)

$b_m=1d$(GB/T 897—1988)；$b_m=1.25d$(GB/T898—1988)；$b_m=1.5d$(GB/T 899—1988)；$b_m=2d$(GB/T 900—1988)

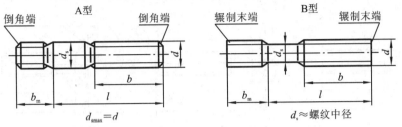

标记示例：

螺柱 GB/T 899—1988　M10×50　两端均为粗牙普通螺纹,$d=10$,$l=50$,性能等级为 4.8 级,不经表面处理,B 型,$b_m=1.5d$ 的双头螺柱

螺柱 GB/T 897—1988　AM10—M10×1×50　旋入机体一端为粗牙普通螺纹,旋螺母端为螺距 $P=1$ 的细牙普通螺纹,$d=10$,$l=50$,性能等级为 4.8 级,不经表面处理,A 型,$b_m=d$ 的双头螺柱

单位：mm

| 螺纹规格 $d$ | $b_m$ | | | | $l/b$ |
|---|---|---|---|---|---|
| | GB/T 897 | GB/T 898 | GB/T 899 | GB/T 900 | |
| M4 | — | — | 6 | 8 | $(16\sim22)/8$、$(25\sim40)/14$ |
| M5 | 5 | 6 | 8 | 10 | $(16\sim22)/10$、$(25\sim50)/16$ |
| M6 | 6 | 8 | 10 | 12 | $(20\sim22)/10$、$(25\sim30)/14$、$(32\sim75)/18$ |
| M8 | 8 | 10 | 12 | 16 | $(20\sim22)/12$、$(25\sim30)/16$、$(32\sim90)22$ |
| M10 | 10 | 12 | 15 | 20 | $(25\sim28)/14$、$(30\sim38)/16$、$(40\sim120)/26$、$130/32$ |
| M12 | 12 | 15 | 18 | 24 | $(25\sim30)/16$、$(32\sim40)/20$、$(45\sim120)/30$、$(130\sim180)/36$ |
| M16 | 16 | 20 | 24 | 32 | $(30\sim38)/20$、$(40\sim55)/30$、$(60\sim120)/38$、$(130\sim200)/44$ |
| M20 | 20 | 25 | 30 | 40 | $(35\sim40)/25$、$(45\sim65)/35$、$(70\sim120)/46$、$(130\sim200)/52$ |
| M24 | 24 | 30 | 36 | 48 | $(45\sim50)/30$、$(55\sim75)/45$、$(80\sim120)/54$、$(130\sim200)/60$ |
| M30 | 30 | 38 | 45 | 60 | $(60\sim65)/40$、$(70\sim90)/50$、$(95\sim120)/66$、$(130\sim200)/72$、$(210\sim250)/85$ |
| M36 | 36 | 45 | 54 | 72 | $(65\sim75)/45$、$(80\sim110)/60$、$120/78$、$(130\sim200)/84$、$(210\sim300)/97$ |
| M42 | 42 | 52 | 63 | 84 | $(70\sim80)/50$、$(85\sim110)/70$、$120/90$、$(130\sim200)/96$、$(210\sim300)/109$ |
| M48 | 48 | 60 | 72 | 96 | $(80\sim90)/60$、$(95\sim110)/80$、$120/102$、$(130\sim200)/108$、$(210\sim300)/121$ |
| $l$ 系列 | 12、(14)、16、(18)、20、(22)、25、(28)、30、(32)、35、(38)、40、45、50、55、60、(65)、70、75、80、(85)、90、(95)、100～260(10 递增)、280、300 | | | | |

注：(1) 尽可能不采用括号内的长度系列。

(2) $b_m=1d$,一般用于钢对钢;$b_m=(1.25\sim1.5)d$,一般用于钢对铸铁;$b_m=2d$,一般用于钢对铝合金。

(3) 螺纹公差为 6g,机械性能等级有 4.8、5.8、6.8、8.8、10.9、12.9 级(材料：钢),产品等级为 B 级。

(4) 末端按 GB/T 2—2000 规定。

附表 B.4  螺钉(GB/T 65—2000、GB/T 67—2008、GB/T 68—2000)

开槽圆柱头螺钉(GB/T 65—2000)   开槽盘头螺钉(GB/T 67—2008)   开槽沉头螺钉(GB/T 68—2000)

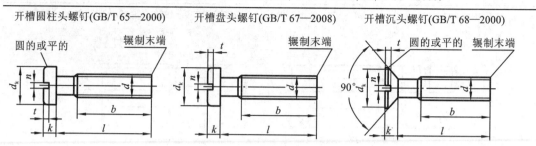

(无螺纹部分杆径≈中径或无螺纹部分杆径＝螺纹大径)

标记示例:

螺钉 GB/T 65  M5×20  螺纹规格 $d$＝M5,公称长度 $l$＝20 mm,性能等级为 4.8 级,不经表面热处理的 A 级开槽圆柱头螺钉

单位:mm

| $d$ | | M1.6 | M2 | M2.5 | M3 | M4 | M5 | M6 | M8 | M10 |
|---|---|---|---|---|---|---|---|---|---|---|
| $P$(螺距) | | 0.35 | 0.4 | 0.45 | 0.5 | 0.7 | 0.8 | 1 | 1.25 | 1.5 |
| $b_{min}$ | | 25 | 25 | 25 | 25 | 38 | 38 | 38 | 38 | 38 |
| $n$ | | 0.4 | 0.5 | 0.6 | 0.8 | 1.2 | 1.2 | 1.6 | 2 | 2.5 |
| GB/T 65—2000 | $d_{kmax}$ | 3.0 | 3.8 | 4.5 | 5.5 | 7 | 8.5 | 10 | 13 | 16 |
| | $k_{max}$ | 1.1 | 1.4 | 1.8 | 2.0 | 2.6 | 3.3 | 3.9 | 5 | 6 |
| | $t_{min}$ | 0.45 | 0.6 | 0.7 | 0.85 | 1.1 | 1.3 | 1.6 | 2 | 2.4 |
| | 商品规格长度 $l$ | 2~16 | 3~20 | 3~25 | 4~30 | 5~40 | 6~50 | 8~60 | 10~80 | 12~80 |
| | 全螺纹长度 $l$ | 2~30 | 3~30 | 3~30 | 4~30 | 5~40 | 6~40 | 8~40 | 10~40 | 12~40 |
| GB/T 67—2008 | $d_{kmax}$ | 3.2 | 4 | 5 | 5.6 | 8 | 9.5 | 12 | 16 | 20 |
| | $k_{max}$ | 1.0 | 1.3 | 1.5 | 1.8 | 2.4 | 3 | 3.6 | 4.8 | 6 |
| | $t_{min}$ | 0.35 | 0.5 | 0.6 | 0.7 | 1 | 1.2 | 1.4 | 1.9 | 2.4 |
| | 商品规格长度 $l$ | 2~16 | 2.5~20 | 3~25 | 4~30 | 5~40 | 6~50 | 8~60 | 10~80 | 12~80 |
| | 全螺纹长度 $l$ | 2~30 | 2.5~30 | 3~30 | 4~30 | 5~40 | 6~40 | 8~40 | 10~40 | 12~40 |
| GB/T 68—2000 | $d_{kmax}$ | 3.0 | 3.8 | 4.7 | 5.5 | 8.4 | 9.3 | 11.3 | 15.8 | 18.3 |
| | $k_{max}$ | 1 | 1.2 | 1.5 | 1.65 | 2.7 | 2.7 | 3.3 | 4.65 | 5 |
| | $t_{min}$ | 0.32 | 0.4 | 0.5 | 0.6 | 1 | 1.1 | 1.2 | 1.8 | 2 |
| | 商品规格长度 $l$ | 2.5~16 | 3~20 | 4~25 | 5~30 | 6~40 | 8~50 | 8~60 | 10~80 | 12~80 |
| | 全螺纹长度 $l$ | 2.5~30 | 3~30 | 4~30 | 5~30 | 6~45 | 8~45 | 8~45 | 10~45 | 12~45 |
| $l$ 系列 | | 2,2.5,3,4,5,6,8,10,12,(14),16,20,25,30,35,40,45,50,(55),60,(65),70,(75),80 | | | | | | | | |

注:(1) 尽可能不采用括号内的长度系列。

(2) 本表所列螺钉的螺纹公差为 6g,机械性能等级为 4.8、5.8 级,产品等级为 A 级。

### 附表 B.5　内六角圆柱头螺钉(GB/T 70.1—2008)

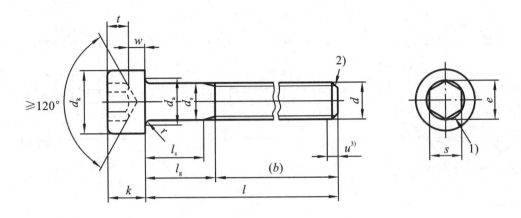

标记示例：

　　螺纹规格 $d$＝M5、公称长度 $l$＝20 mm,性能等级为 8.8 级、表面氧化的内六角圆柱头螺钉标记为螺钉

GB/T 70.1—2008　　M5×20

| 螺纹规格 $d$ | M5 | M6 | M8 | M10 | M12 | M16 | M20 | M24 | M30 | M36 |
|---|---|---|---|---|---|---|---|---|---|---|
| $b$ 参考值 | 22 | 24 | 28 | 32 | 36 | 44 | 52 | 60 | 72 | 84 |
| $d_{k\max}$ | 8.5 | 10 | 13 | 16 | 18 | 24 | 30 | 36 | 45 | 54 |
| $e_{\min}$ | 4.58 | 5.72 | 6.86 | 9.15 | 11.43 | 16 | 19.44 | 21.73 | 25.15 | 30.85 |
| $k_{\max}$ | 5 | 6 | 8 | 10 | 12 | 16 | 20 | 24 | 30 | 36 |
| $s$ 公称 | 4 | 5 | 6 | 8 | 10 | 14 | 17 | 19 | 22 | 27 |
| $t_{\min}$ | 2.5 | 3 | 4 | 5 | 6 | 8 | 10 | 12 | 15.5 | 19 |
| $l$ 范围 | 8～50 | 10～60 | 12～80 | 16～100 | 20～120 | 25～160 | 30～200 | 40～200 | 45～200 | 55～200 |
| 制成全螺纹<br>时 $l\leqslant$ | 25 | 30 | 35 | 40 | 45 | 55 | 65 | 80 | 90 | 110 |
| $l$ 系列<br>（公称） | 8、10、12、(14)、16、20～50(5 进位)、(55)、60、70～160(10 进位)、180～200 | | | | | | | | | |

注:尽可能不采用括号内规格。

附表 **B.6**  紧定螺钉(GB/T 71—1985、GB/T 73—1985、GB/T 75—1985)

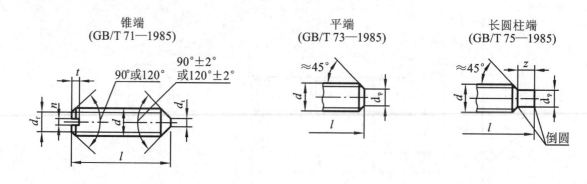

锥端
(GB/T 71—1985)

平端
(GB/T 73—1985)

长圆柱端
(GB/T 75—1985)

标记示例:

螺纹规格 $d$＝M5、公称长度 $l$＝12 mm、性能等级为 14H 级、表面氧化的开槽锥端紧定螺钉,其标记为

螺钉  GB/T 71  M5×12

螺纹规格 $d$＝M8、公称长度 $l$＝20 mm、性能等级为 14H 级、表面氧化的开槽长圆柱端紧定螺钉,其标记为

螺钉  GB/T 75  M8×20

单位:mm

| 螺纹规格 $d$ | M1.6 | M2 | M2.5 | M3 | M4 | M5 | M6 | M8 | M10 | M12 |
|---|---|---|---|---|---|---|---|---|---|---|
| $P$(螺距) | 0.35 | 0.4 | 0.45 | 0.5 | 0.7 | 0.8 | 1 | 1.25 | 1.5 | 1.75 |
| $n$ | 0.25 | 0.25 | 0.4 | 0.4 | 0.6 | 0.8 | 1 | 1.2 | 1.6 | 2 |
| $t$ | 0.74 | 0.84 | 0.95 | 1.05 | 1.42 | 1.63 | 2 | 2.5 | 3 | 3.6 |
| $d_t$ | 0.16 | 0.2 | 0.25 | 0.3 | 0.4 | 0.5 | 1.5 | 2 | 2.5 | 3 |
| $d_p$ | 0.8 | 1 | 1.5 | 2 | 2.5 | 3.5 | 4 | 5.5 | 7 | 8.5 |
| $z$ | 1.05 | 1.25 | 1.5 | 1.75 | 2.25 | 2.75 | 3.25 | 4.3 | 5.3 | 6.3 |
| $l$  GB/T 71—1985 | 2～8 | 3～10 | 3～12 | 4～16 | 6～20 | 8～25 | 8～30 | 10～40 | 12～50 | 14～60 |
| GB/T 73—1985 | 2～8 | 2～10 | 2.5～12 | 3～16 | 4～20 | 5～25 | 6～30 | 8～40 | 10～50 | 12～60 |
| GB/T 75—1985 | 2.5～8 | 3～10 | 4～12 | 5～16 | 6～20 | 8～25 | 10～30 | 10～40 | 12～50 | 14～60 |
| $l$ 系列 | 2,2.5,3,4,5,6,8,10,12,(14),16,20,25,30,35,40,45,50,(55),60 | | | | | | | | | |

注:(1) $l$ 为公称长度。

(2) 括号内的规格尽可能不采用。

**附表 B.7　垫圈**(GB/T 97.1—2002、GB/T 97.2—2002、GB/T 95—2002、GB/T 93—1987)

平垫圈——A级(GB/T 97.1—2002)　　　　　平垫圈倒角型——A级(GB/T 97.2—2002)
平垫圈——C级(GB/T 95—2002)　　　　　　标准型弹簧垫圈(GB/T 93—1987)

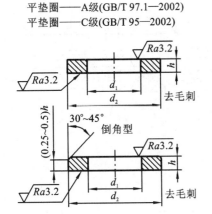
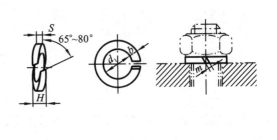

标记示例:

　　垫圈 GB/T 95—2002 10　标准系列,公称尺寸 $d=10$,性能等级为100HV级(属于C级),不经表面处理的平垫圈

　　垫圈 GB/T 97.2—2002 10　标准系列,公称尺寸 $d=10$,性能等级为140HV级(属于A级),倒角型,不经表面处理的平垫圈

　　垫圈 GB/T 93—1987 10　规格10,材料为65Mn、表面氧化的标准型弹簧垫圈

单位:mm

| 公称直径 $d$（螺纹规格） | | 4 | 5 | 6 | 8 | 10 | 12 | 14 | 16 | 20 | 24 | 30 | 36 | 42 | 48 |
|---|---|---|---|---|---|---|---|---|---|---|---|---|---|---|---|
| GB/T 97.1—2002（A级） | $d_1$ | 4.3 | 5.3 | 6.4 | 8.4 | 10.5 | 13 | 15 | 17 | 21 | 25 | 31 | 37 | — | — |
| | $d_2$ | 9 | 10 | 12 | 16 | 20 | 24 | 28 | 30 | 37 | 44 | 56 | 66 | — | — |
| | $h$ | 0.8 | 1 | 1.6 | 1.6 | 2 | 2.5 | 2.5 | 3 | 3 | 4 | 4 | 5 | — | — |
| GB/T 97.2—2002（A级） | $d_1$ | — | 5.3 | 6.4 | 8.4 | 10.5 | 13 | 15 | 17 | 21 | 25 | 31 | 37 | — | — |
| | $d_2$ | — | 10 | 12 | 16 | 20 | 24 | 28 | 30 | 37 | 44 | 56 | 66 | — | — |
| | $h$ | — | 1 | 1.6 | 1.6 | 2 | 2.5 | 2.5 | 3 | 3 | 4 | 4 | 5 | — | — |
| GB/T 95—2002（C级） | $d_1$ | — | 5.5 | 6.6 | 9 | 11 | 13.5 | 15.5 | 17.5 | 22 | 26 | 33 | 39 | 45 | 52 |
| | $d_2$ | — | 10 | 12 | 16 | 20 | 24 | 28 | 30 | 37 | 44 | 56 | 66 | 78 | 92 |
| | $h$ | — | 1 | 1.6 | 1.6 | 2 | 2.5 | 2.5 | 3 | 3 | 4 | 4 | 5 | 8 | 8 |
| GB/T 93—1987 | $d_1$ | 4.1 | 5.1 | 6.1 | 8.1 | 10.2 | 12.2 | 14.2 | 16.2 | 20.2 | 24.5 | 30.5 | 36.5 | 42.5 | 48.5 |
| | $s=b$ | 1.1 | 1.3 | 1.6 | 2.1 | 2.6 | 3.1 | 3.6 | 4.1 | 5 | 6 | 7.5 | 9 | 10.5 | 12 |
| | $H$ | 2.8 | 3.3 | 4 | 5.3 | 6.5 | 7.8 | 9.0 | 10.3 | 12.5 | 15 | 18.8 | 22.5 | 26.3 | 30 |

注:(1) A级适用于精装配系列,C级适用于中等装配系列。

　　(2) A级,机械性能等级有140HV、200HV、300HV(材料:钢);C级,机械性能等级有100HV(材料:钢)。

　　(3) C级垫圈没有 $Ra3.2$ 和去毛刺的要求。

# 附录 C　键

**附表 C.1　平键及键槽剖面尺寸**（GB/T 1096—2003、GB/T 1095—2003）

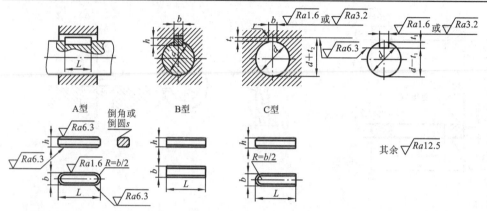

标记示例：

键 GB/T 1096 12×8×60　　圆头普通平键，$b=12$，$h=8$，$L=60$（A 型不标出"A"）

键 GB/T 1096 B12×8×60　平头普通平键，$b=12$，$h=8$，$L=60$

键 GB/T 1096 C12×8×60　单圆头普通平键，$b=12$，$h=8$，$L=60$

单位：mm

| 轴 | 键 | | | | 键槽 | | | | | | | | | | |
|---|---|---|---|---|---|---|---|---|---|---|---|---|---|---|---|
| | 宽度 | 高度 | 长度 | 倒角或倒圆 | 宽度 $b$ | | | | | | 深度 | | | | 半径 $r$ |
| 公称直径 $d$ | $b$ | $h$ | $L$ | | 基本尺寸 $b$ | 极限偏差 | | | | | 轴 $t_1$ | | 毂 $t_2$ | | |
| | | | | | | 松连接 | | 正常连接 | | 紧密连接 | | | | | |
| | $b8$ | $h11$ | $h14$ | | | 轴 H9 | 毂 D10 | 轴 N9 | 毂 JS9 | 轴和毂 P9 | 基本尺寸 | 极限偏差 | 基本尺寸 | 极限偏差 | 最大 | 最小 |
| 自 6>~8 | 2 | 2 | 6~20 | 0.16~0.25 | 2 | +0.025 0 | +0.060 +0.020 | −0.004 −0.029 | ±0.0125 | −0.000 −0.031 | 1.2 | +0.1 0 | 1 | +0.1 0 | 0.08 | 0.16 |
| >8~10 | 3 | 3 | 6~36 | | 3 | | | | | | 1.8 | | 1.4 | | | |
| >10~12 | 4 | 4 | 8~45 | | 4 | +0.030 0 | +0.078 +0.030 | 0 −0.030 | ±0.015 | −0.012 −0.042 | 2.5 | | 1.8 | | | |
| >12~17 | 5 | 5 | 10~56 | 0.25~0.40 | 5 | | | | | | 3.0 | | 2.3 | | | |
| >17~22 | 6 | 6 | 14~70 | | 6 | | | | | | 3.5 | | 2.8 | | 0.16 | 0.25 |
| >22~30 | 8 | 7 | 18~90 | | 8 | +0.036 0 | +0.098 +0.040 | 0 −0.036 | ±0.018 | −0.015 −0.051 | 4.0 | | 3.3 | | | |
| >30~38 | 10 | 8 | 22~110 | | 10 | | | | | | 5.0 | | 3.3 | | | |
| >38~44 | 12 | 8 | 28~140 | 0.40~0.60 | 12 | | | | | | 5.0 | | 3.3 | | | |
| >44~50 | 14 | 9 | 36~160 | | 14 | +0.043 0 | +0.120 +0.050 | 0 −0.043 | ±0.0215 | −0.018 −0.061 | 5.5 | +0.2 0 | 3.8 | +0.2 0 | 0.25 | 0.40 |
| >50~58 | 16 | 10 | 45~180 | | 16 | | | | | | 6.0 | | 4.3 | | | |
| >58~65 | 18 | 11 | 50~200 | | 18 | | | | | | 7.0 | | 4.4 | | | |
| >65~75 | 20 | 12 | 56~220 | | 20 | | | | | | 7.5 | | 4.9 | | | |
| >75~86 | 22 | 14 | 63~250 | 0.60~0.80 | 22 | +0.052 0 | +0.149 +0.065 | 0 −0.052 | ±0.026 | −0.022 −0.074 | 9.0 | | 5.4 | | 0.40 | 0.60 |
| >85~95 | 25 | 14 | 70~280 | | 25 | | | | | | 9.0 | | 5.4 | | | |
| >95~110 | 28 | 16 | 80~320 | | 28 | | | | | | 10.0 | | 6.4 | | | |

注：(1) GB/T 1095—2003、GB/T 1095—2003 中无轴的公称直径一列，现列出仅供参考。

(2) $(d-t_1)$ 和 $(d+t_2)$ 两组组合尺寸的极限偏差按相应的 $t_1$ 和 $t_2$ 的极限偏差进取，但 $(d-t_1)$ 极限偏差应取负号（－）。

(3) $L$ 系列　6—22(2 递增)、25、28、32、36、40、45、50、56、63、70、80、90、100、110、125、140、160、180、200、220、250、280、320。

# 附录 D　销

**附表 D.1　普通圆柱销规格**（GB/T 119.1—2000、GB/T 119.2—2000）

圆柱销　不淬硬钢和奥氏体不锈钢（GB/T 119.1—2000）

圆柱销　淬硬钢和马氏体不锈钢（GB/T 119.2—2000）

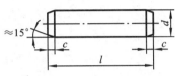 

标记示例：

销 GB/T 119.1　6m6×30　公称直径 $d=6$，公差为 m6，公称长度 $l=30$，材料为钢，不经淬火、不经表面处理的圆柱销

销 GB/T 119.2　10m6×50　公称直径 $d=10$，公差为 m6，公称长度 $l=50$，材料为钢，普通淬火（A型），表面氧化处理的圆柱销

单位：mm

| $d_{公称}$ m6/h8 | 2 | 3 | 4 | 5 | 6 | 8 | 10 | 12 | 16 | 20 |
|---|---|---|---|---|---|---|---|---|---|---|
| $c\approx$ | 0.35 | 0.5 | 0.63 | 0.8 | 1.2 | 1.6 | 2 | 2.5 | 3 | 3.5 |
| $l$ 范围 | 6~20 | 8~30 | 8~40 | 10~50 | 12~60 | 14~80 | 18~95 | 22~140 | 26~180 | 35~200 |
| $l$ 系列 | 6~32（按 2 递增）、35~100（按 5 递增）、120~200（按 20 递增） | | | | | | | | | |

**附表 D.2　圆锥销规格**（GB/T 117—2000）

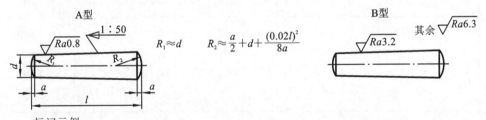

标记示例：

销 GB/T 117 10×60　公称直径 $d=10$，长度 $l=60$，材料为 35 钢，热处理硬度为 28~38HRC，表面氧化处理的 A 型圆锥销

单位：mm

| $d$h10 | 2 | 2.5 | 3 | 4 | 5 | 6 | 8 | 10 | 12 | 16 | 20 | 25 |
|---|---|---|---|---|---|---|---|---|---|---|---|---|
| $a\approx$ | 0.25 | 0.3 | 0.4 | 0.5 | 0.63 | 0.8 | 1.0 | 1.2 | 1.6 | 2.0 | 2.5 | 3.0 |
| $l$ 范围 | 10~35 | 10~35 | 12~45 | 14~55 | 18~60 | 22~90 | 22~120 | 26~160 | 32~180 | 40~200 | 45~200 | 50~200 |
| $l$ 系列 | 6~32（按 2 递增）、35~100（按 5 递增）、120~200（按 20 递增） | | | | | | | | | | | |

附表 D.3　开口销规格（GB/T 91—2000）

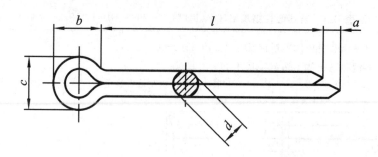

标记示例：

公称直径 $d$＝5 mm、长度 $l$＝50 mm、材料为 Q215 或 Q235、不经表面处理的开口销标记为销 GB/T 91—2000 5×50

| 公称直径 $d$ | | 0.6 | 0.8 | 1 | 1.2 | 1.6 | 2 | 2.5 | 3.2 | 4 | 5 | 6.3 | 8 | 10 | 13 |
|---|---|---|---|---|---|---|---|---|---|---|---|---|---|---|---|
| $d$ | max | 0.5 | 0.7 | 0.9 | 1.0 | 1.4 | 1.8 | 2.3 | 2.9 | 3.7 | 4.6 | 5.9 | 7.5 | 9.5 | 12.4 |
| | min | 0.4 | 0.6 | 0.8 | 0.9 | 1.3 | 1.7 | 2.1 | 2.7 | 3.5 | 4.4 | 5.7 | 7.3 | 9.3 | 12.1 |
| $a$ | max | 1.6 | 1.6 | 1.6 | 2.5 | 2.5 | 2.5 | 2.5 | 3.2 | 4 | 4 | 4 | 4 | 6.3 | 6.3 |
| $c$ | max | 1 | 1.4 | 1.8 | 2 | 2.8 | 3.6 | 4.6 | 5.8 | 7.4 | 9.2 | 11.8 | 15 | 19 | 24.8 |
| $b$≈ | | 2 | 2.4 | 3 | 3 | 3.2 | 4 | 5 | 6.4 | 8 | 10 | 12.6 | 16 | 20 | 26 |
| 商品规格 $l$ | | 4～12 | 5～16 | 6～20 | 8～25 | 8～32 | 10～40 | 12～65 | 14～63 | 18～80 | 22～100 | 30～120 | 40～160 | 45～200 | 70～200 |
| $l$ 系列 | | 4、5、6、8、10、12、14、16、18、20、22、25、28、32、36、40、45、50、63、71、80、90、100、112、120、125、140、160、180、200、224、250、280 | | | | | | | | | | | | | |

注:销孔的公称直径等于销的公称直径 $d$。

# 附录 E　滚动轴承

**附表 E.1　深沟球轴承**(GB/T 276—1994)

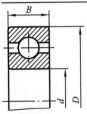

类型代号 **6**

标记示例：

内圈孔径 $d=60$ mm、尺寸系列代号为(0)2 的深沟球轴承标记为滚动轴承

6212　GB/T 276—1994

单位：mm

| 轴承代号 | 尺寸 | | | 轴承代号 | 尺寸 | | |
|---|---|---|---|---|---|---|---|
| | $d$ | $D$ | $B$ | | $d$ | $D$ | $B$ |
| 尺寸系列代号(1)0 | | | | 尺寸系列代号(0)3 | | | |
| 606 | 6 | 17 | 6 | 633 | 3 | 13 | 5 |
| 607 | 7 | 19 | 6 | 634 | 4 | 16 | 5 |
| 608 | 8 | 22 | 7 | 635 | 5 | 19 | 6 |
| 609 | 9 | 24 | 7 | 6300 | 10 | 35 | 11 |
| 6000 | 10 | 26 | 8 | 6301 | 12 | 37 | 12 |
| 6001 | 12 | 28 | 8 | 6302 | 15 | 42 | 13 |
| 6002 | 15 | 32 | 9 | 6303 | 17 | 47 | 14 |
| 6003 | 17 | 35 | 10 | 6304 | 20 | 52 | 15 |
| 6004 | 20 | 42 | 12 | 63/22 | 22 | 56 | 16 |
| 60/22 | 22 | 44 | 12 | 6305 | 25 | 62 | 17 |
| 6005 | 25 | 47 | 12 | 63/28 | 28 | 68 | 18 |
| 60/28 | 28 | 52 | 12 | 6306 | 30 | 72 | 19 |
| 6006 | 30 | 55 | 13 | 63/32 | 32 | 75 | 20 |
| 60/32 | 32 | 58 | 13 | 6307 | 35 | 80 | 21 |
| 6007 | 35 | 62 | 14 | 6308 | 40 | 90 | 23 |
| 6008 | 40 | 68 | 15 | 6309 | 45 | 100 | 25 |
| 6009 | 45 | 75 | 16 | 6310 | 50 | 110 | 27 |
| 6010 | 50 | 80 | 16 | 6311 | 55 | 120 | 29 |
| 6011 | 55 | 90 | 18 | 6312 | 60 | 130 | 31 |
| 6012 | 60 | 95 | 18 | | | | |
| 尺寸系列代号(0)2 | | | | 尺寸系列代号(0)4 | | | |
| 623 | 3 | 10 | 4 | 6403 | 17 | 62 | 17 |
| 624 | 4 | 13 | 5 | 6404 | 20 | 72 | 19 |
| 625 | 5 | 16 | 5 | 6405 | 25 | 80 | 21 |
| 626 | 6 | 19 | 6 | 6406 | 30 | 90 | 23 |
| 627 | 7 | 22 | 7 | 6407 | 35 | 100 | 25 |
| 628 | 8 | 24 | 8 | 6408 | 40 | 110 | 27 |
| 629 | 9 | 26 | 8 | 6409 | 45 | 120 | 29 |
| 6200 | 10 | 30 | 9 | 6410 | 50 | 130 | 31 |
| 6201 | 12 | 32 | 10 | 6411 | 55 | 140 | 33 |
| 6202 | 15 | 35 | 11 | 6412 | 60 | 150 | 35 |
| 6203 | 17 | 40 | 12 | 6413 | 65 | 160 | 37 |
| 6204 | 20 | 47 | 14 | 6414 | 70 | 180 | 42 |
| 62/22 | 22 | 50 | 14 | 6415 | 75 | 190 | 45 |
| 6205 | 25 | 52 | 15 | 6416 | 80 | 200 | 48 |
| 62/28 | 28 | 58 | 16 | 6417 | 85 | 210 | 52 |
| 6206 | 30 | 62 | 16 | 6418 | 90 | 225 | 54 |
| 62/32 | 32 | 65 | 17 | ·6419 | 95 | 240 | 55 |
| 6207 | 35 | 72 | 17 | 6420 | 100 | 250 | 58 |
| 6208 | 40 | 80 | 18 | 6422 | 110 | 280 | 65 |
| 6209 | 45 | 85 | 19 | | | | |
| 6210 | 50 | 90 | 20 | 注:表中括号"( )",表示该数字在轴承代号中省略。 | | | |
| 6211 | 55 | 100 | 21 | | | | |
| 6212 | 60 | 110 | 22 | | | | |

### 附表 E.2　圆锥滚子轴承(GB/T 297—1994)

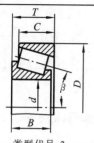

标记示例:
内圈孔径 $d$=35 mm、尺寸系列代号为 03 的圆锥滚子轴承标记为滚动
轴承　30307　GB/T 297—1994

类型代号 3　　　　　　　　　　　　　　　　　　　　　　　　　　　　　单位:mm

| 轴承代号 | 尺寸 | | | | | 轴承代号 | 尺寸 | | | | |
|---|---|---|---|---|---|---|---|---|---|---|---|
| | $d$ | $D$ | $T$ | $B$ | $C$ | | $d$ | $D$ | $T$ | $B$ | $C$ |
| 尺寸系列代号 02 | | | | | | 尺寸系列代号 23 | | | | | |
| 30202 | 15 | 35 | 11.75 | 11 | 10 | 32303 | 17 | 47 | 20.25 | 19 | 16 |
| 30203 | 17 | 40 | 13.25 | 12 | 11 | 32304 | 20 | 52 | 22.25 | 21 | 18 |
| 30204 | 20 | 47 | 15.25 | 14 | 12 | 32305 | 25 | 62 | 25.25 | 24 | 20 |
| 30205 | 25 | 52 | 16.25 | 15 | 13 | 32306 | 30 | 72 | 28.75 | 27 | 23 |
| 30206 | 30 | 62 | 17.25 | 16 | 14 | 32307 | 35 | 80 | 32.75 | 31 | 25 |
| 302/32 | 32 | 65 | 18.25 | 17 | 15 | 32308 | 40 | 90 | 35.25 | 33 | 27 |
| 30207 | 35 | 72 | 18.25 | 17 | 15 | 32309 | 45 | 100 | 38.25 | 36 | 30 |
| 30208 | 40 | 80 | 19.75 | 18 | 16 | 32310 | 50 | 110 | 42.25 | 40 | 33 |
| 30209 | 45 | 85 | 20.75 | 19 | 16 | 32311 | 55 | 120 | 45.5 | 43 | 35 |
| 30210 | 50 | 90 | 21.75 | 20 | 17 | 32312 | 60 | 130 | 48.5 | 46 | 37 |
| 30211 | 55 | 100 | 22.75 | 21 | 18 | 32313 | 65 | 140 | 51 | 48 | 39 |
| 30212 | 60 | 110 | 23.75 | 22 | 19 | 32314 | 70 | 150 | 54 | 51 | 42 |
| 30213 | 65 | 120 | 24.75 | 23 | 20 | 32315 | 75 | 160 | 58 | 55 | 45 |
| 30214 | 70 | 125 | 26.75 | 24 | 21 | 32316 | 80 | 170 | 61.5 | 58 | 48 |
| 30215 | 75 | 130 | 27.75 | 25 | 22 | 尺寸系列代号 30 | | | | | |
| 30216 | 80 | 140 | 28.75 | 25 | 22 | | | | | | |
| 30217 | 85 | 150 | 30.5 | 28 | 24 | 33005 | 25 | 47 | 17 | 17 | 14 |
| 30218 | 90 | 160 | 32.5 | 30 | 26 | 33006 | 30 | 55 | 20 | 20 | 16 |
| 30219 | 95 | 170 | 34.5 | 32 | 27 | 33007 | 35 | 62 | 21 | 21 | 17 |
| 30220 | 100 | 180 | 37 | 34 | 29 | 33008 | 40 | 68 | 22 | 22 | 18 |
| 尺寸系列代号 03 | | | | | | 33009 | 45 | 75 | 24 | 24 | 19 |
| | | | | | | 33010 | 50 | 80 | 24 | 24 | 19 |
| 30302 | 15 | 42 | 14.25 | 13 | 11 | 33011 | 55 | 90 | 27 | 27 | 21 |
| 30303 | 17 | 47 | 15.25 | 14 | 12 | 33012 | 60 | 95 | 27 | 27 | 21 |
| 30304 | 20 | 52 | 16.25 | 15 | 13 | 33013 | 65 | 100 | 27 | 27 | 21 |
| 30305 | 25 | 62 | 18.25 | 17 | 15 | 33014 | 70 | 110 | 31 | 31 | 25.5 |
| 30306 | 30 | 72 | 20.75 | 19 | 16 | 33015 | 75 | 115 | 31 | 31 | 25.5 |
| 30307 | 35 | 80 | 22.75 | 21 | 18 | 33016 | 80 | 125 | 36 | 36 | 29.5 |
| 30308 | 40 | 90 | 25.25 | 23 | 20 | 尺寸系列代号 31 | | | | | |
| 30309 | 45 | 100 | 27.25 | 25 | 22 | | | | | | |
| 30310 | 50 | 110 | 29.25 | 27 | 23 | | | | | | |
| 30311 | 55 | 120 | 31.5 | 29 | 25 | 33108 | 40 | 75 | 26 | 26 | 20.5 |
| 30312 | 60 | 130 | 33.5 | 31 | 26 | 33109 | 45 | 80 | 26 | 26 | 20.5 |
| 30313 | 65 | 140 | 36 | 33 | 28 | 33110 | 50 | 85 | 26 | 26 | 20 |
| 30314 | 70 | 150 | 38 | 35 | 30 | 33111 | 55 | 95 | 30 | 30 | 23 |
| 30315 | 75 | 160 | 40 | 37 | 31 | 33112 | 60 | 100 | 30 | 30 | 23 |
| 30316 | 80 | 170 | 42.5 | 39 | 33 | 33113 | 65 | 110 | 34 | 34 | 26.5 |
| 30317 | 85 | 180 | 44.5 | 41 | 34 | 33114 | 70 | 120 | 37 | 37 | 29 |
| 30318 | 90 | 190 | 46.5 | 43 | 36 | 33115 | 75 | 125 | 37 | 37 | 29 |
| 30319 | 95 | 200 | 49.5 | 45 | 38 | 33116 | 80 | 130 | 37 | 37 | 29 |
| 30320 | 100 | 215 | 51.5 | 47 | 39 | | | | | | |

### 附表 E.3　推力球轴承 (GB/T 301—1995)

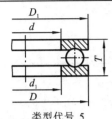

类型代号 5

标记示例:
内圈孔径 $d = 30$ mm,尺寸系列代号为 13 的推力球轴承标记为
滚动轴承　51306　GB/T 301—1995

单位:mm

| 轴承代号 | 尺寸 | | | | | 轴承代号 | 尺寸 | | | | |
|---|---|---|---|---|---|---|---|---|---|---|---|
| | $d$ | $D$ | $T$ | $d_1$ | $D_1$ | | $d$ | $D$ | $T$ | $d_1$ | $D_1$ |
| 尺寸系列代号 11 | | | | | | 尺寸系列代号 13 | | | | | |
| 51104 | 20 | 35 | 10 | 21 | 35 | 51304 | 20 | 47 | 18 | 22 | 47 |
| 51105 | 25 | 42 | 11 | 26 | 42 | 51305 | 25 | 52 | 18 | 27 | 52 |
| 51106 | 30 | 47 | 11 | 32 | 47 | 51306 | 30 | 60 | 21 | 32 | 60 |
| 51107 | 35 | 52 | 12 | 37 | 52 | 51307 | 35 | 68 | 24 | 37 | 68 |
| 51108 | 40 | 60 | 13 | 42 | 60 | 51308 | 40 | 78 | 26 | 42 | 78 |
| 51109 | 45 | 65 | 14 | 47 | 65 | 51309 | 45 | 85 | 28 | 47 | 85 |
| 51110 | 50 | 70 | 14 | 52 | 70 | 51310 | 50 | 95 | 31 | 52 | 95 |
| 51111 | 55 | 78 | 16 | 57 | 78 | 51311 | 55 | 105 | 35 | 57 | 105 |
| 51112 | 60 | 85 | 17 | 62 | 85 | 51312 | 60 | 110 | 35 | 62 | 110 |
| 51113 | 65 | 90 | 18 | 67 | 90 | 51313 | 65 | 115 | 36 | 67 | 115 |
| 51114 | 70 | 95 | 18 | 72 | 95 | 51314 | 70 | 125 | 40 | 72 | 125 |
| 51115 | 75 | 100 | 19 | 77 | 100 | 51315 | 75 | 135 | 44 | 77 | 135 |
| 51116 | 80 | 105 | 19 | 82 | 105 | 51316 | 80 | 140 | 44 | 82 | 140 |
| 51117 | 85 | 110 | 19 | 87 | 110 | 51317 | 85 | 150 | 49 | 88 | 150 |
| 51118 | 90 | 120 | 22 | 92 | 120 | 51318 | 90 | 155 | 50 | 93 | 155 |
| 51120 | 100 | 135 | 25 | 102 | 135 | 51320 | 100 | 170 | 55 | 103 | 170 |
| 尺寸系列代号 12 | | | | | | 尺寸系列代号 14 | | | | | |
| 51204 | 20 | 40 | 14 | 22 | 40 | 51405 | 25 | 60 | 24 | 27 | 60 |
| 51205 | 25 | 47 | 15 | 27 | 47 | 51406 | 30 | 70 | 28 | 32 | 70 |
| 51206 | 30 | 52 | 16 | 32 | 52 | 51407 | 35 | 80 | 32 | 37 | 80 |
| 51207 | 35 | 62 | 18 | 37 | 62 | 51408 | 40 | 90 | 36 | 42 | 90 |
| 51208 | 40 | 68 | 19 | 42 | 68 | 51409 | 45 | 100 | 39 | 47 | 100 |
| 51209 | 45 | 73 | 20 | 47 | 73 | 51410 | 50 | 110 | 43 | 52 | 110 |
| 51210 | 50 | 78 | 22 | 52 | 78 | 51411 | 55 | 120 | 48 | 57 | 120 |
| 51211 | 55 | 90 | 25 | 57 | 90 | 51412 | 60 | 130 | 51 | 62 | 130 |
| 51212 | 60 | 95 | 26 | 62 | 95 | 51413 | 65 | 140 | 56 | 68 | 140 |
| 51213 | 65 | 100 | 27 | 67 | 100 | 51414 | 70 | 150 | 60 | 73 | 150 |
| 51214 | 70 | 105 | 27 | 72 | 105 | 51415 | 75 | 160 | 65 | 78 | 160 |
| 51215 | 75 | 110 | 27 | 77 | 110 | 51416 | 80 | 170 | 68 | 83 | 170 |
| 51216 | 80 | 115 | 28 | 82 | 115 | 51417 | 85 | 180 | 72 | 88 | 177 |
| 51217 | 85 | 125 | 31 | 88 | 125 | 51418 | 90 | 190 | 77 | 93 | 187 |
| 51218 | 90 | 135 | 35 | 93 | 135 | 51420 | 100 | 210 | 85 | 103 | 205 |
| 51220 | 100 | 150 | 38 | 103 | 150 | 51422 | 110 | 230 | 95 | 113 | 225 |

注:推力球轴承有 51000 型和 52000 型,类型代号都是 5,尺寸系列代号分别为 11、12、13、14 和 21、22、23、24。52000 型推力球轴承的形式、尺寸可查阅 GB/T 301—1995。

# 附录 F　常用零件的结构要素

**附表 F.1　零件倒圆与倒角**（GB/T 6403.4—2008）

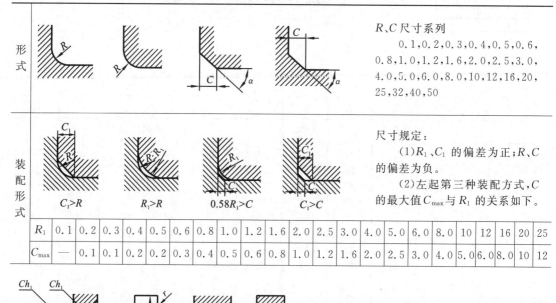

$R$、$C$ 尺寸系列
　　0.1,0.2,0.3,0.4,0.5,0.6,
0.8,1.0,1.2,1.6,2.0,2.5,3.0,
4.0,5.0,6.0,8.0,10,12,16,20,
25,32,40,50

尺寸规定：
　　(1)$R_1$、$C_1$ 的偏差为正；$R$、$C$ 的偏差为负。
　　(2)左起第三种装配方式，$C$ 的最大值 $C_{max}$ 与 $R_1$ 的关系如下。

| $R_1$ | 0.1 | 0.2 | 0.3 | 0.4 | 0.5 | 0.6 | 0.8 | 1.0 | 1.2 | 1.6 | 2.0 | 2.5 | 3.0 | 4.0 | 5.0 | 6.0 | 8.0 | 10 | 12 | 16 | 20 | 25 |
|---|---|---|---|---|---|---|---|---|---|---|---|---|---|---|---|---|---|---|---|---|---|---|
| $C_{max}$ | — | 0.1 | 0.1 | 0.2 | 0.2 | 0.3 | 0.4 | 0.5 | 0.6 | 0.8 | 1.0 | 1.2 | 1.6 | 2.0 | 2.5 | 3.0 | 4.0 | 5.0 | 6.0 | 8.0 | 10 | 12 |

单位：mm

| 直径 $D$ | 3~6 | >6~10 | >10~18 | >18~30 | >30~50 | >50~80 | >80~120 | >120~180 |
|---|---|---|---|---|---|---|---|---|
| $r_{h_1}$ | 0.3 | 0.5、0.6 | 0.8 | 1.0 | 1.2、1.6 | 2.0 | 2.5 | 3.5 |
| $D-d$ | 3 | 4 | 8 | 12 | 20 | 30 | 40 | 50 |

注：倒角一般用 45°，也允许用 30°、60°。

**附表 F.2　砂轮越程槽**（摘自 GB/T 6403.5—2008）

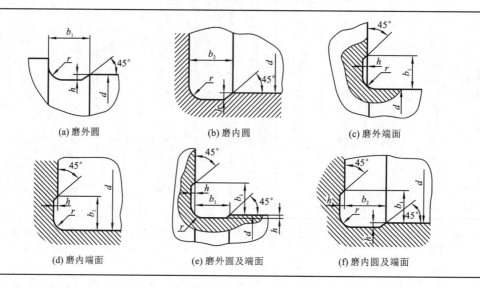

(a) 磨外圆　　　　　　　(b) 磨内圆　　　　　　　(c) 磨外端面

(d) 磨内端面　　　　　(e) 磨外圆及端面　　　　(f) 磨内圆及端面

续表

| \多table | | | | | | | | | |
|---|---|---|---|---|---|---|---|---|---|

回转面及端面砂轮越程槽的尺寸　　　　　　　　　　单位:mm

| $b_1$ | 0.6 | 1.0 | 1.6 | 2.0 | 3.0 | 4.0 | 5.0 | 8.0 | 10 |
|---|---|---|---|---|---|---|---|---|---|
| $h_2$ | 2.0 | 3.0 | | 1.0 | | 6.0 | | 8.0 | 10 |
| $h$ | 0.1 | 0.2 | | 0.3 | 0.4 | | 0.6 | 0.8 | 1.2 |
| $r$ | 0.2 | 0.5 | | 0.8 | 1.0 | | 1.6 | 2.0 | 3.0 |
| $d$ | ~10 | | | 10~50 | | 50~100 | | 100 | |

注:(1) 越程槽内与直线相交处,不允许产生尖角。

(2) 越程槽深度 $h$ 与圆弧半径 $r$,要满足 $r \leqslant 3h$。

# 附录 G　极限与配合

### 附表 G.1　基本尺寸至 500 mm 的标准公差数值

| 基本尺寸 mm | | 标准公差等级 | | | | | | | | | | | | | | | | | | |
|---|---|---|---|---|---|---|---|---|---|---|---|---|---|---|---|---|---|---|---|
| 大于 | 至 | IT1 | IT2 | IT3 | IT4 | IT5 | IT6 | IT7 | IT8 | IT9 | IT10 | IT11 | IT12 | IT13 | IT14 | IT15 | IT16 | IT17 | IT18 |
| | | μm | | | | | | | | | | | mm | | | | | | |
| — | 3 | 0.8 | 1.2 | 2 | 3 | 4 | 6 | 10 | 14 | 25 | 40 | 60 | 0.1 | 0.14 | 0.25 | 0.4 | 0.6 | 1 | 1.4 |
| 3 | 6 | 1 | 1.5 | 2.5 | 4 | 5 | 8 | 12 | 18 | 30 | 48 | 75 | 0.12 | 0.18 | 0.3 | 0.48 | 0.75 | 1.2 | 1.8 |
| 6 | 10 | 1 | 1.5 | 2.5 | 4 | 6 | 9 | 15 | 22 | 36 | 58 | 90 | 0.15 | 0.22 | 0.36 | 0.58 | 0.9 | 1.5 | 2.2 |
| 10 | 18 | 1.2 | 2 | 3 | 5 | 8 | 11 | 18 | 27 | 43 | 70 | 110 | 0.18 | 0.27 | 0.43 | 0.7 | 1.1 | 1.8 | 2.7 |
| 18 | 30 | 1.5 | 2.5 | 4 | 6 | 9 | 13 | 21 | 33 | 52 | 84 | 130 | 0.21 | 0.33 | 0.52 | 0.84 | 1.3 | 2.1 | 3.3 |
| 30 | 50 | 1.5 | 2.5 | 4 | 7 | 11 | 16 | 25 | 39 | 62 | 100 | 160 | 0.25 | 0.39 | 0.62 | 1 | 1.6 | 2.5 | 3.9 |
| 50 | 80 | 2 | 3 | 5 | 8 | 13 | 19 | 30 | 46 | 74 | 120 | 190 | 0.3 | 0.46 | 0.74 | 1.2 | 1.9 | 3 | 4.6 |
| 80 | 120 | 2.5 | 4 | 6 | 10 | 15 | 22 | 35 | 54 | 87 | 140 | 220 | 0.35 | 0.54 | 0.87 | 1.4 | 2.2 | 3.5 | 5.4 |
| 120 | 180 | 3.5 | 5 | 8 | 12 | 18 | 25 | 40 | 63 | 100 | 160 | 250 | 0.4 | 0.63 | 1 | 1.6 | 2.5 | 4 | 6.3 |
| 180 | 250 | 4.5 | 7 | 10 | 14 | 20 | 29 | 46 | 72 | 115 | 185 | 290 | 0.46 | 0.72 | 1.15 | 1.85 | 2.9 | 4.6 | 7.2 |
| 250 | 315 | 6 | 8 | 12 | 16 | 23 | 32 | 52 | 81 | 130 | 210 | 320 | 0.52 | 0.81 | 1.3 | 2.1 | 3.2 | 5.2 | 8.1 |
| 315 | 400 | 7 | 9 | 13 | 18 | 25 | 36 | 57 | 89 | 140 | 230 | 360 | 0.57 | 0.89 | 1.4 | 2.3 | 3.6 | 5.7 | 8.9 |
| 400 | 500 | 8 | 10 | 15 | 20 | 27 | 40 | 63 | 97 | 155 | 250 | 400 | 0.63 | 0.97 | 1.55 | 2.5 | 4 | 6.3 | 9.7 |

注:(1) IT01 和 IT0 的标准公差未列入。

(2) 基本尺寸小于或等于 1 mm 时,无 IT14 至 IT18。

## 附表 G.2　优先及常用配合孔的极限偏差表

| 基本尺寸/mm 大于～至 | A 11 | B 11 | C *11 | D *9 | E 8 | F *8 | G *7 | H 6 | H *7 | H *8 | H *9 | H 10 | H *11 | H 12 | JS 6 | JS 7 | K 6 | K *7 | K 8 | M 6 | M 7 | N 6 | N *7 | P 6 | P *7 | R 7 | S *7 | T 7 | U *7 |
|---|---|---|---|---|---|---|---|---|---|---|---|---|---|---|---|---|---|---|---|---|---|---|---|---|---|---|---|---|---|
| —～3 | +330/+270 | +200/+140 | +120/+60 | +45/+20 | +28/+14 | +20/+6 | +12/+2 | +6/0 | +10/0 | +14/0 | +25/0 | +40/0 | +60/0 | +100/0 | ±3 | ±5 | 0/-6 | 0/-10 | 0/-14 | -2/-8 | -2/-12 | -4/-10 | -4/-14 | -6/-12 | -6/-16 | -10/-20 | -14/-24 | — | -18/-28 |
| 3～6 | +345/+270 | +215/+140 | +145/+70 | +60/+30 | +38/+20 | +28/+10 | +16/+4 | +8/0 | +12/0 | +18/0 | +30/0 | +48/0 | +75/0 | +120/0 | ±4 | ±6 | +2/-6 | +3/-9 | +5/-13 | -1/-9 | 0/-12 | -5/-13 | -4/-16 | -9/-17 | -8/-20 | -11/-23 | -15/-27 | — | -19/-31 |
| 6～10 | +370/+280 | +240/+150 | +170/+80 | +76/+40 | +47/+25 | +35/+13 | +20/+5 | +9/0 | +15/0 | +22/0 | +36/0 | +58/0 | +90/0 | +150/0 | ±4.5 | ±7 | +2/-7 | +5/-10 | +6/-16 | -3/-12 | 0/-15 | -7/-16 | -4/-19 | -12/-21 | -9/-24 | -13/-28 | -17/-32 | — | -22/-37 |
| 10～14 | +400/+290 | +260/+150 | +205/+95 | +93/+50 | +59/+32 | +43/+16 | +24/+6 | +11/0 | +18/0 | +27/0 | +43/0 | +70/0 | +110/0 | +180/0 | ±5.5 | ±9 | +2/-9 | +6/-12 | +8/-19 | -4/-15 | 0/-18 | -9/-20 | -5/-23 | -15/-26 | -11/-29 | -16/-34 | -21/-39 | — | -26/-44 |
| 14～18 | +400/+290 | +260/+150 | +205/+95 | +93/+50 | +59/+32 | +43/+16 | +24/+6 | +11/0 | +18/0 | +27/0 | +43/0 | +70/0 | +110/0 | +180/0 | ±5.5 | ±9 | +2/-9 | +6/-12 | +8/-19 | -4/-15 | 0/-18 | -9/-20 | -5/-23 | -15/-26 | -11/-29 | -16/-34 | -21/-39 | — | -26/-44 |
| 18～24 | +430/+300 | +290/+160 | +240/+110 | +117/+65 | +73/+40 | +53/+20 | +28/+7 | +13/0 | +21/0 | +33/0 | +52/0 | +84/0 | +130/0 | +210/0 | ±6.5 | ±10 | +2/-11 | +6/-15 | +10/-23 | -4/-17 | 0/-21 | -11/-24 | -7/-28 | -18/-31 | -14/-35 | -20/-41 | -27/-48 | — | -33/-54 |
| 24～30 | +430/+300 | +290/+160 | +240/+110 | +117/+65 | +73/+40 | +53/+20 | +28/+7 | +13/0 | +21/0 | +33/0 | +52/0 | +84/0 | +130/0 | +210/0 | ±6.5 | ±10 | +2/-11 | +6/-15 | +10/-23 | -4/-17 | 0/-21 | -11/-24 | -7/-28 | -18/-31 | -14/-35 | -20/-41 | -27/-48 | -33/-54 | -40/-61 |
| 30～40 | +470/+310 | +330/+170 | +280/+120 | +142/+80 | +89/+50 | +64/+25 | +34/+9 | +16/0 | +25/0 | +39/0 | +62/0 | +100/0 | +160/0 | +250/0 | ±8 | ±12 | +3/-13 | +7/-18 | +12/-27 | -4/-20 | 0/-25 | -12/-28 | -8/-33 | -21/-37 | -17/-42 | -25/-50 | -34/-59 | -39/-64 | -51/-76 |
| 40～50 | +480/+320 | +340/+180 | +290/+130 | +142/+80 | +89/+50 | +64/+25 | +34/+9 | +16/0 | +25/0 | +39/0 | +62/0 | +100/0 | +160/0 | +250/0 | ±8 | ±12 | +3/-13 | +7/-18 | +12/-27 | -4/-20 | 0/-25 | -12/-28 | -8/-33 | -21/-37 | -17/-42 | -25/-50 | -34/-59 | -45/-70 | -61/-86 |
| 50～65 | +530/+340 | +380/+190 | +330/+140 | +174/+100 | +106/+60 | +76/+30 | +40/+10 | +19/0 | +30/0 | +46/0 | +74/0 | +120/0 | +190/0 | +300/0 | ±9.5 | ±15 | +4/-15 | +9/-21 | +14/-32 | -5/-24 | 0/-30 | -14/-33 | -9/-39 | -26/-45 | -21/-51 | -30/-60 | -42/-72 | -55/-85 | -76/-106 |
| 65～80 | +550/+360 | +390/+200 | +340/+150 | +174/+100 | +106/+60 | +76/+30 | +40/+10 | +19/0 | +30/0 | +46/0 | +74/0 | +120/0 | +190/0 | +300/0 | ±9.5 | ±15 | +4/-15 | +9/-21 | +14/-32 | -5/-24 | 0/-30 | -14/-33 | -9/-39 | -26/-45 | -21/-51 | -32/-62 | -48/-78 | -64/-94 | -91/-121 |
| 80～100 | +600/+380 | +440/+220 | +390/+170 | +207/+120 | +126/+72 | +90/+36 | +47/+12 | +22/0 | +35/0 | +54/0 | +87/0 | +140/0 | +220/0 | +350/0 | ±11 | ±17 | +4/-18 | +10/-25 | +16/-38 | -6/-28 | 0/-35 | -16/-38 | -10/-45 | -30/-52 | -24/-59 | -38/-73 | -58/-93 | -78/-113 | -111/-146 |
| 100～120 | +630/+410 | +460/+240 | +400/+180 | +207/+120 | +126/+72 | +90/+36 | +47/+12 | +22/0 | +35/0 | +54/0 | +87/0 | +140/0 | +220/0 | +350/0 | ±11 | ±17 | +4/-18 | +10/-25 | +16/-38 | -6/-28 | 0/-35 | -16/-38 | -10/-45 | -30/-52 | -24/-59 | -41/-76 | -66/-101 | -91/-126 | -131/-166 |

续表

公差等级

| 代号 | A | B | C | D | E | F | G | H | H | H | H | H | H | H | JS | JS | K | K | M | M | N | N | P | P | R | S | T | U |
|---|---|---|---|---|---|---|---|---|---|---|---|---|---|---|---|---|---|---|---|---|---|---|---|---|---|---|---|---|
| 基本尺寸/mm 大于 至 | 11 | 11 | *11 | *9 | 8 | 8 | *7 | 6 | *7 | *8 | *9 | 10 | *11 | 12 | 6 | 7 | 6 | *7 | 7 | 8 | 6 | *7 | 6 | *7 | 7 | *7 | 7 | *7 |
| 120 140 | +710 / +460 | +510 / +260 | +450 / +200 | +245 / +145 | +148 / +85 | +106 / +43 | +54 / +14 | +25 / 0 | +40 / 0 | +63 / 0 | +100 / 0 | +160 / 0 | +250 / 0 | +400 / 0 | ±12.5 | ±20 | +4 / -21 | +12 / -28 | 0 / -40 | +20 / -43 | -20 / -45 | -12 / -52 | -36 / -61 | -28 / -68 | -48 / -88 | -77 / -117 | -107 / -147 | -155 / -195 |
| 140 160 | +770 / +520 | +530 / +280 | +460 / +210 | +245 / +145 | +148 / +85 | +106 / +43 | +54 / +14 | +25 / 0 | +40 / 0 | +63 / 0 | +100 / 0 | +160 / 0 | +250 / 0 | +400 / 0 | ±12.5 | ±20 | +4 / -21 | +12 / -28 | 0 / -40 | +20 / -43 | -20 / -45 | -12 / -52 | -36 / -61 | -28 / -68 | -50 / -90 | -85 / -125 | -119 / -159 | -175 / -215 |
| 160 180 | +830 / +580 | +560 / +310 | +480 / +230 | +245 / +145 | +148 / +85 | +106 / +43 | +54 / +14 | +25 / 0 | +40 / 0 | +63 / 0 | +100 / 0 | +160 / 0 | +250 / 0 | +400 / 0 | ±12.5 | ±20 | +4 / -21 | +12 / -28 | 0 / -40 | +20 / -43 | -20 / -45 | -12 / -52 | -36 / -61 | -28 / -68 | -53 / -93 | -93 / -133 | -131 / -171 | -195 / -235 |
| 180 200 | +950 / +660 | +630 / +340 | +530 / +240 | +285 / +170 | +172 / +100 | +122 / +50 | +61 / +15 | +29 / 0 | +46 / 0 | +72 / 0 | +115 / 0 | +185 / 0 | +290 / 0 | +460 / 0 | ±14.5 | ±23 | +5 / -24 | +13 / -33 | 0 / -46 | +22 / -50 | -22 / -51 | -14 / -60 | -41 / -70 | -33 / -79 | -60 / -106 | -105 / -151 | -149 / -195 | -219 / -265 |
| 200 225 | +1030 / +740 | +670 / +380 | +550 / +260 | +285 / +170 | +172 / +100 | +122 / +50 | +61 / +15 | +29 / 0 | +46 / 0 | +72 / 0 | +115 / 0 | +185 / 0 | +290 / 0 | +460 / 0 | ±14.5 | ±23 | +5 / -24 | +13 / -33 | 0 / -46 | +22 / -50 | -22 / -51 | -14 / -60 | -41 / -70 | -33 / -79 | -63 / -109 | -113 / -159 | -163 / -209 | -241 / -287 |
| 225 250 | +1110 / +820 | +710 / +420 | +570 / +280 | +285 / +170 | +172 / +100 | +122 / +50 | +61 / +15 | +29 / 0 | +46 / 0 | +72 / 0 | +115 / 0 | +185 / 0 | +290 / 0 | +460 / 0 | ±14.5 | ±23 | +5 / -24 | +13 / -33 | 0 / -46 | +22 / -50 | -22 / -51 | -14 / -60 | -41 / -70 | -33 / -79 | -67 / -113 | -123 / -169 | -179 / -225 | -267 / -313 |
| 250 280 | +1240 / +920 | +800 / +480 | +620 / +300 | +320 / +190 | +191 / +110 | +137 / +56 | +69 / +17 | +32 / 0 | +52 / 0 | +81 / 0 | +130 / 0 | +210 / 0 | +320 / 0 | +520 / 0 | ±16 | ±26 | +5 / -27 | +16 / -36 | 0 / -52 | +25 / -56 | -25 / -57 | -14 / -66 | -47 / -79 | -36 / -88 | -74 / -126 | -138 / -190 | -198 / -250 | -295 / -347 |
| 280 315 | +1370 / +1050 | +860 / +540 | +650 / +330 | +320 / +190 | +191 / +110 | +137 / +56 | +69 / +17 | +32 / 0 | +52 / 0 | +81 / 0 | +130 / 0 | +210 / 0 | +320 / 0 | +520 / 0 | ±16 | ±26 | +5 / -27 | +16 / -36 | 0 / -52 | +25 / -56 | -25 / -57 | -14 / -66 | -47 / -79 | -36 / -88 | -78 / -130 | -150 / -202 | -220 / -272 | -330 / -382 |
| 315 355 | +1560 / +1200 | +960 / +600 | +720 / +360 | +350 / +210 | +214 / +125 | +151 / +62 | +75 / +18 | +36 / 0 | +57 / 0 | +89 / 0 | +140 / 0 | +230 / 0 | +360 / 0 | +570 / 0 | ±18 | ±28 | +7 / -29 | +17 / -40 | 0 / -57 | +28 / -61 | -26 / -62 | -16 / -73 | -51 / -87 | -41 / -98 | -87 / -144 | -169 / -226 | -247 / -304 | -369 / -426 |
| 355 400 | +1710 / +1350 | +1040 / +680 | +760 / +400 | +350 / +210 | +214 / +125 | +151 / +62 | +75 / +18 | +36 / 0 | +57 / 0 | +89 / 0 | +140 / 0 | +230 / 0 | +360 / 0 | +570 / 0 | ±18 | ±28 | +7 / -29 | +17 / -40 | 0 / -57 | +28 / -61 | -26 / -62 | -16 / -73 | -51 / -87 | -41 / -98 | -93 / -150 | -187 / -244 | -273 / -330 | -414 / -471 |
| 400 450 | +1900 / +1500 | +1160 / +760 | +840 / +440 | +385 / +230 | +232 / +135 | +165 / +68 | +83 / +20 | +40 / 0 | +63 / 0 | +97 / 0 | +155 / 0 | +250 / 0 | +400 / 0 | +630 / 0 | ±20 | ±31 | +8 / -32 | +18 / -45 | 0 / -63 | +29 / -68 | -27 / -67 | -17 / -80 | -55 / -95 | -45 / -108 | -103 / -166 | -200 / -272 | -307 / -370 | -467 / -530 |
| 450 500 | +2050 / +1650 | +1240 / +840 | +880 / +480 | +385 / +230 | +232 / +135 | +165 / +68 | +83 / +20 | +40 / 0 | +63 / 0 | +97 / 0 | +155 / 0 | +250 / 0 | +400 / 0 | +630 / 0 | ±20 | ±31 | +8 / -32 | +18 / -45 | 0 / -63 | +29 / -68 | -27 / -67 | -17 / -80 | -55 / -95 | -45 / -108 | -109 / -172 | -229 / -292 | -337 / -400 | -517 / -580 |

注:带"*"者为优先选用的,其他为常用的。

## 附表 G.3　优先及常用配合轴的极限偏差表

| 基本尺寸/mm 大于 | 至 | a 11 | b 11 | c *11 | d *9 | e 8 | f *7 | g *6 | h 5 | h *6 | h *7 | h 8 | h *9 | h 10 | h *11 | h 12 | js 6 | k *6 | m 6 | n *6 | p *6 | r 6 | s *6 | t 6 | u *6 | v 6 | x 6 | y 6 | z 6 |
|---|---|---|---|---|---|---|---|---|---|---|---|---|---|---|---|---|---|---|---|---|---|---|---|---|---|---|---|---|---|
| — | 3 | -270/-330 | -140/-200 | -60/-120 | -20/-45 | -14/-28 | -6/-16 | -2/-8 | 0/-4 | 0/-6 | 0/-10 | 0/-14 | 0/-25 | 0/-40 | 0/-60 | 0/-100 | ±3 | +6/0 | +8/+2 | +10/+4 | +12/+6 | +16/+10 | +20/+14 | — | +24/+18 | — | +26/+20 | — | +32/+26 |
| 3 | 6 | -270/-345 | -140/-215 | -70/-145 | -30/-60 | -20/-38 | -10/-22 | -4/-12 | 0/-5 | 0/-8 | 0/-12 | 0/-18 | 0/-30 | 0/-48 | 0/-75 | 0/-120 | ±4 | +9/+1 | +12/+4 | +16/+8 | +20/+12 | +23/+15 | +27/+19 | — | +31/+23 | — | +36/+28 | — | +43/+35 |
| 6 | 10 | -280/-338 | -150/-240 | -80/-170 | -40/-76 | -25/-47 | -13/-28 | -5/-14 | 0/-6 | 0/-9 | 0/-15 | 0/-22 | 0/-36 | 0/-58 | 0/-90 | 0/-150 | ±4.5 | +10/+1 | +15/+6 | +19/+10 | +24/+15 | +28/+19 | +32/+23 | — | +37/+28 | — | +43/+34 | — | +51/+42 |
| 10 | 14 | -290/-400 | -150/-260 | -95/-205 | -50/-93 | -32/-59 | -16/-34 | -6/-17 | 0/-8 | 0/-11 | 0/-18 | 0/-27 | 0/-43 | 0/-70 | 0/-110 | 0/-180 | ±5.5 | +12/+1 | +18/+7 | +23/+12 | +29/+18 | +34/+23 | +39/+28 | — | +44/+33 | — | +51/+40 | — | +61/+50 |
| 14 | 18 | -290/-400 | -150/-260 | -95/-205 | -50/-93 | -32/-59 | -16/-34 | -6/-17 | 0/-8 | 0/-11 | 0/-18 | 0/-27 | 0/-43 | 0/-70 | 0/-110 | 0/-180 | ±5.5 | +12/+1 | +18/+7 | +23/+12 | +29/+18 | +34/+23 | +39/+28 | — | +44/+33 | +50/+39 | +56/+45 | — | +71/+60 |
| 18 | 24 | -300/-430 | -160/-290 | -110/-240 | -65/-117 | -40/-73 | -20/-41 | -7/-20 | 0/-9 | 0/-13 | 0/-21 | 0/-33 | 0/-52 | 0/-84 | 0/-130 | 0/-210 | ±6.5 | +15/+2 | +21/+8 | +28/+15 | +35/+22 | +41/+28 | +48/+35 | — | +54/+41 | +60/+47 | +67/+54 | +76/+63 | +86/+73 |
| 24 | 30 | -300/-430 | -160/-290 | -110/-240 | -65/-117 | -40/-73 | -20/-41 | -7/-20 | 0/-9 | 0/-13 | 0/-21 | 0/-33 | 0/-52 | 0/-84 | 0/-130 | 0/-210 | ±6.5 | +15/+2 | +21/+8 | +28/+15 | +35/+22 | +41/+28 | +48/+35 | +54/+41 | +61/+48 | +68/+55 | +77/+64 | +88/+75 | +101/+88 |
| 30 | 40 | -310/-470 | -170/-330 | -120/-280 | -80/-142 | -50/-89 | -25/-50 | -9/-25 | 0/-11 | 0/-16 | 0/-25 | 0/-39 | 0/-62 | 0/-100 | 0/-160 | 0/-250 | ±8 | +18/+2 | +25/+9 | +33/+17 | +42/+26 | +50/+34 | +59/+43 | +64/+48 | +76/+60 | +84/+68 | +96/+80 | +110/+94 | +128/+112 |
| 40 | 50 | -320/-480 | -180/-340 | -130/-290 | -80/-142 | -50/-89 | -25/-50 | -9/-25 | 0/-11 | 0/-16 | 0/-25 | 0/-39 | 0/-62 | 0/-100 | 0/-160 | 0/-250 | ±8 | +18/+2 | +25/+9 | +33/+17 | +42/+26 | +50/+34 | +59/+43 | +70/+54 | +86/+70 | +97/+81 | +113/+97 | +130/+114 | +152/+136 |
| 50 | 65 | -340/-530 | -190/-380 | -140/-330 | -100/-174 | -60/-106 | -30/-60 | -10/-29 | 0/-13 | 0/-19 | 0/-30 | 0/-46 | 0/-74 | 0/-120 | 0/-190 | 0/-300 | ±9.5 | +21/+2 | +30/+11 | +39/+20 | +51/+32 | +60/+41 | +72/+53 | +85/+66 | +106/+87 | +121/+102 | +141/+122 | +163/+144 | +191/+172 |
| 65 | 80 | -360/-550 | -200/-390 | -150/-340 | -100/-174 | -60/-106 | -30/-60 | -10/-29 | 0/-13 | 0/-19 | 0/-30 | 0/-46 | 0/-74 | 0/-120 | 0/-190 | 0/-300 | ±9.5 | +21/+2 | +30/+11 | +39/+20 | +51/+32 | +62/+43 | +78/+59 | +94/+75 | +121/+102 | +139/+120 | +165/+146 | +193/+174 | +229/+210 |
| 80 | 100 | -380/-600 | -220/-440 | -170/-390 | -120/-207 | -72/-126 | -36/-71 | -12/-34 | 0/-15 | 0/-22 | 0/-35 | 0/-54 | 0/-87 | 0/-140 | 0/-220 | 0/-350 | ±11 | +25/+3 | +35/+13 | +45/+23 | +59/+37 | +73/+51 | +93/+71 | +113/+91 | +146/+124 | +168/+146 | +200/+178 | +236/+214 | +280/+258 |
| 100 | 120 | -410/-630 | -240/-460 | -180/-400 | -120/-207 | -72/-126 | -36/-71 | -12/-34 | 0/-15 | 0/-22 | 0/-35 | 0/-54 | 0/-87 | 0/-140 | 0/-220 | 0/-350 | ±11 | +25/+3 | +35/+13 | +45/+23 | +59/+37 | +76/+54 | +101/+79 | +126/+104 | +166/+144 | +194/+172 | +232/+210 | +276/+254 | +332/+310 |

续表

公差等级 注:带"*"者为优先选用的,其他为常用的。

| 代号 大于 | 至 | a 11 | b 11 | c *11 | d 9 | e 8 | f *7 | g *6 | h 5 | h *6 | h *7 | h 8 | h *9 | h 10 | h *11 | h 12 | js 6 | k *6 | m *6 | n *6 | p *6 | r 6 | s *6 | t 6 | u *6 | v 6 | x 6 | y 6 | z 6 |
|---|---|---|---|---|---|---|---|---|---|---|---|---|---|---|---|---|---|---|---|---|---|---|---|---|---|---|---|---|---|
| 120 | 140 | -460/-710 | -260/-510 | -200/-450 | -145/-245 | -85/-148 | -43/-83 | -14/-39 | 0/-18 | 0/-25 | 0/-40 | 0/-63 | 0/-100 | 0/-160 | 0/-250 | 0/-400 | ±12.5 | +28/+3 | +40/+15 | +52/+27 | +68/+43 | +88/+63 | +117/+92 | +147/+122 | +195/+170 | +227/+202 | +273/+248 | +325/+300 | +390/+365 |
| 140 | 160 | -520/-770 | -280/-530 | -210/-460 | | | | | | | | | | | | | | | | | | +90/+65 | +125/+100 | +159/+134 | +215/+190 | +253/+228 | +305/+280 | +365/+340 | +440/+415 |
| 160 | 180 | -580/-830 | -310/-560 | -230/-480 | | | | | | | | | | | | | | | | | | +93/+68 | +133/+108 | +171/+146 | +235/+210 | +277/+252 | +335/+310 | +405/+380 | +490/+465 |
| 180 | 200 | -660/-950 | -340/-630 | -240/-530 | -170/-285 | -100/-172 | -50/-96 | -15/-44 | 0/-20 | 0/-29 | 0/-46 | 0/-72 | 0/-115 | 0/-185 | 0/-290 | 0/-460 | ±14.5 | +33/+4 | +46/+17 | +60/+31 | +79/+50 | +106/+77 | +151/+122 | +195/+166 | +265/+236 | +313/+284 | +379/+350 | +454/+425 | +549/+520 |
| 200 | 225 | -740/-1030 | -380/-670 | -260/-550 | | | | | | | | | | | | | | | | | | +109/+80 | +159/+130 | +209/+180 | +287/+258 | +339/+310 | +414/+385 | +499/+470 | +604/+575 |
| 225 | 250 | -820/-1110 | -420/-710 | -280/-570 | | | | | | | | | | | | | | | | | | +113/+84 | +169/+140 | +225/+196 | +313/+284 | +369/+340 | +454/+425 | +549/+520 | +669/+640 |
| 250 | 280 | -920/-1240 | -480/-800 | -300/-620 | -190/-320 | -110/-191 | -56/-108 | -17/-49 | 0/-23 | 0/-32 | 0/-52 | 0/-81 | 0/-130 | 0/-210 | 0/-320 | 0/-520 | ±16 | +36/+4 | +52/+20 | +66/+34 | +88/+56 | +126/+94 | +190/+158 | +250/+218 | +347/+315 | +417/+385 | +507/+475 | +612/+580 | +742/+710 |
| 280 | 315 | -1050/-1370 | -540/-860 | -330/-650 | | | | | | | | | | | | | | | | | | +130/+98 | +202/+170 | +272/+240 | +382/+350 | +457/+425 | +557/+525 | +682/+650 | +822/+790 |
| 315 | 355 | -1200/-1560 | -600/-960 | -360/-720 | -210/-350 | -125/-214 | -62/-119 | -18/-54 | 0/-25 | 0/-36 | 0/-57 | 0/-89 | 0/-140 | 0/-230 | 0/-360 | 0/-570 | ±18 | +40/+4 | +57/+21 | +73/+37 | +98/+62 | +144/+108 | +226/+190 | +304/+268 | +426/+390 | +511/+475 | +626/+590 | +766/+730 | +936/+900 |
| 355 | 400 | -1350/-1710 | -680/-1040 | -400/-760 | | | | | | | | | | | | | | | | | | +150/+114 | +244/+208 | +330/+294 | +471/+435 | +566/+530 | +696/+660 | +856/+820 | +1036/+1000 |
| 400 | 450 | -1500/-1900 | -760/-1160 | -440/-840 | -230/-385 | -135/-232 | -68/-131 | -20/-60 | 0/-27 | 0/-40 | 0/-63 | 0/-97 | 0/-155 | 0/-250 | 0/-400 | 0/-630 | ±20 | +45/+5 | +63/+23 | +80/+40 | +108/+68 | +166/+126 | +272/+232 | +370/+330 | +530/+490 | +635/+595 | +780/+740 | +960/+920 | +1140/+1100 |
| 450 | 500 | -1650/-2050 | -840/-1240 | -480/-880 | | | | | | | | | | | | | | | | | | +172/+132 | +292/+252 | +400/+360 | +580/+540 | +700/+660 | +860/+820 | +1040/+1000 | +1290/+1250 |

基本尺寸/mm

注:带"*"者为优先选用的,其他为常用的。

# 附录 H  常用材料与热处理

## 附表 H.1  常用钢铁材料

| 名称 | 牌 号 | 应用举例(参考) | 说 明 |
|---|---|---|---|
| 灰铸铁 | HT100<br>HT150 | 用于低强度铸件,如盖、手轮、支架等。<br>用于中强度铸件,如底座、刀架、轴承座、胶带轮、端盖等 | "HT"为"灰铁"的汉语拼音的首位字母,后面的数字表示抗拉强度($N/mm^2$),如 HT200 表示抗拉强度为 200 $N/mm^2$ 的灰铸铁 |
| | HT200<br>HT250 | 用于高强度铸件,如机床立柱、刀架、齿轮箱体、床身、油缸、泵体、阀体等 | |
| | HT300<br>HT350 | 用于高强度耐磨铸件,如齿轮、凸轮、重载荷床身、高压泵、阀壳体、锻模、冷冲压模等 | |
| 球墨铸铁 | QT800-2<br>QT700-2<br>QT600-2 | 具有较高的强度,但塑性低,用于曲轴、凸轮轴、齿轮、气缸、缸套、轧辊、水泵轴、活塞环、摩擦片等零件 | "QT"表示球墨铸铁,其后第一组数字表示抗拉强度($N/mm^2$),第二组数字表示延伸率(%) |
| | QT500-5<br>QT420-10<br>QT400-17 | 具有较高的塑性和适当的强度,用于承受冲击负荷的零件 | |
| 可锻铸铁 | KTH300-06<br>KTH330-08<br>KTH350-10<br>KTH370-12 | 黑心可锻铸铁,用于承受冲击振动的零件,如汽车、拖拉机、农机铸件 | "KT"表示可锻铸铁,"H"表示黑心,"B"表示白心,第一组数字表示抗拉强度($N/mm^2$),第二组数字表示伸长率(%) |
| | KTB350-04<br>KTB380-12<br>KTB400-05<br>KTB450-07 | 白心可锻铸铁,韧度较低,但强度高,耐磨性、加工性好。可代替低、中碳钢及合金钢的重要零件,如曲轴、连杆、机床附件等 | |
| 碳素结构钢 | Q215  A级<br>　　　 B级 | 金属结构件、拉杆、套圈、铆钉、螺栓、短轴、心轴、凸轮(载荷不大)、垫圈;渗碳零件及焊接件 | "Q"为碳素结构钢屈服强度"屈"字的汉语拼音首位字母,后面数字表示屈服强度数值。如 Q235 表示碳素结构钢屈服强度为 235 $N/mm^2$ |
| | Q235  A级<br>　　　 B级<br>　　　 C级<br>　　　 D级 | 金属结构件,心部强度要求不高的渗碳或氰化零件,吊钩、拉杆、套圈、气缸、齿轮、螺栓、螺母、连杆、轮轴、楔、盖及焊接件 | |
| | 　　Q275 | 轴、轴销、刹车杆、螺栓、螺母、连杆、齿轮以及其他强度较高的零件 | |

| 名称 | 牌　　号 | | 应用举例(参考) | 说　　明 |
|---|---|---|---|---|
| 优质碳素结构钢 | 08F<br>10<br>15<br>20<br>25<br>30<br>35<br>40<br>45<br>50<br>55<br>60 | | 可塑性好的零件,如管子、垫片、渗碳件、氰化件<br>拉杆、垫片、焊件<br>渗碳件、紧固件、冲模锻件、化工储器<br>杠杆、轴套、钩、螺钉、渗碳件与氰化件<br>轴、辊子、连接器、紧固件中的螺栓、螺母<br>曲轴、转轴、轴销、连杆、横梁、星轮<br>曲轴、摇杆、拉杆、键、销、螺栓<br>齿轮、齿条、链轮、凸轮、轧辊、曲柄轴<br>齿轮、轴、联轴器、衬套、活塞销、链轮<br>活塞杆、轮轴、齿轮、不重要的弹簧<br>齿轮、连杆、轧辊、偏心轮、轮圈、轮缘<br>叶片、弹簧 | 牌号中的两位数字表示平均碳含量,称碳的质量分数。45钢即表示碳的质量分数为0.45%,表示平均含碳量为0.45%。碳的质量分数≤0.25%的碳钢属低碳钢(渗碳钢);<br>碳的质量分数在0.25%~0.6%之间的碳钢属中碳钢(调质钢);<br>碳的质量分数≥0.6%的碳钢属高碳钢;<br>在牌号后加符号"F"表示沸腾钢 |
| | 30Mn<br>40Mn<br>50Mn<br>60Mn | | 螺栓、杠杆、制动板<br>用于承受疲劳载荷的零件:轴、曲轴、万向联轴器<br>用于高负荷下耐磨的热处理零件:齿轮、凸轮<br>弹簧、发条 | 锰的质量分数较高的钢,须加注化学元素符号"Mn" |
| 合金结构钢 | 铬钢 | 15Cr<br>20Cr<br>30Cr<br>40Cr<br>45Cr | 渗碳齿轮、凸轮、活塞销、离合器<br>较重要的渗碳件<br>重要的调质零件:轮轴、齿轮、摇杆、螺栓<br>较重要的调质零件:齿轮、进气阀、辊子、轴<br>强度及耐磨性高的轴、齿轮、螺栓 | 钢中加入一定量的合金元素,提高了钢的力学性能和耐磨性,也提高了钢在热处理时的淬透性,保证金属在较大截面上获得好的力学性能 |
| | 铬锰钛钢 | 18CrMnTi<br>30CrMnTi<br>40CrMnTi | 汽车上重要渗碳件:齿轮<br>汽车、拖拉机上强度特高的渗碳齿轮<br>强度高、耐磨性高的大齿轮、主轴 | |
| 铸造碳钢 | ZG230-450<br><br>ZG310-570 | | 铸造平坦的零件,如机座、机盖、箱体、工作温度在450℃以下的管路附件等,焊接性良好<br>各种形状的机件,如齿轮、齿圈、重负荷机架等 | ZG230-450表示工程用铸钢,屈服强度为230 N/mm²,抗拉强度为450 N/mm² |

### 附表 H.2　常用有色金属及其合金材料

| 名　　称 | 牌　　号 | 主 要 用 途 | 说　　明 |
|---|---|---|---|
| 5-5-5 锡青铜 | ZCuSn5Pb5Zn5 | 耐磨性和耐蚀性均好,易加工,铸造性和气密性较好。用于较高负荷、中等滑动速度下工作的耐磨、耐腐蚀零件,如轴瓦、衬套、缸套、活塞、离合器、蜗轮等 | |
| 10-3 铝青铜 | ZCuAl10Fe3 | 力学性能好,耐磨性、耐蚀性、抗氧化性好,可以焊接,不易钎焊。可用于制造强度高、耐磨、耐蚀的零件,如蜗轮、轴承、衬套、管嘴、耐热管配件等 | "Z"为铸造汉语拼音的首位字母,各化学元素后面的数字表示该元素含量的百分数,如 ZCuAl10Fe3 表示含:$w_{Al}=8.1\% \sim 11\%$ $w_{Fe}=2\% \sim 4\%$ 其余为 Cu 的铸造铝青铜 |
| 25-6-3-3 铝黄铜 | ZCuZn25Al6Fe3Mn3 | 有很高的力学性能,铸造性良好,耐蚀性较好,可以焊接。适用于高强耐磨零件,如桥梁支承板、螺母、螺杆、耐磨板、滑块、蜗轮等 | |
| 38-2-2 锰黄铜 | ZCuZn38Mn2Pb2 | 有较高的力学性能和耐蚀性,耐磨性较好,切削性良好。可用于一般用途的构件,船舶仪表等使用的外形简单的铸件,如套筒、衬套、轴瓦、滑块等 | |
| 铸造铝合金 | ZAlSi12代号 ZL102 | 用于制造形状复杂、负荷小、耐腐蚀的薄壁零件和工作温度≤200℃的高气密性零件 | $w_{Si}=10\% \sim 13\%$ 的铝硅合金 |
| 硬　铝 | 2A12（原 LY12） | 焊接性能好,适于制作高载荷的零件及构件(不包括冲压件和锻件) | 2A12 表示 $w_{Cu}=3.8\% \sim 4.9\%$、$w_{Mg}=1.2\% \sim 1.8\%$、$w_{Mn}=0.3\% \sim 0.9\%$ 的硬铝 |
| 工业纯铝 | 1060（代 L2） | 塑性、耐腐蚀性高,焊接性好,强度低。适于制作储槽、热交换器、防污染及深冷设备等 | 1060 表示含杂质≤0.4% 的工业纯铝 |

### 附表 H. 3　常用非金属材料

| 名　称 | 代　号 | 主　要　用　途 |
|---|---|---|
| 尼龙 | 尼龙 6<br>尼龙 66<br>尼龙 610 | 具有优良的机械强度和耐磨性。广泛用作机械、化工及电器零件,例如轴承、齿轮、泵叶轮、风扇叶轮、高压密封圈、输油管、储油容器等 |
| 聚四氟乙烯 | SFL-4-13<br>PTFE | 耐腐蚀、耐高温。用于腐蚀介质中,起密封和减摩作用,用作垫圈等 |
| 丙烯腈-丁二烯-苯乙烯 | ABS | 有极好的抗冲击强度,有良好的机械强度、硬度和一定的耐磨性、耐寒性、耐油性、耐水性、化学稳定性及电气性能。用于制造齿轮、泵叶轮、轴承、把手、管道、电机外壳、仪表壳、仪表盘、水箱外壳、蓄电池槽、冷藏库和冰箱衬里等 |
| 聚甲醛 | POM | 具有良好的摩擦性能和抗磨损性能,尤其是优越的干摩擦性能。用于制造轴承、齿轮、阀门上的阀杆螺母、垫圈、鼓风机叶片等 |
| 聚碳酸酯 | PC | 具有较高的冲击韧度和优异的尺寸稳定性。用于制造齿轮、蜗轮、齿条、汽车化油器部件、节流阀、各种外壳 |
| 有机玻璃 | PMMA | 耐酸碱以及二氧化硫、臭氧等腐蚀气体,有较高的透明度。可用作耐腐蚀和需要透明的零件 |
| 酚醛层压板 | 3302-1<br>3302-2 | 用作结构材料及用以制造各种机械零件 |
| 耐油橡胶板 | 3001<br>3002 | 可在一定温度的机油、变压器油、汽油等介质中工作。适应冲制各种形状的垫圈 |
| 耐热橡胶板 | 4001<br>4002 | 可在 $-30 \sim +100℃$,且压力不大的条件下,与热空气、蒸汽介质中工作,用作冲制各种垫圈和隔热垫板 |
| 软钢纸板 | — | 厚度为 0.5~3.0 mm,用作密封连接处的密封垫片 |
| 油浸石棉盘根 | YS 450 | 使用于在回转轴、往复活塞或阀门杆上作密封材料,介质为空气、蒸汽、工业用水、重质石油产品 |
| 工业用平面毛毡 | 112-44<br>232-66 | 厚度 1~40 mm,用作密封、防漏油、防振、缓冲衬垫等。按需要选用细毛、半粗毛、粗毛 |

(左侧纵向标注:常用高分子材料 / 其他非金属材料)

附表 H.4　常用热处理方法

| 名称 | 代号 | 说　明 | 目　的 |
|---|---|---|---|
| 退火 | 5111 | 将钢件加热到临界温度以上(一般是710～7 150 ℃,个别金属钢 800～900 ℃)30～50 ℃,保温一段时间,然后缓慢冷却(一般在炉中冷却) | 用来消除铸、锻、焊零件的内应力,降低硬度,便于切削加工,细化金属晶粒,改善组织,增加韧度 |
| 正火 | 5121 | 将钢件加热到临界温度以上,保温一段时间,然后在空气中冷却,冷却速度比退火快 | 用来处理低碳钢、中碳结构钢及渗碳零件,细化晶粒,增加强度和韧度,减少内应力,改善切削性能 |
| 淬火 | 5131 | 将钢件加热到临界温度以上,保温一段时间,然后在水、盐水或油中(个别材料在空气中)急剧冷却,使其得到高硬度 | 用来提高钢的硬度和强度极限。但淬火后引起内应力,使钢变脆,所以淬火后必须回火 |
| 回火 | 5141 | 将淬火后的钢件重新加热到临界温度以下某一温度,保温一段时间,然后在空气中或油中冷却 | 提高机件强度及耐磨性,但淬火后引起内应力,使钢变脆,所以淬火后必须回火 |
| 调质 | 5151 | 淬火后在 500～700 ℃进行高温回火 | 用来使钢获得高的韧度和足够的强度。重要的齿轮、轴及丝杠等零件需调质处理 |
| 表面淬火 | 5210 | 用火焰或高频电流将零件表面迅速加热到临界温度以上,急速冷却 | 提高机件表面的硬度及耐磨性,而心部又保持一定的韧度,使零件既耐磨又能承受冲击,常用来处理齿轮等 |
| 渗碳 | 5310 | 在渗碳剂中将钢件加热到 900～950 ℃,停留一定时间,将碳渗入钢表面,渗碳深度 0.5～2 mm,再淬火回火 | 增加钢件的耐磨性能、表面强度、抗拉强度及疲劳极限。适用于低碳、中碳($w_C <$0.4%)结构钢的中小型零件 |
| 渗氮 | 5330 | 渗氮是在 500～600 ℃通入氨的炉子内加热,向钢的表面渗入氮原子的过程。渗氮层为 0.025～0.8 mm,渗氮时间需 40～50 h | 增加钢件表面的耐磨性能、表面硬度、疲劳极限和耐蚀能力。适用于合金钢、碳钢、铸铁件,如机床主轴、丝杠、重要液压元件 |
| 碳氮共渗 | 5320 | 在 820～860 ℃炉内通入碳和氮,保温1～2 h,使钢件的表面同时渗入碳、氮原子,可得到 0.2～0.5 mm 氰化层 | 增加机件表面的硬度、耐磨性、疲劳强度和耐蚀能力,用于要求硬度高、耐磨的中小型、薄片零件刀具等 |
| 固溶热处理和时效 | 5181 | 低温回火后,精加工前,加热到 100～160℃后,保温 10～40 h。铸件也可天然时效(放在露天中一年以上) | 消除内应力,稳定机件形状和尺寸,常用于处理精密机件,如精密轴承、精密丝杠等 |

附表 H.5　常用金属材料的硬度

| | | | |
|---|---|---|---|
| 硬度 | 布氏硬度 | HBW | 用来测定硬度中等以下的金属材料,如铸铁、非铁金属及其合金等 |
| | 洛氏硬度 | HRA | 用来测定硬度较高的金属材料,如淬火钢、调质钢等 |
| | | HRB | |
| | | HRC | |
| | 肖氏硬度 | HS | 主要用来测定表面光滑的精密量具,或不易搬动的大型机件 |

# 参 考 文 献

[1]  宁夏大麦地岩画 http://www.cctv.com/history/20041210/100326.shtml.

[2]  童秉枢.对工程图学学科和图学学科的若干认识[J].工程图学学报,2010(6):1-6.

[3]  唐荣锡.现代图形技术[M].济南:山东科学技术出版社,2001.

[4]  董国耀,焦永和.跨入21世纪的中国图学教育[M].载由中国工程图学学会编辑《第13届全国图学教育研讨会论文集》.北京:机械工业出版社.2002.

[5]  清代样式雷建筑图档展.

[6]  曾辉.清代定陵建筑工程全案研究[D].天津大学.2006:21.

[7]   朱辉,曹桃,唐保宁,等.画法几何与工程制图[M].5版.上海:上海科学技术出版社,2005.

[8]  常明.画法几何及机械制图[M].4版.武汉:华中科技大学出版社,2009.

[9]  何铭新,钱可强,徐祖茂.机械制图[M].6版.北京:高等教育出版社,2011.

[10]  阮五洲.工程图学[M].合肥:合肥工业大学出版社,2009.

[11]  李丽.现代工程制图[M].2版.北京:高等教育出版社,2010.

[12]  大连理工大学工程图学教研室.机械制图[M].6版.北京:高等教育出版社,2007.

[13]  侯洪生.机械工程图学[M].3版.北京:科学出版社,2012.

[14]  仝基斌,晏群.机械制图[M].北京:机械工业出版社,2010.

[15]  胡国军.机械制图[M].杭州:浙江大学出版社,2010.

[16]  魏晓波.机械制图及习题集上[M].北京:北京工业大学出版社,2010.

[17]  罗刚,郭成操.机械制图[M].成都:电子科技大学出版社,2008.

[18]  全国技术产品文件标准化技术委员会,中国标准出版社第三编辑室.技术产品文件标准汇编机械制图卷[M].2版.北京:中国标准出版社,2009.

[19]  冯开平,左宗义.画法几何与机械制图[M].广州:华南理工大学出版社,2007.

[20]  唐克中,朱同钧.画法几何及工程制图[M].4版.北京:高等教育出版社,2009.

[21]  金大鹰.机械制图[M].2版.北京:机械工业出版社,2009.

[22]  朱冬梅,胥北澜,何建英.画法几何及机械制图[M].6版.北京:高等教育出版社,2008.

[23]  祖业发,丁一,杨学元.画法几何及机械制图[M].重庆:重庆大学出版社,1997.

[24]  何培英,樊宁.机械制图速成教程[M].北京:化学工业出版社,2011.

[25]  成大先.机械设计手册(第2卷、第3卷)[M].5版.北京:化学工业出版社,2008.

[26]   Frederick E. Giesecke,焦永和.Engineering Graphics[M].8th Edition(改编版).北京:高等教育出版社,2005.

[27]   Frederick E. Giesecke,焦永和.Technical Drawing[M].12th Edition(改编版).北京:清华大学出版社,2007.

[28]  丘成仿.国外机械工程图识读手册[M].天津:天津科学技术出版社,1983.